코스모스, 사피엔스, 문명

-인류, 끝나지 않은 여행-

코스모스,
사피엔스,
문명

인류, 끝나지 않은 여행

김근수 지음

전파과학사

추천사

독특하다, 이 책은! 내용도 그렇고 글쓴이도 그렇다. 이 책은 '호모 사피엔스'(Homo Sapiens)에 관한 '빅 히스토리'다. 주제와 내용을 보면 요새 유행하는 빅 히스토리의 흐름에 포함되는 책이라 할 수 있다. 우주의 출발에서 시작해, 생명의 탄생을 거쳐, 인간의 등장과 문명의 출현까지 이어지는 오랜 시간의 이야기다. 길고 거대한 이야기는 천체물리학, 진화생물학, 인류학 등 다양한 학문 분야의 결과물을 이리저리 엮으면서 전개된다.

그런데 이 책은 여타의 '빅 히스토리' 책과는 결이 조금 다르다. 글쓰기의 목적과 내용이 다른 책과 다르다. 저자는 정보나 지식 전달을 위해 이야기를 풀어내는 것이 아니다. 다소 독특하고 긴 프롤로그부터 그렇다. 프롤로그는 이 책을 쓴 계기와 이유를 드러낸다. 이 책은 실존적 질문에 대한 자신의 고백이다. 저자가 자신의 질문에 관해 과학과 인문학, 종교를 아우르면서 정직한 대답을 모색하는 이야기다.

김근수의 글을 읽다 보면 가끔은 그가 구도의 길을 걷고 있는 여행자라는 느낌이 든다. 그렇다. 그는 여행하는 사람, '호모 비얀스'(Homo Vians)다. 몸이 여행하고, 마음이 여행하고, 생각이 여행하는 사람이다. 그의 삶 자체가 여행이다. 이 책의 이야기는 여행기다. 이 책은 그가 걸어온 삶의 길에서 제기된 질문에서 시작한다. 그 대답은 아주 먼 과거로 거슬러 올라가서 시작된다. 저자는 자신이 걸어온 길보다 더 먼 조상이 걸어온 아득히 먼 길부터 더듬고 있다. 자신의 질문에 대한 대답을 우주의 시작부터 생명 조상이 걸어온 길의 이야기로 풀어내고 있는 것이다.

김근수는 이야기하는 사람, '호모 나랜스'(Homo Narrans)다. 물론 그는 전문 이야기꾼이 아니다. 그가 풀어놓은 이야기는 때로는 다소 투박하다. 자신이 직접 걸어온 길도 아니고, 아무도 직접 겪지 않았던 과거의 길은 세련된 이야기꾼도 풀어내기가 쉽지 않다. 과학적 사실이나 역사적 사건은 에디톨로지 방식의 직조를 통해서 문학처럼 나타나기도 한다. 자신도 남도 경험하지 못했던 길을, 남들이 남긴 간접적인 이야기를 씨실과 날실 삼아 자신의 말로 자신의 이야기로 펼친다.

잠시 김근수와 동행하면서 그가 풀어내는 빅 히스토리에 귀를 기울이는 것은 어떤가? 동행하는 이야기꾼이 초행이면 어떤가? 우리가 가는 길은 항상 처음 가는 길이 아닌가? 동행하는 길벗이 처음 걷는 길에 묘미를 더하는 것 아닌가? 김근수가 이야기하는 '호모 사피엔스'가 걸어온 길에 여러분 '호모 노마드'(Homo Nomad)을 초대한다. '호모 나랜스' 김근수의 다음 이야기도 무척 궁금하다.

신재식

호남신학대교수, 목사, 종교와 과학 저술가

추천사

종교학을 전공한 김근수 씨가 아주 참신한 책을 한 권 출간한다는 반가운 소식을 들었다. 『코스모스, 사피엔스, 문명』은 겸손한 자세로 호기심을 끝까지 밀고 나가는 방대한 책이다. 우주, 생명, 인간의 근원을 찾아내려다가 결국에는 궁극적인 이치까지 명확하게 따져 묻는다. 저자는 종교인도, 박사와 같은 전문가도 아니지만, 종교인이든 아니든 간에 존재 이유를 찾고 삶의 의미를 부여하는 사람 누구에게나 크나큰 도움이 될 수 있는 작품 하나를 완성했음에 틀림없다.

김근수 씨는 생명체라면 너나없이 다 죽어가고 있는 사실을 염두에 놓고 수없이 많은 다양한 책을 섭렵한 것 같다. 인간은 동물 가운데서 죽음에 관한 인식이 가장 예민한 존재인 만큼 옛적부터 철학가나 종교인은 물론 상식이 있는 평범한 사람까지도 다 죽음에 관하여 깊이 사색했다. 부자든 가난하든 권력자든 약자든 사람이라면 누구나 죽고 만다. 불로초를 꾸준히 먹으면서 죽지 않으려고 해 봤자 결국엔 다른 인간과 마찬가지로 죽는 법이다. 인간적인 시간에는 서른 살 요절과 여든 살 장수의 차이가 아주 큰 것 같지만 우주적인 시간에서 전자와 후자의 차이는 오십보백보다. 사실 잘 생각해 보면 우리의 생물학적인 생명은 죽음을 통해서 정의(定意)된다고 할 수 있다. 바꾸어 말해서 인간은 죽을 수밖에 없는 운명에 처한 유한한 생명체임을 알고 있는 만큼 주어진 삶을 인식하고 그 의미를 찾아내려고 한다. 영원히 살 수 있다면 그렇게 할 필요가 없거니와 하고자 할 엄두도 도저히 꺼내지 못할 것이 아니겠는가? 자신을 어지럽히면서까지 자기 죽음을 부정하거나 잊으려고 하는 사람이 더러 있기는 하지만 그들도 마침내는 취생몽사를 해 놓고 난 다음 생로병사의 이치를 피하지 못하고 죽고 만다. 우리나라의 주요 종교 가운데 죽음과 사후세계를 가장 잘 다뤄 온 것은 아마도 무속과 유교보다 불교와 (모든 종파를 막론하고) 그리스도교라고 생각할 수 있지 않을까 싶다. 종교학을 공부한 김근수 씨는 불교와 그리스도교에 대한 안목이 출중하지만 어디까지나 이 두 전통으로부터 영감을 받을 뿐, 비판적인 거리를 유지하면서 나름대로 사색하여 새로운 길(道)을 열어보려고 한다. 그러면서도 조심스럽게 자신은 불교 신자가 아니기 때문에 불교에 대한 직접적인 비판을 하지 않겠다고 전제한 뒤, 10월 유신을 칭송하는 축복 기도를 한 어느 목사의 사례를 언급하며 그리스도교의 신앙 안에서 이뤄진 왜곡에 대해서는 진지하게 성찰한다.

이 책은 김근수 씨가 자신처럼 삶의 뜻에 관하여 고민하는 수많은 독자에게 개인적으로 오랫동안 파고들어 온 연구를 나누어 볼 가치가 있지 않을까 생각한 데서 비롯되었다. 결과는 생명이 넘쳐흐르는 내용이라고 해도 과언이 아니다. 이 작품이 앞으로 계속 출간되어 전 인류의 유산으로 남을 일련의 저작의 시작이기를 간절히 희망한다.

필자는 김근수 씨가 서강대 종교학과에서 박사과정의 코스워크를 우수하게 마쳤을 때 박사논문도 마칠 것을 간절히 권유했지만 끝내 설득하지 못했다. 그런데 오늘 필자가 추천사를 쓰고 있는 이 작품을 보면서 몇몇 전문가 외에는 아무도 읽지 못할 박사논문보다는 훨씬 더 큰 의미가 있는 '박사논문'을 마쳤을 수도 있겠다는 제자 자랑을 피할 수 없다. 오늘만큼은 기꺼이 팔불출이 되고 싶다.

서명원

서강대학교 교수(프랑스신부, 불교학자, 예수회 회원)

추천사

리틀 자이언트의 죽비

최근 '빅 히스토리'가 주목받고 있다. 이 관점에서 우리의 지식을 살펴보면 지금까지의 지식은 한낱 미시사에 불과하다는 느낌을 지울 수 없다. 자연과 인간의 모든 역사가 보여주는 커다란 흐름을 포착하는 빅 히스토리는 우주의 탄생에서 시작하여 별과 원소의 출현과 지구의 생성은 거대한 전주곡이고, 생명의 탄생과 인류의 등장에서 시작하여 농경의 역사와 글로벌 네트워크에 이르기까지 모든 흐름은 하나의 거대한 물길 속에서 이해되어야 한다고 주장한다. 지금까지 이런 접근이 익숙하지 않아서 얼핏 낯설다. 그러나 빅 히스토리는 기존의 지식 영역을 파괴하는 것이 아니다. 그것은 더 너른 탐구와 성찰의 영역을 제공해준다.

인류의 가장 오래 된 물음은 '도대체 우리는 어디에서 왔는가?'라는 맥락들 안에서 변주되거나 진화해온 것들이다. 그런 물음에 가장 원초적으로 대답하는 분야가 바로 종교일 것이다. 우주의 탄생과 인류의 출현, 인간의 본질과 현생 이후의 존재성에 대한 근원적 문제를 종교만큼 철저하게 다루는 분야가 있을까? 19세기와 20세기 과학의 시대를 거치면서 종교는 이전의 권위를 상실하면서도 여전히 삶의 항구로서 도도하게 자리를 지키고 있다. 어떤 이에게는 너른 바다로 나갈 수 있는 항구이기도 하고, 또 어떤 이에게는 피항(避港)의 은신처이기도 하다. 제대로 된 항구의 역할을 위해서 빅 히스토리의 시선은 귀찮은 훈수꾼이 아니라 고마운 사고혁명의 사도로 받아들여야 한다.

김근수의 『코스모스, 사피엔스, 문명』은 여전히 과학을 불편하게 여기는 종교의 영역에서, 빅 히스토리의 관점으로 기존의 편협한 종교관에 대한 해방을 요구한다. 그의 본업은 회계사다. 그는 M&A의 전문가고 관련서적까지 펴낸 사람이다. 그랬던 그가 갑자기 대학원에 진학했다는 말을 동창회에서 만나 들었다. 전공을 종교학으로 했단다. 내심 의아했다. 그러나 짧은 대화를 통해 그가 단순히 '공부'만을 위해서가 아니라 삶을 향한 깊은 통찰을 위해 선택했음을 알았다. 그가 가끔씩 페이스북에 올리는 성찰들을 읽으면서 참으로 삶의 깊은 사유와 성찰을 길어내고 있음을 느낄 수 있었다. 그러더니 이렇게 엄청난 책을 썼다. 놀라움의 연속이다.

이 책은 역사, 인류학, 과학, 종교, 문학 등 분야를 가리지 않고 넘나든다. 이런 방식에 익숙하지 않은 독자는 처음에는 약간 낯설고 난감할지 모른다. 특히 스스로 독실하다 여기는 신앙인들은 불편함까지 느낄 수도 있을 것이다. 물론 김근수의 책은 종교적 주제가 포함되어 있으며, 어떤 의미에서는 편협과 독선에 더 깊이 빠져드는 왜곡된 종교관에 커다란 죽비를 가하려는 의도가 살짝 엿보인다. 그러나 그는 끝내 발톱을 숨긴다. 그것은 비겁이 아니라, 객관적 지식과 그 인식에 토대한 균형 잡힌 사유와 성찰을 위한 절제로 보인다. 그가 과학의 입장을 일방적으로 옹호하거나 고수하는 것도 아니다. 다만 과학이 지닌 객관적 진리성에 관해서는 유연한 사고로 성찰하기를 요구할 뿐이다.

특히 우리나라 신앙인들은 어떤 종교이건 간에 근본주의적이고 외세의존적인 면이 강하며, 성직자 중심적일 뿐 아니라 기복적이고, 더 나아가 종교적 차원에서 사회적 주도권을 행사하려는 의도까지 노골적으로 드러낸다. 그러면서 정작 종교적 주체성과 자유를 실천하기는커녕 그 반대인 경우가 많다. 이 책은 그런 문제에 대해 직설적으로 비판하기보다는 더 너른 지식과 사유로 그 올가미에서 스스로 벗어날 수 있는 두툼한 지적 가이드북의 역할까지 의도하고 있다. 신학에서 진보적인 인물인 한스 큉과 과학의 팝스타인 빌 브라이슨을 자주 불러들이고 말을 걸지만 정작 상대를 뻗게 할 카운터블로는 끝내 내뻗지 않는 것은 조심스럽거나 겁이 많아서가 아니라 독자가 스스로 사유하고 판단하도록 주도권을 기꺼이 넘겨주기 위함일 것이다.

저자가 에필로그에서 고백하듯 그가 종교의 문제를 의식적으로, 상대적으로 작은 분량에 담은 것은 '수천 년 동안 수많은 사람의 고뇌가 담긴 인류의 큰 여정 중 하나'인 종교의 문제를 '굳어진 고정관념, 이어져 내려온 전통과 널리 알려진 통념'을 깨고 진정한 자아와 자신의 삶을 찾는 외침이라는 본연의 영역과 역할로 회복하는 계기로 삼아야 한다는 그의 뜻이 곳곳에 배어 있다고 봐야 할 것이다. 물론 그는 과학자도, 과학을 전공한 사람도 아니어서 과학의 시선과 사실에 상당히 기대고 있으면서도 충분하고 다양한 과학적 이론과 근거를 제시하는 데에는 약간 미흡한 점이 있다고 느끼기는 하지만, 어쩌면 그것은 책의 흐름을 지나치게 과학에 양도할 수 있다는 우려 때문이라고 믿고 싶다.

그는 학계에 있는 사람이 아니기에 도서 분야에서는 '비주류'에 속할 수밖에 없다. 우리 사회는 비주류에 대해 냉소적이다. 그런 점에서 그는 이방인이고 '작은' 사람에 불과하다. 그러나 그의 지적 탐구와 삶의 성찰이 빚어낸 이 책은 단순히 비주류의 독백이라거나 편집적 결과물이 아니다. 어쩌면 환갑을 코앞에 둔 나이에도 끝내 포기하지 않은 자신의 화두에 대한 고백이며 남은 삶을 더 정진하고 탐구하겠다는 선언이기도 하다. 그런 점에서 그는 '작은 거인(Little Big Man)'이다. 흔한 일이 아니다. 그러나 이제는 이런 성과들이 흔해야 할 시대고 세상이다. 특정한 전공의 영역에 제한된 출입증을 가진 이들이 드나드는 이너서클을 타파하는 시대다. 우리는 김근수를 그런 의미에서 바라봐야 할 것이다. 그의 운수행(雲水行)은 내게 묵직한 죽비가 아닐 수 없다. 그가 자랑스럽다. 그가 사랑스럽다. 그의 다음 행보가 기대된다.

김경집

가톨릭대학교 교수. 인문학자. 인문학저술가

차례

chapter 3. 인간은 어디서 왔는가?

chapter 4. 인간은 어떻게 왔는가?

머리말

이 책을 출판하게 된 배경 등은 그 내용이 너무 많아 '에필로그'에 썼다. 책을 읽기 전에 에필로그를 먼저 보면 나의 글쓰기를 이해하는 데 도움이 될 것이므로 꼭 보기를 바란다. 이 책은 내 스스로 인생의 숙제로 삼은 글쓰기의 첫 번째 출판물이다. 우주의 기원으로부터 인간 문명의 여명기까지를 시간적 진행에 따라 썼다. 인간 문명의 태동 이후부터는 또 다른 책으로 출판할 예정이다. 지금도 '우리는 어디에서 왔는가? 우리는 누구인가? 우리는 어디에 있는가? 우리는 어디로 가는가? 우리는 무엇을 하여야 하는가?'와 관련된 책을 꾸준히 쓰고 있고, 가능하다면 언젠가 출판하고자 한다.

이 책에서는 우주, 생명, 인류의 기원과 문명의 태동 직전까지를 기술하였다. 우주에 관한 내용은 '우주는 어디에서 왔는가?'라는 제목으로 우주의 기원과 그 형성과정을 다루었다. 무한과 무의 개념, 신화와 종교의 우주 기원론, 과학과 종교 간의 논쟁, 빅뱅에서 지구의 탄생까지를 포함한다.

'생명은 어디서 왔는가?'에서는 생명의 기원과 그 진화 과정을 썼다. 진부하지만 창조론과 진화론 논쟁, 다윈 이전의 진화론, 다윈과 그 이후의 진화 이론, 최초의 생명에서 영장류와 유인원의 탄생 과정, 호모종의 탄생을 정리했다.

'인간은 어디서 왔는가?'에서는 인간의 진화와 문명의 여명으로 나누어 기술했다. 생명과 인간의 관계, 고인류와 현대인의 등장, 네안데르탈인과 호모 사피엔스의 등장과 관계, 농업과 초기 문명으로의 전개 과정을 기술하였다.

'인간은 어떻게 왔는가?'에서는 역사가 시작되기 전 인간 문명의 발아를 돌아보았다. 신석기 농업 혁명, 인간의 폭력성과 불평등 탄생, 문명의 태동, 인간과 문명의 의미란 무엇인지 살펴본다.

이것은 미약하고 작은 나의 탐구이다. 나는 학자도 전문가도 아니며 그 내용도 스스로 연구한 것은 없다. 그동안 읽었던 책과 인터넷에서 찾은 정보를 수집하고, 편집하고, 재분류하고, 다시 읽고, 나의 의견을 가미하면서 쓴 글이다.

이 책과 관련된 내용은 해당 분야의 학자와 교수, 전문가의 조언과 자문을 일부 받았다. 역사적으로 학문이 발달함에 따라 과거의 설명과 이론, 가설이 오류임이 판명되어 왔다. 인간의 인식 능력은 늘 한계가 있고 자연 과학의 주장마저 이제 하나의 '가설'이 되고 말았다. 이 책의 오류와 앞으로 학문이 발달함에 따라 오류로 판명될 내용에 관해서는 미리 사과를 드린다. 그럼에도 불구하고 이 글을 '무리하게' 쓴 것은 개인적인 탐구로서, 그리고 '누군가'에게 도움이 되기를 바라는 마음으로 시도하였음을 이해해주기를 바란다. 기회가 된다면 다시 탐구를 지속하여 발견된 오류를 바로 잡고 수정하고 싶다. 다만 독자가 이 책을 통하여 통찰을 얻고 세상의 진실을 이해하는 데 도움이 되기를 바라는 마음이다.

미주로 인용된 책들은 내가 읽은 책들로 글의 많은 부분은 그 책을 그대로 인용하거나 그 내용을 편집하여 실었다. 또한 여기에서 인용된 도서들 중 많은 부분은 신문의 책 소개를 참고하였다. 관련된 모든 책을 읽기에는 시간이 부족했고, 다만 이 글을 읽는 독자에게 필요한 정보를 제공하고자 수많은 책 소개를 인용하였다. 하지만 그 서평을 누가 썼는지는 인용하지 않았음을 양해하기 바란다.

2004년에 파키스탄 히말라야 트랑고 타워 등반 시 가져가 읽었던 빌 브라이슨(Bill Bryson)의 『A Short History of Nearly Everything』(2004, 한국어 명 '거의 모든 것의 역사')은 나에게 큰 감명을 주었고 이 글을 쓰게 된 최초의 단초를 제공했다. 또한 데이비드 크리스천이 쓴 『Maps of Time: An Introduction to Big History』(2011)는 글쓰기를 시작한 직접적인 동기가 되었다. 또한 독일의 신학자 한스 큉(Hans Küng, 1928~)과 D. J. 칼루파하나(David J. Kalupahana)는 글쓰기에 있어서 그리스도교와 불교의 본질과 역사를 이해하는 데 큰 도움을 주었다. 트랑고 타워 등반 시 등반 대장이었고 물리학이자 과학 저술가로 활동 중인 정갑수는 고등학교와 대학교 동창으로, 등반과 히말라야의 세계를 가르쳐 준 친구이다. 그는 이 책에서 과학 분야의 내용을 감수하여 주었다. 진심으로 감사한다.

나는 2007년부터 5년 동안 서강대 종교학과 석·박사 과정을 다니면서 여러 교수님으로부터 많은 것을 배웠고, 이는 종교와 관련된 글쓰기에 큰 도움이 되었다. 특히 박종구 신부님(현 서강대 총장)께 그리스도교에 관한 열린 자세와 겸손함을 배웠고, 나의 지도교수였던 서명원 신부님(불교 전공)은 내게 학자로서의 성실함과 정직함을 가르쳐주었다. 진심으로 감사를 드린다.

나같이 무명 저자의 책을, 더욱이 그 주제와 내용이 '시장'에서 관심이 미미한 것임에도 출판을 선뜻 받아준 전파과학사 손동민 대표에게 진심으로 감사를 드린다.

삶의 동반자이고 우리 가정을 사랑의 터로 만들어 나간 아내, 우리 부부에게 기쁨이고 자랑인 아들 병욱과 딸 지윤에게도 사랑의 마음을 전한다. 그리고 우리 가족이 있게 해준 나와 아내의 부모님에게 감사의 마음을 전하고 싶다.

마지막으로 대학동기 K가 병을 회복하여 다시 건강한 몸으로 돌아오기를 진심으로 바란다.

2017년 8월 11일

김근수

chapter 1.

우주는 어디서 왔는가?

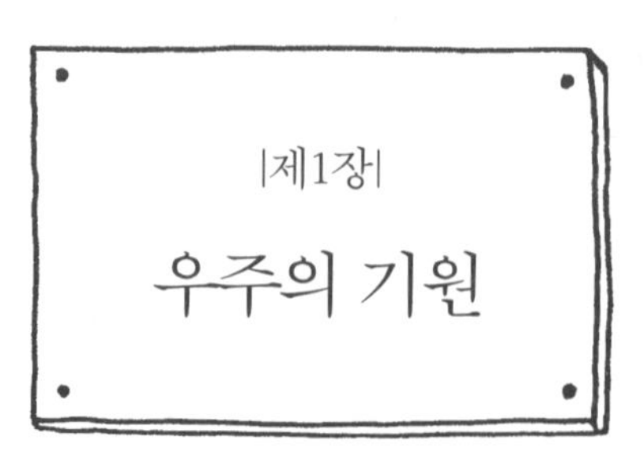

|제1장| 우주의 기원

1. 무한으로의 여행

1) 무한과 무

❙ 우주의 기원이라는 관념

우주의 기원을 묻는 우주론(cosmology)은 인류 역사상 가장 오래된 학문일 것이다. 인간에게 의식이 생기고부터 하늘을 보고 땅에서 살며 '우주'라는 관념이 싹텄을 테니 지구상에 출현한 초기 인간들도 나름대로 소박하게 우주의 기원에 대해 '고뇌'했을 것이다. 이 우주는 어디서 기원하는가? 그 근원은 무엇인가? 수많은 종교인과 철학자들이 우주의 기원에 관하여 다양한 이야기를 "만들어 냈다." 물론 자연과학도 여기에 합류하여 나름대로의 이야기를 만들어냈으니, 그것이 바로 우주 기원론이다.[1]

우주가 만들어지고 137억 년(!) 이상이 지난 지금도 인간은 그것을 탐구하고 있다.[2] 그러나 (현대과학의 놀라운 발견과 진보에도 불구하고) 사실 우리는 우주의 나이를 완전하게 계산할 수도 없고, 셀 수도 없이 많은 별들에 둘러싸여 있으며, 알 수도 없는 물질(암흑물질과 에너지)로 채워진 공간에서, 우리가 완전히 이해할 수 없는 물리 법칙에 따라서 움직이는 우주에 살고 있다.[3]

실패로 끝날 탐구의 시작

우주는 시작이 있을까. 아니면 영원히 존재해온 것일까. 우주가 영원한지 혹은 우주의 '시초(arché)'가 있는지는 아이들도 물어보는 질문이고 모든 인간이 궁금해 하는 점이다. 우주에 시작이 있었는지 아니면 우주는 영원히 존재해온 것인지를 알 수 있다면 이 책이 던지는 질문 "인간은 누구인가"는 답이 나올 것이다. 결론적으로 누구도 증명할 수도 없고 누구도 그 답을 모른다. 인간이 언젠가는 알 수 있을 가능성이 0.00000001%(이 확률도 모른다.)나 될까. 그렇다면 이 책을 이어나갈 이유가 없으니 그만 덮을 것인가. 그건 당신의 선택이다. 난 이 책을 여는 것을 선택한 사람이다. 나는 실패로 끝났던 그리고 실패로 끝날 탐구의 여정을 떠난 그 많은 사람들의 일원이 되기로 했다. 나는 회의주의자가 아니다.[4]

우주의 기원과 더불어 우리 인간이 갖는 원초적 질문은 또 하나 있다. "왜 세상에는 아무것도 없지 않고 무엇인가가 있는가?" 이 근원적인 질문을 17세기 독일의 고트프리트 라이프니츠가 던졌다. 물론 이러한 질문을 한 사람은 라이프니츠뿐만이 아니었을 것이다. 지구상에 인류가 나타난 이래 수많은 사람이 이 같은 질문을 던졌을 것이다.

커피 한 잔과 시간 그리고 무

출판을 목적으로 이 글의 최종 정리를 시작했던 것은 2016년 8월 8일 아침, 커피와 함께였다. 해가 가고 새해가 오는 것이 내게는 57번째(1959년~2016년)였다. 앞으로 몇 번 더 새해를 맞을지는 모른다. 나는 시간에 대해서 주체가 아니라 피동적인 객체이다. 객체임에도 불구하고 나는 시간이라는 객체를 추적하고 있다. 또다시 50년의 세월이 가기 전에 나는 의식이 없어진다. 미래는 니체(?)의 말처럼 무한한 무(無)의 반복일까. 과거에도 그랬을까. 시간을 거슬러 과거로 올라가보자. 내가 태어난 날, 부모의 탄생, 인류의 진화, 인간의 탄생, 생물의 탄생, 지구, 그리고 우주의 탄생으로 소급된다. 그리고 그 이전은 무한한 무(無)라는 것인가.

2) 우리의 탐구

❙ 먼지가 탐구하는 우주

청명한 날 밤에 홀로 가만히 하늘을 바라보면 별들이 반짝이고 은하수도 보인다. 우리에게 익숙한 북극성과 북두칠성을 찾아보며 낭만에 젖을 수도 있지만 때로는 그 심연을 알 수 없는 우주의 크기와 우주의 시간에 좌절감을 느낀다. 우리는 그 크기를 헤아릴 수 없는 시공간에 파묻힌 하나의 먼지 같은 지구라는 행성을 보금자리 삼아 살다가 죽는다. 우주의 한구석에서 먼지 같은 인간이 수십억 년 또는 수백만 년 동안 진화해오면서, 수천 년 동안 우주와 인간에 관하여 고뇌하면서 탐구하여 알아낸 지식의 폭과 인식의 깊이는 우리 인간 스스로의 자부심이다. 그러나 어쩌면 진화의 과정에서 인간이 삼라만상에 대하여 의문을 품도록 필연처럼 우연하게 유전자 속에 프로그램된 것이 아닐까 하는 섬뜩한 생각도 든다. 전지전능한 신이 있다면 우리를 위하여(!) 신이 만든 우주에 감사하여야 할 뿐만 아니라, 신이 우리가 이 우주를 알 수 있도록 허용한 것에도 감사하여야 할 일이다.

나는, 그리고 우리 인간은 우주 한구석에 박힌 먼지이지만 자신의 기원을 더듬고 있다. 별에서 만들어진 물질(?)인 인간이 별에 대해 숙고한다. 원자들이 결합한 하나의 유기체인 인간이 자신을 구성하는 원자 자체의 진화를 탐구하고 있다. 우주에 대한 끝없는 호기심은 달 탐험과 태양계 탐사, 나아가 은하계와 코스모스까지 뻗쳤다. 그리하여 우리는 이제 스스로 '콘택트', '인터스텔라' 같은 영화를 만들어 내고 그것을 보면서 감명 받는다. 어찌 생각해보면 정말 기이하다.

▍인류의 탐구 여정

창조자에 의한 우주 창조를 설명하는 유일신교는 '신 자신은 어떻게 창조되었는가?' 하는 기본적인 의문을 남겨놓는다. 이런 경우 우리는 무한소급(an infinite regress)으로 빠질 것이다. 회의주의적인 입장에 설 수도 있다. 이는 어느 지점에서 우리가 지식으로는 해결할 수 없음을 인정해야 한다는 것이다. 인간의 지식은 본질적으로 한계가 있으며, 어떤 의문들은 신비로 남겨두어야 한다는 것이다. 어떤 종교는 이 같은 신비를 신이 인간으로부터 숨겨놓은 비밀이라고 주장한다. 불교 같은 종교는 이러한 신비를 알기 위한 시도조차 할 수 없는 궁극적 수수께끼("無記")라고 주장한다. 비록 현대 과학도 우주 창조와 그 진화를 아주 신뢰할 수 있도록 설명하지만 회의주의 쪽으로 기운다.[5]

많은 사람이 오랫동안 우주가 어떻게 시작했는지(우주의 기원), 우주는 얼마나 큰지(우주의 크기), 그리고 도대체 우주란 무엇인지(우주의 본질)를 생각해왔다. 어떤 사람들은 그러한 주제는 자신의 짧은 삶과 아무런 관련성이 없을뿐더러 설령 그것을 안다고 무엇이 달라지겠느냐고, 설령 알려고 해도 알 수는 있는가 하고 냉소적으로 바라본다. 물론 그렇다. 나는 과학자도 전문가도 아니고 신도 아니다. 내 안에 각인된 호기심이 나를 지속적으로 이 주제에 몰입하게 만들었다. 어떤 사람들은(기독교 근본주의자) 우주는 만 년 전에 신이 창조하였고 그것이 의미이자 기원이라고 믿는다. 어떤 사람들은(불교신자) 우주는 영원한 것이며 기원도 크기도 알 수 없다고 믿는다. 불가지론자, 회의주의자, 무관심자 등도 있다. 인간의 수만큼 생각도 다양할 것이다.

우리 인간은 수만 년 또는 그 이상의 기간 동안 우주의 기원, 크기와 본질에 관한 질문을 제기했고, 철학자와 과학자 그리고 종교인들이 나름대로 설명을 해왔다. 그러나 그것은 완전할 리가 없다.[6] 사실 인간에 의해 완전하게 설명될 가능성은 무한대로 낮다. 인간은 너무나도 유한한 존재이다. 그렇다고 과학적 탐구를 포기하고 신앙과 믿음에만 의지할 수도 없다. 그리스도교가 거의 2천 년 동안 가르친 지동설을 유럽의 그리스도교 신자들은 진리로 믿었다. 얼마나 어처구니없는 일인가. 지금도 그걸 믿는 사람이 있다! 그렇다고 우리가 과학적 지식을 절대적 진리로 받아들일 수도 없다. 과학적 지식도 당대에만 잠깐 진리로 인정되고 시간이 흐르면 송두리째 뿌리부터 뽑히는 일이 다반사였다. 19세기 말 유럽의 많은 과학자는 과학은 이제 완성되었고 모든 것이 다 증명되었다고 확신하였다. 하지만 당시에는 아기가 정자와 난자의 만남에 의하여 만들어진다는 사실조차 제대로 알지 못했다. 결국 사람들은 자신의 성향, 종교와 믿음체계, 자신을 둘러싼 역사적 환경, 자신이 배운 지식과 경험에 따라 우주를 이해한다. 이는 우리 인간의 한계이고 그렇기에 우리는 그 한계에 도전한다. 이것이 인간의 운명이 아닐까 싶다.

2016년 2월, 미국은 3억 달러를 들인 프로젝트의 결과로 중력파를 발견해 냈다고 발표했다. 아인슈타인은 일반상대성이론을 정립한 다음해인 1916년, 시공간이 뒤틀리면서 물결과 같은 파장이 발생한다는 논문을 발표했다. 그리고 100년이 지나 그것이 입증되었다. 130억 년 전 빅뱅 당시의 중력파의 흔적을 찾아냈다면 우주에 관한 비밀에 한 걸음 다가간 것이다. 앞으로도 인류는 우주와 자연 그리고 생명과 인간의 비밀에 점차 다가갈 것이다. 그 탐구의 세계로 떠난다.

3)우주 기원의 신화

▌창조 신화의 보편성

그 옛날 우리 인간은 우주에 대하여 아는 것이라고는 거의 없었을 것이다. 물론 지금도 무한한 우주를 생각하면 마찬가지이기는 하다. 과학 지식도, 고등종교의 경전도 없던 우리 선조들은 세상의 기원에 대해서 막연하게 상상만 했을 것이다. 언제부터인가 '자연스럽게' 우리 인간은 우주가 창조되었다고 생각하기 시작했고, 창조 이야기(신화)가 서서히 만들어졌다. 아이가 태어나고, 새싹이 나고, 별이 탄생하는 것을 본 우리 인간은 자연스럽게 이 세상이 누군가에 의해서 만들어졌을 것으로 생각했을 것이다. 결국 그 누군가에게 '신'이라는 이름이 붙여졌다. 우주가 신에 의하여 창조되었다는 생각은 고대 인류에게는 보편적이었다. 창조자에 의한 우주 탄생 신화는 원시시대부터 시대와 장소를 불문하고 존재했다.[7] 대부분의 사회나 문명이 나름대로의 독창적인 천지창조의 신화를 가지고 있고, 대부분의 고등종교는 천지 창조에 대하여 나름대로 교리를 가지고 있다. 재미있는 사실은 신화학자에 따르면 창조론, 즉 세상이 신에 의하여 창조된 것으로 보는 생각은 지금도 유아기부터 나타난다는 점이다. 우리의 유전자 또는 머릿속에는 이미 창조 관념이 존재하는 것 같다. 왜 그런지는 설명할 수가 없다. 다음에 이 책의 새 판을 낼 기회가 있다면 다른 사람들의 연구를 추적해볼 생각이다.

▌인간이 상상한 우주-신화

옛 사람들은 수천 년 동안 또는 수만 년이나 수십만 년 동안 예수와 부처 같은 사람을 본 적도 없고, 불교, 이슬람, 유대교, 그리스도교, 힌두교 등의 고등종교도 없이, 철학이나 과학도 없이 살아왔다. 따라서 그들 호모 사피엔스는 자연과 우주 그리고 자신에 대하여 '스스로' 상상을 했을 것이다. 상상의 나래를 펴는 이외에는 달리 방법이 없었다. 놀랍고도 이상한 것은, 그 옛날 사람들이 만들어낸 창조 신화는 거의 대부분 세계가 '신'에 의하여 창조되었다고 한다는 점이다. 물론 어떤 사람들은 창조자는 없으며 우주가 영원하다고 생각하였다. 우리는 같은 인간이므로 생각도 큰 차이가 없다고 생각하면 자연스런 일이지만 우연인지 필연인지 의문이 든다.[8] 전 세계적으로 세계가 어떻게 만들어졌는지를 설명하는 창조 신화가 없는 문화는 거의 없다고 한다. 아주 드물게 창조 신화가 없는 민족도 있다. 흥미롭고도 특이한 아마존의 부족인 피라하(Pirahã) 부족이 그렇다. 이들은 누구나 "세상은 늘 이렇게 존재해 왔다."고 말한다. 그러나 이것도 하나의 창조 신화이다.[9] 이러한 고대의 관념들은 큰 차이는 있지만 유일신교, 무신론, 불교, 힌두교 등에 나타난다.

"하느님이 땅과 하늘을 창조하였고, 땅에는 아직 식물이나 동물도 없었다.

하느님은 땅의 먼지로 인간을 지으셨다. 그가 인간의 콧구멍에 생기를 불어 넣으시자 사람이 생명체가 되었다." 이는 『구약성서』에 나오는 창조이다. 가장 오래된 창조 신화는 수메르이다. "하늘이 지구로부터 분리되었으며 어머니 신들이 솟아 나온 후 지구가 자리를 잡고 건설되었으며, 위대한 신들인 안, 엔릴, 우투, 엔키는 숭고한 자리에 좌정하고 서로에게 이야기했다. '그대는 이제 무엇을 원하시오? 그대는 무엇을 만들려 하오? 니푸르의 우추무아에서 우리는 람가 신들을 공격해서 그들의 피가 인간을 탄생시키게 하려 하오.'" 고대인들의 눈에는 세상은 땅과 하늘로 나누어져 있는 것으로 보였을 것이다. 현대인처럼 땅과 하늘이 우주라는 동일한 공간의 한 부분임을 알 수는 없었을 것이다. 땅은 인간이 사는 중심이고 하늘은 천장에 붙어있는 별들의 세상으로 보였던 것이다.

이렇게 창조 이야기가 처음 등장한 곳은 수메르로 알려졌다.[10] 바빌로니아의 최고신 마르둑은 흙을 자기 피로 반죽하여 신들을 섬길 인간을 만들었다. 메소포타미아의 전설들은 그 내용이 조금씩 다르지만, 신이 흙덩어리로 인간을 빚었다는 점은 일반적으로 일치한다.[11] 흙으로 인간을 만들었다는 점은 유대교, 그리스도교, 이슬람교의 창조론과 같으며 과학적으로도 인간은 지구를 구성하는 성분과 같은 재료를 몸속에 가지고 있다. 이점에서는 종교와 과학이 부딪힐 일은 없어 다행이다. 가장 오래된 문명인 수메르 신화에 의하면 신이 인간을 처음으로 만들 당시에는 인간은 행복하였다고 한다.[12] 그러다 인간이 자유의지를 가지고 죄를 저질러 그 벌로 대홍수를 겪고 한 사람만 살아남았다. 그는 금단의 나무에서 열매를 따먹어 오랫동안 건강하게 살 수 있는 힘을 잃었다고 한다.[13] 『구약성서』에 나오는 흙으로 인간을 만든 것, 인간의 타락 서술은 고대 근동과 중동 지방에 공통적인 신화이다. 이 신화의 내용이 인간 관념의 산물인지, 신의 계시인지는 사람마다 생각이 다를 것이다.

신이 세상을 창조했다는 신화도 다양하다. 신의 이름은 민족과 언어에 따라 다르다. 아리아인(인도계 백인)들은 디에우스 피트르(Dyaeus Pitr), 중국인들은 천(우리 민족도 같은 단어를 사용했다.), 아랍인들은 알라, 시리아인들은 엘

엘룐(El Elyon, 지고의 신)이라 불렀다. 시리아인들의 신 '엘'은 『구약성서』에 나오는 '엘' 신과 같은 이름이며 이스라엘이라는 나라 이름의 마지막 글자에 포함되어 있다.[14] 인도의 고대 종교서인 『리그베다』(121장)에는 창조주를 "우리에게 숨을 불어넣어 준 분"이라고 표현하고 있다. 『구약성경』의 창조 기술(記述)과 유사하다.[15] 또 다른 고대 인도인들의 신화에 의하면 신이 푸루사(purusa)라는 거인의 몸을 잘라내어 그의 머리는 하늘이 되고 다리는 땅이 되었으며 그가 내뱉는 숨결은 바람이 되었다고 한다.[16] 유대교와 그리스도교의 'God', 이슬람교의 알라, 시리아의 엘, 우리 민족의 천지신명은 다른 신의 이름이 아니라 모두 '신'을 의미하는 단어이다. 개신교 신자나 일부 사람들이 이슬람은 알라 신을 믿는다고 하는데 잘못된 말이다. 알라는 신을 의미할 뿐이다.

고대 그리스의 밀레토스 학파는 아마도 지중해 지역에서 최초로 우주의 기원에 관해 질문을 제기한 사람들이었던 것 같다.[17] 아낙시만드로스는 우주의 기원으로 '무한자(ápeiron)' 또는 '신성(theîon)'을, 아낙사고라스는 자존적 '정신'(noús)'을, 플라톤은 이데아를, 아리스토텔레스는 부동의 원동자를 제기하면서 '신적인 무엇'을 우주 창조의 기원으로 제시하기 시작했다. 그리고 초기 그리스도교 철학자와 신학자('호교론 자')들은 '신적인 무엇'을 창조주로 이름 붙였다.[18]

고대 그리스 사람들 중 일부는 우주는 늘 처음부터 존재한다고 보았다.[19] 바로 고대 그리스의 원자론자들이다.[20] 세상은 원자와 빈 공간으로 구성되어 있으며 이 모든 것은 창조된 것이 아니라 영원히 존재하는 것으로 본 것이다.[21] 이들은 원시의 혼란에 질서가 부여됨으로써 자연이 존재하게 되었다고 주장하였다. 카오스가 코스모스가 된 것이다. 최초의 카오스가 무엇인지에 대하여 다양한 의견만 제시되었다. 탈레스의 물, 헤라클레이토스의 불 등이 그것이다. 최초의 물질이 어떻게 만들어졌는지 그다지 고민하지 않았다. 우주는 영원한 것으로 간주한 것이다.[22] 아리스토텔레스도 우주는 영원하며 시작도 끝도 없다고 주장했다.[23]

▎과학의 몫이 아닐까

근대에 들어 칸트(1724-1804)는 시작이 없는 우주는 그 자체로 모순을 낳는다고 비판하였다. "무한한 날이 지났어야 한다면 어떻게 오늘이 온다는 말인가?"라고 의문을 제기하였다. 무한한 시간이 과거에 있어야 한다면 무한한 시간은 끝나지 않기에 현재는 올 수가 없다는 것이다. 생각도 기발하다.[24] 그러나 무한한 과거는 개념적으로 가능하다. 갈릴레오, 뉴턴, 그리고 아인슈타인은 무한한 시간의 우주를 생각하는데 아무런 문제가 없었다.[25]

우주론은 인간의 수만큼이나 다양한 생각이 개진되었다. 하지만 결국은 과학의 몫이다. 전지전능한 신에 의한 창조론, 불교나 무신론자가 말하는 영원한 우주론은 이미 인간 초기부터 나타나기 시작하였고 우리는 그 후손이다. 우리 인간에게 '신'과 '창조' 같은 세계는 설령 그것이 '사실'이라고 해도 접근이 불가능하며 우리가 할 수 있는 것은 과학적 탐구뿐이기 때문이다. 현대 과학의 빅뱅에 의한 우주 탄생이 대두되었고 계속 논쟁이 진행 중이다. 과학의 우주론으로 나아가기 전에 종교들이 말하는 우주론을 먼저 들여다보기로 한다.

2. 종교의 우주기원론

1) 유일신교의 창조론

❙ 무로부터의 창조, 아우구스투스의 답변

하늘과 땅을 창조하기 전에 하느님은 뭘 하고 있었는가?[26] 이 오만불손한 질문에 아우구스티누스는『고백록』11장에서 간결하고 정확한 답을 내렸다.[27]「그건 쓸데없는 질문이다. '이전'에 대해서는 물을 필요가 없다. 왜? 세상은 시간 안에서(in tempore) 창조된 것이 아니라 시간과 함께(cum tempore) 창조되었기 때문이다.」쉽게 말하면 시간도 창조되었다는 것이다. 창조가 있기 전에는 시간도 없었고, 공간도 없었다는 주장이다. 무로부터의 창조의 또 다른 버전인 셈이다.[28]

❙ 무로부터의 창조일까?

유일신 종교인 유대교, 그리스도교와 이슬람교뿐만 아니라 힌두교 등 많은 종교에서 우주의 기원은 신이다. 그것은 우리의 먼 조상들이 상상한 창조 신화와 유사성이 많이 발견된다. 물론 그 신의 이름은 지역마다 달랐으며 창조의 방식도 다르지만 창조라는 관념은 동일하다. 신을 지칭하는 단어는 야훼, 알라 등으로 다양하다. 하지만 알라는 신 또는 하나님(하느님이라고 쓰면 개신교인들이 싫어한다)이라는 의미를 가진 단어이므로 세 종교 모두 유일신을 믿는 것이고 부르는 이름만 다르다. 물론 상당한 그리스도인들이 하나님과 알라는 다르다고 생각하고 있으며, 알라는 사탄이라고 보고 있다.[29]

어찌되었건 유대교, 그리스도교 및 이슬람교 등 유일신교는 무로부터의 창조를 주장한다.[30] 중국에도 유사한 관념이 있다. 만물은 유에서 생겨났으나, 유는 무에서 생겨났다(天下萬物生於有 有生於無, 노자 〈도덕경〉 40장). 유일신교의 창조론에 따르면 우리 인간은 '무'로부터 온 것이다. 반면 힌두교 경전『베단

타』에 의하면 창조는 무로부터의 창조가 아니라 이미 영원히 존재(Pre-exist)하는 것으로부터 나온 것으로 보고 있다. 창조주인 신을 믿는 인도의 힌두교 전통에도 무로부터의 세계 창조와 같은 것은 없다.[31] 힌두교와 불교에서는 우주에는 나이가 없고, 시작도 끝도 없이 영원히 존재한다고 설명한다. 그런데 이 '무'라는 관념은 서구 유럽을 오랫동안 고뇌에 빠뜨렸다. '무'라는 것은 생각을 조금만 해봐도 골치가 아프다![32] 반면 고대 그리스나 인도 철학자들에게는 무로부터의 창조 관념이 없었다. 따라서 이들이 골치 아픈 '무'를 고민하지 않은 것은 결코 놀랄 일이 아니다.[33] 사실 무로부터의 창조인지 영원한 우주인지는 누구도 증명하거나 반증할 수는 없으며 단지 믿음의 영역일 뿐이다. 결국 우리 인간이 어디서 왔는지는 믿음의 영역이란 말인가. 하지만 무작정 믿을 수는 없으며 나에겐 탐구의 영역이다.

그런데 문제는 『성서』에는 무로부터의 창조라는 개념은 없다는 점이다.[34] 『성서』의 「창세기」를 읽어보면 카오스로부터 질서를 창조한 것으로 기술하고 있으며 무로부터의 창조라는 것은 발견할 수가 없다.[35] 다시 말해 무(無, nothingness)라는 개념은 유대교-그리스도교에서는 없는 낯선 개념이라는 것이다.[36] 「창세기」를 보면 신은 세상을 무로부터 창조한 것이 아니며, "형태도 공간도 없는" 땅과 물의 카오스, 히브리어로 무질서(tohubohu)로부터 창조한 것으로 묘사하였다.[37] 그럼에도 불구하고 그리스도교, 유대교 및 이슬람교는 무로부터의 창조(creatio ex nihilo)를 주장한다.[38] 무로부터의 창조란 개념은 경전에 근거한 것이 아니라 논리적으로 추론한 것이다(이에 관해서는 논란이 있다). 무한한 창조의 신이 무언가로부터 우주를 창조했다는 관념은 불합리해 보였기 때문이다. 원래 있는 재료로 무언가를 만들었다면 창조가 아닌 것이다. 그 '무언가'는 누가 만들었는지 즉각 의문이 제기되기 때문이다. 결국 2세기 또는 3세기경에 그리스도교 교부들은 무로부터의 창조론을 추론해냈다.[39] 그들은 신은 아무것도 없는 상태에서 단지 말씀으로 세상을 창조했다고 주장하였다.[40] 결국 무로부터의 창조는 『성서』 밖의 이성 또는 논리에 근거한 추론이다.[41] 이러한 주장은 후에 이슬람 신학의 교리로도 받아들여졌다.

또한 중세에 유대교에서도 받아들여졌다. 유대교 철학자 마이모니데스는 신은 우주를 무로부터 창조했다고 확인했다.[42] 논리적으로 너무도 명확한 것이기 때문일 것이다. 신학과 교리는 경전에만 근거한 것은 아니다. 사정이 이렇다보니 오늘날에도 논쟁이 끊이지 않는다. 2009년 네덜란드의 『성서』 해석 전문가인 엘렌 반 볼데 교수는 「창세기」의 첫 문장이 지난 수백 년 동안 잘못 해석됐다고 주장했다. "태초에 하느님이 천지를 창조했다."가 아니라 "태초에 하느님이 하늘과 땅을 분리했다."로 해석하는 게 올바르다는 주장이다. 그는 히브리어의 '바라(bara)'를 창조했다고 해석하는 오류를 범해왔다고 주장했다. 「창세기」 첫 문장을 이렇게 해석할 경우 '창조' 이전에 하늘과 땅, 물이 하나로 존재했으며 하느님이 이를 분리해 우주에 각각의 위치를 부여했다는 해석이 가능하다. 「창세기」가 쓰인 기원전 7~8세기 사람들은 태초에 무에서 천지가 창조됐다고 믿지 않았다고 강조했다. 결국 무로부터의 창조가 논란이 되는 것이다. 그러나 태초 이전에 무언가 있었다고 하더라도 질서를 불어넣은 존재는 하느님으로 여전히 '창조주'인 점은 변함이 없다(연합뉴스, 2009.10.12.).

그러나 이러한 창조론에 대하여 명심할 것이 있다. 그리스도교 신자라면, 또는 유대교나 이슬람교 신자라도 마찬가지이며 유일신교를 믿지 않는 사람들도 알아야 할 것은 무에서의 창조란 세계와 인간, 시간과 공간이 다른 어떤 원인이 아닌 오직 신에만 근거한 것이라는 순전한 신앙의 철학적·신학적 표현이라는 점이다.[43] 이 모든 것이 최초의 창조적 원인 중의 원인, 근원에서 나왔다는 것이다.[44] 유일신 신앙은 이를 하느님, 바로 창조주 하느님이라고 부른다. 그냥 간단한 말이다. 신이 이 모든 것을 창조했다는 것을 표현한 것이다.[45] 무로부터의 창조라는 관념은 인간의 이성에 기초한 것이며 그것은 논증될 수도 반증될 수도 없는 것이다. 유일신교에서 말하는 우리 인간의 기원은 간단히 말해서 신이 우리 인간을 창조했다는 점이지 어떤 방식으로 언제 창조했는지는 신학자들의 논증이고 교리이며 믿음의 대상일 뿐이다.

❙ 일치된 의견은 아니다

신의 창조 '행위'를 한 번도 본 적이 없는 인간이 사유의 나래를 폈으니 의견일치란 가능할 수가 없었다. 인간의 생각이 개입되면서 그리스도교의 창조 교리에 대한 논쟁이 시작된 것은 자연스런 일이다. 결국 창조론에 대하여 그리스도교 신학자들끼리도 의견을 달리했다.

그리스도교는 13세기에 우주가 시간에 있어서 시작이 있다는 것을 신조(article of faith)로 선언하였다. 창조가 있었다면 '시작'은 당연히 있을 것이기 때문이다. 그러나 중세의 그리스도교 신학자인 토마스 아퀴나스는 그것은 입증될 수 없다고 반박하였다. 당연한 말이었지만 위대한 신학자가 말했으니 그 파급력은 컸을 것이다. 어떻게 그것을 입증하거나 반증할 수 있단 말인가.[46]

그리하여 중세에 아우구스티누스와 토마스 아퀴나스 논쟁이 이어졌다. 토마스 아퀴나스는 '세계는 영원하다'라는 명제도, '세계는 창조되었다'라는 명제도 이성으로 논증할 수 없다고 주장했다. 그러한 논증은 이성의 한계를 넘는 일이라는 것이다. 너무도 당연한 말이다. 이 점에서 토마스 아퀴나스는 칸트적인 '이율배반'의 입장에 가깝고 붓다의 생각과 유사하다. 각각의 주장은 참일 수 있으면서 동시에 서로 모순 관계에 있는 이율배반이라는 의미이다. '아포리아'는 아리스토텔레스에게 해결이 곤란한 것, 즉 하나의 문제에 두 개의 모순되는 합리적인 주장을 말한다. 아포리아는 칸트에게는 이율배반을 의미하는 안티노미(Antinomi)이다. 창조 같은 형이상학적인 주제는 인간의 이성으로 풀어봐야 자기모순이나 이율배반에 직면하게 된다는 것이다. 붓다는 우주의 창조에 대하여 알 수도 없으며 그것에 대하여 논쟁해봤자 결론이 나지 않는다고 주장했다. 인간의 생각이란 거기서 거기이다. 그러나 토마스 아퀴나스는 칸트와는 다소 다르다.[47] 칸트에게는 '세계는 영원하다'라는 주장도, '세계는 창조되었다'라는 주장도 그 자체로서는 똑같이 가능하다(이율배반).[48] 그 두 명제가 맞붙어서 어느 하나를 제거시킬 수는 없으며 둘 다 유효하다는 것이다. 그러나 아퀴나스는 다르다. 이 두 명제는 그 자체로서 각각 논증이 불가능하다. 두 명제 모두 이성적으로는 논증될 수 없다. 토마스 아퀴나스는 신앙으로써는 '세계의 창조'를 믿고 받아들일 수 있다고 본 점에서 전형적인 중세인이었다. 토마스 아퀴나스가 볼 때 세계의 창조는 오직 '신앙'을 통해서만 받아들일 수 있으며, 그것을 이성을 통해서 논증할 경우에는 '불신자들의 웃음거리가 될 뿐'이다. 그러한 논쟁은 의미가 없으며 신앙의 문제라는 것이다. 신앙의 문제를 과학의 문제로 풀어나가는 것은 그 자체로 웃음거리가 될 수밖에 없다.[49] 토마스 아퀴나스의 말대로 오늘날에도 그리스도교의 많은 논쟁은 웃음거리가 되고 있다.

토마스 아퀴나스의 주장에서 말장난 같아 보이면서도 흥미로운 것은 '세계는 영원하다'라는 명제와 '세계는 신에 의해 창조되었다'는 명제가 모순이 아니라고 주장하는 점이다. 두 명제 각각은 이성으로서 논증할 수 있는 명제가 아니라고 하면서도 두 명제가 동시에 성립하는 것은 가능하다고, 즉 두 명제가 모순이 아니라고 말하고 있기 때문이다. 입증도 되지 않는데 양립한다고 하는 토마스 아퀴나스의 주장은 말장난같이 보인다. 우주의 창조 같은 주제를 형이상학적으로 논쟁하는 것이 얼마나 허황된 말들을 낳는지 극명하게 보여주는 사례이다.[50]

반면 아우구스티누스주의자들은 원인은 결과보다 반드시 시간적으로 선행해야 하며, 세계의 창조에 무가 반드시 선행해야 한다고 주장했다. 세계는 영원한 것이 아니며 무로부터 창조되었다고 주장하는 것이다. 아무도 본 적이 없고 결코 입증할 수도 반증할 수도 없는데 서로 옳다고 주장하며 논박하는 것을 보면 씁쓰름한 '웃음'이 나온다. 이에 대하여 토마스 아퀴나스는 (불과 그것이 일으키는 열이 동시적이듯이) 원인과 결과가 동시적일 수 있으며 무가 선행했다는 것은 단지 신이 세계를 창조하기 전에는 세계는 없었다는 것을 뜻할 뿐임을 지적해 논박한다.[51] 이 문제는 토마스 아퀴나스가 철학과 신학을 어떻게 적당히 둘러댔는지를 잘 보여주는 예이다.[52]

토마스 아퀴나스 자신이 스스로 말했듯이 스스로 불가지론을 주장했으면 붓다처럼 침묵할 것이지 신앙의 문제를 인간의 이성으로, 철학적으로, 논리적으로 풀어나가는 것이 얼마나 허망한 일인지 잘 보여주는 사례이다. 신앙은 신앙이다. 자연과 우주에 대한 연구는 과학자의 일이다.

그리스도교는 2000년대에 들어와 자연 과학을 적극적으로 수용하는 자세를 보이기 시작했다. 물론 근본주의자들은 여전히 중세에 머물러 있다. 자연과 우주에 대한 연구는 자연 과학자들의 몫임을 받아들이는 것이 열린 자세라고 생각한다. 교황 비오 12세는 1950년에 진화론을 인간의 발전에 대한 유용한 과학적 접근이라고 언급하였고, 교황 요한 바오로 2세도 진화론을 '가설 이상의 것'으로 평가하였다. 2009년 로마 가톨릭은 다윈의 진화론이 그리스도교 신앙과 양립할 수 있다면서 생물학적 진화와 교회의 창조론은 상호보완적인 것이라고 언급하였다. 교황청은 다윈 탄생 150주년 기념 학술회의를 개최하기로 하면서 '지적 설계론'이 '빈약한 신학, 빈약한 과학'이라고 비판하기 위해 마련된 것이며, '지적 설계론'은 과학이나 신학적 관심사가 아니라 단순한 '문화현상'으로서 주변적 의제로 취급될 것이라고 말했다. 그럼에도 불구하고 보수적, 근본주의적인 개신교를 중심으로 한 창조론 논쟁은 여전하다.

창조론은 신앙고백이다

수천 년 전 우리의 먼 조상들이 생각해낸 창조 이야기는 그들 나름의 '실존적' 고뇌이며 대답이다. 그것이 유대교, 그리스도교와 이슬람교의 경전뿐만 아니라 힌두교 등 여러 종교에 반영되었을 수도 있고, 물론 신의 계시일 수도 있다.[53] 하지만 우리로서는 알 수 없다.

유대교, 그리스도교와 이슬람교라는 유일신 종교는 창조론을 공유하고 있다. 그러나 유대교와 그리스도교의 「창세기」는 태초에 인간이 낙원에서 살던 이야기, 그러다가 죄를 짓고 타락한 이야기를 들려주지만, 「창세기」의 문학 양식을 보면 이것이 어떤 태초의 기억 혹은 역사적인 보도가 아니라는 사실을 알게 된다.[54] 물론 그리스도교 근본주의자나 보수 진영에서는 여전히 역사적인 사실로 보고 있지만 그들만의 이야기일 뿐이다. 「창세기」의 태초 이야기는 시의 옷을 입은 종교적 메시지다. 한 분 하느님과 창조주의 위대함, 피조 세계의 근본적인 선함, 인간의 자유, 책임, 죄에 대한 메시지다.[55]

그리스도인이든 유대인이든 『성경』이 '하늘'에서 바로 내려온 하느님의 말씀이라고 믿을 필요는 없다. 경전의 글자 하나하나가 신이 직접 계시한, 오류가 전혀 없는 책이라고 생각하는 순간 그는 근본주의자이다. 그런 사람은 자신의 경전과 칼을 들고 다른 경전을 믿는 사람들과의 '죽음'의 전쟁터에 나가면 된다. 흔히 근본주의자라고 알려진 사람들, 그리스도교의 근본주의자뿐만 아니라 보수적이고 근본주의적인 성향의 무슬림도 『코란』을 하늘에서 뚝 떨어진 하느님(알라는 신이라는 뜻이다)의 계시라고 생각한다. 이들이 믿는 이슬람의 전통적(?) 이해에 따르면, 『코란』은 한 글자 한 글자 인간을 위해 받아 적게 한 것이라 한 문장 한 문장이 전혀 오류가 없는 무류(無謬)의 진리다. 그리스도교 근본주의자도 마찬가지이다. 두 근본주의자가 부딪치면 결국 어떠한 일이 벌어지는지 역사가 말해주고 있다. 폭력과 살인이다. 근본주의에 반대하는 그리스도인들은 『성경』은 인간의 말로 기록된 하느님 말씀으로 이해해야 마땅하다고 생각한다. 『성경』의 어디를 보나 역사적으로 인간이 한 문장 한 문장 모아 기록하고 편집하고 여러 노선으로 발전시켰음을 알 수 있기 때문이다. 『성경』은 인간의 작품이다. 그래서 결점과 모순, 은폐와 혼란, 한계와 오류가 없을 수 없다. 다른 경전도 마찬가지다. 어쨌든 『성경』은 분명하거나 덜 분명한, 더 강하거나 더 약한, 원천적이거나 파생된 신앙의 증언들을 다채롭게 모은 책이다. 이러한 『성경』의 역사적 성격은 『성경』 비평과 비판적 분석을 가능하게 할 뿐 아니라 필요하기도 하다.[56]

그러므로 『성경』은 하느님의 계시 자체라기보다는 그 계시에 대한 인간의 증언이다. 전지전능한 신이 있다면, 전지전능한 신이 인간을 창조하였고 인간을 사랑하고 구원한다면, 분명 계시를 하였을 것이고 인간으로 하여금 그 계시를 알게 했을 것이라는 전제이다. 물론 왜 신이 그렇게 은밀하고 애매하게 일부 인간에게만 알렸는지 비판한다면 모른다고 말할 수밖에 없다. 그 전제를 수용한다면 『성경』은 상징과 비유를 통해 그 첫 장에서 세계와 인간의 시초와 본질에 대한 물음과 증언으로 채워진 것으로 받아들일 수 있다. 은유와 비유를 통하지 않고서야 과학 이전 단계의 인간이 하느님의 창조 행위를 어떻게 묘사할 수 있었겠는가![57] 「창세기」 1장에서 11장까지는 우주와 인류의 기원에 대해 깊이 생각한 고대 히브리인들의 서사시로 보아야 한다. 이들은 자신들의 지적인 한계 너머에 있는 궁극적인 관심사인 창조와 신을 자신들의 언어로 표현한 것이다. 유한의 언어로 무한의 세계를 표현하는 일은 불가능한 일이다. 그래서 「창세기」는 여러 집단 나름의 우주 창조와 인간 창조 그리고 여러 가지 기원에 관한 서로 다른 이야기들이 나열되어 있다. 따라서 그들이 고백한 창조 서사시는 신앙의 고백이며 그것은 인간이 과학적 탐구로 발견한 사실이 아니다.[58]

인간의 신앙고백으로써 창조신앙은 자연 과학적 지식에 아무것도 보태지 않으며 어떤 자연 과학적 정보도 제공하지 않는다. 따라서 그리스도교가 창조론을 과학에 의하여 입증하려 하거나 과학화하려는 시도 또는 과학으로 판단하려는 시도는 그 자체가 오류이며 잘못된 접근이다.[59] 그리스도교 근본주의자들은 만물의 근원을 믿는 우주론의 근본 문제에 대하여 『성경』이 답을 내린다고 진심으로 믿는다.[60] 그러나 신이 세상을 '엿새 만에' 창조했다는 순진하고도 몽매한 『성경』의 믿음을 고수한다면 단연코 아니라고 답할 것이다. 『성경』을 진실로 받아들이더라도 그 때문에 글자 그대로 받아들이지는 않는다.[61] 당연히 『성경』의 창조 이야기를 과학의 잣대로 평가하는 것도 그 자체로 오류이다.

창조론은 하나가 아니다

또한 그리스도교와 유대교의 창조 이야기는 하나가 아니다. 『구약성서』에는 두 가지의 창조 이야기가 있다.[62] 첫 번째 창조 이야기는 「창세기」 1장 2절부터 2장 4절까지 나온다. 이것은 기원전 500년경에 쓰인 것으로 학자들은 추정한다. 이 이야기는 양식과 용어상(하느님을 '엘로힘' Elohim이라고 칭하고 있다) '사제 계 문헌'(P)이라 불리는 원전에서 비롯된 것으로 추정되며, 기원전 6세기 바빌론의 사제들이 세계의 기원에 관한 정보를 수집하고 활용하여 편집한 것으로 보며, 크게 네 시기로 구분하여 기술하고 있다. 그래서인지 창조 이야기는 수메르나 바빌론 등 메소포타미아의 창조 이야기와 흡사한 면이 많다. 그것은 창조, 노아, 아브라함, 모세로 이어진다. 이는 바빌론 신화에 대한 반(反) 신화로 등장한 것으로 보인다. 바빌론 신화에서는 세계는 신들의 투쟁에서 생성된 것으로 보고 있는데, 이를 받아들이지 않고, 세계를 하느님의 숭고한 창조 행위의 산물로 보는 관점에 따라 기술하였다.[63]

종교 경전은 고대로부터 전래된 개별 종교와 그 전통으로 이어진 것이다. 고대 인도인은 '수트라(Sutra)'라고 불렀고 불교가 중국으로 전래되면서 '경전'이라고 번역되었다. 유대교, 그리스도교 등에서는 『성서』라는 단어를 쓴다. 문제는 이를 어떻게 해석하고 이해하는가이다. 근대에 시작된 진화론과 『성서』 비평 등으로 근본주의가 출현하고 갈등이 일어난 것이다. 19세기 이후 보수주의자와 근본주의자들은 『성서』를 글자 하나하나 오류가 없는 것으로 보는 '축자영감설'을 따랐다. 그러나 진보적 그리스도인들은 근본주의에 대립하며 축자적인 해석에 반대한다. 이들은 창조론을 인간의 신앙고백으로 받아들인다.

이러한 점을 염두에 두면서 창조 이야기를 이해하여야 한다. 첫 번째 창조 이야기를 보면 무에서의 창조가 아니라, 혼돈으로부터의 창조를 기술하고 있다. '처음에' 혼돈한 가운데 하느님이 있었던 것으로 시작된다. 하나님은 혼돈을 정리하여 우주와 자연과 인류를 창조했고 그것들을 살게 했다는 것을 분명하게 기술하고 있다. 마치 과학자들의 주장대로 빅뱅의 혼돈 속에서 우주와 자연이 어떻게 만들어져갔는지를 묘사하고 있는 것이다. 동시에 하늘과 땅이 어떻게 생겨났는지 이야기하고 있다. 여기서 근본주의자는 6일 동안의 창조 이야기를 연대기적 순서로 글자 그대로의 역사로 본다. 하지만 진보주의의 입장에서 보면 그것은 창조에 대한 인간의 신앙 고백이며 우리가 '진실로' 알 수가 없다.[64] 여기서 "하느님이 보시니, 좋았다."는 삼라만상은 하느님이 창조한 세상은 선하며 위대하다는 점을 고백한 것이다. 물론 세상은 참을 수 없는 악이 존재하며 참혹한 면도 많다. 사랑의 신과 세상에 만연한 악은 인간으로서는 이해하기 어려운 문제이다. 많은 신학자가 나름 그 점을 극복하려 하지만 수긍하기에는 어려운 점이 많다. 결국 신앙이란 그럼에도 불구하고 믿는 것일 수밖에 없다![65]

유대교와 그리스도교의 창조 이야기는 비록 메소포타미아 신화와 유사한 면도 있지만 『구약성서』에 기술된 창조론은 특별한 의미를 고백하고 있다.[66] 첫째는 하느님의 초월성이다. 하느님은 세계를 말씀만으로 창조했고, 세계를 초월해 있다는 고백이다. 둘째는 인간의 존엄성이다. 인간은 신들의 종으로 창조되지 않았고, 하느님의 모상으로 창조되었다고 기술하고 있다. 인간은 하느님의 수탁자로서 나머지 피조물보다 우위에 있다고 묘사하고 있다. 그렇지만 인간은 자연계에서 착취자로서 묘사되고 있지 않다. 셋째는 창조의 질서와 통일성이다. 이로써 우주 질서가 혼돈과 구별된다. 우주는 상호 의존적으로 잘 정돈되고 조화로운 전체다. 한 분이신 하느님이 하늘과 땅, 하나의 우주를 창조했다. 이것이 유대교와 그리스도교의 창조론의 함축된 의미이다.[67] 결국 유대교와 그리스도교에서 말하는 인간은 전지전능한 신이 자신의 모상에 따라 창조되었고, 세상은 조화로우며, 인간은 이 지상에서 만물의 영장으로 신의 위탁을 받은 존재이다.

두 번째 창조 이야기는 「창세기」 2장 4절부터 25절까지 나온다. 익명의 저자가 기원전 900년경에 썼거나 편집했다고 추정되고 있다. 학자들은 이를 야훼 전승 문헌(J)이라 부른다. 「출애굽기」 3장 15절에서 야훼라는 이름이 계시되기 훨씬 전부터 이 문헌이 하나님의 이름을 꾸준히 야훼로 써왔기 때문이다. 여기서도 창조는 형태 없이 존재하는 것들에 질서를 부여하는 작업으로 기술되고 있다. 인상적인 것은 첫 남녀의 창조에 집중된다는 점이다. 하나님이 남자와 여자를 어떻게 창조했느냐가 아니라, 남자와 여자가 무엇인지가 상징적으로 표현되고 있다. 그들은 영혼과 육신을 지닌 하느님의 모상이었고 남자에서 나온 여자는 남자의 협력자였다. 여기서 '땅을 지배하라'는 말은 과거에는 '착취'라는 말로 이해했으나 근대 이후에는 경작하고 돌보라는 뜻으

로 이해되었다. 짐승들을 '다스리라'는 것은 '하느님의 모상'으로서 그들을 책임지라는 뜻이다.[68]

이 두 가지 창조 이야기를 보면 '무에서의 창조'는 어디에서도 언급되지 않고 있다. 이 무로부터의 창조라는 관념은 먼 훗날 그리스 사상의 영향을 받은 유대 공동체에서 발전되었으며, 「마카베오기」 하권에 처음 등장한다.[69]

오늘날 진보적인 신학은 인간을 진화의 특별한 산물로 보며, 신이 직접 창조한 만물의 영장으로 보지는 않는다. 즉 신이 진화의 과정 안에서 인간을 창조하였다는 것이다.[70] 하지만 근본주의적인 관점은 완전히 다른 주장을 한다. 2011년 한국 창조과학회는 『엿새 동안에: 6일 창조의 증거들』을 펴냈다. "만약 「창세기」 앞부분의 장들이 진정한 문자 그대로의 역사가 아니라면… 『성경』의 나머지 부분들에 대한 신뢰도 훼손될 수밖에 없다."라고 주장하고 있다. 이들은 문자 그대로 역사적 사실로 해석하는 입장을 가지고 있다. '성경의 6일 창조는 과학적으로 사실이었다.'라는 다소 도발적인 문구를 내세운 책이다. 이 책에 추천사를 남긴 유명 신학 대학교의 총장들도 이를 지지하였다. 그리스도교 내에서도 신앙과 교리가 얼마나 차이가 나는지 극명하게 보여준다. 사실 그리스도교라는 하나의 실체가 있는지조차 의문이 들 정도로 다양한 교파가 존재한다. 이러한 입장은 중세 내내 유럽 그리스도교에서도 변하지 않는 지지를 받았다. 그리고 창조의 시점은 다윈이 살던 시대에 유럽에서의 지배적인 견해에 따르면 기원전 4004년으로 계산되기도 했다. 이것은 아일랜드의 대주교 어셔(James Ussher, 1581~1656)가 1650년에 계산해냈다고 한다.[71] 이 주장이 과학적이라는 미신과도 같은 믿음은 19세기까지도 이어졌다. 1800년대라면 21세기 인간이 근대라고 부르는 시기로 그리 멀지 않은 과거이다.[72] 19세기에도 교회는 「창세기」의 계보를 토대로 계산한 결과, 인간은 예수가 오기 4~6천 년 전에 창조되었다고 주장하였다. 그 시기는 지구상에 마지막 빙하기가 끝나고 인류 호모 사피엔스가 대대적으로 지구를 장악하기 시작한 시점이었으니 틀린 것도 아니었다. 그런데 이들 근본주의자들이 천동설은 왜 주장하지 않는지 모르겠다. 분명히 『성경』을 근거로 했는데 말이다.[73]

창조론은 역사적 맥락 안에서 탄생했다

1872년 조지 스미스(1840~1876)는 대영 박물관에 보관되고 있던, 기원전 7세기 아시리아 왕의 서고에서 발견된 점토판에서 '노아의 방주'와 비슷한 대홍수에 관한 구절을 발견했다. 이것이 그 유명한 『길가메시 서사시(Epic of Gilgamesh)』이다. 고대 아시리아, 수메르, 아카드 문명은 우리에게 익숙하지 않다. 늘 그리스 문명에서 시작하여 유럽 역사로 귀결되는 교육을 받았기 때문이다. 그러나 메소포타미아는 오늘날에도 생생하게 우리와 함께 하고 있다. 길가메시는 기원전 2800~2700년 경 수메르 남부 도시국가 우루크를 다스리던 왕이며 실존 인물인 것으로 추정한다. 수메르 문명이 밝혀지면서 『구약성경』은 메소포타미아 지역에서 유래했다는 '범 바빌론주의(Pan-babylonism)'가 나타났다. 왜냐하면 그것에 나타난 홍수 이야기는 『길가메시』의 마지막 장에 수록되어 있는데, 이스라엘 사람들의 신이었던 엘(El)과 유사한 이름의 신인 엔릴(Enlil) 신이 홍수를 만들었기 때문이다. 그렇다면 유대교와 그리스도교의 경전은 복제본이 아니냐는 의문이 제기되는 것은 당연하다.

메소포타미아 문명에 닥쳤던 많은 대재앙 중 하나인 대홍수는 후에 『성서』 이야기의 기초를 형성하였다고 추정한다.[74] 홍수 이야기는 수메르 인들에게서 먼저 나왔으며, 두 강의 범람으로 인한 모질었던 경험에서 연유한 것이었다. 후에 대부분 단편화되고 변형된 여러 개의 이야기가 우리에게 전해진다. 이들 중에서 가장 훌륭한 것이 『길가메시 서사시』의 일부분을 이루고 있다. 홍수 이야기는 『길가메시 서사시』에 하나의 흥미로운 삽화로 들어가 있다. 신들은 인간의 죄악에 분노하여 홍수로써 처벌하기로 결정하였다. 그러나 선신인 에아는 우트나피쉬팀(Utnapishtim)을 측은하게 여겨 그러한 결정 내용을 그에게 알려주었다. 그 말을 들은 우트나피쉬팀은 곧 방주를 만들기 시작했다.[75] 후에 우트나피쉬팀은 길가메시에게 다음과 같이 말하였다(인용된 것은 그 일부이다).[76]

나는 나의 가족과 일가친척을 배에 타도록 하였다.
들판의 짐승과 들판의 가축, 특수한 솜씨가 있는 사람들을 모두 배에 태웠다.
준비가 다 되었을 때 샤마쉬의 약속된 말이 들려왔다.
'어둠의 지배자가 억수 같은 비를 보내면 배에 올라 문을 닫으라.'
정해진 시간이 다가왔다.……
수평선 너머로 검은 구름이 몰려 왔다.
그 구름 속에서 아다드[77]가 천둥을 울렸다.……
아다드의 폭풍은 하늘까지 치솟았다.
모든 빛이 어둠으로 바뀌었다.……
물이 산위로 넘쳐흘렀다.……
신들은 홍수의 공포로 떨다가
달아나 아누(Anu)의 하늘로 피해 올라갔나니
저들은 개처럼 웅크리고 성벽에 움츠려 움직일 줄 몰랐더라.
이쉬타르는 고통스럽게 해산하는 여인처럼 울부짖었으며
신들의 여왕은 커다란 소리로 외쳤다.
'이전의 인간은 진흙으로 변하였구나.'
여섯 날 여섯 밤을
온 곳에 홍수가 몰아치고 태풍이 땅을 굴복시켰느니라.
일곱째 날 동이 터 오르자 태양이 잔잔해지고 홍수는
한바탕 싸우고 난 병사들 같았느니라.
파도는 잠들고 고약한 바람도
숨을 죽이며 큰 비도 멈추더니라.
모든 인간은 진흙으로 변하였으며……
내가 창문을 여니 빛이 얼굴에 쏟아지더라.
나는 고개를 숙이고 꿇어 앉아 눈물을 흘렸느니라.
얼굴 위로 마구 눈물이 흘러내렸고 고개를 들어 세상을 바라보니 모든 것이 망망대해뿐이다.
열두 번째 날(?)이 지난 후에 육지가 나타났느니라.
니시르의 육지를 향하여 배가 나아갔고
니시르의 산에 배가 단단히 걸려 조금도 움직이지 않았느니라.
배가 선 지 이레 되던 날
비둘기 한 마리를 날려 보내니
그 비둘기가 다시 돌아왔더니라.
앉을 곳이 없어 다시 돌아온 것이니라.
제비 한 마리를 날려 보내니
그 제비도 다시 돌아왔더라.
앉을 곳이 없어 돌아왔더니라.
갈 까마귀 한 마리 날려 보냈더니
그것은 물이 줄어든 것을 보았느니라.
그것은 먹이를 쪼아 먹으며 이리저리 날아다니며 까악 대더니
다시 돌아오지 않았느니라.
그때서야 나는 비로소 모든 것을 사방에 풀어 놓았느니라.
그리고 희생제의를 지냈느니라.
나는 신주(神酒)를 산의 꼭대기에 뿌렸느니라.

이것이 『구약성서』에서 나타나는 내용과 밀접하게 연결된다는 사실은 말할 필요도 없다. 최소한 유사하다.[78] 유대교와 그리스도교의 창조 이야기는 수메르, 바빌론 등 메소포타미아의 창조 신화와 유사하다. 창조 신화는 메소포타미아에만 있는 것도 아니다. 전 세계 대부분의 지역에는 오래전부터 창조 신화가 구전되어 왔다. 많은 경우 신에 의한 창조 이야기이다. 진보적인 신학자는 『성경』의 창조기술을 인간의 신앙 고백으로 본다. 그렇다면 『성경』 이외의 창조 신화도 인간의 신앙 고백일 수 있다. 그 신앙 고백이 신의 뜻인지

는 인간으로서는 알 도리가 없는 신앙의 영역이다.

▎창조의 목적은 인간이다

유일신교에서 신이 우주를 창조한 이유는 무엇이라고 말하는가? 그리고 우리에게 의문인 인간을 창조한 이유는 무엇이라고 말할까. 유일신 종교는 우주 창조의 목적은 인간이라고 말한다. 그 창조는 세계와 인간에 대한 하나님의 자비로운 사랑에 의한 것이라고 한다.[79] 『성경』이 인간의 신앙 고백이라는 진보적인 신학의 입장에서 보면 인간 스스로 창조의 목적은 인간이라고 고백한 셈이다. 인간의 오만일 수도 있다는 생각이 들기도 한다. 만일 수백 년 뒤, 아니 수십만 년 뒤 우리보다 더 지적인 생명을 우리가 만난다면(가정이지만), 또는 더 지적인 존재가 지구상에 나타난다면, 그들은 스스로 창조의 목적이라고 고백할 것인가. 만약 외계인의 존재가 확인된다면, 더 나아가 그들이 인간만큼 고등 존재이거나 인간 이상의 존재임이 드러나는 순간, 우주 창조의 목적이 인간이라는 유일신교의 가르침은 흔들린다. 인간의 신앙 고백이란 한계가 있을 수밖에 없다.

유대교와 그리스도교의 경전인 「창세기」 1장을 보면 "하느님께서 보시니 참 좋았다(God saw how good it was.)"라고 기록하고 있다. 이 장에는 인간을 창조한 목적이 나온다. 하느님께서는 당신의 모습대로 사람을 지어내셨다. 하느님의 모습대로 사람을 지어내시되 남자와 여자로 지어내시고 하느님께서는 그들에게 복을 내려주시며 말씀하셨다. "자식을 낳고 번성하여 온 땅에 퍼져서 땅을 정복하여라. 바다의 고기와 공중의 새와 땅 위를 돌아다니는 모든 짐승을 부려라!" 하느님께서 다시, "이제 내가 너희에게 온 땅 위에서 낟알을 내는 풀과 씨가 든 과일 나무를 준다. 너희는 이것을 양식으로 삼아라. 모든 들짐승과 공중의 모든 새와 땅 위를 기어 다니는 모든 생물에게도 온갖 푸른 풀을 먹이로 준다." 하시자 그대로 되었다. 이렇게 만드신 모든 것을 하느님께서 보시니 참 좋았다. 엿샛날도 밤, 낮 하루가 지났다(창세 1.26-30.).[80]

『구약성경』에 의하면 인간은 '만물의 영장'이다. 뿐만 아니라 인간은 스스로 '만물의 영장'이라고 칭하고 있다. 그것은 2천 년 이상의 역사를 가지고 있다. 아리스토텔레스의 『동물의 역사』에는 '자연의 사다리'라는 개념이 나온다. 만물은 나름대로 위계질서가 있고 자신의 자리가 있다는 주장이다. 후에 신플라톤주의는 좀 더 상세하게 묘사하여 신, 인간, 동물, 무생물이라는 계보를 만들어냈다. 중세에 들어 토마스 아퀴나스는 인간은 우주 안에서 특별한 위치를 가지는 것으로 자부하게 된다. 『구약성서』와 다름이 없는 것이다. 이렇게 우주가 인류를 위한 곳으로 설계되었다는 생각은 유대교나 그리스도교의 경전에만 나오는 것이 아니다. 수천 년 전부터 수많은 신화에 등장해왔다. 기원전 2000년에 작성된 한 이집트 문서에는 이런 구절이 나온다. "신은 인간을 위해 하늘과 땅을 만들었다." 중국 전국시대 초기의 도교 철학자인 열자는 똑같은 생각을 어느 이야기 속의 등장인물을 통해서 이렇게 표현했다. "특별히 우리를 위해서 하늘은 다섯 가지 곡식을 자라게 하고 지느러미가 달린 무리와 깃털이 달린 무리를 낳는다."[81] 유일신교뿐만 아니라 대부분의 종교 전통 그리고 인간 스스로가 만물의 영장이며 우주는 인간을 위해 만들어졌다는 생각을 가지고 있다. 객관적으로도 인간이 아직까지는 가장 지적인 존재임이 틀림없으나 우주가 인간을 위해 만들어졌는지는 아무런 증거가 없다. 반면 무신론자 등은 우주와 세계를 아무 의미도 없는 곳, 냉혹한 법칙에 따라 운동하는 목적이 없는 장소로 본다. 사실 이렇게 생각해보면 전자일 것 같고 저렇게 생각하면 후자가 맞는 것 같다. 설령 인간이 의미 없는 우주의 한 모퉁이에서 우연히 나타난 존재라 할지라도 자신에겐 가장 특별한 '나'이다. 허무가 기다린다고 하더라도 스스로 설 일이다.

2) 다양한 우주기원론

▎불교의 우주기원론

불교는 영원한 우주를 전제하고 있다고 알고 있다. 과연 그럴까. 원시근본

불교(이는 붓다의 '본래' 가르침이란 의미로 사용되는 용어다)는 우주의 기원과 관련된 물음을 '형이상학인' 주제로 보았다. 다시 말해 인간 인식의 한계를 벗어나는 질문으로 본 것이다. 붓다는 형이상학적 주제인 신, 우주의 기원 등에 대하여 침묵하였다. 그것은 증명할 수도 반증할 수도 없기 때문이었다.[82]

붓다는 우주의 기원을 알 수 없는 것으로 보았지만 후기 불교는 우주는 창조되지 않았고 시작이 없었다고 보았다.[83] 붓다가 침묵한 것과 후기 불교가 주장한 것은 분명 다르다. 붓다는 우주론이나 인간의 기원론에 관해 아무런 주장도 펼치지 않았다. 그는 세계는 신에 의해서도, 창조주에 의해서도, 사악한 영에 의해서도(영지주의자나 마니교가 생각하는 것처럼) 창조되었다고 말하지 않았고, 그것이 영원한 것인지 아닌지도 말하지 않고, 단지 존재하기를 계속하는 것, 즉 선하거나 악한 인간의 행위로 끊임없이 창조되는 것이라고 생각했던 것 같다.[84]

대체로 불교의 우주론은 무한한(enormous) 시공간에 대한 인식이 그 특징이다. 불교 경전을 연구한 최초의 현대 학자들은 불교의 거대한 숫자관념(huge numbers of the Buddhists)에 놀랐다. 150년 전까지만 해도 우주 창조는 단지 몇천 년 전에 이루어졌다고 알았던 서구 그리스도 교인들로선 이는 놀라움이었다. 왜냐하면 당시 인도의 시간관념은 1조 년, 1경 년 같은 엄청난 크기를 다루었기 때문이다.[85] 나는 붓다가 가르친 전체적인 맥락을 보면 우주의 기원에 대하여 아무런 이론도 제시하지 않았다고 본다.

불교의 이러한 태도는 그리스도교와는 달리 우주와 인간의 기원론 논쟁을 일으키지 않는 편이다. 그리스도교의 교리는 증명도 반증도 할 수 없는 형이상학적 주장 때문에 끊임없이 논란을 야기했다. 천동설처럼 근거 없는 형이상학적인 주장은 오류로 판명된 것이 역사적으로 많았다. 반면 불교는 그러한 주제로부터 비교적 자유로워 논란을 비껴가며 최근의 과학적 주장도 있는 그대로 받아들이는 편이다. 그렇다고 불교가 형이상학으로부터 자유로운 것은 아니다. 불교의 형이상학의 이슈 그리고 불교의 근본적인 문제는 나중에 또 말할 기회가 있을 것이다.

❙ 모두 다 신이다

대표적인 '신비주의' 종교인 힌두교는 창조를 무로부터의 창조가 아니라 신으로부터의 '유출'이라고 본다. 창조는 새로운 것의 창조가 아니라 신 자신의 연장(延長)이라는 것이다. 나무가 자라 새로운 잎을 만든다고나 할까. 신플라톤주의도 유사한 주장을 하였다. 대표적인 신플라톤주의자인 플로티노스는, 일자(신)는 유출을 통해 여러 존재를 낳는다고 하였다. 여기에서 "낳는다." 라는 것은 부모가 자식을 낳듯이 자신의 바깥에 어떤 존재를 생(生)하게 하는 것은 아니다. 일자의 낳음은 그 자신의 충만함이 넘쳐서 흘러내리는 것으로 보는 것이다.[86] 아무튼 이해는 되지만 무의 창조나 유출이나 증명도 반증도 못하는 형이상학이다. 유일신교는 무의 창조를 믿고, 힌두교는 유출을 믿으며, 무신론자는 허무를 믿는 믿음의 영역이다. 어떤 사람들은 우주는 탄생이 없으면 원래부터 영원히 존재하는 것이라고 생각한다. 어떤 사람들은 우주의 기원은 알 수 없다는 불가지론자이다. 아예 관심이 없는 사람도 있다. 나는 다만 우리가 알 수 있는 영역으로만 앎의 폭과 깊이를 헤쳐 나갈 것이다.

❙ 고등 존재가 만든 프로그램

우리가 사는 세상은 우리보다 월등한 고등 존재에 의하여 만들어졌고, 잘 프로그램된 세계라는 주장도 있다. 신이 아니라 고등 존재가 창조주로 대체된 것이다.[87]

1990년에 미국으로 이주한 스탠포드 대학의 교수인 러시아 과학자 안드레이 린데(Andrei Linde)는 우주를 창조하는 것이 그렇게 복잡하지 않다고 주장한다(It does not all that much to create a universe).[88] 즉 우주적 규모의 물질도 필요하지 않으며 초자연적 힘도 필요하지 않다는 것이다. 우리 인류보다 훨씬 더 많이 발전하지 않은 문명이라도 실험실에서 우주를 만들어낼 수 있다는 것이다. 1그램의 십만 분의 일의 물질만 있으면 가능하다고 그는 말한다. 이는 인플레이션 이론에 의하여 설명되며, 우주에 있는 모든 물질이 중력장의 음 에너지(negative energy)로부터 창조된다는 것이다. 물론 그는 장난기 많고 어두운 면이 있는 학자로 유명하다. 하지만 단지 이론적으로 가능하다는 것이다. 그는 우리 우주가 다른 우주에 살고 있는 누군가가 만들었을 가능성을 완전히 배제할 수 없다고 말한다.[89] 또 이렇게까지 말한다. "당신은 이것이 농담으로 보일 것이다. 그러나 완전히 터무니없는 얘기도 아니다. 이것은 우리가 살고 있는 세계가 왜 이렇게 이상하고 완전함과는 거리가 먼지를 설명해준다. 따라서 우주는 신이 창조한 것일 수 없다. 아마도 물리학자 해커가 창조하였을지 모른다."[90] 물론 전통적인 그리스도교 신앙인은 누가 그 해커를 창조했느냐고 물을 것이다. 어찌되었건 해커가 아니길 바랄 뿐이다.[91]

3. 과학과 종교의 진부한 대립

1) 창조론

▌다양한 입장들

무신론자이자 유물론자(atheistic materialism)를 자임하는 사람들은 '과학적 유물론', 즉 신과 창조를 부정하고 신과 창조에 관한 논의가 무의미하다는 태도를 가진다.[92] 그 대립각에 서는 반대편에는 『성서』적 근본주의 창조주의자들이 있다.[93] 그들은 「창세기」를 문자 그대로 읽는다. 또 다른 '회색' 지대에는 무신론자와 근본주의자의 중간쯤에 서있는 관점도 있다. 이들은 과학과 종교의 대화에 참여한다. 또한 네덜란드의 유대인 철학자 스피노자(Baruch Spinoza)의 이름을 따라 '스피노자인(Spinozans)'으로 불리는 범신론자도 있다. 이들의 신은 신비롭고 자연법칙을 포함하는 일자(one)이다. 이러한 범신론적 관점은 그 옹호자들에 의하여 철학자의 신(God of the philosophers)이라는 이름이 붙여졌다. 그리스도교 등 전통적인 종교인들은 이들을 "신을 부정(no God at all)"하는 '무신론자'로 간주한다. 그러나 '스피노자인들'은 자신들이 유물론자임을 거부한다. 또 다른 중도적 관점을 가진 자로는 전통적인 유일신 입장을 가지면서 인격신(인간의 특징을 인간이 말하는 신)이 자연 속에서 어떻게 나타나는지에 대하여 다른 의견을 가진다. 이들 중 하나는 신을 빅뱅 우주의 근원(origin)이자 조화로운 우주의 완성자로 본다. 이들은 신이 세상에 직접적으로, 기적 같이 개입한다고 생각하지 않는다. 이들 중에는 모더니즘적인 그리스도교(modernist Christian)와 유신론적 진화론자(theistic evolutionist)도 있다. 또한 이들과 날카로운 대립적 논쟁을 하는 설계론(design advocates)도 있다. 설계론자들은 우주가 자연법칙을 따르지만 또한 신이 자연에 적극적으로 개입할 수 있음을 인정한다. 이들은 우주에서 "지적 설계의 증거(marks of intelligence)"를 찾으려고 한다. 이들은 다윈주의자들을 비판한다.[94] 그 외에도 수많은 생각과 관념이 존재한다. 형이상학의 세계는 끝없는 상상의 섬이다. 증거가 없으니 무슨 말을 못할 것인가.

제니퍼 마이클 헥트가 쓴 『의심의 역사』는 신앙과 회의에 대한 논의를 한다. 신앙과 믿음에 회의와 의심이 따르는 것은 자연스러운 일이다. 전통적 종교에 대한 의문은 자연 과학, 유물론자, 철학적 회의주의에서뿐만 아니라 종교 전통 내의 믿는 사람들 안에서 늘 있어왔다. "우리는 신의 존재 유무를 추측만 할 수 있을 뿐 명확하게 알 수는 없다."고 쓴 파스칼처럼 많은 사람이 회의하고 의문을 제기하였다. 회의와 질문이 없는 맹신은 미신이 되거나 폭력과 광기를 낳는 것은 역사적으로 입증된 사실이다. 자연 과학의 발견과 유물론이나 진화론적인 교리는 신앙에 적대적인 것으로만 작용하는 것이 아니며 올바른 신앙으로 가는 길이 될 수 있다. 회의와 의문 제기는 신앙을 약화시키기보다 강화시킬 수 있으며 진정한 종교 이해와 믿음으로 나아가게 할 수 있다. 의심이 없었다면 그리스도교는 여전히 천동설을 믿고, 먼 하늘을 신이 거주하는 곳으로 상상하는 미신이 남아있었을 것이다. 종교적 믿음과 우주와 자연을 탐구하는 자연 과학은 관심 대상 자체가 다르다.

▎창조론은 과학이 아니다

아리스토텔레스는 플라톤과 마찬가지로 우주가 '신적인 존재'("부동자 또는 제1동자")에 의해 움직인다고 주장했다. 이런 점에서 아리스토텔레스의 철학은 유대교와 그리스도교, 이슬람교의 신학과 조화할 수 있었다. 이 세 종교의 신학자들은 자신이 믿는 종교의 교설을 아리스토텔레스의 가르침과 일치시키기 위해 노력했다. 이슬람과 그리스도교 과학자들도 자신들이 신의 작품이라고 믿는 자연을 이해하려 했다.[95]

즉 그리스도교의 우주관은 상당 부분 고대 그리스 철학자들의 영향을 받은 것이었다. 순수하게 그리스도교의 경전에 기초하여 이해한 것이 아니었다. 비록 어떤 그리스 철학자들은 지구가 태양을 돌고 있다고 주장했지만, 아리스토텔레스는 지구가 우주의 중심에 있고 지구를 중심으로 여러 개의 초월적인 천체, 즉 '신의 영역'이 있고 각각의 천체는 다른 속도로 돌고 있다고 주장하였다. 오늘날 이런 주장은 황당해 보이지만 2세기에 프톨레마이오스는 이러한 우주관에 정교한 수학적 기초를 마련했고, 이에 따라 행성의 움직임을 예측하는 훌륭한 모델을 '조작하여' 만들어 냈다. 물론 그 모델은 아리스토텔레스에 따라 프톨레마이오스가 지구를 우주의 중심으로 전제하고 억지로 짜 맞추다보니 모순투성이였고 결국 근대에 붕괴되었다. 그리스도교는 여기에 우주는 5일간에 걸쳐 약 6천 년 전에 창조되었다는 개념을 추가하였다. 『성경』을 과학책으로 읽었던 역사의 오류였고, 『성경』을 벗어난 철학을 근거로 한 오류였다. 그러한 오류는 오늘날에도 지속되고 있다. 결국 코페르니쿠스는 약 2천 년간의 믿음을 붕괴시켰다.[96] 오늘날 과학을 조금이라도 아는 사람이라면 빅뱅이라는 단어쯤은 알고 있다. 현대인은 고대인들의 신화나 중세인들의 신학적 우주 설명을 믿지 않는다. 1500년대만 해도 유럽에서는 밤마다 하느님이 별에 빛을 비추어 빛나게 했다고 설명했다. 웃음이 나오는 이야기겠지만 당시에는 진지한 것이었을 것이다. 문제는 지금도 창조론자들은 이렇게 짜 맞추는 '창조과학'을 주도하고 있다는 점이다.

결국 18세기에 프톨레마이오스의 우주관은 완전히 붕괴되었다. 거의 2천 년 동안 유럽인들은 '미신'에 갇혀 있었던 것이다. 근대에 들어 과학으로 탐구될 수 있는, 엄격하고 합리적이고 비인격적인 법칙에 따라 우주가 작동된다는 새로운 우주관이 탄생했다. 신은 아마도 시간 안에서, 어떤 의미에서는 시간 밖에서 우주를 창조했는지도 모른다. 그러나 그 후 신은 우주를 떠났고 우주는 대부분 그것 자체의 논리와 규칙에 따라 작동되도록 하였다고 생각하기 시작했다. 물론 이는 그리스도교에서 이단으로 보는 '이신론(理神論)'이긴 하다. 시간과 공간은 모두 무한하다는 것이 받아들여졌고, 따라서 우주는 한계가 없으며 시간적으로 출발점도 없다고 보는 주장도 나왔다. 이렇게 신의 창조 이야기에서 점점 더 멀어져갔다.[97]

나는 맹신자도 그렇다고 무신론적인 허무론이나 회의주의자도 아니다. 아직도 무언가를 찾아 이렇게 글을 정리하는 탐구자일 뿐이다. 내가 아는 한 신앙과 과학의 분명한 선을 그어야한다. 창조 이야기는 결코 과학적 설명을 시도하는 것은 아니라는 점이다. 교회가 창조 이야기를 과학적 사실로 가르친다면 청소년과 많은 신자가 교회를 떠날 것이다. 우주와 세상의 역사가 1만 년이 되었다거나 인간이 단 한 번에 창조되었다고 가르친다면 아이들은 속으로 웃을 것이다. 교회는 『성경』을 문자 그대로 글자 하나하나 오류가 없는 사실이라고 믿는 근본주의가 세상의 웃음거리로 전락할 수 있음을 명심하여야 한다. 2천 년 동안 천동설을 믿었으면 충분하다. 『성경』 창조 이야기는 창조주가 있으며 우주를 창조했다는 신앙의 고백이지, 창조의 시기와 방식을 기술하려는 것이 아니다. 『성경』은 자연과학 책이 아니다. 자연 과학은 그 연구 대상과 방법론이 종교와는 다르다. 그러나 과학적 발견과 이론을 철학적으로 해석하며 '신앙'이 되려는 과학주의도 지양되어야 한다. 창조와 신은 과학의 연구 대상도 아니며 과학적 방법으로 분명한 증거도 반증도 찾을 수 없다. 종교와 과학은 분명 방법론과 연구 대상이 다르지만 그 길은 결코 서로 무관하지 않다. 우리 인간에게 신앙도 과학도 확실하지 않다. 신앙도 과학도 인간이 하는 것이며, 수천 수만년 동안 우리 유한한 인간이 회의하고 질문을 던지며 진실을 찾으려는 실존적인 몸부림이다.

▎그리스도교 창조론도 다양하다

우리나라 신학 대학에서는 '창조와 진화'라는 과목을 가르친다고 한다. 전해들은 이야기이지만 과학을 배우는 것이 아니라 창조 과학을 가르친다고 한다. 그런데 창조론마저도 다양하다. 여기서는 몇 가지만 소개한다.

젊은 지구 특별 창조론 또는 간헐적 창조론은 지구가 창조된 지 얼마 되지 않았고 신이 '특별한' 행위로서 창조를 하였다고 주장한다. 「창세기」 1장을 이러한 특별 창조로 보면 거기서 나오는 창조의 시간을 연대기로서 사진처럼 있는 그대로 사실로 읽어야 한다고 주장한다. 이들은 우주와 인간의 창조는 약 6천 년에서 1만 년 전에 있었던 6개의 24시간(하루), 즉 한 주에 이루어졌다고 믿는다.[98] 그야말로 문자 그대로 글자 하나하나를 진리로 믿는 근본주의

자들의 주장이다.

반면 오랜 지구 간헐적 창조론자는 『성경』을 문자적으로 해석하는 젊은 지구 특별창조론을 부인하고, 경험적 데이터를 분석하는 표준적 접근 방법을 통하여 자연 과학에서 추론된 150억 년이라는 연대기를 받아들이며 6일은 상징으로 여긴다.[99] 「창세기」 제1장의 6일은 하나님이 한 번에 모든 것을 포함하는 순간적인 창조 행위를 통해 모든 것을 함께 창조한 것으로 본다. 그러나 모든 창조물이 태초에 성숙한 형태로 일시에 구체화되었다고 보지 않는다. 즉 잠재적(Potential) 형태와 실제(Actual)를 구분하여 시간이 흘러감에 따라 하나님이 의도한대로 모든 잠재적 형태가 실제 생명 형태로 구현된다는 주장이다.[100] 따라서 신의 창조적 간섭이 필요하다는 견해이다. 아무튼 자연 과학의 발달에 따라 빅뱅 우주론, 진화론 등의 등장과 함께 계속 새로운 설명을 시도하고 있다. 진화론처럼 현대 과학의 발견을 수용하고자 하는 진보적 입장이다. 나름 합리적이고 개방적인 자세이다. 하지만 자연에 대한 이해는 과학에 따르는 것이 타당하다. 신앙은 창조주에 의한 창조를 받아들이는 것이지 신이 세상을 어떻게 창조했는지, 우주는 어떻게 구현되었는지를 믿는 것이 아니다. 과학적 발견은 종교적 신앙과는 다른 분야이다. 과학적 발견을 교리와 신앙에 원용하는 것은 그 자체로 잘못된 접근이다. 순진한 그리스도인들은 '특이점'(빅뱅) 이론을 천지창조 진리를 증명하는데 썼다. "하느님께서 '빛이 생겨라!' 하시자 빛이 생겨났다. 그 빛이 하느님 보시기에 좋았다. 하느님께서는 빛과 어둠을 나누시고 빛을 낮이라, 어둠을 밤이라 부르셨다. 이렇게 첫날이 밤, 낮 하루가 지났다."(창세 1.3-5.) 이 돌연한 창조 행위에서 『성경』을 믿는 이들은 기뻐 어쩔 줄 모르며 '빅뱅'의 굉음을 듣는다. 이는 빛의 창조라는 『성경』 말씀에 대한 근본 오해이며, 자연 과학적 '사실'과는 무관하다.[101]

연속적 구현(Sequential actualization)은 진화론을 수용하는 창조론 유형에 해당한다. 새로운 생명이 시간에 따라 '연속적'으로 발생한다는 것이다.[102] 우리가 속해 있는 창조 세계가 하나님의 의지에 따라 약 150억 년 전에 무에서 창조되었고, 지금처럼 우주와 생명을 만드는 데 필요한 모든 것을 처음부터 부여받았다고 믿는다.[103] 창조의 첫 시점 이후 신은 더 이상 개입하지 않으며 우주 역사의 어느 시점에서도 신의 행위를 발견할 가능성을 부정한다.[104] 나름 현대 과학의 우주론과 진화론을 수용한 합리적인 해석이다. 그러나 분명한 것은 이러한 설명은 결코 과학이 아니라는 점이다. 그리고 자연 과학도 「창세기」 두 창조 이야기의 명백한 메시지를 검증, 반증할 수 없다.[105]

창조주와 창조에 대한 인간의 신앙과 자연 과학의 발견은 물론 인류의 지난한 탐구의 과정 안에 있다. 그러나 신앙과 과학은 분명 다른 것이다. 자연 과학자로서 진화론을 받아들이고 연구한다고 신앙을 포기하여야만 하는 것은 아니다. 창조주와 창조를 믿는다고 해서 우주론과 진화론을 거부하여야 하는 것도 아니다. 신앙을 가진 사람이건 아니건 자연 과학에서 제시하는 우주와 인간의 기원은 그 자체로 우주와 자연에 관한 과학적인 사실이다. 비록 그것이 오류로 밝혀진다고 하더라도 우리는 끊임없이 탐구할 일이다.

▌신학 내에서의 논쟁

피타고라스는 이 우주를 맹목적인 카오스가 아니라 질서 있는 코스모스(cosmos)라고 보았다. 그리고 이 세계가 아무 이유도 없이 움직이는 것이 아니라 신성(divinity)이 배경을 이루며 신성이 깃들어 있다는 범신론(pantheism)적인 생각을 가졌다. 따라서 이 세계를 탐구하는 것이 곧 신성을 접하는 것이며, 이들에게 과학은 곧 종교가 된다. 사실 그리스도교와 근대 과학은 충돌할 일이 아니다. 우주가 무질서하게 목적 없이 운행하는 것이 아니라 조물주의 뜻에 의해 운행되는 것이며, 조물주가 창조한 세상을 탐구하는 것은 인간이 신에게 가까이 가는 것이고, 신의 섭리를 깨닫는 것이며, 신성을 추구하는 것이라고 생각할 수 있다. 종교와 과학이 갈라서는 것은 이 우주가 아무런 이유나 목적도 없이 우연하고 무질서하게 운행한다고 주장하는 것이다. 진화론 자체가 종교와 충돌하는 것이 아니라 진화 자체가 아무런 목적도 없이 우연한 것이라는 주장에 있는 것이다. 물론 진화 자체가 우연이며 우주는 영원히 존재하며 아무런 목적도 없다고 생각하는 사람도 많으며 이를 부인할 근거나 반증할 근거도 제시하기는 어렵다. 신앙인의 입장에서는 신앙의 문제이며 신앙인이 아니라면 이러한 신념도 일종의 '신앙'일 뿐이다. '신앙'은 논하지 않기로 한다.

20~21세기의 대표적인 무신론적인 과학자는 스티븐 호킹이다. 우주와 인간이 존재하는 이유는 단지 물리 법칙이라고 주장하며 종교와 신을 부인한다. 그는 우리 인간은 단지 중력을 포함한 몇 가지 물리적 법칙이 미묘하게 어우러져 만들어낸 우연의 산물이라는 신념을 가지고 있다. 스티븐 호킹이 쓴 『시간의 역사』에서 "만약 우리가 완전한 이론을 발견하게 된다면 신의 마음을 이해할 수 있을 것"이라고 언급한 대목은 일견 신을 수용한 것으로 보이기도 한다. 그러나 그렇지 않다. 현대 물리학자들의 최대 관심사인 '대통일 이론(단일 원리로 우주의 생성과 변화를 설명할 수 있는 이론)'이 조만간 확립될 것이라는 확신의 말이다. 현대 물리학의 최대 공헌자인 아인슈타인도 한 편지에서 "내게 신이란 단어는 인간의 약점을 드러내는 표현의 산물에 불과하다."라고 썼다. 이러한 신념도 종교인의 신앙과 마찬가지로 일종의 '신앙'이다. 유신론자이건 무신론자이건 우주와 자연을 과학적으로 연구하는 것에서는 아무런 차이가 없다. 유신론자에겐 신의 창조물을 제대로 아는 것이며 무신론자에겐 자연의 질서를 탐험하는 것이다. 우주에 신의 뜻이 있다고 믿는 유신론자에겐 그것이 빅뱅설이건 진화론이건 거부할 이유는 없다. 무신론자의 신 부정은 신념의 문제이지 입증과 반증의 문제는 아니다.

2) 과학과의 논쟁

▎과학과 신앙은 대립관계가 아니다

2005년 미국에서 유명한 판결이 있었다. 창조론 등을 진화론과 함께 학교에서 가르쳐야 한다는 소송이었다. 그러나 법원은 창조론 등 종교를 가르치는 것은 국교를 금지한 『헌법』에 위배된다고 판결했다. "종교에 뿌리를 둔 검증 불가능한 대안적 가설로서, 흥미로운 신학적 논증이긴 하지만 과학이 아니며, 그 종교적 전신인 창조론과 한 몸"이라는 판결이었다. 하지만 미국인들은 창조론 등을 학교에서 가르쳐야 한다는 사람이 절반이 훨씬 넘는다.

과학과 신학이 범한 과거의 숙명적 오해들을 피하고 싶다면, 양측의 관심 대상 영역이 확연히 분리되어야 한다. 앞에서도 누누이 강조하였듯이 과학과 신앙은 다른 영역이다. 신앙은 창조를 믿는 것이지 증명하는 것은 아니며, 과학은 우주를 탐구하는 것이지 창조를 증명하거나 반증하는 것이 아닐뿐더러 할 수도 없다.[106] 과학의 언어와 시의 언어가 같을 수 없듯이, 과학 언어와 종교 언어 또한 그러하다. 대폭발 이론과 창조 신앙, 진화론과 인간 창조론은 모순되지도 않고, 그렇다고 조화될 수도 없는 주제이다. 자연 과학은 신의 존재나 불필요성을 증명하는 것이 아니다. 우주를 물리적으로 설명할 수 있는 데까지 최대한 설명하는 것이다.[107] "우리는 이 두 언어를 뒤죽박죽 섞어서는 안 된다."[108]

종교가 과학의 자리를 넘보려 하는 것은 그 자체가 오류이다. 그럴수록 종교는 자기모순에 빠질 수밖에 없다. 창조론이나 지적설계론(intelligent design) 같이 종교를 과학으로 무장하려는 근본주의자는 문자 그대로 모순 그 자체이다.

그러므로 그리스도교 신앙은 이성과 철학 그리고 과학에 대하여 적대적 태도를 가질 필요도, 가져서도 안 된다.[109] 자연 과학은 그 자체로 완전한 타당성과 독자성, 자율성을 지닌다. 그들의 주장은 그 자체로 제한적이지만 정당하다. 그것이 신앙과 불일치한다면 그 신앙은 신앙의 범위를 넘어선 것이다.[110] 성서적 믿음에 기초하더라도, 그리스도교 신학이나 교회가 근대에 대두되던 자연 과학의 발견과 결론들을 처음부터 반대해야 할 필요가 전혀 없었다. 당초부터 『성서』의 세계상과 『성서』의 메시지를 구분할 줄 알았어야 했다.[111] 신학자나 성직자 그리고 신앙인이 '더 큰' 권위(신, 성경, 교회, 교황)를 내세워 과학적 발견에 이의를 제기할 이유가 없다.[112] 수학적·자연과학적 명제는 초경험적·철학적·신학적 명제와는 구분되어야 한다. 이를 구분하지 않는 갈등은 신앙인과 과학자 모두에게 어리석은 일이다.[113] 신학이나 과학이나 이질적으로 보이지만 세상의 진리를 추구한다는 점에서 일치한다. 따라서 신학과 과학은 대화를 통해서 서로 배울 수 있다. 근본주의자는 대화를 거부하는 집단이다. 근본주의자들은 진화론을 철저히 배척하면서도 모순적이게도 과학 혹은 의학 연구에서 비롯되는 혜택은 믿고 받아들인다. 신학과 과학은 분명 세상의 진리를 추구하는 학문이며 각각은 나름 한계는 있지만 세상을 이해하는 근거를 제공한다.

자연 과학에 입각하여 신학 전체를 더 명료하고 일관성 있게 수립하는 것은 신학의 과제이다. 진실을 찾아가는 것이 과학과 신학의 숙제라면 인간의 한계를 받아들이고 서로에게서 배워야 하는 것이다. 신학과 자연과학 사이에 있었던 열전과 그 뒤의 냉전을 이제 생기 없는 평화 공존으로 이끌어 갈 것이 아니라, 건설적인 토론으로 유도하여야 한다.[114] 신학과 자연과학 사이의 새로운 비판적 대화라는 협력에 전제조건이 있다면, 그것은 신학이 과학을 비난만 할 것이 아니라 교회와 신학의 근본적인 궤도 수정이다.[115] 신학자들이 비록 결정적인 진리를 염원하고 있기는 하지만, 이 진리를 결정적으로 소유하고 있지 않다. 신학자도 인간이고 인간은 누구나 한계가 있으며, 신의 계시를 받았다는 주장도 오류일 수 있음을 늘 인정해야 한다. 신학자들도 부단히 새롭게 진리를 모색하지 않으면 안 되고, 시련과 오류를 거쳐서 진리에 더 가까이 접근할 수 있을 따름이며, 따라서 자기 입장을 수정할 용의가 있어야만 한다.[116]

따라서 '천제의 세기'로 간주되던 17세기가 요청하였던 것, 그리고 19세기 이래로 진화론을 비롯하여 신학이 미루어온 문제들이 해결되어야 한다.[117] 중세의 '도태된' 세계상은 폐기되어야 하고, 그 자리에 근대적인 세계상이 수립되어야 한다.[118] 현시점에서처럼 모든 것이 격변하는 마당에 교조주의적 정책을 쓰거나, (오랫동안 그렇게 해왔듯이) 전통이라는 모래 속에 타조처럼 머리를 처박는 정책을 써서 곤혹과 모순으로부터 달아나려고 한다면, 그것은 신학과 교회에 대한 신빙성을 전적으로 박탈해버리는 것과 마찬가지이다.[119] 수 세기동안 자연 과학은 지동설, 진화론, 상대성이론, 양자 역학 등으로 인간과 우주를 바라보는 우리의 세계관을 바꾸었다. 앞으로도 과학은 생명의 기원, 암흑 물질, 암흑 에너지, 양자 중력, 양자 얽힘, 외계 지적 생명체, 시간의 본질 등에 도전할 것이며 예측할 수 없는 새로운 사실이 밝혀질 것이다. 신학은 과학의 발견을 있는 그대로 수용해야 한다.

과학의 성취와 그 한계 직시

자연 과학도 한계를 직시하여야 한다. 인간의 인식 능력은 한계가 있음을 우리는 너무도 잘 알고 있다. 경탄할만한 성취에도 불구하고, 수학과 물리학의 최근 역사에서 물리학적·수학적 인식도 한계가 있음을 보여준다.[120] 양자 물리학의 등장과 함께 인간 인식의 불완전성과 다의성이 인정되고 있다.[121] 2005년도에 서평(서울신문, 2005.3.22)이 나온 것을 보니 카프라의 『현대물리학과 동양사상』을 그때쯤 흥미 있게 읽은 것 같다. 이 책은 객관주의와 가치중립성의 신화로 무장된 현대 과학의 오만함과 한계를 비판하였다. 자연 과학이 근현대를 지나면서 언젠가 인간은 전지자의 위치에 오를 수 있다는 오만이 나타났다. 고전 물리학은 관찰 대상은 주관과는 관계없이 객관적으로 존재해 있는 것으로 보았다. 그러나 20세기에 들어와 절대 공간과 절대 시간은 상대성 이론에 의해, 인과율은 하이젠베르크가 불확정성과 양자 역학에 의해 붕괴되었다. 앞으로도 자연 과학은 어떤 변화가 있을지 예측하기 어렵다.

자연 과학이 그 방법에 충실하려면, 경험을 넘어 확대하여 판단하는 일이 없어야 한다. 자연 과학이야말로 세상의 객관적 진실에 가장 가까이 다가가는 방법론과 발견을 하지만 인식론적인 한계는 분명 인정하여야 하다. 거만하고 회의적인 무관심도, 자기는 모든 것을 더 잘 안다는 주장도 적절하지 못한 태도다. 모든 것을 포괄하고, 절대적으로 원초적이자 궁극적인 실재 ―그리스도교는 그것을 하느님이라고 부른다 ― 는 확인할 수 없고 분석할 수 없기 때문에 조정할 수도 없으며, 방법론상으로 자연 과학의 연구대상이 아니다. 자연 과학은 궁극적이고 원초적인 실재의 문제에 대하여 원초적으로 부정하거나 거부할 필요도 권리도 없다. 인간의 능력을 넘어선 지식은 여전히 많으며 그것의 한계가 무엇인지 자연 과학도 알 수가 없다.[122] 이에 대하여 좀 더 개방적인 자세를 취하는 것은 자연과학자 측에서도 필수적이다.[123] 과학철학자들과 인식론자들도 오늘날 과학적 지식의 영역을 넘어서, 더 광범위한 "초-물리적"(meta-physical) 문제들, 즉 "생의 문제"(비트겐슈타인), "우주론"의 문제(포퍼), "세계"의 문제(쿤)가 있음을 인정하고 있다.[124]

대화가 이어지고 있다

우주론 등 많은 주제와 관련하여 자연 과학과 그리스도교는 오랜 악연을 가지고 있었지만 점차 화해의 길로 들어섰다. 우선 그리스도교 초기부터 유연한 창조론이 대두하였다. 성 어거스틴(St. Augustine)은 창조의 엿새를 비유적으로 해석했다. 토마스 아퀴나스(St. Thomas Auinas)는 이렇게 말했다. "…『성서』가 여러 가지 방식으로 해설될 수도 있으므로, 순수 이성이 『성서』에 잘못 담긴 것으로 여겨지는 진술을 증명한 이후에도 여전히 그것을 유지하려는 것처럼 자신을 어떤 하나의 견해에 엄격하게 고착하는 것은 올바르지 않다는 점이다."

20세기 중반 들어 가톨릭이 자연 과학을 전향적으로 받아들였다. 1859년 다윈이 『종의 기원』을 출판한 후 거의 백 년만이다. 1950년 교황 비오 12세는 '「창세기」와 진화론이 반드시 대립하는 것은 아니다.'라는 견해를 공표하였다. 1년 뒤인 1951년에 교황은 '종교는 우주 창조와 그 진화를 말하는 현대 과학과 모순되지 않는다.'라고 했다. 그는 창조 순간부터 점진적 진화가 이뤄져 결국에는 지금 우리가 보는 그런 우주와 세계가 나타났다고 말했다. 교황의 연설은 창조론과 지적설계론 등을 두둔했던 교황 베네딕트 14세에 마침표를 찍었다. 그리고 63년이 흐른 2014년에 프란체스코 교황은 "「창세기」에서 창조의 대목을 읽을 때, 하느님을 전능한 마법 지팡이를 든 마법사인 양 상상하는 건 위험한 일입니다. 그렇지 않았습니다. 하느님은 존재들을 창조하시고서 각각에 부여한 내적 법칙에 따라 그것들이 발전하도록 놓아두셨습니다. 세상의 기원이라고 오늘날 제시되는 대폭발 우주론은 신적 창조자의 관여(intervention)와 모순되지 않으며 오히려 그것에 의존하는 것입니다. 자연의 진화는 창조의 개념과 충돌하지 않는데, 그것은 진화가 나타나려면 진화하는 존재들의 창조가 먼저 있어야 했기 때문입니다."라고 말했다. 결국 그리스도교는 창조주와 그의 창조를 믿음으로 받아들이는 것이지 그 창조의 내용과 과정을 설명하는 것은 아니라는 말이었다. 교황의 발표의 뒤에는 로마 교황청 과학원(Pontifical Academy of Sciences)이 있다. 스티븐 호킹을 포함한 세계적인 과학자 80명이 참여하며 과거 닐스 보어, 에르빈 슈뢰딩거, 막스 플랑크도 활약한 '독립' 과학연구 기구이다.

가톨릭의 피에르 떼이야르 드 샤르댕은 신학과 과학을 최초로 통합시킨 사람이다. 그는 『성서』와 과학 사이에 피상적인 '화평주의'를 바라지 않았으며, 일부 유치하고 성급한 화해를 완강히 거부했다.[125] 우리나라에서도 샤르댕 신부의 우주론과 인간론을 밝히는 장이 마련된 적이 있다. 2013년 서울 명동 가톨릭 회관에서 '떼이야르 드 샤르댕의 우주, 인간, 하느님'을 주제로 포럼을 연 것이다. 영미권에서는 신학자들만 물리학에 관여한 것이 아니라 물리학자들도 신학에 깊이 개입함으로써, 뜻 깊은 조정 작업이 수행되었다. 물리학자이자 신학자인 이안 바버(노스필드, 미네소타), 신학자이자 생화학자인 아서 피코크(옥스포드), 수리 물리학 교수이자 신학자인 존 폴킹혼(케임브리지) 등이 모범적인 사례이다.[126] 존 폴킹혼의 『과학으로 신학하기』가 번역(2015년)되어 출판되었다. 물리학자이자 성공회 사제인 저자는 신학과 과학이 이 세계의 근원을 찾으려는 동일한 의지를 갖는다는 관점으로 두 학문에 접근한다.

개신교는 복잡하다. 특히 근본주의 개신교는 과거 중세 그대로의 주장을 하고 있다. 하지만 진보 그리스도교를 중심으로 전향적인 태도로 자연 과학의 우주론과 진화론을 수용하려는 자세를 보이고 있다.

▎그럼 어떻게 해야 하는가

간단하게 말하면, 이제 과학과 종교의 대립 모형을 지양하여야 한다.

우선 그리스도교는 자연 과학과 역사 비평적인 성서 해석의 성과를 무시하거나 억압하는 근본주의적, 전근대적 발상을 거부하여야 한다. 반대로 철학적, 신학적 근본 문제들을 기피하거나 종교를 처음부터 중요하지 않다고 매도하는 합리적, 근대적 색채도 지양하여야 한다. 그것은 우리 인간의 고뇌가 섞인 많은 탐구를 구성한다. 그렇다고 조화로운 적응을 추구하는 통합 모형도 바람직하지 않다. 과학의 성과를 자기네 교의에 흡수·동화시키는 신학자들의 주장도, 자기네 명제들을 위해 종교를 도구화하는 과학자들의 주장도 지양되어야 한다.[127] 과학과 종교가 비판적이고 건설적으로 상호작용하는 상보성 모형이 필요하다. 자기 고유영역은 보존하고, (타 영역으로의) 무리한 이행은 피하고, 나만이 옳다는 절대화는 일체 거부하여야 한다. 상호 질의와 상호 향상을 통해 전체로서의 실재를 모든 차원에서 정당하게 평가하여야 한다.[128]

"초-물리적"(meta-physical) 문제들을 다루는 신학과 철학도 마찬가지이다. 『성경』은 과학적 사실을 기술하는 것이 아니다.[129] 신학자와 철학자들도 자연 과학과의 대화에서 겸손하고 자기 비판적이어야 한다. 그들은 신앙의 진리를 지키려 애쓰지만, 그렇다고 진리를 처음부터 혼자서만 결정적으로 소유한 사람일 수는 없기 때문이다. 그들도 남들처럼 진리를 거듭 모색해야만 진리에 다가갈 수 있을 뿐이며, 시도와 오류를 통해 배워서 자기 입장을 수정할 준비가 되어 있어야 한다. 신학이 불모의 독단론이 아니라 학문이기를 원하거든 구상, 비판, 재 비판, 개선 등의 상호 작용이 원칙적으로 가능해야 한다. 자연 과학자들과의 논쟁에서, 신학자들은 계몽주의 이래 비과학적인 것으로 드러난 권위에의 논증을 토론에 끌어들이거나, 이른바 『성경』이나 교황 및 공의회 문헌으로 도피하는 일이 없어야 한다.[130]

철학과 신학뿐만 아니라, 자연 과학도 끊임없이 새로운 도전에 직면하고 있으며 또 새로운 도전을 하여야 한다. 자연 과학만으로, 철학과 신학만으로 이런 난제들은 해결 못한다. 인류의 탐구는 이제 과거 어느 때보다도 상호 공조가 필요하다. 우리는 더 이상 상호 적대 관계에 있지 않다. 미미하지만 하나의 세계와 하나의 인류를 목적에 두고서 신학과 자연과학 사이의 비판적 대화라는 협조 관계, 매우 의미 있는 관계에까지 들어와 있다.[131]

우주와 자연, 그리고 인간과 생명이 어디에서 왔는가에 대하여 창조주의 창조라고 답하는 것은 모든 그리스도교의 공통적인 신앙이다. 그러나 우주와 인간이 언제, 어떻게, 어디에서 왔는지는 인간의 탐구대상이며 자연 과학의 몫임은 분명하다. 창조의 신앙은 여기서 다루는 주제는 아니며, 나는 신학자도 아니다. 나는 자연 과학을 기초로 우리의 기원을 탐색하고자 한다. 자연과 우주는 과학을 통해서 이해해야 한다. 창조주와 창조는 인간의 신앙을 통해서 이해해야 한다.

고대 인류에게는 신화와 상징만이 창조를 설명하기 위한 유일한 방법이었다.[132] 우주의 기원 이야기는 밑도 끝도 없는 이야기이다. 수메르의 신화로부터 고대 인도의 창조 신화 등 고대 인류의 창조 이야기는 수도 없이 많고 기원 전후로 탄생한 고등 종교의 창조 이야기도 다양하고 복잡하다. 현대 과학이 우주의 기원과 본질을 설명하고 있지만 계속적으로 새로운 증거와 반증 그리고 발견으로 수정되고 있다. 우리가 지속적으로 이 문제에 관심을 가지는 이유는 그것이 세상과 우리의 삶에 커다란 영향을 주는 과학 지식이며 우리가 믿는 종교에도 큰 영향을 미치기 때문이다. 그리고 우리의 기원이기 때문이다.

4. 과학이 말하는 우주의 기원

1) 과학의 우주기원 탐구

▎자연 과학의 탐구

플라톤과 피타고라스 학파는 사물의 수학적 속성을 그것이 신에서 기원한다는 증거로 받아들였다. 그러나 오늘날의 과학자들은 그런 주장을 받아들이지 않는다. 과학자들은 있는 그대로의 자연을 바라볼 뿐이다.[133] 그리하여 오늘날 물리학은 우주의 시초를 경험적으로, 놀랄 만큼 정확하게 기술하는 데 극적으로 성공했다.[134] 그리고 명백한 성과들을 근거로, 적지 않은 물리학자들이 언젠가는 우주의 수수께끼를 풀 수 있을 것이라고 기대한다. 어떻게? 자연을 움직이는 모든 힘과 존재하는 모든 것을 설명하는 하나의 이론을 발견하면 된다. 우주의 가장 심오한 수수께끼를 풀 수 있고 실재를 물리학적으로 설명할 수 있는 하나의 우주 공식을 발견하는 것이다.[135]

▎우주의 역사

인간의 역사는 선사시대와 역사시대로 구분한다. 물론 인간 이전의 역사도 있다. 인간 이전의 역사까지 포함하는 역사 연구를 거대사(big history)라고 부른다. 인간 이전의 역사를 모르고 인간 역사를 말하는 것은 인간 중심의 시각이다. 선사시대는 인류가 생물학적으로 탄생한 200만 년 전부터 근동의 최초 도시들에서 문명이 기원한 약 5천 년 전까지를 의미한다. 이 시기의 인간 역사는 진화론으로 설명한다. 인간 역사를 이해하려면 우주론과 진화론을 알아야 한다. 역사시대는 문명으로의 이행과 문자 기록의 등장으로 나타난 역사이다.[136]

오늘날 우주와 지구의 역사에 대한 과학의 설명은 이렇다. 우주의 역사는 창조주에 의하여 "태초에 하나님이 천지를 창조하시니라." 또는 빅뱅에서부터 시작하는 138억 년에 걸친 이야기이다. 역사는 조금씩 변화를 겪었지만 중요한 전환점도 많다. 138억 년 전의 빅뱅, 135억 년 전 별과 새로운 원소의 출현, 45억 년 전 태양계와 지구의 탄생, 38억 년 전 생명의 탄생, 200만 년 전 인간의 등장, 약 1만 년 전 농경의 시작, 근대 혁명 그리고 "나"의 탄생이 그것이다.

수십억 년 전에 태양별과 지구가 탄생했다. 그 무렵 지구 대기에는 산소가 없었다. 대기는 독성과 많은 습기를 포함한 상태로 뜨겁게 응축되어 있었으며 번개와 화산재, 뜨거운 온천에서 솟아나는 증기 구름으로 가득 차 있었다. 태초의 가스 CO_2, NH_3, CH_4, H_2O, H_2가 서로 반응했고, 아미노산, 알칸(Alcane), 지질(脂質) 종류, 최초의 원시 세포 구조들이 형성되었으며 스스로 증식하기 시작했다. 지구는 나중에 모든 식물, 동물, 인간의 조상이 될 원시 박테리아와 끈적이는 녹색 바이오매트의 고향이 되었다. 이제 인간은 지구가 예상치 못한 갑작스런 혜성의 충돌로 언제 멸망할지 모르며, 언젠가는 물리적으로 멸망(종말)할 것임을 알고 있으며, 스스로 발견한 과학 지식으로 우주의 다른 행성으로 이주할 계획을 구상하기 시작했다.

잠정적 진리, 탐구의 계속

우주의 기원과 우주의 본질에 관한 과학적 지식은 추측일 뿐 확실하고 절대적인 진리는 아니다. 우주를 다루는 수학과 과학은 확실하고 보편적인 '절대적인' 진리를 다루는 학문이다. 그러나 반드시 그렇지만은 않다. 수학과 과학의 역사는 그것을 의심하고 비판하고 논쟁과 반증을 통한 변화를 만들어낸 변증법적 과정이다. 오늘의 진실이 하루아침에 무너질 수 있다. 칼 포퍼는 과학은 완전히 입증된 진리가 아니며 반증되기 전까지 잠정적으로 '진리'로 취급되는 지식 체계일 뿐이라고 주장했다. 우주의 기원과 본질을 다루는 수학과 과학은, 무한에 가까운 우주의 한쪽 귀퉁이에서 잠깐 살아가는 유한한 인간이 오랜 세월 누적한 작은 지식이며 인류의 노력을 통하여 진보하는 과정이다.

2) 빅뱅 우주의 기원

‘빅뱅’이라는 단어의 기원

인간의 오래된 질문 “만물은 어디에서 비롯되었는가?”에 대한 최초(?)의 과학적인 답을 내놓은 사람은 가톨릭 신부이자 천문학자인 조르주 르메트르(1894~1966)이다. 그는 1927년에 엄청나게 큰 에너지를 가진 ‘원시 원자’가 거대한 폭발을 일으켜 우주가 만들어졌다는 대폭발 이론을 처음으로 제안하였다. 이에 대하여 프레드 호일이 “그럼 빅뱅이라도 있었다는 거야?” 하고 말한 데서 빅뱅이란 이름이 탄생했다.

빅뱅의 증거 1. 팽창하는 우주

빅뱅으로 우주의 기원을 설명하기에 앞서 빅뱅이론의 타당성을 정리해본다. 첫 번째 증거는 허블이 발견한 ‘팽창하는 우주’로서, 멀리 있는 천체일수록 빠르게 멀어지는 사실로 확인되었다.[137]

빅뱅의 증거 2. 우주배경복사

두 번째 증거는 조지 가모프(George Gamow)가 예견했던 빅뱅의 잔광, 즉 마이크로파 우주 배경복사이다. 이것은 1965년에 벨연구소에서 우연히 발견했으며, 우주 전역에 걸쳐 절대온도 2.73K(-279.42℃)로 거의 균일하게 퍼져있다.[138]

1920년대에 이르러 특히 미국 천문학자 허블의 공로로 ‘성운’들이 우리 은하계 밖의 아주 먼 곳에 있으며 우주가 팽창하는 듯이 보인다는 사실이 우주론자들 사이에서 정설이 되었다. 관찰되는 우주의 팽창을 어떻게 설명할 것인가는 1950년대까지도 우주론자들 사이에서 커다란 논쟁거리였다. 크게 두 개의 상반된 입장이 있었다. 정상상태이론(steady state theory)이라는 입장은 우주가 팽창할 때 새로운 물질들이 지속적으로 생겨나 우주의 밀도가 일정하게 유지된다고 주장했다.[139] 반면에 벨기에의 대수도원장 조르주 르메트르

(George Lemaître)가 1931년에 처음으로 제시하고 러시아 출신 물리학자 조지 가모프와 동료들이 1940년대와 1950년대 초에 발전시킨 또 다른 이론은 우주가 엄청나게 뜨겁고 밀도가 높은 빅뱅 상태에서 기원하여 지속적으로 팽창하고 있다고 주장했다.[140] 양 진영 모두 논증과 지지자들이 있었지만, 20세기 전반까지도 대부분의 우주론자는 정상상태이론을 선호하는 것처럼 보였다. 결국 논쟁은 1965년 벨연구소의 과학자인 아노 펜지어스(Arno Penzias)와 로버트 윌슨(Robert Wilson)이 이른바 배경복사를 거의 우연히 발견함으로써 종결되었다. 그들의 발견은 멋진 발상에 의해 설명되었다. 만일 우주가 뜨거운 불덩어리에서 출발했다면, 시간이 흐르면서 '식어야' 했을 것이고, 따라서 현재 우주의 온도를 빅뱅이론에 의거하여 계산할 수 있어야 한다. 그리고 그들이 우연히 발견한, 모든 곳에 있으며 절대온도로 대략 3도(2.73도)에 해당하는 배경복사가 바로 이론적으로 예측되는 현재 우주의 잔여열이었다. 그들은 1979년에 노벨상을 받았다.[141]

우주 탄생 초기에 급팽창(인플레이션)이 일어났고 인플레이션 이후에는 양성자, 중성자, 전자 등의 물질과 빛이 서로 분리되지 않은 채 뒤엉킨 상태(플라스마)로 약 38만 년이 지속되었다. 그 후 빛은 자유로워졌고 그 빛이 바로 우주 배경복사의 기원이다. 우주는 계속 팽창했고, 그로 인하여 빛의 파장이 길어지고 에너지는 작아졌으며, 우주 배경복사의 온도는 절대온도 2.73K까지 떨어졌다. 전 우주에 우주 배경복사가 거의 균일하게 퍼져있다는 관측 결과는 급팽창 과정이 없었다면 나타날 수 없는 것이며, 그래서 급팽창 가설을 뒷받침하는 유력한 관측 증거로 받아들여지는 것이다.

그러나 우주 배경복사의 발견은 사실 우주 빅뱅의 직접적인 증거로 볼 수는 없다. 왜냐하면 그것은 빅뱅 당시가 아니라 빅뱅이 일어나고 약 30여만 년 후의 것이기 때문이다. 직접적인 관측 증거는 당연히 없고 이론적으로도 설명할 수 없으므로 '빅뱅'이 무엇인지는 알지 못한다. 확실한 것은 우주가 탄생하고 30여만 년이 되면서 우주에 태초의 빛이 방출됐다는 사실뿐이다. 아직도 갈 길이 남아있다.

빅뱅의 증거 3. 가벼운 원소

세 번째 증거는 우주에 가벼운 원소가 많다는 점이다. 현재 우주 전체 질량의 4분의 1은 헬륨이 차지하고 있는데, 별의 내부에서 만들어진 것 치고는 양이 너무 많다. 그러나 빅뱅 이후 몇 분 동안 우주가 태양의 내부처럼 엄청나게 뜨거웠다면, 이때 다량의 헬륨이 생성되었을 것이다.[142]

빅뱅의 증거 4. 일반 상대성이론

네 번째 증거로 1922년에 러시아 학자 알렉산드르 프리드만(Alexandre Friedmann)은 팽창하는 무한한 우주가 아인슈타인의 일반 상대성이론과 부합함을 보여주었다.[143] 아이슈타인의 일반 상대성이론은 우주가 팽창하거나 수축해야만 한다고 함축하고 있다. 그러나 아인슈타인은 우주가 고정되어 있고, 영원하다는 일반적인 믿음을 유지했다. 이를 입증하기 위하여 자신의 방정식에 우주상수라는 것을 조작적으로 포함시켰다. 그것은 엄청난 실수였고 아인슈타인도 그런 사실을 알고 있었다. 그는 그것을 "내 인생의 가장 큰 실수"라고 했다.[144]

빅뱅의 증거 5. 도플러 효과

다섯 번째 증거는 도플러 효과에 의하여 발견되었다. 우연의 일치였지만 아인슈타인이 자신의 이론에 우주상수를 포함시켰던 비슷한 시기에 애리조나의 로웰 천문대에서 일하던 베스토 슬라이퍼(Vesto Slipher)라는 인디애나 출신의 천문학자가 먼 곳의 별에서 오는 빛을 분광기로 분석하고 있었다. 그는 별들이 우리로부터 멀어지는 것처럼 보인다는 사실을 발견했다. 그가 관찰하고 있던 별들은 분명히 도플러 이동현상을 나타내고 있었다. 도플러 효과는 자동차 경기장에서 자동차가 지나갈 때 소리가 달라지는 것 같은 현상으로 빛의 경우에도 적용이 된다. 멀어져가는 은하에서 나타나는 도플러 효과를 적색이동이라고 부른다. 우리에게 멀어져가는 빛은 스펙트럼의 붉은 쪽으로 이동하고, 다가오는 빛은 푸른 쪽으로 이동한다.[145] 슬라이퍼가 아인슈타인의 상대성 이론에 대해서 알지 못했던 것과 마찬가지로 사람들은 그의 성과를 모르고 있었다. 그의 발견은 아무 영향도 남기지 못했다.[146] 그 영광은 에드윈 허블이 가져갔다.[147]

❙ 빅뱅이론에 대한 반론

우주는 시작이 있는 것이 아니라 영원하다는 주장도 있다. 1920년대에 러시아의 수학자 알렉산더 프리드먼(Alexander Friedmann)은 팽창과 수축을 반복하는 진동 우주론(oscillating universe)을 주장하여 영원한 우주를 제시하였다.[148] 이러한 우주는 팽창이 끝나면 다시 수축하고 다시 "빅뱅(big bounce)"를 일으키며 '인도적인' 우주론의 시바신처럼 끝없이 춤추는 우주이다.[149] 이것이 사실이라면 현재의 우주, 생명, 인간은 수많은 팽창들 중 하나이고, 언젠간 생명과 인간이 존재했을 수도 있고 또 다른 우주와 생명이 존재할 수도 있는 것이다.[150]

1940년대 말에 토마스 골드(Thomas Gold), 본디(Hermann Bondi), 그리고 호일(Fred Hoyle)은 정상상태우주라 부르는 모델을 제안했다. 우주는 팽창하며 동시에 영원하다는 것이다.[151] 빅뱅이론의 가장 설득력 있는 대안으로서 정상상태이론(steady state theory)이다.[152] 정상상태우주론에 의하면 영원히 팽창하는 은하로 생긴 빈 공간에 끊임없이 새로운 입자 물질이 채워지는데 그것은 "창조 장(creation field)"에 의하여 저절로 탄생한다고 주장한다. 즉 우주가 팽창함에도 불구하고 물질의 밀도는 일정하게 유지된다. 이렇게 우주가 끊임없이 팽창함에도 불구하고 우주는 변함없어 보이는 것이다. 그리고 우주는 시작도 끝도 없다는 것이다.[153] 2013년 '우주론과 입자물리학회지'(Journal of Cosmology and Astroparticle Physics)의 일부 학자들도 우주는 빅뱅 없이 무한 팽창하고 있다고 주장했다. 시간을 되짚어 보면 우주는 밀집돼 밀도가 무한해지긴 하지만, 결코 대폭발까지는 일어나지 않았다는 것이다. 우리가 빅뱅으로 알고 있는 무한히 작은 특이점에 도달할 필요가 없다는 것이다.

이러한 진동 이론과 정상상태이론은 우주의 기원에 관한 문제를 제거한다. 우주는 시작도 없이 영원한 것이다. 그러나 정상상태이론은 받아들여지지 않는다. 우주 배경복사가 발견되어 우주의 시작과 빅뱅을 발견한 것이다.[154] 설령 정상상태이론(steady state theory)이 수용되더라도 만족스러운 것은 아니다. "그렇다면 영원한 우주 발생 과정은 어떻게 시작되었는가?" 또는 "영원한 우주는 어떻게 창조되었는가?" 같은 계속되는 질문에 답을 내리지 못하기 때문이다.[155]

스티븐 호킹은 『시간의 역사(The Brief History)』(1988)에서 우주의 기원에 대한 질문은 그 자체로 오류라고 말했다. 우리가 시간을 직선으로 본다면 그 기원을 묻는 것은 자연스럽겠지만 시간이 순환하는 것이라면 그 질문은 성립하지 않는다. 고대의 여러 창조 신화도 시간을 순환적으로 본다. 미르치아 엘리아데도 시간을 이런 식으로 보면서 난해하고도 매혹적인 저서인 『영겁회귀의 신화(The Myth of the Eternal Return)』(1954)에서 언급하고 있다.[156] 로저 펜로즈의 '공형순환우주론(Conformal Cyclic Cosmology, CCC)'도 우주가 '특이점'에서 시작했다고 보는 빅뱅론과 달리 빅뱅 이전에 이미 또 다른 우주가 있었으며, 이전 '우주'의 말기에 대폭발이 발생하여 지금의 우주가 만들어졌다고 주장한다. 충분히 상상이 가능한 주장이다. 우주의 기원을 묻는 질문은 시간을 직선으로 보는 전제에서 생겨난다. 만일 우주가 영원하고 순환하는 것이라면 기원을 묻는 것은 다른 접근이 될 것이다.

오늘날 빅뱅을 가장 잘 설명하는 이론은 "신 인플레이션 우주론(new inflationary cosmology)"이라고 불리는 이론이다. 놀라운 것은 이 이론이 빅뱅과 같은 우주를 만들어내는 폭발은 아주 일상적이어야 함을 예측한다는 점이다. 인플레이션 이론의 시나리오에 따르면 140억 년 전 갑자기 출현한 우리의 우주는 이미 존재하던 우주의 시공간으로부터 나타났다. 즉 무로부터의 창조는 아닌 셈이다. 우리 우주는 영원히 우주를 재생산을 하는 다중 우주의 극히 일부분일 뿐이다. 이러한 다중 우주 내의 여러 우주가 각각 시작은 있지만 자기복제 하는 전체적인 총체는 무한히 오래되었을 수도 있다. 빅뱅이론으로 인하여 실종되었던 영원성은 이렇게 복귀하였다. 영원한 우주와 동시에 창조의 순간도 설명될 수 있다는 것이다. 최초의 원인도 필요가 없다. 영원한 우주는 이렇게 자기 충족의 원리(principle of sufficient reason)를 만족시킨다.[157] 영원한 우주는 그 원인의 설명도 존재에 대한 설명도 필요가 없다. 영원한 우주는 그 안에서는 원인과 결과를 말할 수 있지만 그 우주 자체는 그것 자체가 원인이다. 그것은 자기 원인(causa sui)이며 그 점은 신의 특성을 공유한다.[158] 우주에 시초가 없었다는 생각은 우주의 창조라는 곤란한 질문을 피할 수 있다.

2015년 일부 과학자들이 우주는 빅뱅으로 탄생하지 않았으며 우주의 나이가 무한할 수 있다고 주장했다. 빅뱅이론에 나오는 특이점은 아인슈타인의 일반 상대성이론에서 도출된 것으로 우주의 모든 물질이 한때 하나의 점에 응축돼 있었던 것을 말한다. 그러나 이들이 제안한 새로운 방정식에 의한 결론은 어떠한 특이점도 없었으며 우주는 영원 이전부터 존재한다고 귀결된다.

시작이 있는 영원한 우주라는 것이 나의 직관적인 생각이다. 스티븐 호킹도 비슷한 주장을 하였다. 그는 우주는 시간에 있어서는 비록 유한할지라도 시작도 끝도 없는 우주 모델을 제안하였다.[159]

더욱 곤란한 것은 불확정성 원리와 양자 이론의 설명이다. 우주의 기원을 이해하려면 불확정성 원리를 아인슈타인의 일반 상대성이론 안에 포함시켜야 한다. 그것은 1970년대부터 이론 물리학의 풀리지 않은 난제이다. 이해하기 곤란한 것은 불확정성의 원리와 양자론으로 보면 우주는 계속 주사위를 던지는 확률 게임이어서, 우주의 역사는 하나가 아니라는 점이다. 우주의 역사가 여러 개 있다는 것은 직관적으로 공상처럼 들리지만, 과학적으로는 가능한 설명이다. 대상들이 단일하고 확정된 역사를 가지지 않았다는 양자 이론을 우주 전체에 적용하면 우리가 가지고 있는 직관적인 인과 관계의 개념에 혼란이 일어난다. 과거가 확정된 형태를 가지지 않았다는 사실은 역사가 우리를 만든 것이 아니며, 우리 인간이 지나간 과거를 관찰함으로써 역사를 창조했다는 이해하기 어려운 결론이 나오기 때문이다. 이렇게 글을 쓰는 나도 무슨 말인지 모르겠다. 결국 우주의 기원도 하나가 아니라는 귀결이다. 그러나 빅뱅이론도 제대로 이해하지 못하는 마당에 그 점에 대한 이해는 미래의 인간에게 연기하고자 한다.

앞으로 우주의 기원과 진화를 빅뱅이론으로 설명할 것이다. 그런데 빅뱅이론이 과연 증명된 이론이며 확고한 이론인지부터 분명히 하여야 한다. 빅뱅이론이 단지 증명할 수 없는 기발한 아이디어일 뿐일까? 이론들이 절대 증명될 수 없다는 면에서는 그렇다. 빅뱅이론은 많은 증거로 뒷받침되고 있다. 빅뱅이론의 대안이 있다면 빅뱅이론과 같은 증거를 자연스럽게 설명해야 하고, 빅뱅이 론이 실패한 곳에서 더 나아가야 한다. 그런데 아직까지 그런 일은 일어나지 않았다.[160]

인플레이션 이론의 우주론

1980년대에 이르러 아인슈타인의 이론이 새로운 형태로 재정립되면서 인플레이션 우주론(inflation cosmology)이라는 새로운 분야가 탄생하였고, 이로부터 대폭발 사건은 중력으로 설명할 수 있게 되었다. 인플레이션은 사전적으로 팽창을 의미하지만 기존의 팽창 이론과 구별하기 위해 원어 그대로 인플레이션이라는 용어를 사용한다. 여기서 인플레이션이란 급격한 팽창을 의미한다. 어떤 특별한 환경이 조성되면 중력은 척력(밀어내는 힘)으로 작용할 수도 있다. 이론에 의하면 초창기의 우주는 이와 같은 환경에 놓여 있었다고 한다. 1나노초(10^{-9}초)가 영원처럼 느껴질 정도로 지극히 짧은 순간에 초기 우주의 중력은 무지막지한 척력으로 작용하여 그 안에 들어있는 내용들을 바깥쪽으로 사정없이 밀어냈다는 것이다. 이 힘은 빅뱅의 전과 후를 명확하게 구별해 주고 있는데, 폭발의 규모는 지금까지 우리가 상상했던 것보다 훨씬 강력했던 것으로 추정한다.[161]

빅뱅, 즉 대폭발은 일반적으로 알고 있는 폭발이 아니라 엄청난 규모의 거대하고 갑작스러운 팽창에 가까운 것이다.[162] 일반 상대성이론에 의하면 은하가 멀어지는 현상은 '우주적 공장의 폭발 사건'에 기인한 것이 아니라, 우주가 꾸준히 팽창해 온 결과이다.[163] 인플레이션이 일어날 때 우주 공간은 엄청나게 빠른 속도로 팽창하였다. 매 10^{-37}초당 두 배로 커졌다.[164] 또한 팽창 속도는 계속 커지고 있다. 우주의 빈 공간은 전혀 비어있는 것이 아니고, 물질과 반물질이 갑자기 튀어나왔다가 다시 사라지는 일이 끊임없이 이어지며, 그것 때문에 우주는 점점 더 빠른 속도로 바깥쪽으로 밀려나게 된다. 뜻밖에도 이런 모든 것을 한꺼번에 해결해주는 것이 아인슈타인이 우주의 가상적인 팽창을 막기 위해서 일반 상대성이론에 놓은 후에 "내 인생의 가장 큰 실수"라고 불렀던 바로 그 우주상수이다. 이제 보면 그는 모든 것을 옳게 보았던 모양이다.[165] 이로 인하여 노벨상도 나왔다. 2011년 노벨물리학상은 우주가 점점 빠른 속도로 팽창 중임을 관측을 통해 알아낸, 애덤 리스를 포함한 세 명의 천문학자에게 돌아갔다. 기존 표준 우주 모형은 우주는 팽창 속도가 점점 느려지는 감속 팽창을 주장하였다. 재미있는 것은 이들은 원래 우주의 감속 비율을 측정하려다가 그 반대 증거인 가속 팽창을 발견한 것이다.

우주가 팽창한다고 해서 모든 것이 팽창하는 것은 아니다. 우리의 몸과 자동차, 집 따위는 팽창하지 않는다. 이런 것들은 원자들 사이에 작용하는 힘을 통해 단단히 묶여있기 때문이다. 태양계 역시 태양을 중심으로 묶여 있기 때문에 팽창하지 않는다. 은하수를 비롯한 모든 은하들도 팽창하지 않는다. 별의 운동 궤도가 암흑 물질로 한정되기 때문이다.[166]

인플레이션 이론에 의하면 탄생 초기의 우주는 기존의 빅뱅이론이 예상하는 것과 비교가 안 될 정도로 훨씬 빠르게 팽창되었다. 그러므로 우리의 은하가 수천억 개의 은하들 중 하나라는 소박한 우주관은 대대적으로 수정되어야 한다. 인플레이션 이은 표준 빅뱅이론의 최첨단 버전으로, 기존의 빅뱅이론이 설명하지 못했던 우주 초창기의 비밀을 상당 부분 설명해줄 뿐만 아니라 실험적으로 확인 가능한 몇 가지 징후들을 예견하고 있다. 앞으로 실험 장치가 개선되면 인플레이션 이론은 확실한 검증 절차를 밟을 수 있을 것이다. 또한 우주가 팽창하는 동안 일어났던 일련의 양자적 과정들이 우주 공간의 구조에 어떤 식으로 흔적을 남겼는지도 알게 될 것이다.[167]

지금으로서는 원시 우주가 에너지가 큰 상태였다는 정도는 알고 있지만 어디까지나 추측일 따름이다. 사실 추측이 아닌 것은 없다.[168] 이렇게 지식이 불완전한 상태에서 굳이 결론을 내린다면 다음과 같이 말할 수 있다. 인플레이션 이론은 우주의 기원과 초기 우주의 저엔트로피 문제 등 전혀 연관성이 없어 보이는 다양한 문제를 일거에 해결하는 하나의 답을 제시하기는 했다. 물론 이 답은 그다지 틀린 것 같지는 않다. 그러나 그 다음 단계로 넘어가려면 가장 초창기의 우주를 설명하는 새로운 이론을 개발해야 한다.[169] 시간의 흐름은 저엔트로피 상태에서 고엔트로피 상태로의 변화이다. 즉 '시간은 왜 미래로만 일방적으로 흘러가는가?'라는 의문은 왜 우주가 초기에 저엔트로피 상태로 만들어졌는지와 동일한 질문이다. 초기 우주는 에너지가 집약된 고엔트로피 상태였는데 팽창을 통해 저엔트로피가 되었고, 이에 따라 계속해서 엔트로피가 증가하는 방향, 즉 시간이 미래로만 흐르게 된 것이다. 그것이 인간 그리고 우리의 죽음을 낳은 원인이다.

유일신교에서 무에서의 창조를 주장하지만, 이미 존재하고 있던 우주가 어느 순간에 인플레이션을 겪으면서 팽창했다고 생각하는 것이 과학적 근거로 말할 수 있는 우리의 최선이다.[170] 물론 이미 존재하던 우주에 대하여 무에서의 창조를 생각할 수는 있다. 유의할 것은 인플레이션 이론만이 유일한 우주론은 아니라는 점이다. 다만 인플레이션 이론은 표준 빅뱅이론이 갖고 있었던 중요한 문제점들을 해결하였다.[171] 인플레이션 이론은 왜 우주가 모든 방향에서 똑같이 팽창하는 것처럼 보이는지를 설명해준다.[172] 인플레이션 이론에 따르면 우리가 관측할 수 있는 우주의 모든 지점들은 우주 초기에는 인접해 있으면서 영향을 주고받았음을 알 수 있다. 간단히 말해서, 우주의 탄생 초기에는 공간이 서서히 팽창하여 모든 지점들이 정보를 충분히 교환할 수 있었고, 이 무렵에 온도가 모두 같아졌고, 그 후 팽창 속도가 빨라진 것으로 이해할 수 있다. 인플레이션 이론은 마이크로파 배경복사가 전 공간에 걸쳐 동일한 온도를 유지하고 있는 이유를 이런 식으로 설명하고 있다.[173]

빅뱅의 이전에는

양자요동으로 인하여 탄생한 우주라고 하지만 물질과 반물질의 기원은 무엇일까? 일부 과학자들은 빅뱅이 왜 시작되었는지에 대해서도 연구한다. 그러나 빅뱅 이전은 관측이 불가능하며 일반 상대성이론과 양자 역학이 통합된 통일이론이 나오면 가능할 수도 있다.

빅뱅 이전에는 무엇이 있었나? 과학자들은 빅뱅과 함께 시간과 공간이 탄생했으므로, 그런 질문은 성립되지 않는다고 말한다. 1500년 전 아우구스티누스도 "천지가 창조됨으로써 비로소 시간이 시작되었기 때문에 그전이란 말은 의미가 없다."고 말했다.

빅뱅 이전에 대해서는 우리가 아는 것이 없다.[174] 당시에 시간과 공간이 존재했는지 여부조차 알 수가 없다.[175] 유의할 것은 우주의 시작 시점의 특이점은 시간 안(in time)에 있는 것이 아니다.[176] 처음(t=0) 이전에는 시간은 없었다. 우주가 시간적으로는 유한하지만 시간 안에서는 항상(always) 존재했다. 시간이 있어야 우주가 있다는 의미이다.[177] 최초에 우주가 어떻게 존재하게 되었느냐는 질문은 아무 것도 존재하지 않았던 그 전의 시간이 존재하였음을 전제하는 것이라고 독일의 과학철학자 그륀바움(Branko Grünbaum)은 말한다. 우리가 빅뱅 이전의 시간에 대하여 논의한다면 우리는 그때 무슨 일이 일어나고 있는지를 물을 수 있다. 그러나 그렇지 않다. '그 전'은 없다.[178] 빅뱅으로 탄생한 인간이 그 이전을 탐구하고 묻고 있지만 물리학적으로는 의미가 없는 물음인 셈이다.[179] 그러나 빅뱅으로 인하여 '무' 또는 특이점으로부터 우주가 탄생하지 않았다면 (그리고 우리가 존재하고 우리의 의식이 존재하지 않았다면) 우주, 존재의 원인, 절대자, 창조자 같은 성스러운 것을 찾지는 않을 것이다.[180] 과연 그럴까.

오늘날 대부분의 물리학자는 양자 역학과 굽은 시공간에 대한 아인슈타인의 생각을 중재시켜 줄 수 있는 양자 중력이론이 궁극적으로 태초에 무슨 일이 일어났는지 밝혀줄 것으로 기대하고 있다.[181]

3) 양자물리학 무로부터의 창조

▎양자 요동과 빅뱅으로 시작

우주가 시작이 있었는지 없었는지는 과학적으로 논란이 지속되며 어려운 문제이다. 로저 펜로즈와 스티브 호킹은 기하학적 정리를 인용하여, 아인슈타인의 일반 상대성이론과 몇 가지 조건이 맞는다면 우주는 시초가 있어야만 한다는 것을 입증하였다.

우주는 양자 요동으로 인하여 약 138억 년 전 일어난 빅뱅과 함께 촉발됐다. 양자 요동은 빈공간의 진공이 실제로는 에너지가 가득한 공간이라는 가설의 이론이다. 물리학자들은 1cm^{3}의 빈 공간마다 10억 개의 원자탄과 맞먹는 에너지가 담겨 있다고 주장한다. 물리학 이론에 따르면 물질을 구성하는 모든 입자들은 반입자와 쌍을 이룬다. 전자에는 양전자(양성자가 아니다.)라는 반입자가 있고 양성자는 반양성자, 중성자는 반중성자가 대립 쌍으로 존재한다. 이렇게 물질은 항상 대비되는 반물질이 있으며, 그 전하는 반대이며, 이 둘이 만나면 소멸된다. 양자 세계에서는 총합 에너지 0인 입자와 반입자(물질과 반물질)들이 수없이 출현했다가 사라진다. 양자 역학의 관점에서 보면 우주는 무에서 생겨났고, 결국 다시 무로 돌아간다. 하지만 그것이 끝은 아니다. 무는 또한 유를 '창조'한다. 양자 세계에서는 무에서 유로의 창조가 끊임없이 일어나고 있는 것이다.

우주의 한 지점에서 짧은 순간 상반되는 전하를 가진 물질과 반물질이라는 가상 입자가 출현하고 이들 간의 '약간의 비대칭'으로 남은 물질이 급팽창하며 우주를 만들었다는 것이 빅뱅이론이다. 즉 양자 요동을 거쳐 출현한 물질과 반물질이 극미한 양의 차이, '약간의 비대칭' 때문에 남은 물질이 급팽창(인플레이션)을 거치면서 우주가 형성됐다. 우주의 탄생 초기에 물질과 반물질이 약간의 차이, 즉 비대칭이 있었고 사라지지 않은 물질이 우주를 탄생시켰다는 것이다. 그렇다면 우리 우주는 비어있는 진공에서 우연한 양자 요동의 결과라는 것이다.

그러나 아인슈타인은 우주가 우연(chance)에 의해 결정된다는 생각에 반대했다. "신은 주사위를 던지지 않는다."라는 그의 말에 잘 나타나 있다. 하지만 과학적인 증거를 보면 우주는 우연적인 주사위로 보이며, 만일 신이 우주를 관리한다면 신은 도박사인 셈이다.

▍양자 물리학의 설명-창조자인 '우연'

양자 물리학에 따르면 양자 등의 미시세계에서는 사건이 무작위로 발생한다. 이것은 원인과 결과라는 인과 관계의 원리(principle of causation)를 깬다. 인과 관계가 없는 양자물리학의 세계에서 우주는 원인 없이도 발생할 수 있다. 그야말로 그리스도교의 무로부터의 창조이다. 모든 존재가 양자 터널을 통하여 무에서 존재가, 무 속에서(in the void) 우연하게 발생된다는 것이다. 이것이 일어나는 방식은 "무 이론가(nothing theorists)"라는 작지만 영향력이 있는 물리학자 그룹의 분야가 되었다. 빅뱅이라는 우주의 기원론에서 우주의 시작은 양자 역학에 의하면 우연인 셈이다.[182]

양자 물리학은 우주의 기원 문제에 대한 또 다른 관점을 요구하는 것이다. 양자 역학에 의하면 입자와 반입자는 '아무것도 존재하지 않는' 진공으로부터 저절로 생겨난다. 어떤 물리학자들은 우주가 진공요동(vacuum fluctuation)으로 시작되었다고 추정한다.[183] 그런데 대체 그 입자와 반입자는 어디서 '생겼을까'라는 질문이 또한 나온다. 무한소급에 빠지지만 이에 대한 설명은 모른다.

온도는 분자들의 평균 운동에너지를 계량화한 값이다. 따라서 온도가 높으면 분자들의 움직임도 활발하고 낮으면 운동에너지가 작다. 따라서 이론상 절대 0도인 0K에서는 어떤 입자의 움직임도 없어야 하지만 실제로는 많은 입자와 반입자가 생성되었다가 소멸한다. 물리학자 존 휠러는 이러한 현상을 '양자거품'이라고 명명하였다. 불확정성 원리로부터 귀결되는 결론 가운데 하나는 에너지 보존법칙을 어길 수 있다는 것이다. 물론 아주 짧은 시간 동안에만 가능하다. 이 결과에 따르면 우주는 아무것도 없는 데서 질량과 에너지를 만들어낼 수 있다. 하지만 그 질량과 에너지는 매우 빠르게 다시 사라진다. 이렇게 이상한 현상이 나타나는 특이한 방식은 "진공요동(vacuum fluctuation)"이나 "양자요동(quantum fluctuation)"이라는 이름으로 불린다. 아무것도 없는 데서 난데없이 입자와 반입자(antiparticle)로 구성된 한 쌍이 나타날 수 있다. 그리고 이 한 쌍은 매우 짧은 시간 존재하고 나서 서로 소멸된다. 입자들이 생성될 때 에너지 보존이 위배되지만, 다시 입자들이 사라질 때 회복된다. 대부분의 상황에서 이들 입자 쌍은 관측하기 힘들 정도로 매우 빠르게 생겼다가 소멸된다. 이 모든 게 이상하게 들리지만, 과학자들은 실제로 이 진공요동이 진짜라는 사실을 실험적으로 확인했다.[184]

향후 우주 기원의 과제탐구

빅뱅이론은 무엇이 폭발했는지, 왜 폭발했는지, 그리고 폭발하기 전에는 무슨 일이 일어났는지에 대해서 아무것도 이야기해주지 못한다.[185] 따라서 우연과 불확실성, 양자 역학 등 현대 물리학에서 새로운 길을 모색할 것으로 본다.

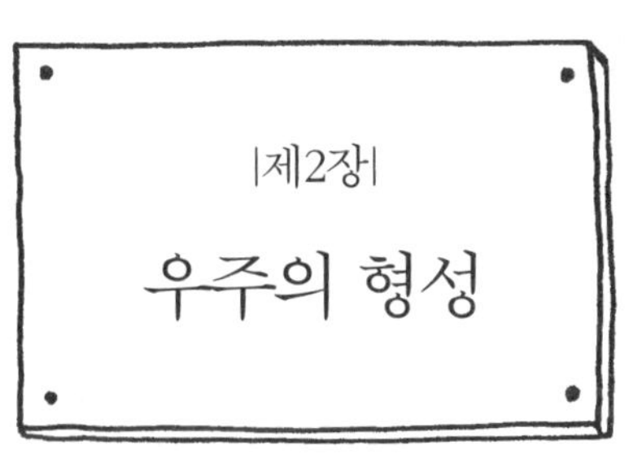

1. 우주의 시작 빅뱅

1) 빅뱅 우주론 논쟁

빅뱅은 우주기원론이 아니다

빅뱅이 하나의 폭발이나 모든 물질이 한 점에 집중되어 있던 시간으로 흔히 설명되고 있는 것은 불행한 일이다.[186] 이 이론은 우주의 기원을 설명하는 것이 아니다. 더 뜨겁고 더 밀집된 조건에서부터 우주의 진화를 묘사하는 것이다. 빅뱅이론을 검증하는 것은 최대한 초기의 우주 앞에 데려다 놓는 것이다.[187]

많은 사람은 빅뱅이론이 우주의 탄생과 근원을 설명해 주는 것으로 생각하고 있지만 사실은 그렇지 않다. 빅뱅이론은 대폭발이 일어난 직후부터 우주의 진화 과정을 설명하는 이론이며, 빅뱅이 일어나던 그 순간(시간=0)에 관해서는 단 한마디도 언급하지 않고 있다. 이름 자체는 '빅뱅', 즉 '대폭발 이론'이지만 그 안에는 정작 폭발과 관련된 부분이 빠져있는 것이다. 무엇이 폭발했으며 왜 폭발했는지, 또 어떻게 폭발했는지, 그리고 정말로 대폭발이 일어나긴 했는지, 이런 의문점들은 여전히 미지로 남아있다.[188]

어찌되었건 빅뱅으로 시작한 우주

우리는 최초에 대하여는 무슨 일인가가 일어났다는 것 이외에는 아무것도 확실하게 아는 것이 없다. 우리는 그것이 왜 그리고 어떻게 일어났는지도 모른다. 그전에 무엇이 존재했는지도 말할 수 없다. 시간과 공간은 물질과 에너지가 생겨난 똑같은 시간에 창조되었기 때문에 '그 이전'이나 그 이전에 존재하는 것을 위한 '공간'이 있었는지에 대해서도 말할 수 없다. 다만 현대 과학자들은 빅뱅 이후의 바로 그 시섬부터 수많은 증거를 기초로 하여 엄격하고도 일관성 있는 설명을 할 수 있을 뿐이다.[189] 우주가 양자 요동에 의하여 시작되었건 영원한 우주이건 아니면 '처음' 시작되었건 간에 우리의 우주는 빅뱅으로 시작한 것으로 보인다.[190]

과학자들이 빅뱅이론을 받아들이는 것은 그것이 현대 천체 물리학과 입자물리학에 의하여 제시된 실험적 또는 이론적 지식의 대부분과 일치하기 때문이다.[191] 천체 물리학은 우주 질서 원리의 기원에 대한 물음에 묵묵부답이다. 천체 물리학은 창조의 둘째 날, 혹은 빅뱅 100분의 1초 뒤부터 시작한다.[192] 여전히 빅뱅 이전 또는 우주의 기원 문제는 미지의 세계 또는 종교와 신앙의 대상으로 남아있다. 그리스도교 등의 종교가 창조론을 믿는다면 그것은 바로 창조주와 창조가 있었다는 것뿐이 아닐까.

2) 빅뱅 우주론

시작 전의 특이점

빅뱅의 시작 전에는 특이점(singularity), 그 특이점 이외에는 '주위'가 존재하지 않았다. 이 특이점은 공간을 차지하지도 않고 존재할 곳도 없다. 그런 특이점이 얼마나 오랫동안 존재했는지를 물어볼 수도 없다. 시간도 존재하지 않았고 특이점이 출현할 수 있는 과거도 없었다. 즉 우리의 우주는 아무것도 없는 그야말로 무에서 시작되었다. 물론 양자 물리학에 따른 입자와 반입자는 어디에서 왔는가? 하는 질문은 남아있다.[193] 그러나 팽창을 0의 시간으로 되돌리는 것은 무한한 온도와 밀도를 암시하는데, 이는 물리적으로 불가능하다.[194] 우리는 물리적으로 우주의 시작 바로 직전인 특이점을 볼 수도 알 수도 없다. 거기에 신이 있을까.

▌대체 빅뱅은 왜 일어났을까

사실 빅뱅이론을 곰곰이 생각하다 보면 커다란 수수께끼에 직면하게 된다. 우주를 이루는 모든 질량과 에너지가 아주 적은 영역 안에 함축되어 있었다면 밀도는 엄청나게 컸을 것이고, 이런 상황에서는 중력이 가장 커다란 위력을 발휘한다. 그런데 다들 알다시피 중력은 잡아당기는 힘, 즉 인력으로만 작용하기 때문에 뭉쳐있는 사물들은 중력으로 더욱 단단하게 결속된다.[195] 과학자들은 빅뱅의 시작 단계에 대해서는 아무것도 알 수가 없다. 그때의 우주의 온도와 밀도는 무한대에 가까웠던 것이다. 따라서 과학자들은 그러한 현상을 다룰 아무런 방법이 없다는 것이다.[196] 그렇다면 초기 우주는 왜 바깥쪽을 향해 폭발하였는가? 아마도 엄청나게 강한 척력(미는 힘)이 빅뱅에 개입되어 중요한 역할을 했던 것 같다. 대체 어떤 힘이 그런 초대형 사고를 일으켰을까?[197] 한 가지 설명은, 어쩌면 그런 특이점이 그 이전에 존재했던 우주가 수축되어서 생겼을 수도 있다는 것이다.[198] 우리의 우주는 수많은 다른 차원의 우주들 가운데 하나에 불과할 수도 있고, 대폭발은 어느 곳에서나 늘 일어나고 있는 평범한 일일 수도 있다.[199]

▌우주의 대변화, 상전이

1970년대 물리학자들은 우주를 구성하는 물질들뿐만 아니라 우주 자체도 상전이(얼음, 물, 증기로의 변화 같은 변화를 말함)를 일으킬 수 있다는 놀라운 사실을 알아냈다. 지난 140억 년 동안 우주는 끊임없이 팽창을 겪으면서 꾸준히 식어왔는데(자전거 타이어의 압력이 낮아질 때 온도가 내려가는 것과 같은 이치이다), 내려가는 대부분의 시간동안 큰 변화를 겪지 않다가 어떤 임계 온도에 다다랐을 때 격렬한 변화를 겪으면서 그동안 보유하고 있던 많은 대칭성을 잃어버렸다는 것이다. 대다수의 물리학자는 지금 우리가 초기의 우주와 전혀 다른 상태인 '얼어붙은' 우주에 살고 있는 것으로 믿고 있다. 우주적 상전이는 기체가 액체로 변하거나 액체가 고체로 변하는 일상적인 상전이와 전혀 다른 양상으로 진행되지만, 그 내부를 자세히 들여다보면 몇 가지 공통점을 갖고 있다. 우주가 점차 식어가다가 임계 온도에 도달하면 얼음처럼 얼어붙는 것이 아니라 그 안에 어떤 장(field, 좀 더 정확하게는 Higgs field라고 한다)이 출현하게 된다.[200]

2013년 노벨위원회가 발표한 노벨물리학상 설명 자료는 다음과 같이 기술한다. "우주는 대칭적으로 창조되었을 것이고, 눈에 보이지 않는 힉스장도 둥근 그릇의 한복판에 공이 안정적으로 놓인 것처럼 대칭성을 이루고 있었을 것이다. 그러나 우주 대폭발이 있고 나서 10^{-11}초 직후에 이미 힉스장이 대칭적인 중심점에서 떨어진 곳으로 가장 낮은 에너지 준위를 옮기면서 그 대칭성은 깨졌다."

2. 우주의 형성과정

1) 우주 탄생과 빅뱅

▌우주의 간략한 역사

뉴턴 사후 50년 이상이 지난 1779년에 프랑스의 뷔퐁 조르주-루이 르클레르는 지구의 나이가 7만 5천 년에서 16만 8천 년 사이가 될 것이라고 주장했다가 교회로부터 파문당할 뻔 했다.[201] 19세기 중엽에 이르러서 대부분의 지식인은 지구의 역사가 적어도 500만 년은 될 것이고, 어쩌면 수천만 년이 될 수도 있겠지만 그보다 더 길지는 않을 것이라고 믿게 되었다. 1859년 찰스 다윈은 『종의 기원』에서 약 3억 년을 주장했다.[202]

흔히 우주의 역사라고 하면 매우 장구하고 거창한 역사를 떠올리지만 대략적인 골격만 보면 놀라울 정도로 간단하다. 우주의 역사를 한 마디로 요약한다면 '팽창의 역사'라 할 수 있다. 우주의 팽창은 지금까지 이루어진 과학적 발견들 중에서 가장 중요한 발견이자 우주의 과거를 규명하는 데 가장 중요한 정보를 제공하고 있다.[203] 2014년 미국 하버드-스미스소니언 천체 물리센터는 실제로 빅뱅 직후 우주가 팽창하여 지금의 균일한 우주가 형성됐다는 '팽창 이론'을 실험적으로 증명했다. 우주 배경복사의 편광 성분을 분석해, 초기 우주 급팽창의 흔적인 중력파의 패턴을 발견한 것이다. 중력파의 패턴은 중력파가 퍼져 나가면서 나타나는 고유한 뒤틀림 현상이다. 급팽창 당시 흔적이 중력파의 형태로 우주 전체에 퍼져 나갔고, 이 우주배경복사에 남겨진 특정한 패턴을 탐지하는 데 성공한 것이다.

21세기 초 우리 인간은 140억 년 우주 역사를 알고 있다. 이것이 확정된 숫자인지는 모르지만 우주의 역사를 간략하게 표로 보면 다음과 같다.[204]

시간(억 년)	사건
140~130	빅뱅, 우주배경복사의 방출
130~120	
120~110	별과 은하의 탄생
	최초의 초신성; 두 원소의 탄생
110~100	
100~90	
90~80	
80~70	
70~60	
60~50	
50~40	태앙, 지구 등 태양계의 형성
40~30	최초의 생명체? 산소의 증가
30~20	
20~10	진핵생물 출현
10~0	다세포생물 출현
	공룡 멸종

표 1 표로 본 138억 년간의 우주

❙ 우주의 나이 논쟁

17세기 유럽에서 성서학자들은 신이 세상을 창조한 때를 알아내기 위하여 『구약성서』의 연대기를 기초로 계산하였다.[205] 아일랜드 교회의 제임스 어셔 대주교는 1650년에 『성서』의 기록을 비롯한 여러 가지 유물을 신중하게 검토해서 『구약성서 연대기』라는 두꺼운 책을 발간하였다. 역사가들과 저술가들은 지구가 기원전 4004년 10월 23일에 창조되었다는 그의 주장에 감탄할 수밖에 없었다. 당시의 과학으로서는 누구도 반박할 수 없었을 것이다.[206] 그리하여 제임스 어셔 성공회 대주교는 『성경』의 연대를 면밀히 조사하여 기원전 4004년 10월 23일을 천지창조일로 정했다.[207] 아일랜드의 어셔 주교가 발표한 기원전 4004년 10월 26일은 정설로 받아들여졌다.

중앙아메리카에서 1000년경에 살았던 마야인들은 상형문자를 사용했고 달력도 있었다. 이들은 20진법을 사용했고 역사적 사실을 20진법으로 표시하고 있었다. 고고학자들은 이러한 마야인의 역사에서 나타난 '첫날'이 기원전 3114년 8월쯤인 것을 밝혀냈다. 유럽인들이 1650년에 말한 창조의 시기보다 늦다. 18세기 말에 이르러서야 몇몇 자연학자가 지구가 『성경』의 권위와 노아의 홍수 이야기가 말하는 수천 년보다 훨씬 더 오래 되었음을 서서히 확신하기 시작했다.[208]

과거의 시간인 나이를 측정하는 방법은 다양하다. 고고학에서는 탄소 동위원소(탄소 14)의 반감기를 이용한다. 탄소 14는 5700년이 지나면 반 정도가 질소 14로 변화되는 것을 이용한다. 고고학자들이 이 방식으로 측정해본 결과, 남북아메리카 대륙에 인간이 처음 나타난 것은 약 1만 3000년 전이다. 그러나 인류의 유물을 발견하더라도 그 속에 탄소 동위원소의 수가 너무 적으면 측정이 어렵다. 이때는 반감기가 1억 2800만 년인 칼륨-아르곤 연대측정법이 사용된다. 지구에 떨어지는 운석도 사용된다. 운석 안에는 행성이 형성되기 전에 우주 공간을 떠돌던 먼지가 뭉쳐 있다. 이러한 운석의 연대 측정에는 반감기가 500억 년 되는 루비듐 동위원소(루비듐 87) 등이 사용된다.

우주에서 오는 빛도 사용된다. 적색편이라는 현상을 이용하는 것이다. 이를 이용하여 알아낸 우주의 나이는 138억 년이다. 물론 오차는 수억 년 정도 추정한다. 근현대에 들어와 자연과학이 밝혀낸 우주는 지구는 약 45억 년 전, 태양계가 약 50억 년 전, 우주는 138억 년 전에 탄생했음을 알아냈다. 그것은 허블 상수와 관련된다. 허블 상수는 1929년에 우주가 138억 년 전의 빅뱅 이후 팽창해 왔다는 것을 입증한 천문학자 에드윈 허블의 이름을 딴 것이다. 1990년대 후반에는 우주의 팽창 속도가 시간이 지나면서 가속되고 있다는 사실이 밝혀졌다. 따라서 우주의 팽창률은 우주의 나이와 크기를 이해하는 데 결정적으로 중요한 수치이다. 우주의 나이를 정확히 알기 위해 과학자들은 허블 상수(외부 은하계의 거리와 멀어지는 속도 사이의 관계를 나타내는 비례 상수)의 값을 정확히 측정하려 노력한다.[209] NASA의 허블 망원경은 가시광선을 이용해 우주를 관찰하지만, 스피츠 우주 망원경은 긴 파장의 적외선을 이용해 우주를 관측하고 있다. 이는 허블 망원경보다 정확성이 훨씬 높아 측정의 불확실성을 3%까지 낮추었다. 2012년 허블 상수는 메가 파섹(약 3백만 광년) 당 1초에 74.3 ± 2.1km(74.3 plus or minus 2.1 kilometers per second per megaparsec)로 측정되었다. 이것이 의미하는 것은 3백만 광년 떨어진 우주의 초당 팽창속도가 74.3 ± 2.1km라는 것이다. 2013년에 플랑크 우주망원경에 의하여 67.80km(±0.77)로 측정되었다. 허블 상수가 100km라면 우주의 나이는 100억 년, 50km이면 150~200억 년 정도가 된다.

우주의 나이를 종교와 신앙으로 증명하는 것은 그 자체가 난센스이다. 그것은 신앙 고백일 뿐이다.

2) 우주의 탄생

140억 년 전 또는 그 이전의 빅뱅

130~140억 년 전에 빅뱅으로 '우리' 우주가 탄생하였다. 우주는 탄생 후 팽창을 계속했으며, 점차 빨라지는 가속 팽창을 하고 있다. 2016년 미국 항공우주국과 유럽 우주국 등 공동 연구진이 NASA의 허블 우주망원경으로 19개 은하에서 수천 개의 별을 관측한 결과, 우주가 알려진 것보다 빨리 팽창하고 있다는 것이 밝혀졌다. 그 원인은 추정이지만 암흑 에너지 등의 힘이 우주 팽창에 영향을 미치고 있는 것으로 보인다. 가속 팽창이 중요한 의미를 가지는 것은 우주의 탄생이 138억 년보다 작을 수 있다는 것을 함축한다는 점이다.

빅뱅 이후 균등한 우주

우주배경복사(cosmic background radiation)는 전 우주에 걸쳐 온도가 균일하다. 그것은 초기의 우주에는 블랙홀 같이 한 지역에 물질이 집중되어 있는 고엔트로피 덩어리가 거의 존재하지 않았음을 의미한다. 만일 이런 천체가 존재했다면 질량(에너지)이 공간에 균등하게 분포되어 있지 않다는 뜻이고, 여기서 방출된 마이크로 복사파는 지금과 같이 전 공간에 걸쳐 균일하게 분포되지 않았을 것이기 때문이다. 이러한 우주배경복사가 우리에게 말해 주고 있는 또 다른 사실은, 빅뱅 이후로 우주가 겪어온 진화 과정이 전 지역에 걸쳐 거의 동일한 양상으로 진행되어 왔다는 것이다. 우주 전역의 온도는 0.001도 이내에서 일치하고 있으므로, 우주 내의 전 지역은 빅뱅 이후로 거의 동일한 변화 과정을 거쳐 온 것으로 추정한다. 그렇지만 밤에 보이는 하늘은 매우 다양한 모습을 하고 있다. 거기에는 행성과 항성이 불규칙적으로 배열되어 있을 뿐만 아니라, 망원경을 통해 보면 수많은 은하가 사방에 산재해 있다. 우리는 우주의 진화 과정을 분석할 때 지역적인 분포가 아닌 전체적인 분포 상태에 주로 관심을 갖는다.[210] 우주가 균일하다는 것은 이렇게 전체적으로 평균을 낸 결과 그렇다는 뜻이다.[211]

빅뱅 후 처음 30만 년 요약

우주의 빅뱅이 있은 후 처음 30만 년의 우주의 역사는 다음과 같다.[212] 인간의 역사가 시작된 후 1~2만 년에 비하여 엄청나게 긴 30만 년 동안 대체 무슨 일이 일어났는지를 이렇게 간단하게 요약할 수 있다니 더욱 흥미롭다.

빅뱅 이후에 경과된 시간	주요 사건
10^{-43}초	"플랑크 타임". 우주는 플랑크 거리(물리적 의미를 지닌 가장 작은 거리)보다 작음. 이 이전에 대해서는 아무 것도 아는 것이 없으나 중력은 이미 기본적인 힘으로 뚜렷이 존재하기 시작함.
10^{-35}초	"강력"과 "전자기력"이 뚜렷이 존재하기 시작함.
10^{-33}-10^{-32}초	"인플레이션". 우주가 광속보다 빠르게 팽창하고 거의 절대온도 영도까지 떨어짐.
약 10^{-10}-10^{-6} 초	기본적인 힘들이 분리됨에 따라 우주는 다시 뜨거워짐. 쿼크와 반 쿼크가 생성되어 서로 상쇄됨. 살아남은 쿼크는 프로톤과 뉴트론으로 한정됨(그들의 총질량은 과거 쿼크와 반 쿼크 총질량의 약 10억분의 1로 됨)
1~10초	전자 양전자 쌍이 형성되고 상쇄됨(종전의 전자 양전자의 질량의 약 10억분의 1에 상당하는 잔존물을 남김)

3분	수소와 헬륨의 핵이 프로톤과 뉴트론으로부터 형성됨.
300,000년	(-)의 전자가 (+)의 양성자에 의하여 흡수되어 원자가 형성됨. 우주는 전기적으로 중성이 되었고 복사와 물질이 분리되었음. 오늘날 우주배경복사로 탐지될 수 있는 거대한 "섬광(flash)" 형태로 복사가 이루어지고 있음.

표 2 최초 30만 년 우주의 역사

빅뱅의 초기엔 힘과 에너지와 물질이 통일되어 있었다. 이어서 엄청난 급팽창이 일어나 우주는 물이 끓는 것과 같은 상태 변화와 '위상변화(phase shift)'를 겪으며 10^{75}로 커졌다.[213] 처음엔 수소, 헬륨과 리튬만 존재했다. 초기 우주는 너무나 뜨겁고 혼돈 상태여서 이보다 너 복합적인 물질은 살아남을 수 없었다.[214] 원시 우주는 계속 식으면서 팽창했고 비교적 짧은 기간인 10만 년 후에 에너지와 물질이 분리되었다.[215] 빛은 중력파의 시공간에 갇혀 있다가 빅뱅 이후 38만년이 지나서야 나왔다.[216]

❙ 10^{-43}초 플랑크 타임의 우주

빅뱅이론은 우주가 탄생 순간부터 10^{-43}초 사이의 극히 짧은 시간은 설명하지 못한다. 이 시간을 막스 플랑크의 이름을 따서 플랑크 타임이라고 부른다. 빅뱅이론은 결국 빅뱅의 순간에 대해서는 아무것도 설명해주지 못하는 이론이다. 우주가 10^{-43}초 지난 시점에 그 크기는 10^{-35}미터 정도였고 이때 온도는 1032℃에 이른다. 10^{-35}초일 때 우주는 사과 정도 크기로 불어났다.

❙ 처음 13억 년, 불균일한 우주가 인간을 창조

오랫동안 초기 우주는 동일한 에너지와 동일한 물질이 계속 존재했다. 일어난 일이라고는 이어지는 13억 년 동안 이 똑같은 성분들이 끊임없이 생성되고 사라지는 패턴으로 스스로 배열되었을 뿐이다. 우리에겐 이러한 패턴은 매우 중요하다. 우리는 "패턴을 찾는(pattern detecting)" 유기체이기 때문이다.[217] 빅뱅의 힘이 물질과 에너지를 분리하였지만 중력은 이들을 다시 묶어

놓았다.[218] 이러한 패턴에는 은하와 별, 화학물질, 태양계, 지구와 지구에 살고 있는 생명체가 포함된다.[219] 그러나 초기 우주가 완벽하게 균일하였다면, 즉 전 우주에 수소와 헬륨이 절대적으로 똑같이 분포했다면 중력은 단지 우주가 팽창하는 속도를 줄여주는 역할만 했을 것이다.[220] 그렇다면 우주는 균일하였을 것이고, 별, 행성, 은하, 인간은 나타나지 않았을 것이다.[221]

빅뱅이 일어나고 3~4분 사이에 엄청나게 많은 수소 원자가 만들어지고, 4개의 수소 원자들이 합쳐지며 헬륨이 만들어졌다. 수소와 헬륨은 균일하게 퍼져 나갔지만 약간의 불균형으로 오늘날 우주의 본질이 무엇인지를 궁금하게 여기는 나 같은 인간이 태어났다. 약간의 불균형이 수소들을 뭉치게 하여 밤하늘을 아름답게 수놓는 별들과 은하들이 탄생했다. 물질이 뭉쳐지면서 그 중심을 향해 원운동을 하면서 움직이게 된다. 점점 많은 물질이 뭉쳐지면서 회전은 빨라지고, 그 중심에는 원시 은하의 원반이 만들어지고, 원반의 여기저기에는 물질이 뭉쳐져 가스로 이루어진 공 모양을 이룬다. 이 중심이 고압 고온으로 약 1000만 도로 올라 핵에너지가 발생하면서 별이 탄생한다. 이러한 별들이 모여 은하를 이룬다. 물질을 뭉치면서 나타난 원운동은 계속되어 은하는 초속 수백km의 속도로 돌고, 한 바퀴 도는데 수억 년이 걸린다. 밤하늘에 보이는 은하수가 엄청 많은 별들과 은하의 집단이라는 것을 인류가 안 것은 17세기에 이르러 갈릴레이 덕분이었다.

물질과 별의 탄생

은하계에서 진행되는 기본적인 과정은 순환이다. 인간이 태어나서 성장하고 늙고 죽어가듯 우주의 별들도 비슷한 과정을 거친다. 수명은 적게는 수백만 년, 길게는 수백억에서 수천억 년이다. 우주에는 두 가지 물질, 원자와 분자 가스(기체)와 먼지(티끌)가 있다. 가스와 먼지 또는 기체와 티끌을 성간물질이라 부르며, 주로 밤하늘에 구름의 형태로 뭉쳐져 덩어리를 이루고 있어 성운이라고 부른다. 가스는 별을 만들어내는 재료이며, 먼지는 지구 등 행성과 생명체를 만든다. 기체가 응축되어 별이 탄생한다. 별은 가스와 먼지의 거대한 성운 속에서 만들어졌다. 성운의 한 부분이 밀도가 높아지면 점차 주위의 물질을 끌어당겨 그 크기가 커지고 그것이 더욱 압축되어 중심부가 뜨거워지면서 별이 탄생했다.

그리하여 우리가 살고 있는 태양과 지구가 우주 탄생 후 80억 년 이상이 지나서야 모습을 드러낼 때가 되었다. 태양은 별이다. 엄청나게 많은 별 중의 하나이지만 우리 삶의 모든 것이다. 최초의 별들은 상대적으로 무정형이었던 가스 덩어리들이 혼돈 속에서 급격하게 붕괴하면서 형성된 것 같다. 초기별이 형성될 때에는 수소와 헬륨 이외에는 없었다. 이러한 별들에 오늘날에도 수소나 헬륨보다 무거운 원소들이 없는 것을 보면 알 수 있다.[222]

별은 중력으로 인한 수축이 계속되면서 그 중심부의 온도와 압력이 엄청나게 올라가 핵융합 반응을 일으키면서 빛을 내기 시작했다. 이러한 별 내부의 핵반응으로 팽창하려는 힘과 중력에 의해 수축하려는 힘이 균형을 이루게 되면 안정된 별로 정착하고 별 내부에 가지고 있는 수소를 태우고 열과 빛을 내며 우리가 보는 별이 된다. 즉 온도가 올라가 중심부의 온도가 수백만 도에 이르게 되면 별의 중심에서 수소가 타는 수소 핵융합 반응이 시작되는 것이다. 수소를 다 태우고 나면 헬륨이 만들어지고, 온도와 압력이 더욱 높아지면서 헬륨이 타는 헬륨 핵융합 반응이 시작된다. 헬륨이 타면 그 안에서 탄소, 산소, 철 등 무거운 원소가 탄생한다.

우리 몸을 구성하는 물질은 대부분 수소이고 마그네슘, 철, 코발트 같은 원소도 있다. 빅뱅으로 탄생한 우주는 당시 수소, 헬륨, 리튬의 3가지 원소밖에 없었다. 이 세 가지 원소를 제외한 물질은 초신성 폭발로 만들어졌다. 그 입자들은 수십억 년에 걸쳐 우주를 여행하다가 우리와 생명의 구성 물질이 되었다.

130억 년 전, 1세대 별의 탄생

2003년 미국 항공우주국은 빅뱅 이후 7억 년밖에 지나지 않은 130억 년 전에 탄생한 행성을 발견했다. 이 행성은 지구에서 5천 600광년 떨어진 전갈자리의 M4 구상성단(球狀星團) 중심부에 위치해 있다. M4는 태양계가 형성되기 수십억 년 전에 만들어진 성단이다. 과학자들은 M4 성단을 140억 년 전의 빅뱅 직후 생성된 제1세대 별로 보고 있으며, 우리의 태양은 제3세대 별로 보고 있다. 이러한 발견은 행성이 기존 이론보다 훨씬 빠른, 빅뱅 후 10억 년 내에 생성됐을 수도 있음을 보여준다. 이것은 130억 년 전에도 생명체가 출연했고 멸종했을 가능성을 내포한다. 우주의 긴 시간을 생각해보면 충분히 있을 법한 이야기다.

110~120억 년 전, 원소의 출현

1967년 노벨 물리학상 수상자이자 20세기 물리학의 거인인 한스 베테가 2005년 3월 6일 밤 세상을 떠났다. 그는 1938년에 별 내부에서 수소가 헬륨으로 변환되는 핵융합 과정에서 별의 에너지가 나온다는 사실을 밝혀내 노벨 물리학상을 받았다. 그는 원자의 생성에서부터 행성이 죽어 초신성이 되는 과정에 이르기까지 폭넓은 분야에서 놀라운 업적을 남겼다.

110~120억 년 전에 초신성의 폭발로 원소가 탄생하였다. 항성, 즉 별이 내부에서 수소와 헬륨을 태우면서 점차 엄청난 에너지로 점점 부풀기 시작했다. 크기가 커지면 별 표면의 온도는 낮아지고 푸른색이었던 젊은 별은 붉은색의 늙은 별이 된다. 우주에서 탄생한 별이 에너지가 고갈되면서 늙고 죽음을 향해 나아간다. 인간과 생명과 별은 닮았다. 체중이 많이 나가는 사람이 많이 먹듯이 크고 무거운 별은 내부의 물질을 빨리 태워버려 그만큼 수명이 짧다. 별의 질량에 따라 짧게는 그 수명이 수십만 년, 길게는 수백억 년의 수명을 가진다. 여기에 우리 인간과 생명의 기원이 있다. 질량이 아주 큰 항성은 그 수명이 짧지만 강렬하게 죽으면서 엄청난 폭발(초신성 폭발)로 항성 내 물질을 우주로 뿌리고, 별의 중심은 남아 중성자별이 되거나 블랙홀이 된다. 초신성 폭발로 뿌려진 별의 잔해가 다시 뭉쳐져서 태양과 같은 항성과 지구와 같은 행성을 만드는 원재료가 된다. 무거운 별이 없었다면, 그 폭발이 없었다면 태양도 지구도 그리고 우리도 존재하지 않았다는 얘기이다. 우리가 흥미롭게 생각하는 블랙홀은 우리를 낳은 선조의 무덤인 셈이다.

3. 태양계와 지구의 탄생

1) 태양의 탄생

❙ 50억 년 전 태양의 탄생

50억 살의 중년의 나이인 태양은 빅뱅이 있고 약 90억 년 후 탄생하였다.[223] 처음에 작은 입자들이 점차 뭉쳐져서 운석이나 미행성체(微行星體. planetesimal. 아주 작은 행성)가 형성되었다. 미행성체는 일정하지 않은 궤도를 따라 돌아 충돌이 잦았을 것이다. 그리고 이들이 점차 커짐에 따라 충돌은 더욱 격렬해졌다. 오늘날 우리가 보는 헬리혜성(Halley' comet)은 태양계 형성 초기에 살아남은 것이며 초기 미행성체의 모습을 연상할 수 있게 해준다.[224] 이렇게 수십억 년 동안 은하계와 별들이 진화했고, 결국 우리의 태양계가 형성되었다. 그러나 이 모형은 아직 많은 불확실성이 있고, 연구는 여러 핵심 영역에서 지금도 진행 중이다.[225]

❙ 50억 년 전 태양 행성의 탄생

태양이 만들어진 후 10만 년이 지나고 태양은 폭발과 함께 안쪽 궤도에 있는 가스와 먼지 같은 입자들을 몰아냈다. 이러한 폭발은 생성된 지 얼마 안 된 별들에게 흔히 일어난다. 결국 안쪽 궤도에 남은 것은 아주 커서 태양풍의 영향을 받지 않는 단단한 미행성이 있었다. 점차 태양계의 궤도에서 가장 큰 미행성이 중력으로 입자들을 모으고 그 궤도에서 가장 큰 행성이 된 것이다. 태양 형성 후 백만 년 이내에 달이나 화성 크기의 약 30개의 초기 행성들이 나타났다. 다시 백만 년이 흐르고 오늘날 보는 행성계가 형성된 것이다. 지구는 그 중의 하나이다.[226]

2) 지구의 탄생

▎40~50억 년 전, 지구의 탄생

지구의 나이가 45억 년 이상 된 것을 알기까지 수세기에 걸쳐 여러 연구과 혼란이 있었다. 19세기쯤에 몇몇 과학자들은 지구가 6천만 년 이상 된 것으로 보았지만 대부분의 과학자는 기껏해야 몇 백만 년밖에 되지 않은 것으로 보고 있었다.[227] 지질학자 졸리는 매년 바다에 유입되는 소금의 양과 지금의 소금 농도를 기초로 지구 나이를 9천만 년 정도로 제안했고, 영국의 켈빈은 2천만 년~4억년으로 추정했다. 결국 20세기에 방사성 동위원소를 이용한 연대 측정 방법이 등장하면서 정확한 숫자가 나왔다. 1956년 납 동위원소를 이용한 연대 측정법으로 약 45억 년 전에 지구가 탄생한 것으로 밝혀졌다. 우주의 나이는 138억 년이니 지구는 우주에서 젊은 행성이다.

▎40~46억 년 전 지구의 형성

45억 년 전 태양계에서 탄생한 지구에 수 억 년 동안 대 충돌기로 미 행성(微 行星), 혜성, 운석들이 충돌했고 지구는 점점 더 커졌다. 충돌로 지구는 2000℃가까이 올라 암석(마그마. magma)이 녹아 지구를 덮었고 방사능 물질이 붕괴되면서 온도는 더욱 치솟았다. 결국 철이 녹는 온도를 넘어, 녹은 철들이 중력으로 백만 년 동안 지구의 중심으로 이동하여 지구의 핵을 형성하였다. 지구의 중심 핵 주위에는 암석이 녹아 맨틀(mantle)층을 이루며 대류현상이 나타났다. 점차 충돌하는 미 행성 등이 줄고 온도가 떨어지며 원시 지각이 형성되었다. 지구가 만들어지고 1억 년 쯤 지나면서 안정된 모습을 형성하며 5억 년 이상 흘렀다. 그 당시의 지구 자전 속도는 지금보다 훨씬 빨랐고, 1년도 훨씬 길었고, 달은 지금보다 가까웠다. 대기는 산소는 없고 수소와 헬륨 등이었으나 강력한 태양풍으로 날아가 버렸다. 지구와 충돌한 미 행성과 혜성 등이 가져온 얼음, 유기물질 등이 초기 지구의 마그마 바다에서 생성된 화산 기체와 함께 2차 대기를 이루었다. 지표면의 온도는 점점 낮아졌고 지표면의 온도가 물의 임계온도인 374℃ 아래로 떨어지면서 수증기가 비로 내리기 시작했다. 지구가 생성된 지 약 1억 년 후에 이르러서야 뜨거운 원시 바다가 등장하고 점차 바다의 온도는 낮아졌다.

40~46억 년 전의 지구라는 지옥

약 45억 년 전부터 6억 년 전까지 지구가 형성되는 동안 지구는 지옥 같은 곳이었다. 이 기간 동안 지구는 너무도 뜨거웠고, 화산 활동이 계속 되었으며 불안정한 곳이었다. 끊임없이 운석과 미 행성(planetesimal)이 지구를 폭격하였다.[228] 그리고 점차 바다와 육지가 형성되고 생명이 시작될 준비를 하고 있었다.

2014년 미국 위스콘신 대학교 메디슨 캠퍼스 지질학과 연구진은 44억 년 전의 지르콘 광물을 발견했다. 이들은 이 광물에는 산소 동위원소가 있어 44억 년 전에도 지구 온도가 물이 존재할 수 있을 정도였으며 따라서 생명체도 있었을 것으로 추정했다. 따라서 지구 온도가 생각보다 훨씬 더 빨리 떨어졌고 더 일찍 지각이 형성됐다고 추정하였다. 지구상의 모든 화석은 6억 년 전부터 만들어졌고, 그전에는 생명체가 존재했을 수 있지만 존재했다는 증거는 아직 없다.

45억 년 전, 달의 탄생

태양계가 형성되고 5억 년 이상이 지나서 달이 만들어졌다.[229] 약 45억 년 전에 화성 크기의 천체가 지구와 충돌하면서 지구의 일부분이 튕겨져 나간 파편에서 달이 만들어진 것으로 추정한다. 그래서 달의 표면에는 지구와는 달리 철이 많지 않다.[230] 지구에는 달 이외에도 2개 이상의 위성이 있다. 지름이 5km인 크뤼트네(Cruithne)는 지구 궤도 근처에서 돌던 소행성으로 지구의 중력에 붙잡혀 지구를 돌고 있다. 지구를 도는 공전주기는 385년이며 지구를 공전하는 동시에 지구와 같은 공전주기로 태양을 공전하기 때문에 위성들과 구분하기 위하여 준 위성(quasi-satellite)이라고 부른다. 그 외에 지구를 수직으로 공전하는 것도 있다. 이것이 달의 탄생에 대한 설명이다. 그러나 과학자들은 달이 언제 어떻게 생겨났는지 정확하게 알지 못한다. 1950년대에 지구 암석 속의 우라늄을 분석해 지구 나이가 45억 5천만 년 정도라는 것을 알았다. 그런데 미국 캘리포니아 대학교(로스앤젤레스) 연구팀이 2017년 달 암석의 연대를 측정한 결과, 달의 나이는 45억 1천만 년 정도인 것으로 나타났다. 태양과 지구가 생기고 최소 몇 억 년 정도 지난 뒤에 달이 생겼다고 생각했던 과학자들의 믿음을 흔드는 연구결과였다.

달의 탄생 과정에 대한 유력 이론인 단일 거대 충돌설(single giant impact)은 원시 지구에 화성 크기의 행성이 충돌하면서 달이 생겼다는 이론이다. 이 충돌로 행성은 산산이 부서져 일부는 지구로 흡수되고 나머지 파편과 먼지가 뭉쳐 달이 됐다는 것이다. 하지만 2017년 이스라엘 와이즈만 연구소 연구팀의 컴퓨터 시뮬레이션 결과, 달은 작은 천체가 여러 번 원시 지구에 충돌하는 과정에서 만들어진 것으로 보인다고 했다. 소수 의견인 다중 소 충돌(Multiple smaller moonlet-forming impacts) 가설을 지지하는 주장이다. 지구와 달의 암석 성분 구성은 거의 같다. 단 한 번의 행성 충돌로 달이 만들어졌다면 지구와 달의 성분이 비슷할 가능성이 아주 낮다. 소행성들이 반복적으로 충돌하면서 튕겨나간 지구의 파편들이 조금씩 뭉쳐 달을 형성했다면 이런 문제를 설명할 수 있다.

10~20억 년 전 극 저온 빙하기

5000만 년 이전에는 지구에 규칙적인 빙하기가 없었지만, 일단 빙하기가 찾아오면 그 규모가 엄청났다. 22억 년 전에 엄청난 빙하기가 있었고, 그로부터 10억 년 정도는 온화한 기후가 계속되었다. 그러고 나서는 첫 번째 빙하기보다도 더 큰 규모의 빙하기가 시작되었다. 그 규모가 너무나도 커서 오늘날 과학자들은 그 시기를 극 저온기 또는 슈퍼 빙하기로 부른다. 당시의 상황을 일반적으로 눈덩어리 지구라고 부른다. 그러나 눈덩어리라는 표현으로는 당시의 상황을 제대로 나타낼 수가 없다. 이론에 따르면 태양의 복사량이 6%나 감소하고, 온실 가스의 생산과 보유가 줄어들면서 지구는 근본적으로 열을 저장하는 능력을 상실했다. 지구 전체가 남극 대륙처럼 되어버렸다. 기온은 섭씨 45도 정도 떨어졌다. 지구의 표면 전체가 단단하게 얼어붙었는데, 고위도 지역의 바다는 800미터, 적도 지방에는 수십 미터 두께로 얼어붙었다.[231]

chapter 2.

생명은 어디서 왔는가?

|제1장|

생명의 기원

1. 생명의 기원 진화

1) 생명 창조론 논쟁

❙ 다시 창조론

인간은 오랫동안 세계와 우주를 이해하려고 노력했다. 고대 세계에서는 신화라는 방식을 통해 우주를 이해했다. 단군 신화, 그리스 및 로마 신화, 이집트 신화, 『구약』에 나타난 히브리 신화가 그것이다. 신화에서는 기본적으로 초자연적 존재를 도입한다. 『성서』 같으면 야훼, 그리스 신화에서는 올림포스 신들, 단군 신화에서는 환인이라고 하는 한울님 등이다. 그리고 대부분의 신화에서 초자연적 존재를 인격신으로 이해하고 있다. 아리스토텔레스도 이런 맥락 안에 있는 고대인이다. 기원전 3세기 아리스토텔레스는 다음과 같이 말했다. "벌레, 나방, 두꺼비는 신의 창조 명령에 따라 습한 땅에서 저절로 생겨난다. 눈이 있는 사람은 이런 일을 매일같이 관찰할 수 있다. 진흙 속에서는 갑자기 물고기가 생겨났으며, 더러운 걸레에서는 생쥐가, 아침 이슬에서는 개똥벌레가 기어 나왔다."[232] 오늘날의 사람들이 보면 어처구니없는 생각이지만 이는 당대 최고 철학자의 주장이다.[233] 그는 자연 발생을 말하면서 동시에 창조론을 말하였다. 생명의 탄생은 수컷이 형상을 제공하고 암컷이 질료를 제공하여 이루어진다고 믿었다.[234]

오늘날 유일신 종교의 창조론은 이런 방식으로 우리 의식을 흘러가고 있다. 아담과 이브는 고대 히브리인들이 상상한 인류의 조상이다. 이들은 실존 인물이 아니라 인간의 기원을 나타내기 위한 문학적인 창작 인물이다. 이 내용은 과학적으로나 역사적으로 증명할 수 없다. 그렇다고 이 내용들을 거짓이라고 일갈할 수도 없다. 과학의 눈부신 발전에도 불구하고 생명의 기원에 대해 우리가 확실하게 아는 것은 거의 없다.[235] 유일신 종교의 우주론은 창조이다. 19세기까지 그리스도교 유럽은 5천 년 내지 1만 년 전에 우주가 창조되었다고 믿었다. 1650년 무렵, 영국 국교회의 제임스 어셔 대주교는 『성경』의 인물들을 토대로 창조일을 역산한 결과 "기원전 4004년 10월 23일"이라는 아주 구체적인 날짜를 지목한 것이다. 유럽인들은 이후 이 날짜를 "하나님이 세상을 창조한 날"이라 굳게 믿고 있었다. 지금도 많은 그리스도인들, 심지어는 KAIST 등 창조 과학론자들은 이러한 주장을 하고 있다. 창조론자들은 과학자들이 생명 진화의 증거로 내놓는 화석을 오래전 『성경』상의 대재난인 노아의 홍수에서 익사한 생명체로 보았다.[236]

로널드 넘버스가 쓴 『창조론자들』은 진화론에 대응하여 창조론을 지키려 했던 사람들에 대한 기록으로, 각 시대별로 근본주의자들이 진화론에 어떻게 맞서왔는지를 알려준다. 책은 중립적인 입장에서 문헌과 사실을 기초로 객관성을 유지하면서 서술을 시도했다. 1920년대에는 지구가 1만 년 정도 되었다는 젊은 지구론이 나왔다. 노아의 홍수가 지구를 덮으면서 다양한 지층이 생겼다는 홍수지질학(flood geology)을 주창했다. 이러한 주장을 한 사람은 제7일 안식일 예수 재림교회(Seventh-day Adventist church)의 신도였다. 안식일을 철저히 지켰던 안식일 교도들은 창조 기사를 상징적으로 해석하는 것을 거부하며 다른 그리스도교의 주목을 받았지만, 과학계는 인정하지 않았다. 1960년대에는 과학적 창조론(scientific creationism) 또는 창조 과학(creation science)이 등장했다. 1961년 존 휘트컴과 헨리 모리스가 쓴 『창세기의 홍수』는 앞서의 홍수 지질학을 수용하고 더 나아가 인간과 공룡이 같이 살았다는 증거로 인간과 공룡의 발자국을 함께 발견했다는 증거를 내놓았다. 전혀 근거가 없는 것이었다. 이들은 창조론 논쟁에서 안식일교의 흔적을 지우고자 노력했다. 그리고 지적설계론이 등장하여 생명은 너무도 복잡해서 진화로 만들어지는 것은 불가능함을 주창하였다. 특히 이들은 한국에서 1981년에 설립된 한국창조과학회도 소개했다.

창조론은 자연과학계의 진화론이 그렇듯이 다양한 의견을 가지고 있는데 대표적으로 '젊은 지구 창조론', '오랜 지구 창조론'과 '지적설계론' 등이 있다. 젊은 지구 창조론은 『구약성서』의 「창세기」 그대로 신이 6일 만에 우주와 인간을 창조했다는 주장이다. 아담으로부터 예수로 이어지는 연대기로부터 세계는 기원전 8천 년~4천 년에 창조되었다고 주장한다. 오랜 지구 창조론은 창조론을 주장하지만 과학을 받아들인다. 「창세기」 1장의 6일을 젊은 지구 창조론과 다르게 해석하여 지구의 나이가 30~50억 년, 우주의 나이는 100~200억 년임을 인정한다. 지적설계론(Intelligent Design Theory)은 우주를 창조한 지적 존재를 주장하면서 '환원 불가능한 복잡성(irreducible complexity)'을 증거로 제시한다. 예를 들어 박테리아의 편모는 헤엄치기 위해 달려 있는 것으로 구동축, 갈고리 등 서로 다른 부분들이 복잡하게 연결되어 있어 작은 부분이라도 문제가 생기면 제대로 동작하지 않는다. 따라서 이들은 편모가 다윈이 주장하는 자연 선택의 결과가 아니라 의도적인 지적 설계에 의하여 만들어진 것이라고 주장한다. 물론 과학계의 강력한 반론은 있다. 편모 내에서 50개의 단백질 유전자 중 40개를 떼어도 나머지 10개가 완벽하게 자기 기능을 가진다는 것이다.

▎창조 진화 논쟁

『종의 기원』이 출간되고 불과 몇 달 뒤에 첫 번째 중요한 비판이 제기되었다. 공식적으로 이루어진 논쟁에서 옥스퍼드 주교였던 새뮤얼 윌버포스(Samuel Wilberforce)는 다윈과 진화론이 인간과 유인원을 동일시한다고 비난했다. 이에 다윈의 열렬한 추종자로서 '다윈의 불도그(유명한 단어이니 기억할 필요가 있다)'라는 별명을 얻은 헉슬리(T. H. Huxley)는 통렬한 풍자로 응수했다. 윌버포스가 헉슬리에게 "그래. 당신은 할아버지가 유인원이오, 아니면 할머니가 유인원이요?"라고 묻자, 헉슬리는 이렇게 대답했다. "난 진실을 두려워하는 인간이 되느니 차라리 유인원의 자손이 되겠소."[237] 이 논쟁은 아직도 진행 중이다.

20세기에 창조와 진화의 논쟁은 결국 근본주의와 보수적 그리스도교가 강한 미국 학교에서 충돌했다. 1925년 공립학교 교사인 존 스코프(John Scopes)가 다윈주의를 가르치지 말라는 주법을 어겼다는 이유로 기소되어 행해진 테네시 '원숭이 재판'은 유명한 사례이다. 논쟁은 오늘날에도 계속되고 있다. 공립학교에서 진화론을 가르칠 것인지 아니면 '과학적 창조론'을 가르칠 것인지에 대한 논쟁이 벌어지고 있으며, 일부 교과서에서 진화론에 대한 언급을 거의 삭제했다.[238] 그 후 거의 백 년이 지난 2000년대 초에 그 논쟁은 우리나라 교육계에서 재점화되었다. 이미 진화론은 이론을 넘어 사실로 인정된 시점이다. 2012년 과학 저널 〈네이처〉는 '한국이 창조론의 요구에 항복했다.'라는 제목의 기사를 냈다. "미국의 일부 주에서 진화론을 제한적으로 가르치는 움직임이 진행되고 있는 가운데 한국에서는 진화론 반대자들이 주류 과학계에서 승리를 했다. 교과서 진화론 개정추진 위원회라는 단체가 과학 교과서에서 진화론의 증거로 제시된 시조새를 삭제하도록 청원해 관철시켰다."고 소개했다. 특히 한국과학기술원(KAIST)이 학교 안에 창조과학을 연구하는 기구를 두고 있다는 사실을 언급하며 한국의 대표적인 과학기술 대학에서조차 진화론을 부정하고 있다고 지적했다. 한국의 생물학 교사마저도 거의 반 정도가 진화론을 받아들이지 않는 점도 지적했다. 이는 우리 과학 교육이 여태껏 주입식으로만 가르친 것이 그 원인일 수 있다. 진화론에 대한 태도는 종교마다, 교파마다 제각각이지만 개신교의 반대가 가장 크다. 가장 시끄러운 쪽은 역시 개신교의 근본주의자들이다. 진화는 역사적 사실이지만, 진화론의 세부적인 이슈에 대해서는 학자들 사이에서 여러 이론과 논쟁, 이견이 존재한다. 이는 모든 과학에서 다 볼 수 있는 것이며, 과학의 약점이 아니라 장점이고, 과학의 발전을 추동하는 핵심적 특성임에도 사람들은 진화론이 틀린 이론이라고 생각하며 특히 그리스도교 근본주의자들은 이를 약점 삼아 공격하고 있다. 종교마다 진화론에 대한 태도는 다를 수밖에 없다. 진화론에 대하여 가톨릭과 불교는 수용하는 편이다. 가톨릭은 1990년대에 우주 창조와 생물의 진화에 신적 섭리가 개입했다는 것을 전세로 진화론(유신론적 진화론)을 받아들였다. 불교는 창조론이 없으나 진화론에 관해서는 입장이 명확하지는 않다. 2009년 코리아 리서치 조사에 의하면 가톨릭 신자는 83%, 불교 신자는 68%, 개신교는 39.6%, 종교가 없는 사람은 69.7%가 진화론을 받아들인 것으로 나타났다.

나 같은 과학 열광팬이야 진화론에 한 표를 던지지만 세상은 그렇지 않다. 지동설이 등장하고 나서 수백 년이 지나서야 사람들은 그것을 받아들였다. 아직도 천동설을 믿고 지구가 평평하다고 주장하는 사람이 있다(인터넷과 유튜브를 검색해보면 알 것이다). 진화론도 수백 년 아니 수천 년 이상 지나야 모두 받아들일까. 2001년 2월의 갤럽 여론 조사에서 미국 성인의 약 45%가 '신이 인간을 지금 모습대로 만 년 전쯤에 창조했다'라는 견해에 동의했다. 그리고 그들은 역사책에서 구석기시대 원시인을 배운다.[239] 그저 '미국인이 단순해서' 일까? 스위스의 여론 조사 기관(IHA-Gfk)이 2002년 11월에 실시한 한 여론 조사에 따르면, 독일어권에서도 약 2천만 명이 다윈의 진화론을 믿지 않았다. 사실 과학에 관심을 갖고 과학책을 읽는 사람 자체가 아주 적다. 과학에 관심 없는 사람에겐 빅뱅이니 양자 역학이니 진화론이니 하는 것은 그리 중요한 것이 아니다.[240]

개신교, 로마 가톨릭, 유대교를 막론하고 21세기의 근본주의자들은 과학적 기원과 진화 사상을 거부한다.[241] 그리스도교의 창조론은 지적 설계라는 개념으로 설명하기도 한다. 이는 미세조정(fine-tuning) 또는 인류 원리(anthropic principle)라는 이름으로 불리기도 한다.[242] 1927년 버트란트 러셀이 말했듯이, "세상에 있는 모든 것은 정확하게 우리가 살아갈 수 있도록 만들어졌다. 만일 세상이 조금만 달랐다면 우리는 살 수 없었을 것이다. 이것이 설계이다."[243] 그러나 이러한 주장을 이렇게 바꾸면 어떻게 될까. "세상에 불교와 힌두교 그리고 이슬람교가 있고 그것을 믿는 사람이 있는 것은 하느님의 설계이다. 태어난 아이가 암으로 죽는 것도, 희귀병으로 고통을 받다가 죽는 것도 설계이다. 쓰나미로 수십만 명이 죽는 것도 설계이다."

근본주의는 옳고 그름을 떠나서 경계해야 한다. 설령 그것이 옳고, 그것을 옳다고 믿는 그리스도 교인이라도 스스로 경계하여야 한다. 21세기 초 세상을 공포에 몰아놓은 것이 바로 이슬람 근본주의 이슬람국가(IS)이다. 근본주의가 문제가 되는 것은 바로 폭력성이다. 그것은 이슬람만의 문제는 아니다. 중세 그리스도교는 거의 근본주의의 성격을 가졌으며 이단이라는 이름 아래 수십만 명을 불에 태워죽이고, 톱으로 산 채로 잘라서 죽이는 등 폭력이 일상이었었음을 많은 그리스도교 신자들은 들어보지도 못했을 것이다. 나만 옳다는 생각을 절대주의라고 한다면 근본주의는 절대주의이다. 종교뿐만 아니라 마르크스 절대주의, 나치 절대주의 등은 수천만 명의 인간을 교살하는 위험한 이념이다.

사실 진화론과 창조론 논쟁은 초점을 벗어난 주제다. 또한 어떤 주장을 하더라도, 어떤 증거를 내놓더라도 사람마다 다르게 받아들인다. 사람들의 생각은 지구상의 70억 인구만큼 다양하다. 독실한 그리스도인 중에도 진화론을 받아들이는 사람이 있고, 종교와는 무관하게 진화론을 거부하는 사람도 있다. 그리스도교계 내에서도 우주와 인간이 6000년 전에 6일 동안에 만들어졌다고 믿는 사람도 있고, 조야한 그리스도교 내의 창조과학을 비판하면서도 진화론만으로는 복잡한 생명체를 설명할 수 없기에 신의 설계를 도입해야 한다는 지적설계론도 있다. 이와는 달리 인간을 포함한 모든 생명체는 진화의 산물이지만, 진화를 신이 생명을 창조하는 한 가지 방식으로 해석해야 한다는 진화적 유신론의 입장도 있다. 자신이 옳다고 믿는 것을 자신과 다른 입장을 가진 사람에게 주장해보았자 아무 소용이 없다. 고기를 천성적으로 싫어하는 사람에게 매일 고기를 먹으라고 강요하는 것밖에 되지 않는다.

우리의 천성은 유전자와 뇌와 연결되어 있고 환경의 영향을 주고받는다. 창조냐, 진화냐 같은 인간의 성향과 믿음은 물론이고 인간의 감정도 해부학적으로 뇌의 각 부위와 연결돼 있고 유전자와도 관련이 있다. 그렇지만 '유전자 결정론'으로 인간의 성향을 이해하는 것은 위험하다. 인간의 감정과 성향은 뇌와 유전자뿐만 아니라 환경과의 상호 작용과 그 영향에서도 무시할 수 없다. 특히 유년 시절 부모의 영향은 지대하다. 뇌는 가소성(可塑性, plasticity)이 있으며 생각하는 방식을 바꾸면 뇌는 쉽게 적응한다. 기억, 학습 등에서 뇌 기능의 유연한 적응 능력이 '뇌의 가소성'이다. 즉, 짧은 시간에 가해진 자극으로 뇌 안에서 장기적인 변화가 일어나, 그 변화가 지속되는 것을 말한다. 인간은 이만큼 '자유'가 있는 셈이다. 인간은 뇌와 유전자라는 태어날 때부터 '장착된(built-in)' 선천적 기질과 환경이라는 후천적 요인의 상호 작용의 산물이지만, 제한적이기는 해도 이를 극복할 수 있는 가소성도 있다. 그러나 믿음체계나 성향은 선천적 요인에 가족이라는 환경이 더해질 때 굳어버리는 성향이 있다. 특별한 경험이 없다면 바뀌기 어렵다. 특히 종교적 믿음이 태어난 곳과 환경에 의하여 80% 이상 결정되는 것이 그것을 말해준다. 따라서 우리는 함부로 종교적 믿음과 신앙에 기초하여 판단해서는 안 된다.

진화론과 창조론은 논쟁적인 대상, 다툼의 대상이 아니다. 진화론은 과학의 영역이고 창조론은 종교의 영역이다. 둘 다 '론'으로 끝난다고 해서 비교가 되는 이론이라고 생각하면 오산이다. 창조론은 신앙이지 과학이 아니며, 진화론은 이론이지 신앙이 아니다. 과학에서의 이론은 과학적인 방법으로 지지하거나 반박할 수 있는 내용을 담고 있다. 그러나 창조론은 종교의 영역이므로 과학적인 방법으로 실증하는 것이 불가능하다. 범주가 다른 둘을 비교하는 것은 어불성설이다. 수백 년 전 지동설 논쟁이 일어난 것은 과학과 종교가 다루는 대상이 다름을 망각한 역사적 사례이다. 역사의 오류를 잊어버리지 않아야 한다. 각각의 종교 전통이 가지고 있는 경전은 과학책이 아니다. 그것은 인간의 신앙 고백이자 '종교'의 경전이지 자연과 우주를 분석한 과학책이 아님을 분명히 받아들여야 한다. 경전에 나오는 것이 과학적 사실과 다르다고 해서 과학을 부정해서도, 과학적 발견이 경전과 모순된다고 경전을 비하해서도 안 된다. 그것은 완전히 다른 영역이기 때문이다.

진화론이 생명체의 진화는 정교한 질서에 따라 이루어졌으며, 일정한 시나리오에 따라, 정연한 이법에 따라 이루어졌다고 주장하는 이상 그것은 종교와 충돌하지 않는다. 불완전한 인간이 만든 과학과 관련된 그리스도교의 교리를 바꾸면 그만이다. 진화론이 확실하다면 신이 한꺼번에 만든 게 아니라 조금씩 세계에 출현하도록 만들었다는 식으로 이야기를 고치면 되는 것이다. 그것은 절대자의 창조나 인간의 구원과는 아무런 관련이 없는 자연과 우주에 대한 지식일 뿐이다. 그러나 과학자가 생명체의 진화에는 그 어떤 섭리도, 이유도, 예정된 질서도 없고 단지 우연한 상황들 때문에 진화가 일어났다고 주장하는 순간 그리스도교와 자연과학은 충돌하게 될 것이다. 과학자들은 자연과 우주를 '냉정하게' 연구하지만 형이상학적 판단은 할 필요가 없다. 형이상학이 과학의 연구 대상이 아니며 과학자가 언급할 필요도 의미도 없다. 물론 자연과 우주, 그리고 신에 대한 자신의 주관을 가지는 것은 자신의 권리이다.[244] 자연과학과 종교는 독립적으로 자기 나름의 정당성, 독자성, 자율성을 지닌다. 이들은 만물의 전체론적인 관점에서 보완된다. 종교는 진화를 창조로 해석할 수 있다. 자연과학적 인식은 창조를 진화론적 과정으로 구체화할 수 있다. 종교와 과학은 인간의 실존적 질문에 각각 나름의 답을 제공한다고 확신한다.[245] 그리스도인들은 진화론을 반박하여 퇴치하겠다는 '잘못된' 접근보다 영혼을 치유하고 인간을 구원하는 종교의 본래적 모습으로 돌아가야 한다. 사실을 가장 잘 다루는 것은 과학이고, 이를 놓고 과학과 충돌했을 때 종교가 얻은 것이 별로 없었다는 점을 과거의 역사가 잘 보여주기 때문이다.

▎창조론에 대한 반박

창조론자들이 내세우는 진화론에 대한 비판은 잘못된 이해에 기초한 것이 많다. "진화는 관찰된 적이 없다.", "진화는 열역학 제2법칙을 위반한다.", "중간화석이 없다.", "진화는 증명되지 않았다."가 그 예시다.

"진화는 한 번도 관찰된 적이 없다?" 진화에 의해서 새로운 종이 생기는 것은 실험실과 자연에서 모두 관찰된 적이 있다.[246] 설령 진화를 직접 관찰할 증거가 없더라도 직접 관찰해야만 하는 것은 아니다. 천동설은 인공위성이 없어 직접 관찰하지 못했지만 사실로 받아들여졌다. 진화론은 더욱 그렇다. 과거의 진화를 무슨 수로 돌아가서 관찰한단 말인가. 그럼 역사도 모두 가짜란 말인가. 화석 기록, 비교해부학, 유진자 서열, 종의 지리적 분포 등 진화를 입증하는 관찰은 압도적으로 많다. 하나의 동물이 다른 동물로 갑자기 변화하는 것은 관찰되지 않았다. 사실 이것은 진화론이 아니며 진화는 갑자기 종이 바뀌는 것이 전혀 아니다. 갑자기 종이 바뀌는 것은 오히려 진화를 부정하는 증거이며 오히려 그건 창조다. 진화는 수십억 년에 걸쳐 점진적으로 일어나는 현상이다.

"진화는 열역학 제2법칙을 위반한다?" 열역학 제2법칙은 "에너지가 차가운 것에서 뜨거운 것으로 이동하는 것은 불가능하다."는 것이다. 이는 엔트로피는 감소할 수 없다는 의미이며 우주는 반드시 질서에서 무질서로 이행한다는 주장이다. 그러나 엔트로피가 감소할 수 없는 것은 "닫힌계"(Closed system)라는 전제가 깔려있다. 생명은 닫힌계가 아니다. 그래서 생명이다. 생명은 태양으로부터 에너지를 받으며 음식으로부터 대사를 하고 있는 열린계이다. 그러나 결국은 열역학 제2법칙에 따라 죽는다.

"중간화석은 없다?" 중간화석은 두 종의 중간 생물의 화석이다. 사실 고생물학자들은 수천 종의 중간화석을 발견했다. 하지만 중간화석은 모두 발견될 수 없다. 한 종의 화석이 남을 수 있는 가능성은 매우 낮으며 남았더라도 발견하기가 너무 어렵다.

"진화는 아직 증명되지 않았다?" 진화의 생물학적 정의는 "시간에 따른 유전형질 빈도의 변화"이다. 빈도란 개체가 아니라 전체 집단에서 유전형질의 빈도를 의미한다. 전체 집단에서 유전형질은 시점에 따라 분명 다르므로 진화는 확실한 사실이다. 사람들이 생각하듯이 모든 생물이 하나의 공통 조상으로부터 출발했다는 공동 후손(common descent) 이론은 진화론의 일부이다. 진화론은 물론 엄밀하게 말해 이론일 뿐이다. 과학적 이론은 관찰과 일치하고 유용성(usefulness)이 있다. 이 세상의 어떠한 주장도 완전하게 증명될 수 없다. 과학은 밝혀진 증거를 통하여 확실성의 단계와 타협을 해야 한다. 진화론은 유전학, 분류학, 생태학, 동물행동학, 고생물학 등 방대한 관찰로 지지된다(http://www.talkorigins.org에 있는 "Five Major Misconceptions about Evolution" 번역 편집).

또한 창조진화 논쟁은 핵심을 빗나갔다. 진화는 생물의 종들이 어떻게 분화되어 나왔는지에 관한 이론이고 창조는 우주와 생명이 신에 의해 탄생되었다는 것이다. 더욱이 『성경』의 「창세기」를 보면 한 번에 모든 것을 창조했다고 기술하지도 않는다. "땅에는 아직 나무도 없었고, 풀도 돋아나지 않았다. 야훼 하느님께서 아직 땅에 비를 내리지 않으셨고 땅을 갈 사람도 아직 없었던 것이다. 마침 땅에서 물이 솟아 온 땅을 적시자 야훼 하느님께서 진흙으로 사람을 빚어 만드시고 코에 입김을 불어넣으시니, 사람이 되어 숨을 쉬었다."(창세 2.5~7, 공동번역). 나무와 풀이 없던 시절도 있었고 물이 있음으로서 인간이 나타난 것으로 적고 있다.

2) 생명의 과학적 기원

▌우주먼지로부터 출발

우주는 대부분 비어있고 춥다. 그런데 우리의 지구는 초신성의 폭발로 발생한 물질들로 인하여, 특별히 물질이 많은 지역에 있다. 은하에서 가장 물질이 많은 곳도 기껏해야 $1cm^3$ 당 약 한 개의 원자만이 존재한다. 그러나 지구에는 같은 면적에 250억에 10억을 곱한 만큼의 분자가 존재한다. 인간의 역사는 이렇게 엄청난 물질과 에너지가 있는 좁은 지역에서 생겨난 것이다. 생명이 존재하게 된 것은 이렇게 너무나도 특별한 물질과 에너지의 풍요함과 복잡성 때문이다.[247]

우리가 존재하려면, 별들의 내부에서 가벼운 원소들이 융합하여 생긴 탄소 등의 원소들이 우주에 있어야 한다.[248] 구체적으로 말하면, 예컨대 탄소가 별의 내부에서 만들어져 초신성 폭발이 일어날 때 허공에 흩뿌려져야 하고 결국 다음 세대의 태양계에서 행성의 일부가 되어야 한다. 1961년 물리학자 로버트 헨리 딕은 이 과정 전체에 100억 년 이상이 소요되고, 따라서 우리가 존재한다는 것은 우주의 나이가 최소 100억 년임을 뜻한다고 주장했다. 그러나 우주의 나이는 100억 년보다 훨씬 더 많을 수는 없다. 왜냐하면 과거가 아주 길었다면 별들은 이미 연료를 소진했을 텐데, 지금도 우리의 존재에 필수적인 뜨거운 별들이 있기 때문이다. 그러므로 우주의 나이는 약 100~150억 년일 수밖에 없다. 이 예측은 정확하지는 않지만 참이다. 현재의 데이터에 따르면, 빅뱅은 약 137억 년 전에 일어났다.[249] 우주의 현재 나이도 행운이다. 우주의 역사에는 현재보다 더 이른 시기도 있었고 더 늦은 시기도 있을 테지만, 현재가 생명에게 우호적인 유일한 시기이므로 우리는 이 시기에 살 수밖에 없다.[250]

탄소 등의 원소들이 만들어지려면 초신성의 폭발이 있어야 한다. 초신성(超新星, supernovae)은 태양보다 훨씬 더 큰 거대한 별이 수축되었다가 극적으로 폭발하면서 1000억 개의 태양이 가진 에너지를 한순간에 방출하여 한동안 은하의 모든 별을 합친 것보다 더 밝게 빛나는 상태를 말한다.[251] 사실 이것은 '창조'의 과정에서 가장 큰 규모의 사건일 것이고, 실제로도 그렇다.[252] 초신성은 천문학자들이 오랫동안 해결하지 못한 문제, 즉 그때까지만 하더라도 예상할 수 없는 곳에서 가끔씩 새로운 별이 나타나는 현상을 설명하려는 탐구 도중 발견되었다.[253] 초신성은 지극히 드물게 나타난다. 별은 수십억 년 동안 타고 나서 한순간에 빠르게 죽어버리지만, 폭발하는 별은 매우 드물다. 대부분은 새벽에 장작불이 꺼지듯이 조용히 사라져버린다. 수천억 개의 별로 이루어진 대부분의 은하에서도 초신성 폭발은 수백만 년에 한 번 정도 일어난다.[254] 게자리 성운은 중성자별을 하나 가지고 있는데 이는 1054년 중국의 천문학자가 발견한 초신성 폭발의 잔해이다. 1987년 2월에 탐지된 초신성은 남쪽 하늘에 보이는 이웃 은하인 마젤란 성운에 위치하고 있다. 그것은 우리 은하계에서 초신성이 폭발해 발견되었던 1604년 이래 가장 밝은 초신성이었다. 하지만 우리로부터 16만 광년 떨어진 곳에 위치하고 있으므로 16만 년 전에 폭발한 것이다. 일찍이 인간의 역사에서 기록을 남긴 별들은 초신성일 가능성이 있으며 예수의 탄생 당시 있었던 별도 마찬가지일지 모른다.[255] 일부 천문학자들은 예수 탄생 당시 나타났다고 하는 베들레헴의 별도 초신성으로 추정한다. 그러나 반대 의견도 있고 확실한 것은 아니다. 예수 탄생 때 동방 박사들의 발길을 유도했던 '동방의 별'은 그리스도교계 천문학자들에게는 수수께끼였다. 2007년 미국 인디애나 주 노트르담 대학의 그랜트 매튜스 교수의 연구결과에 의하면 이는 행성들과 태양, 달의 보기 드문 정렬일 뿐이었다고 본다. 당시 동방 박사들은 조로아스터교 계열의 점성술가들로, 백양궁(白羊宮) 자리에 배열한 태양과 목성, 달, 토성들을 보고 강력한 지도자의 탄생 신호로 간주했을 것이라는 설명이다. 2013년에는 생명체 구성 6개 원소 중 하나인 인(P)이 우주에서 만들어지고 있는 것이 발견되었다고 한다. 지구로부터 약 1만 1000광년 떨어진 곳에서 1860년경에 폭발한 카시오페이아A 초신성의 잔해에서 나오는 근적외선을 관측해 인을 발견하는 데 성공했다고 한다. DNA의 핵심 성분인 인은 탄소, 수소, 질소, 산소, 황과 함께 생명에 필수적인 물질이다. 인은 빅뱅 직후 만들어진 수소 등과 달리 우주에서 거의 발견되지 않았다. 2016년 1월에는 지구로부터 38억 광년 떨어진 곳에서 지금까지 관측된 가장 밝은 초신성보다 두 배 밝고 태양보다 5700억 배 밝은 초신성이 발견되었다. 이 초신성은 우리 은하의 1000억 개의 별을 모두 합한 것보다 20배(!) 밝다.

500광년 이내의 거리에서 초신성이 폭발하면 우리는 모두 사라져버릴 것이다.[256] 만일 4.3광년 떨어진, 가장 가까운 별인 알파 켄타우루스가 폭발한다면 4.3년 뒤엔 우린 모두 타버릴 것이다. 그동안 무엇을 할까.[257] 그러나 그런 일은 절대 일어나지 않으니 걱정할 필요가 없다. 그런 소식은 빛의 속도로 전해지는 동시에 그 파괴력도 동시에 빛의 속도로 전해진다. 그 소식을 알지도 못하고 우리는 죽는다.[258] 또한 우주는 너무나도 광활해서 초신성이 폭발하는 곳은 우리에게 해를 끼치기에는 너무 먼 곳이다. 사실은 대부분의 초신성이 상상할 수 없을 정도로 먼 곳에서 폭발하기 때문에 우리에게 도달하는 빛은 희미하게 반짝일 정도로 보인다.[259] 인간을 직접 죽이려면 초신성 폭발이 대략 10광년 이내에서 일어나야 한다.[260] 초신성 폭발이 일어나려면 특별한 종류의 별이 있어야 하기 때문에 인간에게 그런 일이 일어나지 않을 것이라고 확신할 수 있다. 또 그런 별은 태양보다 10~20배 정도 더 무거워야 하지만 우리 주변에는 그런 정도의 크기를 가진 별은 없다.[261]

지구상에 존재하는 다양한 원자들은 45억 년 전쯤 태양계가 형성될 때의 구성비와 마찬가지 비율로 존재한다.[262] 지구상에는 92종의 원자가 자연 상태로 발견된다. 어떤 것들은 다른 것들보다 산출비가 훨씬 높다. 10개의 탄소 원자에 평균적으로 20개의 산소 원자, 약 5개 정도의 질소 원자와 철 원자가 존재한다. 그러나 금은 산소에 비해 1억 분의 1정도로 희귀하며, 다른 것들, 예를 들어 우라늄은 양이 적다.[263] 우리는 창조주가 92개의 서로 다른 손잡이를 작동시킨 것 같다고 생각할 수도 있을 것이다.[264] 과학적으로 설명할 수도 있다. 태양보다 10배 이상 무거운 별들은 훨씬 밝게 빛난다. 그 중심부에 있는 수소는 태양 수명의 1퍼센트에도 못 미치는 1억년 이내의 시간이면 소모된다(그리고 헬륨으로 바뀐다.). 그러고 나면 이 무거운 별들을 추가로 압축하고, 그 중심부의 온도가 더 올라가고, 헬륨 원자핵들 자체가 결합하여 보다 무거운 원자들, 즉 탄소(6개의 양성자), 산소(8개의 양성자), 철(26개의 양성자) 등의 원자핵을 만들 수 있게 된다. 일종의 양파 껍질 구조가 생겨난다. 탄소 층이 산소 층을 둘러싸고, 다시 산소 층은 규소 층을 둘러싸게 된다. 보다 뜨거운 안쪽으로 들어갈수록 원자 번호가 커지며 맨 안쪽에 있는 중심핵은 주로 철로 이루어져 있다. 연료가 완전히 소모되었을 때(달리 말해서 뜨거운 중심부가 철로 바뀌었을 때), 질량이 아주 큰 별은 위기를 맞게 된다. 파국적인 수축을 통해 중심핵을 원자핵의 밀도까지 압축하고, 그 결과 바깥층들을 초속 1만km로 날려버리는 거대한 폭발을 촉발시킨다. 이런 폭발은 게성운을 만들어냈던 것과 같은 초신성으로서 모습을 드러낸다. 그 잔해는 일생동안 그 별을 빛나게 했던 원자핵의 연금술에 의해 생긴 모든 결과물들을 포함하고 있다. 이 혼합물에는 다량의 산소와 탄소가 존재한다. 다시 말해서 여러 미량의 원소들은 초신성 폭발을 통해 형성된 것이다. 원소들의 구성비를 이론적으로 계산해보면, 현재 우리 태양계에서 관측되는 값과 만족스러울 정도로 잘 맞아떨어진다.[265]

인간의 몸을 구성하는 원소들, 피 속의 철분, 이빨의 칼슘 등은 이렇게 별 속에서 만들어졌다. 초신성 폭발로 우주를 떠돌던 별의 잔해들이 뭉쳐 지구라는 행성이 만들어지고, 이 잔해가 재료가 되어 생명과 인간의 몸을 구성하였으니 '메이드 인 스타(made in stars)'이다. 그렇게 만들어진 인간이 그 원재료인 초신성의 잔해를 생각하며 이 글을 쓰고 있으니 이 얼마나 역설적인가.

은하계는 광대한 생태계와 유사하다. 태곳적의 수소는 항성 내부에서 변환되어 생명체의 기본적인 구성요소인 탄소, 산소, 철 등이 된다. 이 중 일부는 성간물질이 되어 나중에 새로운 세대의 항성을 만드는 재료로 재활용된다.[266] 태양은 표면에서 빠져나가는 열을 보충하는데 필요한 만큼만 에너지를 공급하도록 스스로 조절하고 있는데, 이것에 지구상의 생명들이 의존하고 있는 것이다.[267] 우주는 단일체이다. 우리 자신을 이해하려면 별들에 대해 이해해야 한다. 우리는 우주진(宇宙塵), 즉 오래 전에 죽은 별의 잔해인 것이다.[268] "우리의 됨됨이를 알고 계시며 우리가 한낱 티끌임을 아시기 때문이다. 인생은 풀과 같은 것, 들에 핀 꽃처럼 한번 피었다가도 스치는 바람결에도 이내 사라져 그 있던 자리조차 알 수 없는 것(시편 103.14~16)." 참으로 묘한 비유이다.

다양한 기원설

생명의 기원에 대해서는 많은 학자가 다양한 이론을 제시해왔다. 생명이 어디에서 어떻게 기원했는지에 관해 다양한 논의와 논쟁이 있다. 아직 그 기원이 완전히 밝혀지지 않았기 때문이다. 무한에 가까운 우주와 무한에 가까울 것 같은 시간을, 유한한 먼지 같은 인간이 과연 완전하게 밝힐 수 있을까. 따라서 그 탐구는 계속될 것이다.

최초의 생명의 기원이 무엇인지는 과학적으로도 논란이 많다. 40억 년 전으로 인간이 돌아가기 전에는 논란이 끝나지 않을 것이다. 아마도 최초의 생명을 만든 초기 지구의 기후, 물 및 유기 화합물은 지구의 초기 십억 년 동안 발생한 혜성들의 충돌에서 왔다는 주장도 있다. 지금까지 과학자들의 연구 결과를 기초로 생명의 탄생과 진화 과정을 설명한다. 달리 무엇으로 할 수 있을 것인가.[269] 생명은 아주 느리게 산소가 없는 환경에서 나타난 것으로 보인다.[270]

생명이 어디에서 처음 기원했는지에 대해서는 세 가지 대답이 가능하다. 우주 공간(space), 행성의 표면, 행성의 안쪽(마지막이 최근의 설명이다)이 그것이다.[271] 둘로 구분하면 생명의 발생이 우주에서 기원했다는 가설과 지구에서 기원했다는 가설이 존재한다. 전자는 우주의 물질에 이미 생명이 형성될 수 있는 분자들이 존재한다는 것이다.[272] 그 외에도 다양한 기원 주장이 있다. 지구에 떨어진 운석에서 생명의 씨앗이 뿌려졌다는 주장, 찰스 다윈이 말한 것처럼 암모니아, 인산염, 빛, 전기, 열을 가진 따뜻한 작은 연못에서 화학적으로 단백질이 만들어지고 진화가 시작됐다는 화학 발생설 등 다양하다.

생물학의 중심 교리(central dogma)는 DNA가 RNA를 만들고 RNA가 단백질을 만든다는 사실이다. 그리고 모든 생물은 공통적으로 다음 네 개의 DNA 염기, 아데닌(A), 구아닌(G), 시토신(C), 티민(T)으로 이루어져 있다. 모든 생물은 네 가지 DNA 염기가 어떻게 배열되느냐에 따라 생물종 나름대로의 특성을 갖는다. 세상에 알려진 모든 생명이 이 시스템에 의존한다는 사실은 모든 생명이 단일한 공통 기원에 연결되어 있다는 추측을 불가피하게 만든다.[273] 생명은 자연적으로 발생했으며 지구의 역사에서 단 한번 일어났다는 알렉산드르 오파린의 이론이 아직까지는 설득력 있는 주장이다.

▎우주기원설

1903년 노벨 화학상을 수상한 스웨덴의 스반테 아레니우스는 우주로부터 미생물이 지구에 유입되었다는 지구 생명의 우주기원설을 주장하였다. 그는 '보편적으로 널리 존재하는 씨앗들'이라는 의미에서 이를 범종설(汎種說, panspermia)이라고 명명하였다.

프랜시스 크릭을 비롯한 일부 과학자들은 우주에서 진화한 포자(spore)가 떨어져 지구의 생명이 발생했다고 주장한다.[274] 1962년 DNA 이중나선 구조의 발견으로 노벨 생리의학상을 수상한 프랜시스 크릭은 정향(定向) 범종설을 내놓았다. 높은 수준의 지적능력을 가진 외계 생명체가 생명의 씨앗인 미생물을 지구로 보냈고 그것이 진화를 거듭해 지구 생물계가 만들어졌다는 주장이다. 영화 〈인터스텔라〉에서 보듯이 지구를 탈출하거나 생명이 살 수 있는 외계 행성을 생명체를 가지고 방문할 경우 그 행성에서 생명 현상이 시작되도록 할 수도 있다. 40억 년 전 지구에서처럼 말이다. 지구에도 그런 일이 발생하지 않았다는 법은 없지만 과학적 근거는 없다. 하지만 충분히 상상이 가능하다. 과학의 역사를 보면 상상이 실제로 입증되는 경우가 종종 있었다. 40억 년 전 어느 날 우연히 또는 의도적으로 우주를 떠돌던 미생물이 지구에 착륙했다. 그리고 지구 환경에 적응하며 진화를 거듭하였다. 하지만 프랜시스 크릭 자신도 이러한 주장이 "과학소설" 같다는 데 동의한다.

여러 해 동안 프레드 호일(Fred Hoyle)과 찬드라 위클라마싱(Chandra Wickramasinghe)도 지구에서 온 생명의 씨가 지구의 생명의 기원이 되었다고 주장하였다. 이 이론은 범종설로 번역되기도 하지만 포자가설(Panspermia Hypothesis)이라고 부르기도 한다. 성간우주에 화학 진화가 발생했고 어떤 간단한 생명체는 일정한 기간 동안의 우주여행에서 살아남았다는 것이다. 그러나 오늘날 우주에는 에너지와 원재료가 부족하여 화학 진화가 아주 느리게 진행될 수밖에 없음을 보여주므로, 생명 자체가 우주에서 기원한 것 같아 보이지는 않는다. 게다가 생명에 필수적인 많은 화학 반응은 액체 상태의 물을 필요로 하는데, 액체 상태의 물은 우주에서는 발견될 수 없다.[275]

우주에서 생명의 기원을 찾는 연구도 지속되고 있다. 2016년 미국 국립전파천문대와 캘리포니아 공대, 하버드대 공동연구팀은 우리 은하 중심 부근에 있는 궁수자리 B2 지역의 성간 물질에서 키랄성(chiral) 분자들을 발견했다고 발표했다. 지구상의 생명체를 구성하는 아미노산은 광학 이성질체이다. 광학 이성질체란 왼손과 오른손처럼 모양은 비슷하지만 거울에 비췄을 때만 모양이 똑같아지는 물질을 말한다. 서로 겹칠 수 없는 이런 거울상의 관계를 Chiral이라 하며 이런 성질을 가진 분자를 키랄성 화합물(chiral compound)이라 한다. 생명과학자들이 아미노산의 이것에 주목하는 이유는 생명의 기원을 밝히는 단서가 될 수 있을까 해서다. 궁수자리 B2 지역에서는 전에도 유기물 분자들이 발견돼 생명체 구성 물질이 존재했을 수도 있다는 가능성이 제기돼왔다. 이번에 발견한 것은 생명체와는 직접적으로 관계없는 물질이지만 우주에서 광학 이성질체가 발견되기는 처음이고, 이런 사실은 그동안 생명의 기원으로 제기되어 온 운석 운반설 등을 검증하는 연구의 단초가 될 수 있다는 점에서 주목된다.

▍지구표면 기원설

지구 같은 행성은 그 환경조건이 복합적이고, 풍부한 자유에너지가 있고, 액체 상태의 물이 있고, 화학물질이 널리 풍부하게 존재하여 생물 발생에 최고의 무대를 제공한다. 많은 생물학자는 생명이 지구에서 기원했다면 아마도 지구 표면에서 발생하였을 것이라고 주장하였다. 일찍이 1871년에 다윈은 생명은 온갖 암모니아, 인산염, 빛, 열, 전기 등을 함유한 따뜻한 작은 연못에서 시작했을 것이라고 제안했다.[276] 이것은 훗날 '따뜻한 작은 연못 가설(warm little pond hypothesis)'로 불렀다. 초기 지구의 대기는 자외선을 그대로 받았기 때문에 더 강렬한 화학반응을 일으키며 극적인 종류의 화학적 변화가 일어났을 것으로 추정한다. 자외선이 "따뜻한 연못"에 작용하면서 여러 종류의 유기물질이 만들어지고 뜨겁고 묽은 수프가 축적되었을 것으로 추정할 수 있다.

1923년 러시아 생화학자 알렉산드르 오파린은 초기 지구에서 화학반응에 의해 단순한 물질로부터 발전하여 최초의 세포가 저절로 형성됐다는 주장을 했다. 그는 『생명의 기원』에서 물질의 '진화' 과정에서 생명의 특징을 갖게 하는 생명의 구성 요소들이 만들어졌다고 주장했다. 초기 지구의 대기 속에 있던 메탄, 수소, 수증기, 암모니아 등이 번개나 화산으로 발생한 에너지와 반응하여 뉴클레오티드, 당, 아미노산 등의 구성 요소가 만들어졌다는 것이다. 이렇게 생성된 고분자 유기물이 지구상에 중합 반응과 함께 농축되어 고분자 물질이 만들어지고, 간단한 물질대사가 가능한 원시세포가 출현하였다.

1953년에 간단한 화합물의 용액에 전기 자극을 가하여 생명의 화학적 기초인 아미노산을 합성하는 중요한 실험들이 이루어져 생명이 지구 역사의 초기에 원시적인 조건 속에서 스스로 발생했다는 생각에 힘을 실어 주었다.[277] 1953년 시카고 대학의 스탠리 밀러와 해럴드 유리는 오파린의 가설을 뒷받침하는 실험을 하여 실험실에서 만들어진 '초기 지구'에서 생명체를 만들어냈다. 플라스크 안에 초기 대기의 주성분인 메탄, 암모니아, 수증기와 물을 넣은 다음 화산 폭발이나 번개를 인공적으로 재현한 전기 방전으로 아미노산 등 유기물질을 만들어낸 것이다.

자외선에 의한 유기물질의 발생은 실험으로도 입증되었다. 2012년 미국항공우주국(NASA)은 컴퓨터 시뮬레이션과 실험의 결과를 연계시켜 복잡한 유기질 화합물이 원시 태양계와 지구의 환경 조건에서 자연스럽게 생성되었다고 발표했다. 우주에 떠도는 단순한 얼음 덩어리에 고에너지 자외선 복사가 이루어질 때 일어나는 화학적 반응을 몇 년 동안 실험실에서 연구한 결과 다양한 유기화합물이 만들어지는 것이 발견되었다. 이 중에는 아미노산과 핵염기가 포함돼 있다. 연구진은 자외선 복사에 노출된 얼음이 태양계 형성 과정에서 이런 분자들을 만들어냈을 것으로 추정한다. 그러나 실질적으로 이런 화합물이 생명의 기원을 만들어내는 데 얼마나 중요한 역할을 하는지는 밝혀지지 않았다.

아미노산과 뉴클레오티드는 일단 만들어지면 물속에 있는 동안에는 어느 정도 보존될 수 있다. 뉴클레오티드는 더 건조한 상태에서 이루어지지만 긴 고리(long chains)를 자연적으로 형성한다. 이러한 고리는 얕은 해안 지대의 물속에서 형성되는 것이 가능하다. 거기에서 분자들이 정기적으로 말랐다가 다시 용해된다. 적당한 환경이 조성되면 아미노산의 고리는 단백질을 만들고 뉴클레오티드 고리는 핵산을 만든다. 수백만 년이 흘러서 초기 지구의 바다는 간단한 생화학물이 가득 차고, 결국은 결합되어서 더 복잡한 패턴으로 나아갔다. 초기의 생체분자들은 간단한 단백질, 핵산과 기타 생체분자로 구성된 연약한 생체 스프(soup)였을 것이다. 이러한 분자는 기름방울 같이 인지질로 구성된 막을 형성하여 작은 방울 같이 되는 경향이 있다. 이들 분자 중 어떤 것은 음식을 먹는 것과 유사하게 그 막을 통하여 화학물질을 흡수한다. 이를 통해서 성장하고 더 많은 화학물질을 흡수하는데 필요한 에너지를 공급받는다. 이들은 결국 너무 커져서 서로 분리된다. 이렇게 해서 40억 년 전쯤에, 지구의 해안가 따뜻한 바다에는 이미 자기복제를 하는 생체분자가 존재했을 것이다. 이렇게 설명하는 이론들은 그럴듯하지만 무생물에서 생명으로 가는 모든 과정을 누구도 설명할 수 없다.[278] 그러나 "따뜻한 물(warm pond)" 이론은 문제가 있다. 초기의 기후는 생명의 진화에 좋은 조건은 아니었다. 특히 38억 년 전에 최초의 생명이 나타났는데, 그때 지구 표면은 끊임없이 지구 밖의 물질의 폭격을 받고 있었다.[279] 하지만 이 점에 관해서는 실험이 이어지면서 반박되었다.

2014년 체코 과학아카데미(Academy of Sciences of the Czech Republic) 연구진은 초기 지구에 존재하던 물질에 레이저로 화학반응을 일으켜 DNA 구성요소를 만들어내는 실험을 하였다. 그 결과 생명의 기원은 후기 운석 대충돌기(Late Heavy Bombardment)인 약 40억 년 전 발생한 사건 때문이라는 가설과 일치했다. 당시 엄청난 운석이 태양계의 지구 등 행성과 충돌하여 발생한 에너지가 화학반응을 촉발해 생명의 기원 물질을 탄생시켰다고 추정한다. 실험에 의하면 운석 충돌로 초기 지구에 있었다고 알려진 포름아미드가 파괴되어 탄화질소와 질소수소의 유리기(free radicals)가 만들어졌다. 레이저에 의한 반응이 섭씨 4230도까지 높아지면서 충격파와 함께 강력한 자외선과 X선이 분출되고, DNA와 RNA를 구성하는 다섯 개의 핵 염기가 모두 만들어졌다. 실험결과가 맞는다면 태양계의 다른 행성에서도 생명이 탄생했을 가능성이 크지만 이들 행성은 물을 포함한 다른 조건들을 갖추지 못했기 때문에 생명이 출현하지 않았는지도 모른다. 한편 2016년 화성에도 과거에 생명체가 살기에 최적의 환경이 있었다는 연구결과가 발표되었다. 40억 년 전 화성과 소행성 또는 혜성의 충돌로 화성 표면의 얼음이 녹으면서 생명체가 살기에 적합한 환경으로 변화되었다는 주장이다. 이러한 과정에서 마그마가 분화 작용을 일으키며 고온의 열수용액 분출구 주변의 높은 온도와 물이 화성에서 생명체가 서식하기에 적합한 환경을 조성했을 것이다. 그러나 화성에서 생명이 있었다는 근거는 아직 발견하지 못했다.

생명의 기원에 관한 다른 주장으로 운모 가설도 있다. 2010년 캘리포니아 대학교 산타바바라의 헬렌 핸스머는 운모 가설을 발표했다. 비늘 모양의 운모의 얇은 층 사이에서 분자들이 발달해 세포를 형성했다는 주장이다. 운모는 광물질이 수백만 겹을 이루어 수많은 틈은 생명을 구성하는 화학물질을 탄생시키는데 최적의 장소라고 한다. 칼륨이 풍부한 운모는 우리의 몸이 왜 칼륨에 의존하는지를 설명해줄 수 있다.

▎지구 내부 발생설

생명이 지구의 표면이 아니라 내부에서 기원했다는 주장이다. 새로운 박테리아, 지구 표면 아래에서 진화된 고 미생물(archaebacteria)이 발견된 것이다. 단세포 생명 중 가장 간단한 원핵생물처럼 고 미생물은 핵을 가지고 있지 않다. 그러나 태양이나 다른 세포로부터 에너지를 흡수하는 대부분의 원핵생물과는 달리, 고 미생물은 지구 내부에서 생성된 화학에너지를 흡수하고 산다. 돌 속이나 심해에 녹아있는 철, 황, 수소 및 뜻밖의 화학물질로부터 에너지를 흡수한다. 고 미생물은 지구 깊숙한 곳, 심지어는 극단적으로 뜨겁고 압력이 높은 곳에서도 일상적으로 살고 있어 지구 표면이 아니라 지구 내부에서 생명이 발생했을 가능성을 열어주었다. 1990년대에 지표면으로부터 1km 이상 아래에 있는 바위 안에서 살아있는 고 미생물이 발견되었다. 또한 심해의 다공성 암석 내 뿐만 아니라 심해 속 화산구 안의 비등점보다 뜨거운 기온에서도 고 미생물이 살아있는 채로 발견되었다. 2001년에는 화산 활동에 의한 것이 아니라, 감람석(olivine)으로 알려진 초록색 바위와 해수가 접촉하여 생겨난 화학반응으로 발생한 열을 가진, 연구자들이 심해 속 "잃어버린 도시(lost city)"라 부른 거대한 지역에서도 발견되었다. 지구 역사의 초기에는 이런 곳이 흔했을 것이다. 그러나 고 미생물은 지구 표면에서 엄청나게 많이 살고 있다. 이들에 관해서는 옐로우스톤 국립공원의 온천에서도 연구를 하고 있다. 결국 이들이 살아가는 극단적인 서식처의 존재는 유사한 서식처가 태양계 어딘가에서도 존재했을 것이므로, 생명체가 우리 이웃 행성에도 존재하거나 존재했을 수도 있음을 보여준다.[280]

지구상에 나타난 최초의 생명이 어떤 것보다 고 미생물일 가능성이 큰 이유가 많이 있다. 고 미생물은 초기(the Hadean era) 지구 이래로 거의 변화가 없는 환경에서 살았다. 그리고 이들이 초기 지구에서 지표면 생존 능력이 있었고, 이는 정기적으로 지구 표면의 생명을 몰살시켰을 운석 충돌의 영향을 별로 받지 않았음을 의미한다. 또한 지구의 기후변화와 오존층이 형성되기 전 지구를 피폭했을 자외선으로부터도 역시 보호되었을 것이다. 열을 선호하는 고 미생물의 서식처는 우리에겐 무서운 곳이지만 초기 생명체에겐 살기에 아주 좋은 곳이었다.[281] 연구에 의하면 이러한 고 미생물은 대부분의 다른 생명체보다 훨씬 느리게 진화를 한 것으로 나타났다. 가장 놀라운 것은 고 미생물이건 보통 박테리아건 최초의 생명체들은 모두 열에 대하여 내성이 있다는 점이다. 이는 지구상의 초기 생명체가 심해의 열 분출구(deep ocean vents)의 환경에서 진화가 이루어진 열선호형(heat-loving) 생명일 것임을 보여준다. 이러한 설명이 옳다면 지표면 바로 아래나 지표면의 좀 더 서늘한 환경에서 살았던 새로운 종의 출현 이전에, 생명은 지표면 아래 또는 심해 속에서 처음 출현했을 것이다[282]

생명의 화학적 진화

최초에 생명이 나타난 것을 설명하는 과학 이론은 20세기까지는 없었다. 1920년대에 알렉산드르 오파린(Alexander Oparin)과 존 홀데인(John Burdon Sanderson Haldan)이 처음으로 지구상의 생명의 진화와 생명의 기원을 설명하기 위하여 진화 이론을 사용하였다. 핵심적인 아이디어는 진화가 생명이 없는 복합 화학물질에서도 어느 정도는 작동한다는 것이다. 따라서 화학물질도 안정적으로, 상당히 정확하게 자기복제를 할 수 있다. 이렇게 되면 가장 안정적인 복제물(offsprings)을 만들어낸 화학물질(아마도 가장 환경에 잘 적응된 것)은 다른 화학물질보다 더 급속하게, 더 많은 복제물을 만들어낼 수 있다. 이러한 과정은 다윈의 진화론과 유사하다.[283] 이렇게 화학물질이 환경에 더 적합해지고 점점 더 복잡해져서 결국은 생명체로 나아가게 된다는 것이다.[284] 생물학자들은 이 과정을 화학진화(chemical evolution)라고 부른다. 조건이 적당하고 화학물질이 풍부한 경우 간단한 생체 분자(organic molecules)를 만들어내는 것은 용이하다는 것이 밝혀졌다. 이러한 생체분자에는 아미노산(amino acid)과 뉴클레오티드(nucleotide)가 있다. 전자는 모든 생명체의 기초적인 구성 물질(structural material)인 단백질의 구성 요소(building block)이고, 유전 암호(genetic code)의 구성 요소이다. 그러나 화학진화가 첫 번째 생명체를 정확히 어떻게 태동했는지는 명확하지 않다.[285] 과학자들은 실험실에서 아미노산을 만들어낼 수 있음을 증명하였다.[286] 또한 실험으로 적은 양이지만 당분과 뉴클레오티드의 주요 구성 물질 같은 다른 중요한 생체분자(이로부터 유전자 암호가 만들어진다)를 만들 수 있다. 그러나 생체분자를 만드는 것과 생명체를 만드는 것 사이에는 아직도 해결되지 않은 많은 단계가 있다. 다만 생명의 기초적 화학적 구성 물질의 많은 것이 초기 지구에서 그렇게 어렵지 않게 만들어졌다는 점이다. 세포막을 형성하는 아미노산, 간단한 뉴클레오티드, 인지질(phospholipid)은 지구나 우주에서 뜻밖의 환경에서도 나타난다. 아미노산은 성간우주의 우주진운(宇宙塵雲, dust clouds)에서도 발견된다. 수증기와 기타 많은 생체분자는 운석과 혜성 내에도 역시 존재한다. 우주에 물이 있다는 것과 이렇게 많은 간단한 생체분자가 존재한다는 것은 전체 태양계가 역사적으로 생명체의 원재료의 "폭격"을 받았음을 함축한다.[287] 초기 태양계에는 생명이 만들어지는 데 필요한 기본적인 화학물질이 풍부했던 것으로 보인다.[288] 태양계 내 행성에는 액체 상태의 물이 존재했거나 존재하고 있으며, 과거에 간단한 생체분자가 진화되었다는 것은 지금은 황폐화되었겠지만 얼마든지 가능할 수 있다.[289]

▎해결되지 않은 생명의 기원, 연구의 계속

태초의 생명 탄생을 궁극적으로 해명하는 일은 앞으로도 가능하지 않을 것이다.[290] 왜냐하면 한 가지 주제의 궁극적 답은 다른 모든 것의 궁극적 답을 알지 못하면 불가능하기 때문이다. 결코 궁극적으로는 입증될 수 없다.[291] 한때 '과학종말론'이 화제가 되었다. 과학이 우주와 자연을 탐구하여 궁극적 해답을 찾는 시도는 한계에 봉착했다는 주장이다. 오래 전 붓다는 '불가지론자(不可知論者)'와 유사한 입장을 취했다. 그는 인간의 힘으로 알 수 없는 것보다는 알 수 있고 해결할 수 있는 것을 문제로 삼았다. 그는 "우주에 관해서 영원한가, 영원하지 않는가. 유한한가, 무한한가. 또 영혼과 몸은 함께인가, 서로 다른가." 같은 질문에 대답하지 않았다.

우주와 생명의 기원과 본질, 만물의 이론, 우주의 궁극적인 미래, 우주의 생명과 같은 문제는 여전히 오리무중이다. 새로운 발견은 새로운 의문이 꼬리에 꼬리를 물면서 이어지고 과학자들을 미로에 빠뜨리지만, 인류의 탐구 정신은 지속될 것이며 그것이 인간 지성의 힘이다. 이러한 탐구 안에서 붓다가 말한 평온을 누릴 수 있다면 그것이 해탈이요 자유일 것이다. 그럼에도 우리가 과학을 신뢰하는 이유는, 과학은 절대적으로 자신이 말한 것을 확신하지 않는다는 점이다. 그것이 과학 이론의 '반증 가능성'이다. '틀릴 수 있다(I may be wrong)'는 자세를 견지하느냐는 과학과 미신이나 사이비 과학을 구별하는 기준이다. 과학은 절대 진리, 혹은 확실한 진실을 말하는 학문이 아니라 진실에 이르는 역동적인 탐구과정이다.

3) 다윈의 이전

❙ 진화론의 의미

생물의 다양성은 엄청나지만(생명의 종은 천만 개 내외로 추정), 알려진 모든 종들 사이에는 괄목할 만한 유사성이 있다. 모든 생물은 탄수화물, 지질, 단백질, 핵산을 포함하는 동일한 기본적 생화학을 가지고 있다. 모든 생명은 원형질막으로 둘러싸인 세포들로 구성되어 있다. 모든 진핵생물들은 거의 동일한 세포소기관들을 가지고 있다. 생물학자들이 모든 생명 종이 공유하는 특징을 일컬어 생명의 통일성이라고 하듯이, 모든 생물은 약 40억 년 전에 생겨난 공통 조상을 공유하고 있다는 것이다. 현존한 생물 종들 사이의 분기 및 차이점은 환경 변화에 대한 반응(자연 선택이라는 과정)과 우연에 따라 생겨난 것이다. 이들 개념은 모든 생명과학의 기저를 이루며 진화론이라고 한다.[292]

❙ 고대인들의 진화 관념

생명이 누군가에 의하여 만들어진 것이 아니라 저절로 자연발생 했다는 관념은 최소한 고대 그리스시대부터 과학자들이 진지하게 받아들였다.[293] 생물학적 진화론의 출발이 되는 생명의 자연발생설은 고대 그리스 철학자들에게도 있었다. 에피쿠로스, 탈레스, 엠페도클레스, 아낙시만드로스가 대표적이다. 탈레스는 만물의 근원은 물이라는 주장을 하여 생명은 물로부터 '진보'하여 시작되었다는 주장했다. 아낙시만드로스(기원전 646~610)는 인간을 포함한 모든 생명이 바다에서 태어났고, 시간이 흐르면서 바다로부터 마른 땅으로 나왔다고 생각했다. 또한 인간은 다른 종류의 피조물에서 진화했다고 했다. 그의 주장에 따르면 다른 피조물들은 빨리 성장하는데 반해 인간만이 오랫동안 양육된다. 따라서 현재의 인간이 인간의 원형이었다면 결코 인간은 살아남을 수 없었을 것이다.[294] 아낙시만드로스는 사람이 물고기로부터 유래했다는 '진화' 관념을 주창했다. 그의 제자였던 크세노파네스는 화석으로 된 조개류 등을 직접 발견하며 진화 이론을 전개하게도 하였다. 이런 생각은 데모크리토스나 플라톤 같은 철학자들도 가지고 있었다.

반면 창조론적인 관념을 가진 철학자도 있었다. 그가 바로 아리스토텔레스인데, 그의 관념은 지금도 지속되고 있다. 그리스의 많은 철학자는 그들이 본 우주를 상하 간에 위계가 있는 거대한 연쇄적 질서로 상상했다. 아리스토텔레스는 이러한 생각을 거대한 사다리의 형태로 묘사했다. 식물에게는 재생산의 영혼만 부여되며, 동물에게는 감지하고 욕망하고 움직이는 능력이, 최고층의 인간에게는 마침내 이성이 추가로 부여되었다. 그 당시의 지적 수준으로 보면 나름 놀라운 상상력이다. 아리스토텔레스가 식물과 동물 그리고 인간이 처음부터 그렇게 존재했다고 생각하는 것은 자연스런 일이었을 것이다. 지금도 그렇게 생각하는 사람들이 있으니.[295] 아리스토텔레스에겐 이 질서는 영원불변하는 것이었으며, 진화는 생각조차 못했을 것이다.[296] 그리하여 그리스도교는 이 사다리 이미지를 그리스에서 물려받았다. 천상계와 인간계로 나누고 천사, 신, 사탄, 인간 등의 사다리를 만들어냈다.[297]

그러나 메소포타미아, 이집트, 그리스 철학자들로부터 시작하여 현대 진화론이 과학계에서 대두되기 전에도 진화의 관념은 지속적으로 있어왔다.

콜럼버스: 진화론 촉발

콜럼버스 이후 수세기 동안 유럽인들은 우물 안 개구리를 벗어나 전 세계를 여행하면서, 이 세상에는 『성서』에서 언급된 것보다 훨씬 많은 생명이 살고 있다는 것을 알게 되었다. 유럽인들의 세계 진출은 진화론을 낳은 단초였다. 태평양 연안, 아메리카 대륙, 유라시아에서 발견되는 동식물들의 차이는 현대를 사는 우리에겐 너무도 자연스런 것이지만 당시의 그리스도교 신학자들에겐 곤란한 문제였다. 하느님이 모든 생명체를 창조하였는가? 그렇더라도 왜 그렇게도 많은 종류의 생명체를 창조하였는가?(현재까지 2백만 종에 가까운 생물이 발견되었고 천만 종이 넘을 것으로 추정한다) 그런데 신은 왜 지구상에 생물을 이렇게 무작위하고 임의적으로 배치하였는가? 영국에는 왜 캥거루가 없으며 호주에는 왜 판다 곰이 없을까? 물론 간단하게 신이 그렇게 만들었다고 말하면 그만일 것이다. 하지만 당시의 신학자들에게 『성경』이 과학책의 역할을 했으므로 그들은 당황하지 않을 수 없었다.[298]

그 후 다윈이 1859년 『종의 기원』을 출간했을 때, 학계에서는 이미 반세기 전부터 진화의 이념을 집중적으로 토론해왔고 광범위하게 수용하고 있었다.[299]

다윈 직전의 진화 관념 논쟁

"에펠탑의 높이가 지구 생성 이후의 시간 길이를 가리킨다면, 인간 출현의 역사는 에펠탑 꼭대기에 칠한 페인트 두께에 불과하다." 46억년 지구 역사에 비해 인간의 역사가 얼마나 짧은지를 강조한 마크 트웨인의 말이다. 수십억년이라는 시간은 18~19세기에는 혁명적인 것이었다.

그러나 지금도 그렇지만 18세기와 19세기에도 창조론은 여전하였다. 자연과학자들은 쌓여가는 새로운 증거와 『성경』의 전통적인 연대기를 조화시키기 위해 상상력을 발휘했다. 프랑스의 저명한 자연과학자 조르주 퀴비에 남작(Baron Georges Cuvier, 1769~1832)의 업적을 중심으로 하여 이른바 격변론(catastrophism)이라는 보수적인 종합 이론이 형성되었다. 그는 비교적 짧은 기간에 일어난 몇 번의 대 격변에 의해 커다란 변화들이 발생했다는 결론을 내렸다. 그는 지질학적 자료와 화석 자료에서 관찰되는 갑작스러운 단절을 대격변(홍수, 화재, 화산)으로 설명할 수 있다고 믿었다. 더 나아가 화석에서 관찰되는 생물의 순서(먼저 파충류와 어류가 나오고 조류와 포유류가 나오는 순서)는 인간의 도래를 종착점으로 하는 계열을 시사하는 것처럼 보였다. 이런 식으로 그의 종합론은 전통적인 믿음이 요구하는 대로 지구 역사의 길이를 비교적 짧게 유지할 수 있었다. 그리고 그의 종합론은 멸종과 진보적인 생물학적 변화를 인정했지만, 종의 고정성 원리를 변형시키거나 위반하지 않았다.[300]

18세기 말과 19세기 초에 '격변론'은 오늘날 '동일과정설(uniformitarianism)'이라 불리는 이론의 도전을 받았다. 이 이론은 과거에 어떤 격변이 있었던 것이 아니라, 현재 지구에서 진행되는 것과 동일한 과정이 오랜 세월에 걸쳐 전개되면서 지질학적 증거가 드러내는 변화들이 서서히 산출된 것이라고 주장했다.[301] 1795년 스코틀랜드 지질학자 제임스 허턴(James Hutton, 1726~1797)은 기념비적 작품 『지구론(Theory of the Earth)』을 출간하여 지구의 지질학적 특징이 두 가지 상반된 힘의 작용에 의해 생겼다고 주장했다.[302] 그가 지적한 두 힘은 평평하게 만드는 중력과 지구 내부의 열에 의해 산출되는 융기력이다. 이 두 힘은 현재 우리가 보듯이 효과를 아주 느리게 산출하므로, 현재의 지질학적 특징을 이 두 힘으로 설명하려면 어마어마한 과거의 시간을 전제해야 했다. 두 힘은 오늘날에도 그렇듯이 과거에도 일정하게 작용했을 것이며, '시작의 흔적도, 종말의 전망도' 없는 세계를 산출했을 것이다.[303] 동일과정설이 말하는 무한한 시간과 전통적인 『성경』의 설명을 조화시킬 합리적인 방법은 없었다.[304] 찰스 라이엘(Charles Lyell, 1797~1875)은 『지질학의 원리』(전3권, 1830~1833)에서 지구의 물리적 특징은, 비록 멸종과 생물학적 변화를 인정했지만 지질학적 과정에 짧은 시간만 허용한 격변론의 주장과 달리, 오늘날 우리가 보는 과정이 지속적으로 오랜 시간에 걸쳐 일어난 결과라는 허턴의 동일과정설을 부화시키고 강화했다. 동일과정설은 무한한 시간을 인정하긴 했지만 생물학적 변화에 대한 논의는 주저했다.[305]

그러나 다윈 이전 19세기경부터 점차 지질학과 생물학에서도 진화론을 인정하기 시작했다. 라마르크(1744-1829)는 진화에 관한 최초의 이론인 용불용설(用不用說)을 발표하였다. 그는 획득 형질이 유전되어 진화된다고 보았다. 다윈의 할아버지 에라스무스 다윈도 진화론자였다. 그러나 라마르크가 말한 것처럼 사후 획득형질(acquired characteristics)은 유전되지 않으며 타고난 유전형질(inherited characteristics)만이 자식에게 전달된다.[306] 획득형질이란 생명체가 살면서 환경의 영향에 의해 얻어진 형질을 말하는데 이는 유전되지 않는다. 라마르크가 주장한 획득형질의 유전과 용불용설은 유전자와 DNA가 발견되면서 사라졌다.

라마르크 이후 300년이 지난 21세기에 후성유전학(Epigenetics)은 라마르크의 주장이 틀린 것은 아니라는 의견을 제기하기 시작했다. 후성유전학에 의하면 특정한 세대에 출현한 형질이 2~3세대 정도 유전될 수 있다고 한다. 물론 용불용설은 틀렸지만 후성유전학적 측면에서 특정 형질이 다음 세대에 전해질 수 있다는 것이 밝혀진 것이다. 예를 들어 출생 전 기근을 겪은 사람은 비만, 고혈압, 당뇨병 등에 걸릴 확률이 2배 이상 높은 것으로 나타났다. 또한 우유를 많이 마시는 민족은 락타아제 유전자 돌연변이를 지닌 후손이 늘어난다. 물론 이러한 반론은 초점이 흐려지긴 한다. 라마르크가 말한 다음 세대로의 유전은 행위에 의해 얻어진 형질이 후손에게 전달되는 것이지만, 후성유전학은 환경이 유전자에 영향을 미친다는 것이다.

지금도 창조론자들은 진지하고도 성실하게 상상력을 발휘하여 반 진화론에 혼신의 노력을 기울인다. 그렇지만 점차 그리스도교 신학은(모든 신학자들은 아니지만) 신이 온 세상을 직접 현재 그대로 창조했다는 주장에서 한발 물러섰다. 처음에는 인간이 진화에 의하여 동물에서 유래한 것이 아니라 신이 인간 육신을 직접 창조했다고, 다음에는 육신은 동물에게서 유래했지만 신이 인간의 영혼을 창조했다고.[307] 우리 인간이 여기에 온 것은 창조에 의한 것일 수 있지만 진화론은 그럼에도 불구하고 사실이다.

다윈과 멘델의 진화론 시작

생명은 저절로 나타날 수가 없고, 이미 존재하는 세포로부터 시작되어야만 한다는 사실이 확실하게 밝혀진 것은 1860년대에 루이 파스퇴르의 기념비적인 업적에 의해서였다. 그런 주장은 '세포설'이라고 하며 현대 생물학의 기반이 되었다.[308] 다윈과 멘델은 20세기에 시작된 생명과학의 기초를 닦아놓았다.[309] 다윈은 모든 생물이 "단 하나의 공통된 선조"를 가지고 있어서 서로 연관되어 있다는 사실을 알아냈고, 멘델은 어떻게 그런 일이 가능했는지를 설명할 수 있는 메커니즘을 제시했다.[310] 모든 사람이 다윈의 주장에 인간이 유인원의 후손이라는 내용이 포함되어 있을 것이라고 생각하지만, 사실은 단 한 번의 암시 이외에 그런 주장은 없었다. 그럼에도 불구하고, 다윈의 이론에서 인간의 출현에 대한 암시를 눈치채는 것은 그리 어려운 일이 아니었다.[311]

4) 다윈의 등장

▎다윈의 진화론, 우연과 필연

다윈은 케임브리지에서 신학을 공부하였다. 그는 우연한 기회에 해군 탐사선 비글호를 타고 항해를 하자는 제안을 받았다. 비글호의 선장이 다윈을 선택한 이유 중 하나는 그가 다윈의 코 모양을 좋아했기 때문이다. 그는 코가 인격의 깊이를 나타낸다고 믿었다. 코도 잘 생기고 볼 일이다. 비글호 선장이 다윈을 선택한 가장 중요한 이유는 그가 신학 공부를 했다는 것이었다. 그 선택이 역사를 엉뚱한 방향으로 바꾸어 놓았다. 비글호의 공식적인 임무는 해안의 지도를 만드는 것이었지만, 다윈의 관심은 『성서』에 나와 있는 글자 그대로 '하느님의 창조'의 증거를 찾는 것이었다. 창조의 증거를 찾으러 갔다가 진화론이 탄생한 셈이다. 그러고 보면 창조론을 옹호하려 했던 다윈이 진화론을 발견하여 창조론과 진화론 논쟁이 시작되었으니 이는 역사의 아이러니이다.[312]

우연과 아이러니. 찰스 다윈의 삶을 말해주는 단어이다. 누구나 사는 것이 다 그렇겠지만 다윈의 삶도 필연과 우연의 조합이었다. 삶의 전환점이 된 비글호 항해에서 만났던 '야만인들'은 그에게 근본적인 질문을 가져왔다. "이 사람들은 어디서 왔을까? 대체 이들은 누구인가?" 다윈은 외가인 웨지우드

가문의 자유주의 성향에 영향을 받았고 인종에 상관없이 인간은 수평적으로 연결돼 있다는 관념이 그를 진화론으로 이끌어갔다. 다윈은 국교회와 신학의 오만에 찬 우월주의에 염증을 느끼고 있었다. 다윈의 진화론은 우연과 필연의 연결고리에서 탄생했다. 진화가 우연과 필연의 조합이듯이 우리 인간도 그 조합 안에서 탄생하였다.

다윈이 1859년 『종의 기원』을 출간했을 때 학계에서는 이미 반세기 전부터 진화 개념이 논의되었다. 아이슈타인이나 코페르니쿠스, 그리고 다윈의 놀라운 발견은 하루아침에 하늘에서 떨어진 것이 아니고 늘 역사적 맥락이 존재하였다. 그래서 역사를 아는 것은 중요하다. 역사는 과거와 현재 그리고 미래를 말해준다.[313] 다윈과 월리스가 진화론을 동시에 주장했지만 당시 이들이 아니더라도, 누군가가 진화론과 자연 선택이라는 개념을 발견했을 것이다.

▎다윈의 신앙과 변화

다윈은 무신론자라고 욕을 먹었지만 결코 무신론자가 아니었다. 케임브리지대학에서 신학 공부를 했던 젊은 시절의 다윈은 문자주의적이고 보수적인 그리스도교 신앙을 가졌다. 하지만 오랜 여행을 하고 돌아온 후부터 다윈은 『성서』의 기적이나 신앙이 없는 사람들의 영원한 단죄 등을 더 이상 받아들일 수가 없었다. 『종의 기원』의 발간 당시에는 신이 자연법칙을 통해 세상을 창조했다는 이신론으로 기운 것으로 추정한다. 신이 진화라는 법칙을 만들고 이를 통해 간접적으로 생명세계를 창조했다고 생각한 것이다. 하지만 『종의 기원』이 발간될 당시 그것이 유신론적인 의미였는지 이신론적인 의미였는지 모르지만 그는 아직도 신성을 믿고 있었다. 그 신성이 원시적 유기체를 창조하였고 그 유기체로부터 모든 생명이 진화하였다는 것이었다. 그러나 그의 자서전—다듬어지지 않은 채로 온전히 출간된 것은 1958년이었다 —에 나오듯이, 최후에 가서는 불가지론을 받아들인 것으로 보인다. "만유의 시원에 관한 신비는 우리로서는 해명할 길이 없다. 나 개인으로서는 불가지론자로 남아 있을 수밖에 없다.…대체적으로 불가지론이 내 마음의 상태를 나타내는 데 적절한 표현이라고 생각한다."[314]

다윈은 스스로 종교와 신앙에 대하여 의견을 말하는 것을 주저하였다. 당시 독실한 그리스도교 신자인 변호사 프랜시스 맥더모트라는 다윈에게 보낸 편지에서 "당신의 책을 다 읽더라도 『신약성서』에 대한 나의 믿음을 잃어버리지 않을 것이라 확신하고 싶다" 면서 "당신은 『신약성서』를 믿는가? '예, 아니오.'로만 답해 달라." 라고 단도직입적으로 물었다. 이 편지에 대한 회신으로 다윈은 1880년 11월 24일 자신의 종교관을 피력했다. 물론 공개하지 않는다는 약속을 받고서였다. "『성경』이 하느님의 계시라고 믿을 수 없으며 예수가 하나님의 아들이라는 점도 믿지 않음을 말하여야 하니 유감스럽습니다(Dear Sir, I am sorry to have to inform you that I do not believe in the Bible as a divine revelation and therefore not in Jesus Christ as the son of God. Yours faithfully.)." 비공개 약속은 지켜져서 100년 넘게 아무도 몰랐다. 다윈이 죽기 직전에 회심해 믿음을 가졌다는 것도 신빙성이 없는 얘기이다. 다윈이 친필로 쓰고 서명한 이 편지는 2015년 경매에서 나왔고 19만 7000달러(약 2억 3000만원)에 낙찰됐다.

하지만 그도 허약한 인간인 이상 신을 완전히 부정할 수는 없었다. "내가 가장 마음이 흔들렸을 때도 신의 존재를 부인하는 무신론자가 된 적은 결코 없습니다." 그럼에도 다윈은 그리스도교나 성직자들을 비판하지 않았다. 반면 교화와 성직자들은 다윈을 공개적으로 모독했고 윌버포스 주교는 다윈을 파문시켰다. 지금도 미국의 일부 주와 이슬람권에서는 학교에서 다윈을 가르치지 못하게 완전히 금지했다.

다윈의 학문적 가문

찰스 다윈의 진화론은 그가 유명한 학자 가문 출신이며 가문의 학문적 내력과 연관되어 있다. 증조부의 장남 로버트 워링은 『식물학요론』을 펴낸 식물학자였다. 증조부의 4남인 에라스무스는『식물원』과 『주노미아

(Zoonomia·동물생리학)』 등의 저서를 남겼는데 그가 다윈의 할아버지이다. 다윈이 1859년 『종의 기원』을 발표하기 약 50년 전에, 그의 할아버지인 에라스무스 다윈(1731~1802)은 '모든 온혈 동물의 기원은 하나'이며 '수백만 세대'를 거쳐 진화해왔다고 주장했다.[315] 에라스무스 다윈은 '살아있는 모든 생물이 태초의 미생물로부터 점차 발전돼 왔다.'라고 주장했다. 에라스무스의 막내아들이 다윈의 아버지 로버트다. 로버트 다윈은 의사 일에만 전념했으나 다윈은 의대 공부를 중도에 그만두고 아버지와 다른 길을 걸었다.

▌다윈의 자연 선택론

사실 종이 진화한다는 개념은 다윈이 자연 선택에 의한 진화 개념을 제시했을 당시에 그렇게 새로운 것은 아니었다. 다윈의 독창성은 진화가 일어나는 기제(mechanism)로서 자연 선택을 주장했다는 점이다. 『종의 기원』에서 제시된 자연 선택은 단순한 논리 구조를 갖고 있다. 같은 종의 개체라도 각각 다른 형질을 가지며, 어떤 형질은 환경에 더 적합하고 그 형질 중의 일부가 자손에게 전달된다는 것이다. 이에 따라 시간이 흐르면 그 종의 형질들의 빈도는 변하게 되고 오랜 세월이 흐르면 새로운 종도 탄생할 수 있다는 것이 자연 선택에 따른 진화의 핵심이다. 그러므로 헉슬리의 평은 결코 과장이 아니다. "이 간단한 자연 선택을 생각해내지 못하다니, 이런 멍청이라고는!" 다윈이 말한 자연 선택을 가장 잘 나타내는 말은 다음과 같다. "지구상에서 살아남은 종은 가장 강하거나 가장 지적인 종이 아니라, 변화에 가장 잘 적응한 종이다." 다윈은 적응을 강조했지 강하고 폭력적인 종을 말한 것은 아니었다. 강한 종이라면 공룡이었지만 오래전에 사라졌다.

▌다윈 비글호와 갈라파고스

1835년, 찰스 다윈은 남아메리카 동태평양 인근에 있는 갈라파고스 제도에 도착했다. 그의 눈을 사로잡은 것은 그 섬에서 살고 있는 핀치 새였다. 다윈은 핀치 새 몇 마리를 영국으로 보냈는데 조류학자들은 이들이 사는 환경에 따라 새 부리 모양이 다르다는 것을 알았다. 곤충을 잡아먹는 핀치 새는 부리가 짧고 뭉툭하고, 바위 속 벌레를 잡아먹는 핀치는 부리가 길고 가늘며, 이구아나의 피를 빨아먹는 핀치는 부리가 뾰족했다. 처음에 다윈은 『종의 기원』에서 "왜 이런 일이 일어나는지는 알 수 없다."라고 적었다. 다윈이 몰랐던 비밀이 2015년 그의 생일인 2월 12일에 밝혀졌다. 부리 모양에 영향을 미친 유전자를 찾아낸 것이다. 다윈이 살던 당시에는 유전자에 대한 지식이 없어 왜 그런지 알 수가 없었다. 유전자 연구결과 핀치 새는 유전자 하나(ALX1)에서 나타나는 작은 변이들이 부리 모양의 다양한 변화를 일으킨 것으로 밝혀졌다.

다윈이 도착했던 갈라파고스 섬은 정말 아름다운 곳이다. 언젠가 한번은 가보고 싶다. 남미 에콰도르 해안에서 약 965km 떨어진(파나마에서 왼쪽 태평양 방향을 떠올리면 됨) 섬들이다. 섬에는 호텔도 두어 개 있지만, 그보다는 크루즈를 타고 다윈의 진화설에 영감을 주었던 동물들을 관찰하는 것은 자연과 역사 그리고 과학을 동시에 느낄 수 있는 여행이다. 이곳은 죽기 전에 가보아야 할 여행지로도 선정된 곳이다. 그 섬이 우리에게 진화에 대한 영감을 제공하였다.

다윈 이전의 진화론자

자연 선택 개념을 제안한 사람은 다윈만이 아니었다. 1831년 출간된 스코틀랜드 농장주 패트릭 매슈(Patrick Matthew)의 책에도 『종의 기원』과 같은 글이 담겨 있다. 그 글은 런던 킹스 칼리지 마이클 윌(Michael Weale) 교수가 린네학회지에 발표한 논문의 부록에 있는데 『종의 기원』요약문과 유사한 글이 다. 그러나 그의 글은 주목을 받지 못했다.

또 있다. 앨프레드 러셀 월리스(Alfred Russel Wallace, 1823~1913)는 초등교육만 받고 독학으로 자연과학자가 되었다. 그의 대단한 표본 수집 활동은 거의 처음부터 종의 기원에 대한 호기심과 맞물려 있었다.[316] 그는 1848년부터 1853년까지 5년 동안 브라질을 탐사했고, 1854년부터 1862년까지 8년간 말레이 제도에서 수백 개의 새로운 종을 발견했다. '월리스선(線)'은 오스트레일리아와 아시아 섬 지역의 동물 종 사이에 뚜렷한 분리 현상을 나타나는 경계이다. 그는 아마존 습지를 탐험하기 위해 남아메리카를 여행할 당시, 이미 종들이 신적인 힘의 개입에 의해서가 아니라 자연적으로 발전한다는 것을 확신하고 있었다. 물론 다윈과 마찬가지로 처음에는 진화의 기제를 알 수 없었다. 10년 후 월리스는 말레이 제도를 탐험하면서 진화의 추진력이 자연 선택이라는 생각에 독자적으로 도달했다.[317] 앨프레드 월리스는 오지였던 말레이반도에서 8년을 보낸 후 1858년 다윈에게 편지를 보냈다. '변종이 원형에서 끝없이 멀어지는 경향에 대하여'라는 제목의 논문이 포함됐다. 생물 종의 기원에 대하여 수수께끼를 풀었다는 내용과 함께 다윈의 논평을 요청하며 쓴 것이다. 깜짝 놀란 다윈은 자신이 쓴 에세이와 월리스의 논문을 함께 발표했다. 1859년 『종의 기원』이 출간됐고, 다윈이 진화론을 밝힌 과학자로 남았다. 1869년에 출간된 앨프리드 월리스의 『말레이 제도』(2017년 번역 출간)가 국내에서도 출판되었다.

1858년 다윈이 월리스로부터 받은 편지에서 짧은 논문은 다윈이 준비해 온 자연 선택 이론의 요약과 같았다. 다윈은 어린 자녀가 사경을 헤매 경황이 없는 동안 그의 동료 찰스 라이얼과 조셉 후커가 비윤리적인 행위를 저질렀다. 다윈이 1847년 후커에게 보낸 에세이, 1857년 하버드대 에이사 그레이 교수에게 보낸 편지와 월리스가 보낸 편지 논문을 짜깁기해 런던 린네학회에서 발표했던 것이다. 진화에 대한 생각은 담은 월리스의 편지가 1858년 6월에 도착했을 때, 다윈은 진화론 창시자의 명예를 잃는 것을 두려워하여 친구인 찰스 라이엘과 조지프 후커(Joseph Hooker, 1817~1911)를 부추겨 린네 학회에서 진화론을 다윈과 월리스가 공동으로 발견했다고 선언하게 했던 것이다.[318] 그리고 1858년 다윈은 자연 선택의 요약문을 집필하기 시작하였다. 약 1년 4개월 만인 1859년 11월 24일에 500여 페이지로『종의 기원』을 출판하였다.

다윈의 우월한 사회적·과학적 지위 때문인지, 월리스는 지금도 자연 선택을 독자적으로 발견한 인물이라는 상징적인 칭호만 받고 있다. 다윈과 월리스는 다윈이 죽을 때까지 우호적인 관계를 유지했고 진화론에 대한 의견을 자주 주고받았다. 다윈은 엄격한 선택주의를 고수했지만, 월리스는 인간의 기원 문제와 관련해서 한 걸음 후퇴하여 '더 우월한 이성(Higher Intelligence)'이라 표현한 신적인 힘의 역할을 인정했다.[319] 사실 월리스가 먼저 자연 선택 개념을 발견했는지 다윈과 동시에 발견했는지 누가 누구를 모방했는지는 확실치는 않다. 중요한 것은 자연 선택 이론이다.

▎살인고백, 종의 기원

다윈은 처음으로 진화론에 대한 깨달음을 얻은 1838년 이후 20년 이상이 지난 다음에야 진화론에 대한 자신의 생각을 발표했다.[320] 코페르니쿠스가 스스로 증명할 수 없는 이론(지구가 태양을 돈다는 사실을 그는 증명하지는 못했다) 때문에 '무대에서 쫓겨날까' 두려워 출간을 꺼렸듯이, 다윈은 최소한 코페르니쿠스의 이론만큼 허술하고 도발성은 그보다 더한 자신의 이론을 발표하기를 끝내 주저했다. 과거에는 신앙과 다른 주장을 하는 경우 산채로 불에 태워 죽이는 끔직한 처벌을 받았지만 다윈 시대에는 거의 없어졌다. 그렇지만 모든 사람이 창조론을 글자 그대로 믿는(약 1만 년 전에 우주와 인간을 현재의 모습 그대로 창조했다는 등) 시대에는 쉽지 않은 선택이었을 것이다.[321]

1846년에서 1854년까지 8년 동안 다윈은 해양 생물인 따개비를 연구했다. 이 시기 다윈은 그리스도교에 대한 태도에 큰 변화를 겪었다. 특히 1851년에 사랑하는 딸이 어린 나이에 죽자 엄청난 충격을 받고 그리스도교 신앙을 완전히 버렸다. 종교의 압박으로부터 해방된 다윈은 1850년대 중반부터 몇몇 동료에게 자기 이론의 세부를 알리고 더욱 과감하게 자신의 생각을 담은 책의 집필을 구상하기 시작했다. 우리 인간과 생명은 신이 아니라 냉혹한 자연의 생존경쟁에 따른다고 확신한 것이다. 하지만 그는 진화론이 초래할 사회적 저항, 자신과 가족이 종교적으로나 사회적으로 매장될 가능성, 특히나 종교적 탄압을 우려하여 몇몇 지인에게 '마치 살인을 고백하는 심정으로' 그 내용을 조금만 알리고 진화론을 발표하지는 못했다. "마치 살인죄를 고백하는 느낌이다."라는 찰스 다윈의 고백은 자신보다 먼저 자연 선택 이론을 주창한 알프레드 월리스를 염두에 두었다는 의견도 있다.

찰스 다윈의 『종의 기원』의 원래 제목은 『On the Origin of Species by Means of Natural Selection, or the Preservation of Favoured Races in the Struggle for Life(자연 선택 혹은 생존경쟁에서 유리한 종의 보존에 의한 종의 기원에 대하여)』이다. 다윈의 『종의 기원』은 총 14장에 걸쳐 3막극처럼 3단계로 펼쳐진다.[322] 그러나 거의 전체를 통틀어 다윈은 인간에 대한 언급을 피했다. 단지 마지막 세 번째 단락에서 그는 자연 속에서 인간의 위치에 대한 논의를 시작하여 아마도 과학사 전체에서 가장 숙명적이라 할 만한 다음과 같은 말을 했다. "인간의 기원과 역사가 환히 밝혀질 것이다."[323] 그것은 혁명 이상이었다. 당시 유럽과 그리스도교가 가졌던, 인간은 만물의 영장이며 다른 동물들과는 근본적으로 다르다는 인간 개념은 무너졌고 인간과 동물 간의 경계가 모호해졌다. 또한 인간과 생명은 신에 의하여 창조되어 변하지 않는다는 종의 불변성을 믿는 그리스도교 전통에도 일침을 놓는 것이다. 인간은 진화의 산물일 뿐이다. 그러나 종교계의 탄압이 두려웠던 다윈은 인간에 대해서는 의도적으로 말을 하지 않았다. 『종의 기원』을 출판하고 10년이 지난 1871년에야 인간의 진화를 다룬 『인간의 유래』를 출간했다.

▌다윈의 문제점

처음엔 자연 선택 개념은 많은 비판을 받았다. 자연 선택은 개별 생명체가 가진 다른 유전적 변이 때문에 다른 개체보다 생존과 번식에 유리하여 더 많은 자손을 남기는 것을 말한다. 하지만 다윈이 말하는 무작위적인 변이에 의한 자연 선택 기제만으로는 복잡다단하고 기가 막히게 적응한 생명체들을 모두 설명할 수 없다는 비판도 있었다. 라마르크주의자들의 '정향(定向)진화설', 즉 일정한 방향으로 진화가 나아간다는 주장은 무작위적 진화에 의한 자연 선택에 도전이었다. 또한 다윈은 입증되지 않은 '범생설'과 '혼합유전설'을 믿고 있었다. 범생설은 모든 세포는 작은 입자를 이루고, 이런 입자들은 생식세포에 저장되어 다음 세대로 전해진다는 것이었다. 혼합유전설은 두 개체가 결합하면 그 자손은 부모의 특성이 섞여 나타난다는 것이다. 다윈의 믿음은 당시 유전에 대해 얼마나 모르고 있었는지를 보여준다. 그러나 이런 견해를 인정하면 개체들 사이의 차이가 시간이 지날수록 줄어들어 종 분화가 불가능해지기 때문에 다윈에게는 심각한 문제였다.

진화는 방향성이 있는 필연의 결과일까, 아니면 단지 우연의 산물일까. 오랫동안 논쟁의 대상이 되어왔다. 자연 선택과 자연도태를 기초로 한 다윈은, 진화는 방향성이 없이 우연에 의해 지배된다고 생각하고 진화를 자연과학의 대상으로 했다. 그렇지만 다윈이 진화론을 발표하고 불과 13년 후인 1871년에 반대론이 나왔는데, 미국의 고생물학사 코프가 제창한 정향진화설이다. 코프는 화석을 조사한 결과 진화에는 방향성이 있다고 생각했다. 그러나 정향이라는 추상적인 말을 믿는 과학자는 많지 않다. 진화를 받아들인다면 인간 실존에 가장 큰 도전은 우리 인간이 우연에 의한 진화의 산물인지 아니면 '계획'이 있는 진화의 산물인지 밝히는 것이다.

또한 다윈은 범생설을 믿었다. 성교 때 신체 부위의 아주 작은 입자들이 전달되고 그것들이 모여 배아가 만들어진다는 것이 범생설(汎生說)이다. 이에 비해 난자나 정자에 완전한 개체인 '호문쿨루스(homunculus)'가 들어있어 이것이 커지면서 완전한 개체가 된다는 '전성설(前成說)'도 있었다. 다윈이 믿었던 혼합유전설은 유전현상은 액체처럼 서로 섞여서 전달된다고 설명하는 것으로 당시 유력한 학설로 통했다. 그러나 멘델은 이를 부정하고 유전인자가 마치 입자와 같이 전달돼 유전이 일어난다는 법칙을 완두콩 교배를 통해 증명해냈다.

다윈이 범생설이나 혼합유전설을 믿었음에도 불구하고 그의 자연 선택에 의한 진화는 여전히 유효하다. 그러나 다윈의 진화론은 현대에 이르러 잘못된 이해를 낳았다. 많은 사람이 '적자생존'이 자연 선택론의 전부인 것으로 알지만 진화론은 단순히 부적격자가 생존 환경에서 사라지는 것만을 의미하지 않는다. 그것은 시간이 지나고 세대를 거듭하면서 생물 기능 중에서 유리한 부분이 선택되고 보전됨을 의미한다. 사람들은 하등동물이 시간이 흐르면서 고등동물로 진화한다는 '사다리 모형'을 진화론으로 생각하는 경향이 있다. 원숭이도 오랜 시간이 흐르면 인간이 될 수 있다고 생각하는 것이다. 그러나 다윈은 그런 생각을 한 것이 아니라 나무가 가지를 치는 것처럼 진화가 이루어진다는 '나무 모형'을 제시했다. 원숭이는 인간이 될 수 없으며 각각의 종은 진화하여 '달성된' 종이라는 것이다.

5) 다윈 이후

▌진화론의 오용과 우여곡절

다윈의 진화론은 많은 비판을 받으며 우여곡절을 겪었다. 영국의 진화론 역사가인 피터 보울러는 19세기 후반에서 20세기 전반까지를 '다윈주의의 쇠퇴기'라고까지 부른다. 다윈의 진화론은 처음에는 자연과학 분야보다는 인문사회과학 분야에 미치는 영향이 컸다. 우리가 흔히 쓰는 '적자생존'은 영국의 철학자이자 경제학자인 허버트 스펜서가 처음 사용하였다. 이 용어를 인간 사회에 적용해 약자들을 냉혹하게 몰아붙였던 스펜서의 이러한 사회 다윈주의(social Darwinism)는 다윈의 원래 자연과학적인 진화이론을 곤경에 빠뜨렸다.

다윈의 진화론이 낳은 최악의 부산물은 인종주의다. 칸트조차도 '어떤 사람이 피부색이 새카맣다는 것은 어리석은 사람이라는 것을 보여주는 증거'라는 인종차별적 관념을 가지고 있었다. 다윈의 진화론은 인종주의에 불을 붙였다. 19세기 진화론에 기초한 인종주의는 흑인종과 황인종이 열등하다는 것을 입증하려 애썼다. 인종주의가 사회적 다윈주의와 결합하면서 1880년대부터 1930년대 사이에 미국과 유럽에는 우생학이 나타났다. 인류의 발전을 위해 '우수한' 인간을 늘릴 정책을 시행하여야 한다고 주장하였다. 이러한 배경 속에서 나온 것이 유대인 학살이다. 우리가 알아야 할 것은 인류가 분명히 서로 다른 유전자를 가진 것은 맞지만 인종을 분리할 수 있는 정도는 아니라는 것이 과학자들의 의견이라는 점이다.

19세기만 해도 동물학자들은 유전자를 몰랐다. 다윈의 이론이 유효하려면 유전자의 '메커니즘'이 아주 정교하여야 하며 완벽하지 않아야한다. 완벽하면 변화가 불가능하기 때문이다. 유전자에 대한 지식이 없었던 반세기 동안 다윈 이론의 신빙성이 훼손되었다.[324] 1900년에 이르렀을 때 다윈의 자연 선택에 의한 진화론은 과학계의 중심에서 한참 밀려나 있었다. 사실상 20세기 벽두에는 다윈혁명이라는 말조차 이해할 수 있는 사람이 드물었다. 1900년 이후 여러 과학 전통이 결합하여 신 다윈주의 종합이라 불리는 개선된 진화론을 산출했다.[325]

자연과학에서 다윈의 진화론이 영향을 받기 시작한 것은 1900년 멘델(Gregor Mendel, 1822~1884)의 유전법칙이 다시 발견되면서부터였다. 멘델의 완두 실험으로 입자처럼 서로 섞이지 않는 유전물질이 다음 세대에 독립적으로 유전된다는 것이 밝혀졌다. 멘델은 성교를 통해 자식을 낳는 생물은 부모 모두로부터 유전됨에도 불구하고 아버지와 어머니로부터 개별적으로 하나씩 유전자를 받는다는 것을 보여주었다. 많은 경우 유전자들 중의 하나만 후손에게 발현된다는 것도 보여주었다. 만일 아버지가 푸른 눈이고 어머니가 갈색 눈인 경우 흐린 푸른 색 눈을 가지는 것이 아니라 푸른 눈이나 갈색 눈 중 하나를 가진다. 따라서 부모의 형질은 다윈이 두려워하듯이 혼합되는 것이 아니라 그대로 유지된다.[326] 1900년까지도 과학계에서는 혼합 가설이 지배적이었다. 부모로부터 나온 자손은 부모의 중간적 특성을 가진다는 것이다. 멘델은 유전자가 물처럼 혼합될 수 있는 것이 아니라 불연속적인 것이라는 주장을 하여 1세대에서 나타나지 않은 형질이 그 후 세대에 나타나는 것을 설명했다. 완전히 사라진 것처럼 보이는 형질이 그 다음 세대에 다시 나타나는 현상을 멋지게 설명한 것이다. 20세기 중반 전후 유전자가 발견되면서 멘델의 주장은 인정되었다. 그러나 이 이론도 완두의 껍질 모양처럼 명확히 구별되는 형질에만 적용된다고 비판을 받았으나, 여러 학자들에 의하여 연속적 변이들에 작용하는 자연 선택의 힘은 입증되었다. 로날드 피셔는 1918년에 사람의 키와 같은 연속적인 변이들도 멘델의 유전 이론으로 설명할 수 있음을 통계적으로 보여 주었다. 영국의 유전학자 홀데인은 후추나방 색깔의 진화를 관찰함으로써 피셔의 예측모형을 경험적으로 입증했다. 이로써 연속적 변이에 작용하는 자연 선택이 검증됐고, 개체군의 유전자 빈도 변화에 초점이 맞춰진 진화론이 탄생했다. 개체를 중심으로 한 유전자 변이가 아니라 개체의 집단에서 유전자의 빈도에 초점을 맞춘 개체군 유전학이 개발된 것이다. 화석 연구와 식물 연구도 자연 선택 이론을 지지했다.

그럼에도 불구하고 1940년대에 분자생물학이 발달하기 전까지 생물학에서 진화의 개념은 쉽게 수용되지 않고 있었다. 1940년대에 유전의 단위인 유전자들이 매우 복잡한 패턴으로 조합되어 작은 변이들을 산출하고, 변이에 자연 선택이 작용한다는 것이 밝혀지면서 다윈주의는 결국 생물학적 다양성에 관한 새로운 패러다임으로 채택되었다.[327] 흔히 다윈의 진화론에서 변이는 무작위적이라고 생각된다. 무작위적인 변이가 자연 선택을 통하여 진화한다는 것이다. 하지만 반론도 있다. 마크 커슈너와 존 게하트는 『생명의 개연성』에서 '변이는 어디서 기원하는가?'라는 질문을 던진다. 처음에는 없던 눈과 뇌, 날개와 폐, 사지 같은 놀라운 것이 새로이 생겨날 수 있었는가? 이들이 내놓은 이론은 '촉진된 변이' 이론이다. 유전자 변이는 다윈이 생각했던 것처럼 무작위적인 것이 아니라 진화가 이루어지는 방향에는 그 진화적 변화를 '촉진하는 경향'이 있다는 것이다. 다시 말하면 돌연변이는 생명이 지닌 특성으로 인해 촉진되는 것이다. 그러나 그 경향이나 특성이 어떤 목적이나 목표가 있는 것은 아니라면 무작위적인 것은 마찬가지이다.

지금까지 진화론을 이론으로 이야기 하였지만 생물과학자들 사이에서 진화론은 사실로 널리 받아들여지고 있다.[328] 나도 사실이라고 확신한다. 만약 과학자들이 복잡한 생명체가 자연 선택이 작용할 수 없을 만큼 아주 짧은 시간에 생겨났다는 증거를 발견한다면 일반 진화론은 틀렸음을 입증할 수 있다. 그런 현상은 아직까지 보고된 적이 없다.[329] 진화론이 하나의 이론일 뿐이라고 하는 것은 엄밀한 의미에서는 사실이지만 이는 잘못된 생각을 낳을 수 있다. 과학에서의 이론이란 "하나의 현상을 설명하기 위한 원리로 사용되는 일반적인 전제들의 논리적 모순이 없는 집합"이다(랜덤하우스 미국 대학교 사전). 이러한 이론의 정의는 잠정적이라거나 확실성이 부족함을 암시한다. 진화론이 증거가 부족한 것이 약점은 아니며 그 이론이 아무런 흠도 없다는 것이야말로 문제이다. 어떤 것도 완벽하게 증명할 수 없으며 앞으로도 마찬가지이다. 관찰과 실험을 통하여 확실성을 확보하고 타협하는 것이다. 충분한 증거를 확보하면 완벽한 증거나 입증이 아니더라도 사실로서 받아들일 수 있는 것이다. 진화는 유전학과 고생물학, 분류학, 생태학 및 동물행동학 같은 분야의 관찰과 증거로 지지되고 있다. 진화는 많은 사람이 합의하고 받아들이는 사항이다.

▎다윈의 생명의 나무

다윈 이전 시대의 진화론은 사다리 모형의 단계별 진화론이다. 생명이 하등동물에서 고등동물로 단계별로 진화한다는 것으로 사다리 맨 위에는 인간이 있다는 것이다. 그런 논리라면 원숭이도 결국 인간으로 진화를 해야 옳다. 다윈은 종의 진화를 생명의 나무의 모습으로 이해했다. '자연 선택'이 다윈 진화론의 핵심이지만 생명의 나무 개념이야말로 혁명적 사상이다. 다윈이 진화 패턴을 사다리 모형에서 나무 모형으로 바꿈으로써 원숭이가 아무리 오랜 시간이 지나도 진화에 의해 결코 인간이 될 수 없다는 사실을 명확히 이해하게 됐다. 호모 사피엔스 사피엔스가 진화 계보의 꼭대기에 있는 정점이라는 오만도 우리는 버려야했다.

원숭이가 인간의 조상이라고 하더라도 오랜 세월 진화를 거듭한 원숭이는 결국 인간이 될 수 없다는 것이 찰스 다윈의 진화론이다. 다윈은 인간을 포함한 모든 생명들이 진화의 최종단계라고 여긴 것이다. 다윈은 시간이 흐를수록 진화의 나무에 더 많은 가지들이 뻗어나가서 가장 끝가지에 남아 현존하는 것이 지금의 생명계라는 것이다. 인간과 침팬지는 각각 최종 진화체이다. 진화의 자연세계에서 생명체에 우열이 없으며 오랜 세월 각각의 환경에서 가장 적절하게 진화한 최종 생명체인 것이다.

생명의 나무 개념은 진화를 진보와 같은 것으로 보지 않음을 의미한다. 진화론의 적응(adaptation) 이론은 매우 다양한 생명체가 존재하는 것을 잘 설명해준다. 왜냐하면 생명체가 적응해 살아야 하는 엄청나게 다양한 환경이 존재하기 때문이다.[330] 지구상에는 엄청나게 많은 생명체가 살아가고 있다. 또한 인간을 비롯하여 생물이 주변 환경과 얼마나 정교하게 적응되어 사는지를 보면 생명이 환경에 적응했음을 분명히 알 수 있다.[331] 진화론에서 가장 기본적인 것은 진화가 일어난다는 것이다. 그렇지만 진화는 진보와는 다른 개념이다. 진화는 다양성의 증가를 의미하며, 생명이 환경에 적응하면서 생물 다양성이 증가하며, 진보 같은 방향성을 전제하는 것만은 아니다. 따라서 인간이 생물계의 유일한 최정점이 아니며 박테리아도 가장 성공적으로 진화한 정점일 수도 있다는 점이다. 이러한 관점은 인간 중심적인 가치에 도전하는 이념으로 이로 인한 논쟁과 갈등, 특히 유일신교와의 갈등이 유난히 많은 이유이다. 물론 유일신교와의 갈등은 창조냐 진화냐를 두고 벌어지는 논쟁이 더 많다.

인간과 생명은 적응도(fitness)에서 우월한 종이 후손을 남긴다. 물론 뜻하지 않은 사건, 예를 들어 번개가 우월한 종을 죽여서 후손을 남기지 못할 수도 있다. 물론 열등한 종이 후손을 남길 수도 있다. 그러나 아주 장기적으로 보면(지구의 40억 년 역사를 생각해보라) 종의 전체 개체를 고려하면 환경에 잘 적응한 종이 많은 후손을 남기고 점차 잘 적응한 후손들을 닮은 종으로 개량된다.[332] 이러한 자연 선택(Natural Selection)은 은유적으로 말하면 환경이 인간 또는 생명을 키운다는 것을 뜻한다.[333] 진화는 적응과 선택을 말하는 것이지 우월과 진보를 의미하지 않는다. 스티븐 제이 굴드가 쓴 『풀 하우스』(2002년 번역본)는 이 점을 잘 설명해주고 있다. 생명의 진화 역사에서 진보는 보편적이지 않다. 진보라고 할 수 있는 것은 생명 다양성의 증가다. 인간과 유인원 같은 고등 생물은 무작위적인 우연으로 생물 다양성의 증가에서 나온 부산물이다. 생명의 생태계는 고등 생명체이며, 스스로 만물의 영장이라는 부르는 인간으로 진화하는 것을 목적으로 하는 진보 체계는 아니다. 고등 생명체로 진화하는 것은 물론 생태계의 속성일 수 있지만 그것이 전체는 아니며, 오히려 생명의 다양성이 증가하는 것이 생태계의 주 속성이다. 진화의 방향은 다양하며 그 결과는 우연이지 필연이 아니다. 그렇다면 진보적인 그리스도교가 진화론을 받아들여 신의 창조 세계를 논하는 것은 모순이다. 설령 신이 존재하고 하느님을 믿더라도, 그래서 진화가 신의 계획이더라도 우린 이러한 진화의 방향에 관해 아는 것이 없다. 우리가 탐구하는 과학은 자연과 우주의 현상 세계이지 형이상학은 아니다.

새로운 종의 탄생과 진화론

진화하는 것은 개체가 아니라 한 종의 평균적인 특징이다. 다윈은 이러한 메커니즘이 오랜 세월에 걸쳐서 반복되면 어떻게 해서 다른 종이 발생하는지를 설명할 수 있다고 주장하였다. 지구상의 여러 지역에 산재하는, 그리고 조금씩 다른 환경에서 사는 종이 약간씩 다른 방식으로 진화해온 것은 분명했기 때문이다. 다윈은 이러한 과정으로 지구상에 그렇게도 많은 종이 존재하는 것을 설명할 수 있다고 주장하였다.[334] 이것이 혁명적인 것은 이러한 '무의식적인' 과정이 생명 자체도 창조할 수 있다고 설명된다는 점이다.[335]

생명체 유전자의 높은 합치율을 보면, 유전자가 진화 중에 분명히 다른 종으로 발전하는 데 몇 백만 년이 필요하다는 것을 알 수 있다. 인간이 유래하게 된 진화의 계통과 생쥐가 유래하게 된 진화의 계통은 약 1억 년 전에 서로 갈라졌으며, 인간과 물고기의 그것은 이미 4억 2천만 년 전에 갈라졌다. 그럼에도 오늘날 줄무늬 열대어 연구는 인간의 생물학적 기능 및 질병을 잘 이해하는 데 도움을 준다.[336] 종이 분리되는 것은 생식의 격리이다. 에른스트 마이어(Ernst Mayr, 1904~2005)는 『유전학과 종의 기원』을 출판하면서 새로운 종이 발생하는 원인을 제시했다. 그는 생물학적 종을 "상호 교배하는 자연집단이며 다른 집단과는 생식적으로 격리된 것"으로 정의했다. 한 개의 집단이 전체 집단에서 격리되면 결국 새로운 형질을 갖게 되고 다른 집단과 교배가 되지 않는 종이 발생하는 것이다.

보통 새로운 종이 탄생하는 종의 분리는 하나의 종이 지역적으로 분리되고 서로 다른 환경에서 살아가면서 발생한다. 그러나 같은 지역과 환경에서도 종이 분리되고 새로운 종이 탄생하는 것을 볼 수 있다. 유럽의 조명충나방은 동일한 지역에서 살면서 두 종류로 나누어졌다. 한 종은 옥수수를, 다른 종은 나무 열매를 주로 먹으면서 각각 다른 페로몬을 내게 됐고, 같은 종류끼리만 짝짓기를 함으로써 종이 분리된 것이 확인되었다. 북반구에 살던 바다 큰 가시고기는 빙하기가 끝날 때 호수에 갇혀 각각 호수마다 다른 종이 되었다.

오늘날 육지에 사는 척추동물은 기본적인 형태는 매우 유사하다. 모두 4개의 팔다리를 가지고 5개의 손가락 또는 발가락을 가지고 있다(뱀은 비록 거의 사라지고 없지만). 이러한 유사성은 양서류, 파충류와 새, 그리고 포유류를 포함하여 척추동물 모두가 초기에 육지를 점령한 척추동물의 후손임을 보여준다.[337] 동물들의 눈, 심장 그리고 다리 등의 형성 과정은 발생학적으로 일관성이 있다. 예를 들어 모든 동물은 심장을 가지고 있다. 곤충류에서 심장의 역할을 하는 굵은 혈관, 주 심장과 부 심장을 가진 지렁이, 심방과 심실로 구분되는 복잡한 구조의 심장을 가진 척추동물 등은 똑같이 NK-2라는 유전자가 이들 심장의 발생 및 형성에서 중요 역할을 한다. 같은 유전자를 보유한 동물들의 심장이 진화를 거듭하며 복잡다단해진 것이다.

또한 짧은 시기에 진화가 이루어지는 것이 관찰된다. 그것도 우리가 살았던 20세기의 일이다. 초파리(fruit fly) 같은 아주 빠르게 자라는 작은 종을 관찰하면 진화를 확인하는 것이 가장 쉽다. 또한 우리는 항생제에 저항하여 나타나는 신종 박테리아가 출현하는 것을 보면 역시 진화를 눈으로 확인할 수 있다.[338] 침팬지에게서 발견됐던 인체면역결핍바이러스(HIV)가 변이를 거듭하면서 인간을 침투한 것도 새로운 생명을 만들어내는 자연 선택과 진화의 증거이다.

다윈은 진화가 서서히 이루어진다고 믿었던 것 같지만 오늘날에는 꼭 그런 것만은 아닌 것으로 알려진 셈이다. 기후와 환경이 안정적인 시기에는 종이 서서히 진화할 것이다. 그러나 급격한 변화의 시기에는 종이 급격한 변화를 겪을 수 있다. 오늘날 항생제의 사용에 적응하면서 박테리아들이 진화하는 방식이 그것이다. 항생제가 널리 사용되면서 항생제에 내성이 강한 박테리아가 점점 더 '건강한' 새끼를 낳는다. 몇 세대 만에 이들은 다른 종들보다 훨씬 우월한 종이 된다. 이런 방식으로 항생제에 내성이 강한 새로운 종의 박테리아가 나타났다. 오늘날 이러한 사실은 진화에서 평범한 일로 받아들여진다. 지구의 역사는 엄청난 변화의 시대와 안정적 시기가 혼재하였다.[339] 1972년 나일스 엘드리지(Niles Eldridge)와 스티븐 굴드(Stephen Gould)는 단속적 진화론(punctuated evolution)을 제안하였는데, 진화는 단속적(in fits and starts)으로 이루어진다.[340] 새로운 종이 단시간 또는 갑자기 형태의 변화를 수반하며 생긴다는 것이다.

반면 점진적 진화론(gradualism)은 진화에는 비약이 없다는 것이다.[341] 동식물뿐만 아니라 단세포 동물조차도 몸의 구조가 너무 복잡하여 어느 한 부분의 급작스런 변형을 간단히 허용할 수 없다는 것이다.[342] 점진적 진화론은 다윈주의가 가장 빈번히 공격당하는 취약 지대이다. 창조론자는 이에 따라 진화론을 틀린 것이라고 주장한다.[343] 캄브리아기 대폭발 이후 급격하게 탄생한 생명체와 그것도 단세포 생물이 아니라 복잡한 생명체가 탄생한 것은 다윈의 진화론을 딜레마에 빠지게 했다. 점진적으로 진화하는 '진화론'은 이것을 설명할 수가 없었다. 또한 화석 증거도 부족하였다. 많은 화석이 발견되었지만 진화 중간단계의 화석은 쉽게 발견되지 않는다. 이에 대하여 하버드대 진화생물학자인 스티븐 제이 굴드 교수는 '단속평형이론'을 체계화했다. 생물은 오랜 세월 거의 변하지 않다가, 환경의 변화가 급작스럽게 발생하면 변이나 종의 분화가 일어난다는 주장이다. 생태계가 안정된 평형 상태에서는 거의 진화하지 않다가 빙하기 등으로 평형 상태가 깨지면 갑작스럽게 소멸하거나 진화의 도약이 발생한다는 이론이다. 캄브리아 폭발도 그것이다.

고생물학과 화석학

지구상 생명의 역사 대부분의 주요 증거는 지난 7억 년을 설명해줄 화석 기록으로부터 나온다.[344] 그러나 이것은 생명이 존재한 기간의 5분의 1밖에 되지 않는다. 화석은 생명체가 어떤 이유로 퇴적층에 묻혀 장구한 시간 동안 지각 작용에 의해 암석으로 변한 것이다. 대부분의 생명체는 죽은 후 흔적을 남기지 않는다. 화석으로 남으려면 죽자마자 퇴적층에 묻혀야만 한다. 동물의 뼈도 십억 개 중에서 하나가 화석이 될 것으로 추정되며, 생물종 중에서 화석 기록을 남긴 경우는 십만 분의 일도 안 된다. 따라서 새로운 화석이 발견되면 새로운 설명이 나타난다. 2009년에 중국 남부의 고대 호수 퇴적물에서 가장 오래된 화석이 발견됐다. 이 화석이 발견됨으로써 최초의 동물이 서식한 장소와 진화의 원인에 대한 의문이 제기됐다. 이는 동물들이 호수의 환경 변화에 적응하는 능력을 갖고 있었음을 의미하며, 진화가 예측보다 훨씬 빨랐으며, 최초의 동물들이 훨씬 다양할 수 있다는 가능성을 의미한다. 대부분의 화석은 얕은 바다에 살던 생명체가 남긴 것이다. 화석은 바다에 살았던 단세포 생물에 대하여 별로 말해주는 것이 없다. 이들은 화석을 만들기엔 몸에 딱딱한 부분이 부족했다. 화석으로 고생물과 지층을 연구하는 학문이 19세기에 확립된 고생물학 또는 화석학이다. 고생물학 또는 화석학자(paleontologists)들은 박테리아의 작은 미세화석(microfossil)을 탐색하고 분석하는 방법을 알아냈고, 가장 오래된 화석은 초기 지구 생명체와 거의 근접한 35억 년 전까지 측정되었다.[345] 하지만 화석으로 진화 과정을 추론하는 것은 불가능할 정도로 어렵다. 오늘날은 DNA의 화학적 구조를 기초로 하는 생명과학이 진화의 과학적 증거로 인정되었다. 따라서 화석은 진화를 입증하는 것이 아니고 검증하는 자료로서 의미를 가진다.

화석이 남을 확률

고대 생명이 화석이 되기는 쉽지 않다. 아니 거의 불가능에 가깝다. 거의 모든 생물체의 운명은 무(無)로 분해되어 버리는 것이다. 99.9% 이상이 그렇게 된다. 생명의 불꽃이 꺼지고 나면, 생명체가 소유하고 있던 모든 분자들은 다른 생물들이 사용할 수 있도록 떨어져 나가거나 흩어져버린다. 그것이 바로 세상의 이치이다. 작은 집단을 이룬 생물의 경우에도 다른 생물에 의해서 먹히지 않고 남아서 화석이 될 수 있는 확률은 0.1% 이하로 지극히 낮다.[346] 또한 10억 개의 뼈 중에서 하나 정도만이 화석이 되는 것으로 추정한다. 한 사람이 약 206개의 뼈를 가지고 있으므로 현재 60억의 인간이 죽은 후 화석으로 남는 뼈는 1236개 정도이다. 6명 정도가 남는 것이다. 이 중에 발견될 수 있는 것은 거의 없다.[347] 그러니까 화석은 어떤 면에서 보더라도 정말 희귀한 것이다. 지구에 살았던 거의 대부분의 생물은 아무런 흔적도 남기지 못했다. 1만 종의 생물 중에서 겨우 한 종 이하가 화석 기록에 남아있을 것으로 추정한다. 지금까지 지구에 살았던 생물종이 3000억 종에 이르고, 리처드 리키와 로저 레빈이 『여섯 번째 멸종』에서 주장했듯이 화석으로 남아 있는 생물이 25만 종이라면 그 확률은 12만분의 1에 불과하다. 어느 경우이거나 우리가 오늘날 확보하고 있는 화석은 지구가 탄생시켰던 생물종 중에서 극히 일부에 지나지 않는다.[348] 더욱이 우리가 가지고 있는 기록은 절망적일 정도로 왜곡되어 있다. 물론 대부분의 육상동물은 퇴적층 속에서 죽지 않는다. 육상동물이 들판에 쓰러지고 나면 다른 동물에 의해서 먹히거나, 썩거나 아니면 오랜 세월에 걸쳐서 바람에 날려가 버린다. 따라서 화석 기록의 대부분은 거의 언제나 해양 생물들이다. 오늘날 우리가 가지고 있는 화석의 약 95%는 물속에서, 그것도 얕은 바다에서 살던 동물의 것이다.[349] 이런 상황에서 화석으로만 생명의 역사를 재구성하는 것은 불가능에 가까우며, 화석 증거가 부족하다고 주장하는 것도 어리석다. 과학이나 종교나 인간의 한계, 시간과 공간의 제약을 알아야 한다.

잃어버린 고리 화석

생명의 계보에는 당연히 수많은 '잃어버린 고리(missing links)'가 존재한다.[350] 하지만 그 이유는 그 화석이 남지 않았거나 사람들이 아직 그것을 발견하지 못했기 때문일 것이다. 화석은 모든 시기에 곳곳에 존재하는 것이 아니라 특정한 조건에서만 존재한다.[351] 또한 지구상의 지역 대부분이 조사조차 도 되지 않은 채 남아있다는 사실이 그 빈틈을 보여준다.[352] 2009년, 찰스 다윈 탄생 200주년을 맞아 내셔널 지오그래픽은 진화론을 입증할 가장 중요한 '잃어버린 고리' 화석 7개를 선정했다. 가장 오래된 화석은 1861년 독일에서 발견된 11억 년 전의 시조새(Archaeopteryx)로 깃털의 흔적이 팔다리와 꼬리에 남아있다. 공룡과 조류를 잇는 중간 단계의 화석이다. 다음은 2004년 캐나다 바닷가에서 발견된 약 4억 년 전 발이 있는 물고기(Tiktaalik)의 화석으로 아가미, 비늘, 팔다리처럼 생긴 지느러미, 갈비뼈, 유연한 목, 악어 모양의 머리 등 네발 척추동물의 특징을 지니고 있다. 이 화석은 수중 생물이 육지로 올라와 진화된 것을 보여준다. 약 2억5천만 년 전의 포유류와 파충류의 중간 단계인 트리낙소돈(Thrinaxodon) 화석은 파충류의 비늘을 갖고 알을 낳았지만, 포유동물처럼 온혈동물로 털이 있다. 하이라코테리움(Hyracotherium) 화석은 1867년 미국에서 발견된 말의 조상이다. 암피스티엄(Amphistium)은 2008년에 발견된 5천만 년 전 화석으로 물고기로부터 변이된 것으로 보이며 머리 위에 1개의 눈을 갖고 있다. 넙치의 눈이 어떻게 한쪽으로 쏠리게 됐는지를 설명할 수 있는 중간 단계의 화석이다. 또 5천만 년 전의 화석인 걸어 다니는 고래(Ambulocetus) 화석은 1992년 파키스탄에서 발견된 화석으로 물과 육지에서 네발로 걸을 수 있었던 것 같다. 마지막으로 160만 년 전 호모 에르가스테르(Homo Ergaster)는 1984년 케냐에서 발견돼 유인원으로부터 인류로 이어지는 화석 증거이다.

다윈의 영향

다윈의 『종의 기원』은 유럽의 당대 본질주의적인 세계관을 부정하고 '개체군 사상'을 일궈냈다. 생명과 인간의 불변성을 믿는 그리스도교의 전통과 생명과 인간 종의 이상형(ideal type)을 상정하는 플라톤적 전통을 거부한 것이다. 자연세계가 명확하게 구분되어 있고 각 구획마다 고유한 본질을 가지고 있다는 것이 본질주의(essentialism)이다. 이러한 개체군 사상은 인간과 생명계와 동물계 사이에는 연속성이 있다는 것과 더불어 존재론과 세계관에 큰 반향을 주었다. 본질보다는 실존을 강조하는 실존주의와 인본주의도 다윈의 영향이다.

이기적 유전자와 유전자 선택

DNA(deoxyribonucleic acid)는 유전 정보를 매우 정확하게 후손에게 전달하여 종의 안정성을 유지시켜 준다. 유전 정보가 없었거나 그 전달이 정확하지 않다면 우린 존재할 수도 없었다. 우리는 유전자로부터 나온 생명이다. 그러나 유전 정보의 전달은 완벽하지는 않아 DNA가 복제를 할 때 평균적으로 수십 억 개의 유전 정보 중 하나 정도의 오류가 발생한다. 이러한 약간의 차이는 진화가 가능하도록 하는 열쇠가 된다.[353] 그래서 리처드 도킨스(R. Dawkins)는 『이기적 유전자』라는 '우울한' 책에서 유전자에 초점을 맞춰 자연 선택의 기본 단위는 유전자라는 주장을 하였다. 인간 개개인은 죽지만 유전자는 자기 복제자로서 불멸의 존재라는 것이다. 다윈이 종에 초점이 맞추어 진화론을 주장할 때 종 안에서 자연 선택을 제시했지만, 도킨스는 진화의 기본 단위가 종이나 개별 존재가 아니라 유전자임을 제시한 것이다.

진화론의 미래

오늘날의 생명과학자들은 다양한 주제에 대하여, 예컨대 조류가 공룡의 직계 자손인가, 혹은 진화 과정이 일정하고 느린 속도로 전개되는가, 아니면 '이따금씩' 급격한 변화의 시기가 있었는가에 대하여 격렬한 논쟁을 벌인다. 근본주의적인 그리스도교 단체들은 이런 논쟁이 다윈주의적인 진화론의 실패를 증언한다고 말하지만, 그것은 그런 논쟁이 과학의 규범이라는 점을 간과한 부당한 비판이다. 고생물학과 인간 진화 역사에 관한 근본적인 발견들은 20세기에 생명과학에서 일어난, 자연철학적 함축이 강한 여러 발전과 맞물렸다. 비록 인간이 유인원 조상으로부터 여러 단계를 거쳐 진화했다고 전제한 것은 다윈 자신이었지만, 인간의 진화에 대한 일관적인 설명은 20세기 과학의 업적이다.[354] 이제 진화론에 따라 인간의 유래를 설명하고자 한다.

과학 이론도 태어나고 죽는다. 1500년 동안 정설이던 프톨레마이오스 우주론은 코페르니쿠스에 의해 대체되었고, 뉴턴의 법칙도 아인슈타인의 상대성 이론으로 사라졌다. 진화론도 언젠가는 대체 이론이 나올 것이다.

▎우연일까 필연일까

생명의 발생은 우연인지 필연인지부터 생각해보기로 한다. 사실 이 질문에 대한 답이 결정적인 것이지만 결국 애매한 설명으로 끝날 것이다.

캘리포니아 대학교 리버사이드의 이상희 교수는 인류의 직립보행의 이유는 모른다고 주장한다. 진화에 대한 큰 오해는 바로 기능주의적 해석이며 진화는 그저 우연의 결과라고 설명한다. 우리가 우연한 존재라면 절망적이다. 하지만 우연일지라도 그것이 필연이면 어떨 것인가. 우연을 신의 섭리로 받아들이자는 주장도 있다. 생명의 진화 과정을 더듬어 가다보면 생명체는 미리 규정된 목적을 위해서 만들어진 것이 아니라는 생각이 강하게 든다. 다시 말해 생명과 진화의 방향은 사전에 결정된 시나리오대로 흐르는 것도 아니고 누군가가 만들어놓은 소프트웨어의 명령대로 흘러가지도 않는다. 중력의 작용, 강력과 약력이 주어지면 통계적으로 예측이 가능한 별의 형성과는 달리 생물학적 변화는 더욱 임의적이고(random), 열려 있어(open), 생명은 별보다 훨씬 다양한 형태를 가진다.[355]

진화의 과정은 환경 변화와 돌연변이와 자연 선택이 상호 작용하여 나타난다. 생명에게 나타나는 돌연변이는 우연적이며 아마도 미시적 세계의 우연한 교란이 그 원인일 수도 있다. 유전자의 돌연변이가 나타나는 이유는 정확하게 설명할 수는 없지만 양자세계의 불확실성과 우연성처럼 우연적이다. 양자세계에 대하여 말하는 하이젠베르크의 불확정성의 원리가 돌연변이에도 적용된다면 우리 인간과 생명의 진화는 전적으로 우연에 의한 것이다. 그래서 우리 인간과 우리의 삶은 이성과 지성을 가진 존재로서는 참을 수 없을 정도로 전적으로 '가벼운' 것이 된다. 밀란 쿤데라의 소설 『참을 수 없는 존재의 가벼움』에서 토마스는 테레사의 만남이 거의 불가능한 우연 때문이라는 생각에 당혹감을 느낀다. 망망한 우주와 죽음 앞에 선 우리 인간은 존재의 가벼움으로부터 벗어나기 위해 절대와 신 그리고 필연성을 진지하고도 무겁게 찾아왔다. 하지만 존재의 우연성은 한계가 있는 인간에겐 운명이다. 설령 우리 존재가 필연성이 있더라도 우리는 그것이 무엇인지 알 길이 없다. 그저 그 우연 속에 필연이 있음을 있는 그대로 받아들일 수밖에 없다. 신의 섭리인 필연은 우리에겐 우연일 수밖에 없는 것이다.

하지만 우주에서 생명과 인간의 출현이 우연적인 것이 아니라 필연적인 것이라는 주장도 있다. 여기서 필연성은 절대자의 의지가 아니라 우주의 내적 원리를 말한다. 지구는 45억 년 전에 생성되었고 최초의 생명체는 약 38~39억 년 전에 나타났다.[356] "생명이 그렇게 일찍 출현했다는 것으로부터 우리는 지구상에서 적당한 조건만 주어지면 박테리아 수준의 생명이 진화하는 것은 그리 '어렵지' 않다는 사실을 추정할 수 있다."라고 스티븐 제이 굴드는 1996년 뉴욕타임스에서 주장했다. 그의 다른 표현을 빌리면, "생명이 그렇게 일찍 출현했다는 것은 생명이 화학적으로 필연적"이라는 결론을 피하기 어렵다.[357] 지구 초기에는 태양이 지금처럼 밝고 뜨겁지 않아 지구는 춥고 어두웠을 것이라고 추정되는데 이를 '희미한 초기 태양의 역설'(faint young sun paradox)로 부른다. 이러한 환경에서는 생명이 출현할 수 없었음에도 지구상에는 생명이 존재한다는 역설이다. 그런데 2016년 미국항공우주국(NASA)의 연구팀은 40억 년 전쯤, 태양 표면에서 발생한 슈퍼플레어가 지속적으로 방사선을 뿜어내서 지구가 생명이 살기 좋은 환경이 조성되었을 가능성이 있다고 발표했다. 태양 표면의 폭발인 태양 플레어보다 수백만에서 수십억 배 강한 초대형 슈퍼플레어는, 그 에너지가 원자폭탄 1000조 개에 이른다. 여러 번에 걸쳐 발생한 슈퍼플레어는 지구 대기 중의 질소 분자를 분해하여 질소산화물(N2O)과 사이안화수소(HCN)를 생성시켰다. 전자는 지구의 온도를 상승시키는 온실가스 역할을 하며, 후자는 단백질 구성단위인 아미노산을 만드는 재료이다. 질소는 생명에 꼭 필요한 물질이지만 분자 형태에서는 불활성적인 특성을 가져 반응성이 크도록 변환해야 할 필요가 있는데, 지구 온도 상승이 이 변환을 일으킨 것이다. 지구상에 온실가스가 없었으면 지구는 얼어붙은 동토가 되었을 것이다. 따라서 우주는 항성으로부터 강력한 방사선에 노출된 수많은 다른 행성에서도 유사한 결과가 일어났을 가능성이 있으며 생명은 필연적이라는 것을 시사한다. 그렇지만 우주는 왜 이런 특성을 갖는지, 왜 다른 우주가 아니었는지는 알 수가 없다.

▌빛과 엔트로피 그리고 생명

우리 인간과 생명은 엔트로피 개념으로도 설명된다. 우주의 에너지 총량은 일정하다는 열역학 제1법칙, 엔트로피 총량은 지속적으로 증가한다는 열역학 제2법칙은 세상에는 공짜가 없다는 일상용어를 과학 언어로 바꾼 것이다. 엔트로피라는 용어를 만든 사람은 독일의 루돌프 클라우지우스이다. 자연에서 무엇인가 일어나면 일정량의 에너지가 무용한 에너지로 전환된다. 이것이 엔트로피 개념이다. 가장 쉬운 비유를 들자면 주전자에 물을 넣고 펄펄 끓인 후 놔두면 식어서 주변 공기 온도와 같아진다. 주전자의 높은 에너지가 차가운 공기로 흘러가는 것이다. 우리 인간의 생명도 마찬가지이다. 에너지를 흡수하지 않으면 '식어서' 죽는다. 그래서 생명체들은 주변 환경에서 에너지를 흡수해 '식어가는' 엔트로피 과정의 반대 방향으로 움직여 생존할 수 있다. 이런 에너지의 궁극적인 원천은 태양이다. 태양이 없으면 우리 인간은 존재할 수 없다. 우리는 태양의 '자식'인 셈이다. 광합성으로 살아가는 식물은 햇빛을 사용하고, 태양에너지를 흡수한 식물이나 다른 동물을 잡아먹는 동물은 간접적으로 햇빛을 흡수한다. 인간은 물리학적 입장에서 보면 에너지로부터 탄생했고 그 자체로 에너지이다.

이렇게 현대 과학은 태양과 지구가 탄생한 것과 같이 생명의 탄생을 일련의 물질계의 힘의 작용으로 설명하려 한다.[358] 우리 인간은 물질로 구성되어 있으며 최소한 인간의 몸은 물질계의 원리에 종속된다. 태양 에너지는 생물의 에너지의 근원이다. 우리 삶에 필수적인 화석연료도 그 근원을 추적한다면 태양 에너지로부터 축적된 것이다. 태양에서 분출하는 햇빛은 지구에 서식하는 식물의 생명 활동을 가능하게 했고 그로부터 동물이 탄생하였다. 엔트로피가 낮다는 것은 뜨거운 물이나 태양 그리고 생명과 같이 주변에 비하여 에너지의 효율성이 높은 것을 의미한다.[359] 여기서 '탄생하였다'는 것은 저(低) 엔트로피가 직접적으로 생명을 만들었다는 의미는 아니다. 우주의 엔트로피 '현상'이 직접적이기보다는 결과적으로 생명 탄생으로 이어졌다는 의미이다. 엔트로피와 에너지와의 관계는 열역학 법칙에 의하여 이해될 수 있다. 열역학 제1법칙은 에너지의 총량은 일정하다는 의미이며 '에너지 보존의 법칙'이다. 제1법칙으로 보면 에너지는 아무리 사용해도 고갈되지 않는다. 그러나 지구상 석유와 석탄을 다 사용하면 에너지 총량은 변화가 없지만 우리는 사용 가능한 에너지원이 없게 된다. 이를 설명하는 것이 열역학 제2법칙인 엔트로피이다. 제2법칙에 의하면 에너지와 물질은 한 방향으로만 나아가며, 사용할 수 있는 것(석유와 석탄 등)으로부터 사용할 수 없는 것(허공에 흩어진 에너지)으로, 질서 있는 상태로부터 무질서가 증가하며 그 반대로의 흐름은 불가능하다는 것이다. 엔트로피란 더 이상 사용할 수 없는 에너지의 양에 대한 척도로, 엔트로피의 증가는 사용 가능한 에너지가 감소함을 의미한다고 해석할 수 있다.[360]

6) 생명의 탄생과정

▌인간의 탄생, 고뇌의 시작

지구는 생성된 지 45억 년이 되었다. 처음 20억 년은 시생(始生) 누대, 다시 20억 년은 원생(原生) 누대, 나머지 약 5억 년은 현생(顯生) 누대로 구분된다. 다시 현생 누대는 고생대, 중생대와 신생대로 나누어지고, 신생대는 약 6500만 년 전에 시작되었다.[361] 약 200만 년 전 시작돼 1만 년 전쯤 끝난 신생대의 제4기 홍적세(洪積世, Pleistocene)는 호모 사피엔스가 태어나기 전 인류의 조상이 살았던 시기이다. 우리가 사는 21세기는 지질학적으로 기원전 1만 년 내지 8천 년쯤에 시작되었고, 신생대의 충적세 또는 현세라고 부르는 시기이다. 인류의 직접적 조상인 호모 사피엔스(Homo sapiens)가 살았고, 지금까지 약 천억 명의 인간이 태어나고 죽은 것으로 추정한다. 그리고 기원 전후 몇 백 년 사이에 모세, 붓다, 예수, 무함마드, 힌두교 성인들이 출현하여 인간의 구원을 제시하였다. 우리 인간이 살아온 기간을 만 년으로 전제한다면 우주의 역사 중 0.00007% 동안 인류가 존재했고, 인간의 수명을 60년으로 잡는다면 우주 역사의 0.0000001% 동안 살아가는 물리적으로 '먼지' 같은 존재이다. 하지만 '먼지' 같은 우리는 우주와 생명의 기원을 찾고(모든 사람이 그렇지는 않지만) 우리는 누구인가라는 '엄청난' 고민을 안고 살아간다. 그 많은 '작은' 인간 중에 '내'가 있고, 우주와 생명의 '비밀'에 얽힌 책과 인터넷을 뒤져서 쓴 이 책을 여러분이 읽고 있다.

생명에서 인간으로 역사의 개요

생명의 진화와 인간의 역사는 유사한 특징을 가지고 있다. 승자 또는 살아남은 자가 그것을 기록한다는 점이다(Evolution, like history, apparently is written by the winners).[362] 또 하나는 생명이 점차 복잡성을 띤다는 것이다. 생명의 탄생(the origin of life itself), 진핵세포의 발생(the appearance of eukaryotic cells), 성교에 의한 복제(sexual reproduction), 인간과 같은 다세포 생물의 출현(the construction of multicellular organism), 사회를 형성하는 생물의 출현이 그것이다.[363]

만약 45억 년에 이르는 지구의 역사를 단 하루라고 가정하면 다음과 같이 전개된다.[364]

시간	내용	실제시간
1~3		
4	최초의 단순한 단세포 생물의 출현	7.5억 년
5~19	특별한 발전이 없음	7.5억 년~ 37.5억 년
20	해양식물, 에디아카라 동물상 등장	37.5억 년
21	삼엽충, 육상식물 등장	39.4억 년
22	육상동물, 곤충, 공룡 등장	41.3억 년
23	공룡 소멸, 포유류 시대	43.1억 년
24	11시 58분 43초에 인간등장, 140억 우주로 보면 11시 59분 35초에 인간등장	44.96억 년

표 3 24시간으로 환산한 생명의 역사

우리 인류는 하루가 끝나기 25초 전에 우주에서 출현하기 시작했다.

기원전 40여 억 년 전 생명의 출현

지구가 약 45억 년 전에 탄생한 후 인간이 출현하기까지 일어난 많은 사건이 과학의 연구에 의하여 상당 부분 밝혀졌다. 우리 인간(지질학자)이 명명한 지질 시대의 구분을 먼저 알아야 한다. 선캄브리아대, 고생대, 중생대, 신생대 등으로 구분되고 더 세분되지만 전체적인 이해를 위하여 상세하게 나열하지 않는다. 선캄브리아대는 지구 역사의 대부분을 구성하며 지구 형성 후 약 40억 년 동안의 시기이다. 이 시기 중 지구가 탄생하고 약 5억 년이 지날 무렵인 약 40억 년 전에 생명의 초기 원형인 최초의 유기물이 형성되었다.

세포는 고유의 에너지 대사를 하며 스스로 분열한다.[365] 모든 세포는 다른 세포에서 유래한다.[366] 따라서 살아있는 모든 유기체는 자발적으로 생겨나는 것이 아니며, 다른 유기체에서 유래한다는 것은 쉽게 추론할 수 있다. 그리하여 1858년 베를린의 피르호(Rudolf Virchow, 1821~1902)는 모든 세포는 하나의 세포에서 유래한다고 주장하였다.[367] 모든 생명은 공통된 기원을 가지고 있다. 그러나 그 기원은 어떤 모습이었을까? 정말 그 최초의 생명체가 있었을까? 아니면, 생명은 오히려 산만하게 이리저리 돌아다니고 있었을까? 최근의 연구결과에 의하면 후자가 옳은 것 같다. 생명은 단 하나의 최초 세포가 아니라 일종의 유전자 복합체에서 발전하기 시작했다. 거기에 속한 유전자와 단백질이 서로 활발하게 교환되었으며, 마침내 그 세포들이 너무 복잡해져서 서로 이리저리 이동할 수 없는 구조가 되었다. 이 시점을 일리노이 대학의 생물학자 우즈(Carl Woese, 1925~2012)는 '다윈의 문턱'이라고 부른다. 이때부터 후세에게 정보를 전달하는 일이 중요해졌다. 태초의 박테리아들은 유전자를 완벽하게 복제했으며 이 복제본을 딸세포에게 전했다. 그렇게 진화가 시작되었으며, 생명의 나무는 성장하고 가지를 치기 시작했다.[368]

RNA 세계 가설과 DNA 돌연변이

그러면 유전자와 단백질 중 어느 것이 먼저 시작되었을까. 생명체의 기원은 단백질이 먼저 만들어졌다는 단백질 우선론, RNA와 단백질이 동시에 만들어졌다는 동시론 등이 있으나 RNA가 먼저 출현했다는 것이 유력하다. 1980년대에 제기된 RNA 세계 가설은 생명이 시작된 초기에 RNA가 유전 정보 기능(DNA의 기능)과 생화학 반응을 일으키는 촉매 기능(단백질의 기능)을 모두 보유했을 것이라는 주장이다. 생명의 기원으로서 효소 기능을 가지는 최초의 분자는 RNA로 추정되며 이로부터 단백질 효소가 진화된 것으로 추정한다. RNA는 안정성이 떨어져 이중 나선을 형성하는 안정적인 DNA가 그 자리를 대신하게 됐다고 추정한다.

지구상에서 생명은 무기물, 유기화합물, 고분자화합물 아미노산, 뉴클레오티드(nucleotide)로 전개되고 여러 개의 뉴클레오티드가 연결되어 RNA가 만들어진 것으로 추정한다. RNA는 두 가지 역할을 다 한다. 자기복제도 하고 복제를 위한 정보도 제공할 수 있다. 소프트웨어이자 하드웨어인 셈이다. 유전형질을 가질 만큼 정확히 복제를 한 최초의 분자는 아마도 RNA로부터 왔을 것이다. 실제로 일부 바이러스는 DNA 대신에 RNA를 자신의 유전체(genome)의 기초로 삼는다. 이렇게 RNA가 두 가지 역할을 한다는 사실은

RNA가 최초의 생명체임을 암시하는 이론을 태동시켰다. 이러한 이론은 생명의 복잡한 신진대사(metabolism)의 시작 이전에, 더 나아가 세포 이전에 유전자 코드가 먼저 진화하였다고 말한다.[369]

생명의 유전적 특성을 운반하는 것은 DNA 형태(type)의 핵산 분자사슬이다. 핵산은 유전 정보를 보유한 뉴클레오티드가 긴 사슬 모양으로 이루어진 유전 물질로, 가장 잘 알려진 핵산으로는 DNA와 RNA가 있다. DNA에는 화합물질인 상이한 네 염기(아데닌, 시토닌, 구아닌, 티민)를 가진 특유의 긴 서열로 이루어졌다. 생명체의 청사진은 염기 서열 속에 '유전자 코드'로 암호화되어 있다. 이 서열은 일종의 복제 과정을 통해 재생되며, 동종의 유전물질을 세포에서 세포로, 세대에서 세내로 전달한다. 복제 오류는 돌연변이를 일으켜 변화된 유전 특성을 가진 유기체를 낳는다.[370]

돌연변이는 부모에게 없던 형질이 나타나서 '유전되는 현상'이다. 돌연변이는 DNA의 복제나 재조합 과정 중 효소의 실수, 방사선과 화학물질 등에 의해 일어나며 결합력이 약하다. 그럼에도 유전자가 세대를 이어서 지속적으로 자손에게 전달되는 것은 효소에 의한 자체 복구 기능이 있기 때문이다. 이러한 기능이 없으면 돌연변이 때문에 생명의 종이 형성될 수 없다. 하지만 거의 완벽한 복제 능력에도 불구하고 돌연변이는 나타난다. 돌연변이는 진화와 새로운 생명을 낳는 원동력이다. 생명이 이어지고 진화해 온 것은 복제와 돌연변이 때문이다.

❙ 환원주의의 문제

인간의 유전자는 다른 생물의 유전자와 공유된다. 생명은 단 한 장의 청사진으로부터 시작된 것처럼 보인다.[371] 살아 있는 모든 생물은 단 하나의 계획에서 비롯된 것이다. 우리 인간도 점진적으로 만들어진 것에 불과하다. 38억 년에 걸친 케케묵은 조절, 적응, 변이 그리고 행운의 수선 결과일 뿐이다. 모든 생명체는 하나이다. 그것이 이 세상에서 가장 심오한 진리이고, 그렇다는 사실이 앞으로 증명될 것으로 믿는다.[372] 물론 이것은 빌 브라이슨의 개인적인 의견이다. 생명이 생물학적 진화의 산물인 것은 우리 인간이나 미생물이나 다르지 않다.

생명체는 하나라는 것과 집에서 키우는 개를 연관시켜 본다. 집에서 키우는 개를 보면 참으로 묘한 느낌이 든다. 감정이 있는 것은 물론 생각을 하는 것이 아닐까 하는 생각도 든다. 물론 인간과는 커다란 지적능력 차이가 있다. 그러나 생물학적인 면에서는 유사하다. 개는 우리 인간이 오랜 세월을 함께 하며 진화해 왔고 인간과 매우 비슷한 생활방식을 가졌다. 그 때문인지 개는 인간만큼 암에 취약하다. 개가 자기 수명대로 산다면 암에 걸릴 확률은 인간과 비슷하다고 한다. 그렇다면 인간은 이 우주에서 예외적 존재가 아니라 좀 더 뛰어난 동물에 지나지 않는다. 생물학적으로는 분명 인간은 동물로 자연선택의 산물이며 영장류이다. 물론 다른 영장류에 비하여 인간의 뇌는 신경세포가 훨씬 많으며, 신경세포들 간의 회로 연결도 크게 다르다.

그러나 경계해야 할 것은 인간의 진화적 기원을 무시하는 인간 중심주의도, 유전자만을 인간 행동의 결정인자로 보는 생물학주의도 하나의 극단이라는 점이다. 이 주제는 본 책의 주제를 넘는 '큰' 문제이다. 후에 기회가 된다면 좀 더 다루고 싶다.

▎생명은 점차 고등생명으로 진화할 필연은 있었나?

생명이 왜 굳이 복잡한 다세포 생물로, 식물에서 동물로, 인간으로 진화하여야만 하는가. 그 질문에 관한 과학자의 설명은 무엇일까. 우리 인간은 지금도 끊임없이 연구하고, 새로운 발견을 해내고, 문명을 나름대로 '진화'시키고 있다. 왜일까. 과학자들의 설명은 '모른다'이다. 그냥 그렇다는 설명이다. 초기에 박테리아가 그렇게 많았던 것은 단순한 생명이 만들어지고 유지되는 것이 더욱 용이하고 더 오래 견딜 수 있다는 일반법칙에 따른 것이다. 이것이 비록 생명이 출현한 것이 새로운 형태의 복잡성이 출현한 것을 의미할지라도 지구상의 생명의 역사는 복잡한 생명의 역사만은 아니라고 굴드(Stephen Jay Gould)가 주장한 이유이다. 가장 간단한 유전자 조합은 여전히 효율적이다.

따라서 복잡성이 특별히 진화 면에서 유리한 것은 아니다. 사실 어떤 경우에는 생명이 오히려 더 단순한 형태로 변화되었다. 뱀은 다리가 없어졌고, 두더지는 눈이 없다.[373]

그럼에도 불구하고 자연 선택은 끊임없이 새로운 형태의 "생명의 실험"을 전개하였고 수십억 년의 긴 시간동안 결국 초기 지구상의 생명체보다 복잡한 생명을 탄생시켰다.[374] 더 복잡한 생명으로 나아갈 뚜렷한 동인(動因)이 없음에도 복잡한 생명은 출현하였다.[375] 스미스(John Maynard Smith)와 외르스 싸트마리(Eörs Szathmáry)가 지적했듯이 "자연 선택에 의한 진화의 이론은 생명이 더 복잡하게 되는 것을 예측하지 못한다.…그러나 어떤 종은 더욱 복잡해졌다."[376]

리처드 도킨스의 『진화론 강의』는 이 점에 대하여 힌트를 준다. 최초의 단순 유기 화합물의 생명체는 수십억 년에 걸쳐 다양한 생명체와 그 구성 요소들로 진화했다는 것이 그 설명이다. 왜 복잡한 생명이 되었는지를 설명하기보다는 그냥 진화로 인하여 복잡해졌다는 것이다. 복잡한 생명체는 자연 선택의 점진적인 축적에서 만들어졌을 뿐이다. 환경 변화에 따른 적응의 부산물이 고등생명과 우리 인간이 출현한 필연이다. 왜 그런지 의문을 제기한다면 시간이 더 흐르고 과학이 발전하면 그 일부를 설명할 수 있겠지만 지금으로선 종교의 영역에서나 답을 제기할 뿐이다.

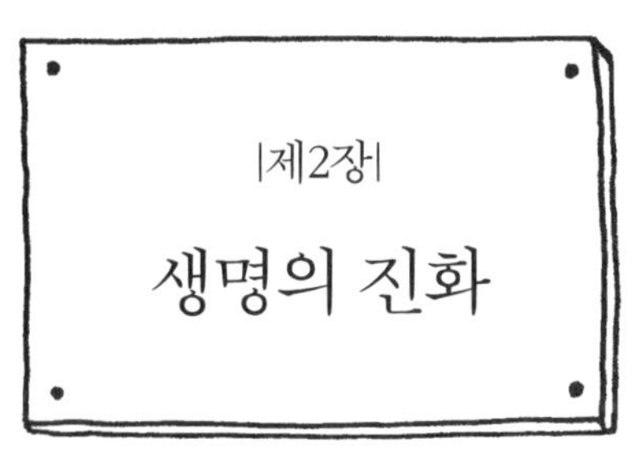

1. 단세포 생명의 탄생

1) 최초의 생명

박테리아로부터 출발

최초의 생명체는 지구가 탄생하고 수억 년이 지나서부터였다. 38억 년 전부터 25억 년 전까지의 시기는 고생대(the archean era)라고 불리는 박테리아의 시대이다.[377] 또는 약 40억 년 전부터 약 20억 년에서 25억 년 전까지로 보기도 한다. 이 시기의 초기에 지구상에 최초의 생명체가 진화하고 있었을 것으로 추정한다. 아마도 그것은 해저의 뜨거운 화산 지대에서 진화하고 있던 고 세균(archaebacteria)이었을 것이다. 또는 더 오래되고 초기의 생명체인 이른바 진정세균(眞正細菌, eu·bacteria)으로부터 고 세균이 진화해 나왔다는 최근의 연구가 옳다면 다른 형태의 박테리아였을 것이다.[378] 최소한 35억 년 전에는 생명체가 나타난 것은 확실한 것 같다. 남아프리카와 서 호주에서 나온 그 시기쯤의 암석이 현대의 시아노박테리아, 즉 청초색 조류(blue-green algae)를 포함한 것으로 보이기 때문이다.[379]

지금까지의 연구결과로 볼 때 38억 년 전쯤에는 아마도 생명체가 존재했을 것이다. 그린란드에서 이 시기의 바위 속에 생명의 존재를 암시하는 일정 수준의 탄소 동위원소(C isotope)가 발견된 것이 그 증거이다. 적어도 35억 년 전에는 최초의 단세포 생물들이 존재했을 것이다.[380]

시아노박테리아 화석은 1993년 학술지 〈사이언스〉에 소개되었다. 당시 과학자들이 화석을 조사한 결과 34억 6000만 년 전 살았던 생물로 추정했다. 하지만 이 화석을 둘러싼 논란이 끊이지 않았다. 결국 2015년 영국 옥스퍼드 대학교 마틴 브레이저 교수와 서 호주대 공동 연구진은 시아노박테리아 화석에서 생명체 흔적을 찾지 못했다고 발표했다. 따라서 지구상에서 가장 오래된 화석은 34억 3000만 년 전에 살았던 시아노박테리아 화석이다. 같은 34억 년 전 경이니 큰 차이는 없다(3천만 년 '밖'에 차이가 나지 않는다!). 지금까지 발견된 화석의 추정연도이므로 그 전에도 생명체가 존재했을 것이다.

35억 년 전 남조류의 출현

약 40억 년 전에 생명체를 탄생시킬 최초의 유기물이 형성되고, 다시 5억 년(호모 사피엔스가 살아온 1만 년이 5만 번 지나야 하는 시간이다.)이 흐른 약 35억 년 전에 무엇인가 획기적인 일이 일어난 것으로 보인다. 당시에 존재하던 남조류들이 아주 조금 더 끈적끈적해졌고, 그래서 먼지와 모래처럼 작은 입자들이 달라붙어서 흉측하게 보이기는 하지만 좀 더 단단한 구조를 만들게 되었다.[381] 남조류는 세균과 일반적인 조류(藻類. 김이나 미역 같은 것을 말한다)의 중간 위치를 점하고 있다. 단세포로서 대부분 플랑크톤의 범주에 들어가며 어류의 먹이가 된다. 남조류는 생물로 보기보다는 일종의 살아있는 돌이다.[382]

35억 년 전의 산소 창조

오늘날 우리는 35억 년 전쯤에 만들어졌는지도 모르는 '살아있는 돌'을 볼 수 있다. 1961년에 오스트레일리아의 북서 해안에서 살아있는 스트로마톨라이트를 발견하였다. 35억 년 전에 살았던 생물이 지금도 살고 있다. 이 돌들은 생명으로 가득 차있고, 제곱미터 당 36억 개(기원전 35억 년과 연관성은 없겠지!)의 생명체가 있는 것으로 추정한다. 아주 자세히 보면, 산소를 배출하느라 생기는 작은 기포를 볼 수도 있다. 20억 년 동안에 그렇게 배출된 산소가 지구 대기의 산소를 20%로 끌어올림으로써, 다음 단계의 더욱 복잡한 생명의 역사가 시작될 수 있었다. 더 복잡한 생명체가 나타날 수 있는 길을 열어준 그들은 자신들 때문에 존재하게 된 바로 그 생물체들에 의해서 거의 모든 곳에서 멸종되었다. 그들이 만들어준 산소 환경으로부터 진화한 우리가 그들을 관찰하고 있다. 그들이 지금까지 살아남을 수 있었던 것은 그곳의 염도가 너무 높아서 남조류를 먹고사는 생물들이 살 수가 없었기 때문이다.[383] 이들이 우리 인간과 생명계를 '창조한' 주체이다.

태양 자외선을 직접 맞으면 생명체는 생존하기가 어렵다. 그래서 자외선을 차단하는 역할을 하는 오존층이 없었던 수십억 년 전에는 생명은 깊은 물속에서만 살았을 것이다. 초기의 바다는 철 이온이 풍부하였는데 처음 지구상에 모습을 보인 광합성 미생물은 이 철분을 산화시켜 산화철을 만들어냈다. 과학자들은 이 산화철이 자외선을 차단시키면서 미생물이 얕은 바다에서도 살 수 있게 되었다고 추정한다. 이 철분 가설이 확실하지는 않지만 지구상의 생명은 어떤 방식으로든 자외선으로부터 벗어났다. 오존층의 생성이 또 다른 자외선 차단 역할을 하였다. 또한 당시의 미생물이 산소를 만들어내면서 지구상에 산소가 많아지기 시작했다. 산소가 자외선을 막아준 것이다. 재미있는 것은 자외선으로부터 지구를 보호해준 것은 바로 그 자외선이라는 점이다. 자외선이 지구상 성층권의 유리산소에 작용해 오존층을 형성시킨 것이다. 자외선과 산소가 만들어낸 오존이 자외선을 차단하여 지구상에 도달하지 못하게 하였다. 미생물이 산소를 만들어내고, 산소가 자외선을 막아주고, 우연인지 필연인지 생명이 지속적인 진화를 거듭하게 만드는 환경이 만들어졌다.

최소한 35억 년 전에는 태양으로부터 에너지를 흡수할 수 있는 생명체가 바다 표면에 등장한 것으로 보인다. 시아노박테리아는 광합성(photosynthesis)이라고 불리는 기초화학반응으로 태양빛을 가공하는 엽록소(chlorophyll) 분자를 가지고 있다.[384] '남세균'으로도 불리는 시아노박테리아는 광합성을 하며 물속에 살았던 단세포 생물로 약 36억 년 전 출현한 것으로 추정한다. 시아노박테리아는 빛을 받아 광합성을 하면서 지구에 산소량을 늘리는 데 일등공신을 한 생물이다.

약 45억 년 전에 지구라는 행성이 나타나고 약 10억 년 동안 생명은 아직도 단순한 형태를 취하고 있었다. 우리는 10억 년이라는 말을 쉽게 할 수 있지만 진정한 인류인 호모 사피엔스가 지구상에 출현한 지 1만 년밖에 되지 않았음을 감안하면 엄청난 세월이다. 1만 년도 우리에겐 낯선 시간이다. 10억 년은 만 년이 십만 번 있어야 하는 세월이다. 지구상에 생명이 복잡하게 진화하는 데에 그렇게 오랜 시간이 걸렸던 한 가지 이유는, 당시에는 산소가 거의 존재하지 않았기 때문이다.[385] 대기 중의 산소농도가 대체로 오늘날의 수준으로 늘어나는 데에는 지구 역사의 40%에 해당하는 20억 년 정도가 걸렸다. 이 놀라운 일을 한 자는 인간도 신도 아닌, 미생물 같은 것이었다. 바로 남조류이다. 남조류는 지금도 지구상에서 볼 수 있는 바위 침대란 뜻을 가진 스트로마톨라이트이다.[386]

그 후 지구 행성은 엄청난 태양에너지를 광합성으로 에너지로 사용함으로써 생명으로 넘치게 되었다. 인간의 역사는 에너지를 더 효율적으로 이용하는 방법을 알아낸 역사, 즉 생명을 수렵하고, 농사를 짓고, 화석연료를 이용한 역사이다.[387] 그 역사의 출발점에 시아노박테리아가 있었다.

초기 형태의 광합성은 태양에너지를 흡수하기 위하여 황화수소(hydrogen sulfide)로부터 수소를 분리시켰다. 결국 일부 시아노박테리아는 더 효율적인 방법으로 더 견고한 물 분자로부터 수소를 분리시켰고, 이것의 부산물로 자유산소(free oxygen)가 발생했다. 수백만 년 동안 이렇게 새롭고 더 강력한 신진대사 기술은 초기 기후를 엄청난 자유산소로 가득 차게 하였다. 그러나 자유산소는 초기 생명체에 치명적인 것이었다. 처음엔 자유산소는 철의 부식 같은 화학반응으로 빠르게 다시 흡수되었다. 그러나 약 25억 년 전부터는 자유산소가 너무 많이 발생해 이런 식으로는 다 제거될 수 없었고 대기(atmosphere) 중으로 방출되기 시작했다.[388] 약 20억 년 전쯤 자유산소는 대기 중에 3%까지 증가했고 마지막 10억 년 동안 약 21%까지 증가하였다.[389] 만일 대기 중에 유리산소가 더 많아졌더라면 우리가 심하게 손을 비비기만해도 몸에 불이 났을지도 모른다.[390]

자유산소는 단순한 유기물질에는 지극히 치명적인 것으로, 이는 유리산소가 많은 대기에서 생명체가 나타날 수 없는 이유이다. 그러나 20억 년의 진화를 거치면서 생명은 이렇게 새로운 '공해물질'에도 충분히 살아남을 수 있을 만큼 유연해지고 강해졌다. 많은 종이 사라졌지만 산소는 다른 형태의 섭취물질(food)보다 훨씬 많은 에너지를 공급하므로 산소가 풍부한 대기에서 살아남은 생명체들은 더욱 융성해졌다. 더 나아가 자유산소는 대기 중에 높이 떠돌면서 결국은 오존층(ozone layer)을 형성하였다.[391] 두께가 비록 몇 밀리미터밖에 되지 않지만 지구상 30km에 위치한 이러한 오존 분자층(layer of three-atom oxygen molecules O^3)은 지구를 자외선으로부터 차단하여 생명체가 바다뿐만 아니라 육지에서도 살아갈 수 있도록 만들었다.[392] 이렇게 산소의 발생은 진화를 다른 방향으로 나아가게 하였다.[393]

지금까지 과학자들은 지구 탄생 후 약 23억 년이 지난 약 20여 억 년 전의 '산소 급증기'(Great Oxidation Event) 때 지구에 비로소 산소가 나타난 것으로 추정했다. 그러나 2014년에 지금까지 알려진 것보다 7억 년이나 이른 약 30억 년 전인 것으로 보인다는 새로운 연구결과가 나왔다. 덴마크와 캐나다 과학자들은 지구에서 가장 오래된 토양이 있는 남아프리카공화국의 약 30억 년 된 암석으로부터 대기 중 산소의 존재를 보여주는 산화 현상 흔적을 발견했다. 언제 어떻게 산소가 발생했는지는 앞으로도 연구가 계속될 것이다.

인간은 스스로 놀라운 존재라고 자부하면서 살지만 사실 기생동물이다. 우리는 숙주인 박테리아가 제공해주는 안전망에 기생하는 동물이다. 우리는 박테리아가 없으면 하루도 살 수가 없다. 박테리아보다 더 큰 생물은 그들이 전해주는 질소가 없으면 생존할 수가 없다. 그러나 무엇보다도, 미생물은 우리가 숨 쉬는 공기를 제공해주고, 안정되게 만들어준다. 남조균을 포함한 미생물들은 지구상에서 호흡할 수 있는 산소의 대부분을 공급한다. 바다 밑에서 기포를 올려 보내주는 조류(藻類)를 비롯한 작은 생물체들이 매년 1500억 킬로그램의 산소를 생산하고 있다. 다시 말해 인간은 미생물의 기생동물인 셈이다. 인간은 박테리아와 미생물이 없으면 단 하루도 살 수가 없다. 인간뿐만 아니라 지구상의 생명체는 모두 그렇다. 그런데 지구상에 처음부터 산소가 존재한 것은 아니다. 지구상에 오늘날과 같은 양의 산소가 생기는 데 20억 년이나 걸렸다.[394] 시아노박테리아 같은 광합성 생명체가 만들어낸 산소는 결국 우리 인간과 생명계를 만들어냈다. 우주의 형성으로부터 우리 인간에 이르는 길고 긴 여정은 정말로 복잡한 인과관계의 연속이었다. 그 인과관계를 모두 추적하는 것도 너무도 어려운 도전이며, 더욱이 그것의 필연성이나 왜 그래야만 했는지는 그냥 미스터리로 남아 있다.

▎에너지 먹이사슬

최초의 생명은 태양 에너지 등으로부터 에너지를 흡수하고, 이어서 이러한 1차 생산자를 포함한 다른 생명체를 먹고 사는 먹이사슬의 상층을 형성하는 생명체가 나타났다.[395] 많은 생명체가 다른 생명체로부터 에너지를 얻는다.[396] 우리는 자연을 경탄과 함께 바라보지만 자연은 잔인하다. 생명이 생명을 섭취하여 에너지가 흘러가는 냉엄한 물리학의 세계이다.

2015년 국내에 번역 소개된 댄 리스킨의 『자연의 배신』은 냉혹한 자연의 세계를 묘사했다. 샌드타이거 상어는 무섭다는 느낌이 드는 생명체다. 이 상어는 어미 자궁에 있는 난낭에서 태어나고 그 안에서 필요한 에너지를 계란 노른자 같은 난황으로부터 공급받는데 이는 금방 고갈되어 버린다. 그러면 먼저 태어난 새끼 상어는 자궁 속에 있는 다른 새끼 형제들을 먹어 버린다. 보석말벌도 끔찍하다. 이 말벌은 바퀴벌레의 몸속에 알을 낳고, 알에서 태어난 새끼 애벌레는 살아있는 바퀴벌레의 몸을 먹고 자란다. 더 끔찍한 건 애벌레가 다 커서 말벌이 되어 바퀴벌레를 뚫고 나올 때까지 바퀴벌레는 살아 있다는 사실이다. 이렇게 살아 있는 생명체에 알을 낳는 동물이 전체 곤충의 약 10%에 달한다. 자연계는 아름답지만 그 내용은 끔찍하고 '피바다'이며, 인간은 그 한복판에서 진화해 왔다.

2) 원핵생물과 진핵생물

▎기원전 20억 년 원핵생물의 등장

세포핵의 유무는 생명체를 분류하는 중요한 기준이다. 세포핵이 없는 원핵생물과 세포핵이 있는 진핵생물은 크게 다르기 때문이다. 많은 과학자는 진핵생물이 원핵생물에서 진화했다고 본다.

지구상에 최초로 원핵세포가 나타난 것은 약 35억 년 전이다.[397] 기원전 35억 년 경 최초의 생명체의 흔적이 출현한 후 15억 년이 흘러 기원전 20억 년경 단세포 생물이 나타났고, 이들은 원핵생물(prokaryote)이라고 부른다.[398] 그리고 기원전 18억 년 경에 진핵세포가 나타났고,[399] 진핵생물이 출현했다. 원핵생물(Prokaryote)은 핵이 없는 원핵세포(原核細胞)로 구성된 생명체를 말하며 핵이 있는 세포를 가진 생명체가 진핵생물이다. "이전"을 뜻하는 그리스어 *πρσ-* (pro-)와 "핵"을 의미하는 그리스어 *καρυσν*의 합성어로 유래한다.

핵이 없는 단세포인 박테리아는 초기에 유일한 생명체였고 진핵세포가 등장한 후 다세포 식물과 동물로 진화했다. 그러나 우리는 원핵생물과 진핵생물을 연결하는 '세포'를 찾아내지 못했다. 그런데 2010년에 우리 주변에서 흔히 살고 있는 박테리아가 그 '빠진 고리'임이 밝혀졌다. 아일랜드 더블린 대학과 독일 하이델베르크에 있는 유럽 분자생물학연구소는 하수처리장 등에서 흔히 볼 수 있는 PVC(Planctomycetes, Verrucomicrobiae, Chlamydiae)

박테리아가 원핵세포와 진핵세포 사이의 '빠진 고리' 구조를 갖고 있음을 발견했다. 중간 존재인 '빠진 고리' 세포가 수십억 년 전부터 존재했음이 발견됨에 따라, 진핵세포의 등장은 갑작스러운 '빅뱅' 방식이 아니라 수십억 년에 걸쳐 일어난 다윈적 진화 방식으로 설명될 수 있다.

▍약 20억 년 전 단세포 진핵생물의 등장

지구상에 산소가 늘고 오존층이 형성된 것은 17억 년 전에 진핵생물(*eukaryote*)이라고 알려진 전혀 새로운 생명 형태가 나타난 것을 설명해줄 수 있다. 이들이 나타난 것은 생명체의 유전자 복잡성에서 뚜렷한 증가를 기록하며 따라서 지구상의 생명체의 역사에서 주요한 전환(major transition)으로 간주된다.[400] 단세포 진핵생물(종전에는 원생생물이라고 불렸다)은 그보다 먼저 태어났던 박테리아와 비교해보면 디자인과 정교함이 놀라울 정도로 달라졌다. 하나의 세포로 되어 있고, 존재하는 것 이상의 아무런 야망도 없는 간단한 아메바조차도 DNA속에 4억 개의 유전정보를 가지고 있다.[401] 대부분의 원핵생물이 크기가 1mm의 1000분의 1 내지 100분의 1 정도로 작았지만 진핵생물은 훨씬 더 커서 대부분 1mm의 100분의 1 내지 10분의 1로 맨눈으로도 볼 수 있을 정도이다. 진핵생물은 원핵생물보다 훨씬 많은 유전 정보를 가지고 있고 더 강력한 에너지를 접할 수 있어 더 복잡한 신진대사 활동이 생기고 더 복잡한 조직을 가지게 되었다.[402]

▍공생, 미토콘드리아, 진핵생물 및 섹스

공생은 독립적인 생명체들이 서로 더 의존적으로 진화하는 것이다. 공생은 너무나도 흔한 일이었고 이는 진화적인 변화의 가장 복잡한 모습을 보여준다.[403] 즉 경쟁과 협력이 서로 밀접하게 연관되어 있다는 것이다.[404] 비즈니스와 마찬가지로 진화에서도 승자가 독식하는 것이 아니다. 특정 개체의 승리는 다른 생명체의 협력을 필요로 하는 것이다.[405] 극단적인 경우에는 공생관계(mutualism)는 독립적으로 존재했던 두 종으로부터 한 개의 생명체의 창조

로 이어졌다.[406]

1960년대에 린 마굴리스(Lynn Margulis, 1938-2011)는 진핵생물이 아마도 원핵생물과 그들과의 공생(symbiosis) 형태의 유전물질이 함께 참여하여 진화되었다는 점을 보여주었다.[407] 따라서 어떤 의미에선 진핵생물은 첫 번째 다세포 생명(multicelled organism)이라고 할 수 있다.[408] 미국의 생물학자인 마굴리스는 서모플라스마(Thermoplasma)라는 세균과 나선상 세균이 합쳐져서 원시 진핵세포로 진화되었고, 다시 산소 호흡을 하는 박테리아를 흡수하여 미토콘드리아로 진화되었다고 주장했다. 식물의 엽록체도 광합성을 하는 시아노박테리아가 포획된 것이라고 주장했다. 당시에는 터무니없는 주장이라고 비난받았지만, 1970년대 분자진화(molecular evolution) 접근법으로 수용되었다. 분자진화학은 DNA의 염기서열이나 단백질의 아미노산 서열의 분석을 통해 생명의 진화를 규명하는 학문이다. 진화상으로 서로 연관된 종은 염기서열이나 아미노산 서열이 비슷할 것이기 때문이다. 미토콘드리아와 엽록체는 염기서열이 일부 박테리아와 꽤 비슷하다는 사실이 확인된 것이다. 이러한 분자진화 연구가 진행되면서 많은 생명의 비밀이 밝혀졌다.

마굴리스는 진핵생물은 미토콘드리아나 엽록체(식물) 같은 여러 세포소기관을 갖고 있는데 이들은 원래 독립생활을 하던 세균이었다고 주장했다. 진핵생물은 큰 세포가 작은 세균을 잡아먹었는데 세포 안에서 공생을 하는 방향으로 '진화'했다는 주장이다. 마굴리스의 주장을 이어서 영국 옥스퍼드 대학교의 생물학자 톰 캐벌리어-스미스는 원시 진핵생물(archezoa) 가설을 내놓았다. 고 세균의 세포질 안에서 막이 만들어지고 염색체를 감싸서 세포핵의 기원이 되었고, 이 원시 진핵생물이 먹은 세균이 진화하여 미토콘드리아로 남았다는 주장이다. 그렇지만 모든 원시 진핵생물이 세균을 먹고 공생관계를 이루지는 않았을 것이고, 살아남았다면 지구상에 존재해야 한다는 추론이 나온다. 실제로 미토콘드리아가 없는 진핵생물이 발견되었고 캐벌리어-스미스의 가설은 더욱 지지를 얻게 되었다.

그런데 1990년대 중반 미토콘드리아가 없는 진핵생물의 '게놈'에 세균에서 유래한 것으로 보이는 유전자가 발견되었다. 이들이 세균을 먹지 않았다면 이런 유전자를 가질 수는 없다. 이를 발견한 과학자들은 이 진핵생물이 원래 미토콘드리아를 갖고 있었지만 미토콘드리아가 퇴화되었다고 주장했다. 이들이 기생생활을 하면서 에너지를 숙주로부터 흡수하기 때문에 에너지를 만드는 미토콘드리아가 필요하지 않게 되었다는 것이다.

1998년에는 '수소가설(hydrogen hypothesis)'이 제안되었다. 생화학자 윌리엄 마틴은 산소가 없는 환경에서 살고 대사로 메탄을 내놓는 고 세균이 수소와 이산화탄소를 내놓는 세균과 붙어있는 것을 발견했다. 그는 수십억 년 전에도 이렇게 메탄생성 고 세균과 유사한 고 세균이 수소와 이산화탄소를 만드는 세균과 함께 있다가 이 세균을 포획하였다고 추정했다. 수소를 필요로 하는 고 세균 때문에 일어난 일이므로 이를 '수소가설(hydrogen hypothesis)'로 명명하였다. 그 후 남세균의 활동으로 지구에 산소가 많아지자 포획된 세균은 호흡으로 에너지를 만들도록 진화하여 미토콘드리아로 바뀌었다. 그런데 일부는 산소가 적은 환경에서 살게 되면서 호흡이 필요 없어져 미토콘드리아가 퇴화되었고 일부는 완전히 사라졌다는 설명이 가능하다. 실제로 2014년 산소가 없는 지중해 심해 바다의 퇴적물에서 작은 해양 동물이 발견되었는데, 산소가 없는 환경에서 발견된 최초의 다세포 진핵생물이었다. 이들은 미토콘드리아가 없었고 대신 하이드로게노솜과 비슷한 세포소기관이 들어있었으며 그 옆에서 공생하는 원핵생물도 존재했다. 따라서 수소가설은 유력한 진핵생물의 진화 가설이다.

이렇게 세포 호흡과 관련이 있는 미토콘드리아는 진화를 둘러싸고 여러 개의 가설이 존재한다. 특히 미토콘드리아가 언제 발생했는지는 과학계에서 의견이 분분했다. 원핵생물 안에서 나타나서 진핵세포로 진화했다는 가설과 진핵세포로 진화한 이후에 발생했다는 가설로 나뉘었다. 2016년에는 진핵세포가 정교하게 진화한 후에 미토콘드리아가 발생했다는 증거를 주장하는 발표가 있었다.

과학자들은 진화와 생명의 다양성이 미토콘드리아로부터 시작됐다고 본다. 원핵생물은 자신 자신과 똑같은 복제를 하지만, 진핵생물은 별개의 개체로부터 유전물질을 합친 후에야 재생산되는 차이가 있다. 이러한 혁명은 섹스를 통한 번식의 첫 번째 단계로서 진화에 의한 변화의 페이스에 중대한 영향을 주었다. 이것은 각 세대마다 매우 다양한 개체에 의한 자연 선택의 기능을 부여했기 때문이다. 진핵생물과 섹스에 의한 번식의 출현으로 촉발된 진화 속도의 증가는 마지막 십억 년 동안 왜 생명체가 완전히 다른 방식으로 번성하였고, 오늘날 지구상에 살고 있는 그렇게도 많은 커다란 생명체들을 만들어낸 이유를 말해준다.[409] 우리 인간을 포함한 지구 생명계는 공생과 섹스를 매개로 탄생한 셈이다.

2. 다세포 생명의 출현

1) 다세포 생명의 기원

다세포 생물의 등장

선캄브리아 시대(Precambrian)는 현생누대 이전의 지질 시대로 약 45억 년 전 지구가 형성된 때부터 약 5억 여 년 전 고생대 캄브리아기의 시작 이전까지이다. 선캄브리아기는 시생대(Archean)와 원생대로 나누어지며, 원생대는 약 25억 년 전부터 고생대가 시작하는 약 5억 5천만 년 전까지이다. 원생대(Proterozoic era, 25억 년~5억 7000만 년 전)에 이르러서야 다세포생물(multi·cellularity)이 나타나기 시작했다.[410] 현생누대는 약 5억 년 전부터 현재까지이며 고생대, 중생대, 신생대로 나뉜다.

진핵생물은 집단을 이루기 시작하였고 결국은 다세포 생명체를 형성하였다.[411] 아마도 20억 년 전쯤에 다세포생물은 진화되어 나타났을 것이고, 10억 년 전쯤에는 다세포생물은 흔했을 것으로 추정한다.[412]

인간은 고 세균이다!

이전에는 생물을 분류할 때 '5계 분류법'이 사용되었는데, 이는 생물을 원핵생물과 진핵생물로 양분하고, 진핵생물을 4계(원생생물, 균, 식물, 동물)로 세분하는 분류법이다. 1970년대 생물학자 칼 우즈는 리보솜 RNA 염기서열을 분석하여 '균'을 진정세균(줄여서 세균)과 고 세균으로 분류하였고, 고 세균은 세균이 아니라 진핵생물에 더 가깝다고 주장하였다. 그리하여 1990년 새로운 생명 분류를 제안하여 세균, 고 세균, 진핵생물의 세 영역으로 생명을 나누었고 오늘날 이 분류법이 수용되었다. 그에 따르면 세균, 고 세균과 진핵생물 공통조상이 먼저 갈라지고, 그 후 고 세균과 진핵생물이 갈라졌다는 것이다.

2015년 〈네이처〉에 고 세균과 진핵생물이 자매분류군이 아니라는 연구결과가 발표되었다. 한 공통조상에서 갈라진 생명체를 '자매분류군'이라고 부르는데, 칼 우즈는 고 세균과 진핵생물은 자매분류군 관계라고 주장했다. 새로운 연구결과에 의하면 세균과 고 세균이 갈라진 뒤 고 세균이 여러 종류로 진화하던 중 한 종류의 고 세균에서 진핵생물이 등장했다는 것이다. 그렇다면 진핵생물인 우리 인간과 동식물은 고 세균의 일종이라는 결론이 나온다. 그리고 생명계는 세균과 고 세균으로 분류될 수 있다는 말이다.

10억 년 전 섹스의 시작

섹스를 행한 최초의 생명체는 약 10억 년 전에 등장했다.[413] 섹스를 통한 생식은 진화에 의한 변화를 촉진시켰다.[414] 무성생식은 똑같은 유전자가 후대에 전해지기에는 환경 적응에 불리하며 질병에도 취약하다. 동일한 유전자를 가진 개체군이 특정 바이러스에 취약한 경우 전멸할 수 있기 때문이다. 섹스는 유성생식을 의미하며 섹스를 하는 이유는 다양한 유전자를 보유한 자녀들이 태어나야 다양한 환경에서 살아남을 수 있기 때문이다. 섹스는 생명체의 지속을 위한 '사명'인 셈이다.

8억 년~1억 년 전 대륙의 형성

약 7억 5천만 년 전까지 지구는 로디니아라고 불리는 대륙 하나만 있었다. 대륙이 분리되는 것은 종종 맨틀 융기에 의해 일어나는데 맨틀 층에서 뜨거운 용암이 솟아올라 지각 판을 갈라지게 한다. 약 1억7천만 년 전 동부 곤드와나 대륙이 갈라진 것이 이러한 용암 분출에 의한 것이다. 그리고 점차 인도, 호주, 남극 대륙으로 갈라졌고 이들 대륙이 점차 이동해 오늘날의 모습을 하게 되었다.

약 6억 년 전 선캄브리아기 생명 대폭발?

마틴 브레이저가 쓴 『다윈의 잃어버린 세계』는 캄브리아 대폭발 이전인 선캄브리아기에 대하여 다루었다. 선캄브리아기의 생명체가 발견되지 않았던 당시 갑작스러운 생명체의 폭발적 등장은 창조론의 증거로 여겨졌다. 1910년 캐나다 로키산맥에서 발굴된 캄브리아기 세일암맥에서 연체동물이 발견되면서 문제는 해결되었다. 당시의 생명체는 연체동물이었기 때문에 화석이 남지 않았던 것이다. 2011년에는 약 6억 년 전 깊은 바다에 살았던 해초와 벌레 같은 동물들의 화석이 중국에서 무더기로 발견되었다. 캄브리아기 이전에 살았던 동식물의 온전한 화석 3000점이 산소가 없는 물속에 퇴적된 혈암층들 사이에서 발견된 것이다.

8억 5000만 년 전에 두 번째 빙하기가 나타났으며 5억 3000만 년 전 '캄브리아기 대폭발'이라는 이름으로 생물종이 급격하게 증가하였다. 그런데 이것은 빙하기와 관련성이 크다. 약 7억 년 전에는 얼음이 적도를 포함한 지구 전체를 뒤덮은 최악의 빙하기였고, 이 시기의 지구를 '눈덩이 지구'(Snowball Earth)라 부른다. 눈덩이 지구는 2억 년 가까이 이어졌다. 눈덩이 지구가 주목을 받는 것은 2억 년간의 빙하기가 끝난 후 최초의 다세포 생물군인 에디아카라 생물군이 등장했기 때문이다. 기나긴 맹추위가 물러나면서 지구 생물들의 진화가 본격적으로 시작되었던 것으로 보인다. 2017년 미국 하버드대 연구팀은 약 7억 1700만 년 전 있었던 대규모 화산활동이 지구에 최악의 추위를 몰고 왔다고 발표했다. 북극에 가까운 지역에서 대규모 화산활동이 일어나 방출된 유황이 햇빛을 차단해 지구에 강력한 한파가 찾아왔다는 것이다. 알래스카와 캐나다 북부 지역에 걸친 광활한 지역에서 화산 폭발이 일어나서 그 결과 지구 표면 온도도 크게 내려갔다. 하버드대 연구진은 빙하기에 형성된 것으로 추정되는 유황 퇴적물을 발견하고 유황을 빙하기의 원인으로 지목했다. 퇴적물에 있는 유황의 양으로 보아 방출된 이산화황 가스가 지구 대기를 덮고도 남았을 정도였다고 추정했다. 우리나라 충청도와 전라도 지역에서도 약 7억 2000만 년 전으로 추정되는 빙하퇴적층이 발견되었다.

캄브리아기 말기에는 다양한 껍질 생물이 출현하는데, 이를 '캄브리아기의 대폭발'이라고 부른다. 왜 갑자기 다양한 생명이 폭발적으로 출현했을까? 우선 빙하의 차가운 지구가 어떻게 생명체가 살기에 좋은 환경이 되었는지를 알아야 한다. 얼음으로 뒤덮인 지구는 엄청난 양의 열을 반사시킬 것이기 때문에 영원히 얼어붙은 상태로 남게 될 것이다. 그렇다면 지구상에 생명도 인간도 존재할 수 없었을 것이다. 빙하를 녹여준 것은 지구의 뜨거운 내부에 있었다.[415] 우리 인간이 존재하게 된 것은 지구가 가진 판구조 덕분이다.[416] 뒤덮인 표면에서 터진 화산이 엄청난 양의 열과 기체를 쏟아내면서 얼음이 녹고 대기가 다시 만들어졌다는 것이다. 흥미롭게도 그런 초저온 상태의 끝이 생명의 역사에서 봄에 해당하는 캄브리아 번성기와 일치한다는 점이다.[417]

왜 이런 일이 생겼는지 과학자들이 연구하지 않을 리가 없다. 옥스퍼드의 동물학자 앤드류 파커는 2007년 국내에 소개된 자신의 저서 『눈의 탄생』에서 '빛 스위치' 이론을 제안했다. 동물(삼엽충)이 눈을 갖게 된 것이 폭발적 생물 증가의 원인이라는 것이다. 삼엽충들이 눈이 생기면서 다른 생물을 잡아먹기 시작했고, 다른 생물들은 잡혀 먹히지 않기 위해 진화해야만 했다는 것이다. 결국 캄브리아기 폭발은 시각의 진화로 촉발됐다는 주장이다. 반면 영국 옥스퍼드대 고생물학자 마틴 브레이저는 2014년 국내에 번역 소개된 『다윈의 잃어버린 세계』에서 입의 등장을 원인으로 주장한다. 즉 동물에서 입이 진화하면서 다른 생명을 잡아먹었고, 이로부터 먹고 먹히는 약육강식의 진화 경쟁이 촉발됐다는 것이다. 이러한 진화의 결과 외피가 단단한 동물이 나왔고 화석으로 남게 됐다는 주장이다. 둘 다 먹고 먹히는 생존경쟁으로 진화가 촉발되었다는 주장이며 우리 인간과 생명계는 살벌한 생존 투쟁으로 생겨난 셈이다. 그러나 아직은 무엇이 원인이었는지 확실하지는 않다. 다만 이러한 대폭발로 오늘날의 생명계와 인간이 존재하게 되었다는 사실을 알뿐이다.

다세포생물의 화석 증거는 약 5.7억 년 전쯤인 캄브리아기부터 풍부하다.[418] 이들 중 일부는 오늘날에도 존재하는 해면동물(sponges), 바다벌레(sea worms), 산호(corals), 연체동물(mollusks)과 유사하다. 그러나 어떤 것들은 오늘날의 것들과는 아주 다르다.[419] 지질학적으로 보면 칼슘탄산염의 분비물로 만들어진 보호막을 가진 생명체들이 갑자기 나타났다. 이들 보호막은 화석으로 매우 잘 보존되었다. 이러한 것들은 캄브리아기의 시작을 특징

짓지만 이것이 다세포생명이 풍성했음을 보여주는 건지 아니면 단지 화석으로 보존된 생명이 나타난 것인지는 확실하게 말하기는 어렵다.[420]

이렇게 캄브리아 대번성기(Cambrian Explosion)라고 알려진 대략 5억 4천만 년 전에 고등생명들이 갑자기 터져 나온 것으로 알려졌었다.[421] 그러나 캄브리아 번성기는 그렇게 폭발적이 아니었던 것으로 밝혀진 것이다. 오늘날 알려진 사실에 의하면 캄브리아기의 동물들은 오래전부터 존재했지만, 너무나 작아서 볼 수가 없었을 뿐이다.[422] 2016년에 미국 MIT 대학 연구팀은 해면(sea sponges)이 지구상에 등장한 최초 동물이며, 그 출현 시기는 6억 4천만 년 전이라는 연구결과를 발표했다. 해면은 세포로만 이루어져 있으며 기관이나 조직이 발달하지 못한 원시적 형태의 조기 다세포 동물이다. 몸 전체에 구멍이 있어 해면, 즉 바다 스폰지라고 부른다. 종전에는 최초의 해면 화석은 캄브리아기 초기에 속하는 5억 3천만 년 전 것이었다. 이 연구로 캄브리아기에 동물이 폭발적으로 등장한 캄브리아기 대폭발을 설명할 수 있다. 캄브리아기 이전에 이미 다세포 동물이 지구상에 존재했고 캄브리아기에 더욱 다양하고 복잡한 형태의 동물로 진화했다는 설명이다. 한편 2010년에는 프랑스 푸아티에 대학 연구진이 다세포 생명체의 출현 시기가 21억 년 전으로 바뀔 수도 있는 화석을 발견하였다. 캄브리아기 대폭발이 있기 전까지 지구상에 단세포 형태의 미생물만 존재했다는 학계의 통설과는 완전히 다른 것이었다.

2) 식물과 동물의 출현

5억 년 전 다세포생물, 식물, 동물 탄생

캘리포니아 주립대학교 버클리의 진화 생물학자인 니콜 킹(Nicole King)은 동물의 기원을 연구하는 학자이다. 단세포 생물 중 가장 동물에 가까운 수생생물(Choanomonada)의 연구를 통해 생명이 단세포에서 다세포, 동물로 진화하는 열쇠를 찾았다. 수생생물의 유충은 개체로 살아가지만 여러 개가 엷은 섬유질로 이어져 다세포 생물처럼 집단을 이룬다. 그는 생명체가 다세포 생명으로 진화한 것은 이러한 집단화와 관련이 있다고 본다. 미토콘드리아의 사례에서 보듯이 생명은 진화 과정에서 '합쳐지는' 과정을 겪어 새로운 생명으로 나아간 것으로 보인다.

지구의 지질시대는 선캄브리아대, 고생대, 중생대, 신생대 등으로 구분한다. 선캄브리아대는 지구 역사의 대부분(약 90%)을 차지하며, 지각이 생기고 생명의 원형으로 여겨지는 최초의 유기물이 형성된 시기로 시생대와 원생대로 구분된다. 고생대는 캄브리아기, 오르도비스기, 실루리아기, 데본기, 석탄기, 페름기로 세분된다. 이 어려운 이름을 가진 모든 시기를 하나하나 설명하기에는 시간이 부족하고 머리도 아프다. 최초의 다세포 생물은 기원전 5~6억 년 전 고생대(Palezoic era) 캄브리아기에 생겨났다. 대표적인 것이 삼엽충이며 척추동물은 아직 출현하지 않았다.

하지만 다세포 생물이 캄브리아기 이전에 출현했다는 증거가 있다. 다세포 생물의 첫 번째 광범위한 화석 증거는 약 5.9억 년 전쯤인 에디아카라기(Ediacaran era)의 것이다.[423] 에디아카라는 오스트레일리아 애들레이드(Adelaide) 북쪽에 있는 구릉지역이다. 이 화석은 2012년 호주에서 발견됐다. 캄브리아기의 해면과 같은 구조를 가졌고, 코로나콜리나 아쿨라(Coronacollina acula)로 명명된 이 화석은 생물이 폭발적으로 증가한 캄브리아기 이전인 에디아카라기의 것이다. 캄브리아기 전까지는 동물들의 몸이 연체 조직이었고 단단한 부분은 없었던 것으로 알려졌지만 이번 발견으로 동물의 뼈대가 캄브리아기 이전에 등장했음을 알 수 있다. 동물 골격의 형성이 캄브리아기에 갑자기 나타난 것이 아니라 에디아카라기에 서서히 형성된 것으로 볼 수 있다. 지금까지 학자들은 에디아카라기 초기 동물들이 모두 캄브리아기에 멸종했을 것으로 생각해 왔지만 코로나콜리나의 존재는 이를 반박하는 증거다.

5억 년 전 뇌의 출현

모든 척추동물은 척추, 뼈 및 신경계를 갖추고 있고, 이들 각각의 구성요소는 목적지인 머리를 중심으로 연결된다. 척추 뼈 끝부분의 복잡한 신경계는 최초의 뇌이다. 결국은 이곳에서 의식이 탄생하였다. 언제인지는 모르지만 척추 "뇌"가 진화하면서 자극에 반응할 뿐만 아니라 자극을 느끼고 어떤 의미에선 그것을 "알게" 된 것이다.[424] 이렇게 뇌는 척추동물의 진화 과정에서 나타났다는 것이 정설이다. 그런데 2016년 일본 이화학연구소 등은 척추동물 뇌의 기본 구조는 5억 년 전에 만들어졌다는 사실을 밝혀냈다고 발표했다.

4~5억 년 전 육지 식물과 바다 어류 출현

오르도비스기(Ordovician era, 5.1~4.4억 년 전)의 홀씨 화석(fossil spores)의 발견은 식물이 최초로 바다를 떠나 육지에 나타난 것을 암시한다.[425] 생명체가 육지에서 살려면 말라버리거나 붕괴되지 않도록 보호 장치가 있어야 한다.[426] 물이 있는 내부를 보호하기 위하여 외부와 격리할 수 있는 막을 요구하는 것이다.[427] 2010년에는 약 4억 7천만 년 전으로 거슬러 올라가는 '태류 포자'라는 식물 화석이 아르헨티나의 안데스 분지에서 발견되었는데 당시 가장 오래된 것이었다. 학자들은 오르도비스기 초기, 또는 캄브리아기 후기에 식물이 처음 육지에 등장했을 것으로 추정한다.

2016년 스웨덴에서 약 4억 4천만 년 전의 균류(fungus) 화석이 발견되었다. 이 화석은 생명체라고는 없었던 육지에 초기 토양을 만드는 데 중요한 역할을 했을 것으로 추정한다. 당시 육지에는 식물은 물론 유기 영양물과 미생물이 없었다. 초기 균류는 대기 중의 질소를 토양에 고정시키면서 육지를 유기물이 풍부한 토양으로 바꿔나갔을 것이다. 결국 식물이 진화하고 뿌리를 내릴 수 있는 환경이 만들어졌다. 그리고 약 1억 년 정도 시간이 흐른 뒤 지구의 육지에는 식물들이 자라나게 된 것이다. 이들이 없었다면 우리에게 오늘의 삶은 없었을 것이다.

오르도비스기(Ordovician era, 5.1~4.4억 년 전)엔 바다에서 최초의 척추동물

(vertebrates)이 진화해나갔다. 이들은 초기 형태의 물고기와 상어였다.[428]

4~5억 년 전 육지로 진출한 동물

대략 4억 년 전부터 큰 동물들이 물 밖으로 뛰쳐나오기 시작했다.[429] 우리 생명이 바다에서 왔다는 것은 피의 성분이 바닷물과 비슷하고, 뼈도 칼슘이 많았던 바다의 모습을 닮아있다는 점에서 반증된다. 육지로 진출한 동물은 물과 부력이 없는 환경에서 살기 위하여 세포로부터 분비되는 칼슘을 이용하여 뼈를 만들었다.[430]

곤충, 거미, 새우 등은 절지동물이라고 하며 지구상의 동물 중 가장 많은 무리이다. 이들은 등뼈가 없는 무척추동물로 몸의 피부가 딱딱한 골격으로 둘러싸여 있고 몸과 다리에 마디가 있는 동물이다. 육지로 진출한 최초의 동물은 아마도 바로 이 절지동물(arthropods)이었던 것 같다. 이들은 실루리아기(Silurian period, 4.4~4.1억 년 전)부터 존재했다. 당시 절지동물들은 오늘날의 전갈과 유사하지만 사람의 크기만 했고, 이들은 바깥이 껍질로 둘러싸여 있었다.[431]

과학자들은 캐나다 온타리오 주 등의 화석화된 동물 진행로를 통해 절지동물들이 해안 사구로 기어 올라왔다는 사실을 알았다. 하지만 언제, 어떻게 올라왔는지는 모르고 있다. 2008년 디스커버리 채널(인터넷 판)은 5억 년 전 캄브리아기 말부터 해안에는 포식 동물을 피해 육지로 나온 동물들이 많았을 것이라고 보도했다. 위스콘신 주, 뉴욕 주, 미주리 주 등지에서 발견된 화석화된 암석들을 통해 절지동물들이 진흙땅 위를 지나다녔음을 알아냈다. 이들 동물은 점차 마른 땅으로 올라왔을 것으로 학자들은 보고 있다. 물론 이를 통해 어떤 결론을 내리기는 아직 어렵지만 육지에 최초의 동물이 등장하는 순간을 보여주는 것이다.

척추동물은 실루리아기에 육지에 처음으로 올라왔지만 데본기(Devonian period, 4.1~3.6억 년 전)에 육지를 지배했다.[432] 데본기에 척추동물인 물고기가 육지로 올라와 결국 공룡과 포유류로 진화했다. 그런데 2006년경에 시카고대학 조사팀은 캐나다 북쪽 엘레스미어 섬에서 척추동물의 출현을 보여주는 화석을 발견했다. 어류와 육상 동물의 중간에 해당하는 것이다.

4억 5천만 년 전 오르도비스기 멸종

감마선 폭발(gamma ray burst)은 우주에서 관측되는 폭발로 인한 감마선의 섬광이다. 감마선 폭발은 1960년대 말 처음 발견된 이래 그 정체가 베일에 둘러싸여 있었다. 매우 큰 항성이 중성자별이나 블랙홀 등을 형성하면서 방출되는 강한 복사선이 집중된 좁은 빛줄기로 추정한다. 과학자들은 태양보다 수십 배 이상 무거운 별이 최후를 맞이하며 폭발할 때 블랙홀이 생기면서 일어난다고 추정하거나, 블랙홀 주변의 강한 자기장에 의한 분출 때문이라고 추정한다. 감마선 폭발은 태양이 100억 년 간 생산하는 엄청난 에너지를 몇 초 만에 뿜어내는 엄청난 폭발이다. 감마선 폭발은 우주에서 거의 매일 하루에 한 건 이상 발생하는 것으로 알려졌다. 2004년 12월 27일에는 궁수자리 성운에서 '감마선 폭발'이 관측되었다. 감마선 폭발이 지구로부터 100광년 거리에서 일어나는 경우 지구상 생명은 멸종한다.

4~5억 년 전의 오르도비스기는 캄브리아기의 다음 시기로 남반구의 대륙들이 모여서 곤드와나 대륙을 형성한 것으로 추정한다. 오르도비스기는 약 4억 8천만 년 전에 있었던 소규모 멸종과 함께 시작하고 4억 4천만 년 전의 대규모 멸종 사태로 끝난다. 이 멸종으로 해양 생물의 60%가 멸종된 것으로 추정한다. 이 대멸종은 감마선 폭발이 원인이라는 추정이다. 감마선이 오존층을 파괴했고, 먹이사슬의 기초인 플랑크톤을 몰살하여 지구 생명체가 멸종했다는 것이다. 오존층 파괴로 지구에 쏟아진 강력한 자외선은 생물종을 멸종시키고, 발생한 이산화질소 등이 햇빛을 차단하여 기나긴 빙하기가 시작되었다.

빙하기가 식물이 등장한 원인이라는 주장도 있다. 오르도비스기에 처음 출현한 식물은 이끼의 조상이다. 이 식물은 성장을 위해 서식하는 바위에서 칼슘, 마그네슘 등 미네랄 성분을 흡수해 암석에 화학적 풍화 현상을 일으키는 과정에서 이산화탄소를 흡수하고, 바다에 탄산염암을 형성해 지구 온도를 떨어뜨렸다는 것이다. 화산이 원인이라는 주장도 있다. 대서양의 화산들이 대기 중에 탄소를 뿜어냈던 시기에 애팔래치아 산맥은 탄소를 제거하고 있었다. 화산으로 애팔래치아 산맥이 형성되면서 노출된 암석이 풍상을 겪으면서 화학작용이 일어나 대기 중의 탄소를 흡수한 것이다. 그러다 화산 폭발이 갑자기 멈추자 대기 중 탄소 농도는 화산 활동 이전보다 더 낮은 수준으로 떨어졌으며 이때부터 빙하기가 시작됐다는 설명이다. 무엇이 맞는지 확실하지 않다.

▌4억 년 전 데본기 육지로의 생명 진출과 멸종

약 4억 년 전후 데본기에는 남반구의 곤드와나 대륙과 북반구의 시베리아 대륙, 그리고 적도 근처에 있던 '유라메리카'(유럽, 아시아, 아메리카) 대륙이 합쳐지기 시작하여 약 2억 5천 년 전후의 페름기에 초대륙인 판게아가 만들어졌다. 데본기 동안 어류가 육상에 올라와 양서류로 진화했으며, 겉씨식물은 건조한 육지로 뻗어나가며 대 삼림을 형성했다. 생명이 물에서 육지로 올라오는 것은 우리 인간과 생명으로 가는 결정적인 순간이며 지구 생명계를 근본적으로 바꾸었다. 이 과정에서 복잡다기한 일이 일어났겠지만 우리는 그것을 세세히 알 수 없다.

어류에서 양서류로 전이하는 중간 화석이 많이 발견되었다. 2008년에 몸속에 탯줄과 연결된 태아가 잘 보관돼 있는 3억 8천만 년 전의 물고기 화석이 발견되었다. 척추동물로는 가장 오래된 이 화석은 새끼를 낳는 동물의 최초 사례이다. 알을 낳는 어류가 새끼를 낳은 상어 등 척추어류로 진화한 것을 보여준다.

데본기에도 번성했던 많은 바다 생물과 막 번성하기 시작한 양서류가 대량으로 사라지는 대 멸종이 또 일어났다. 진화란 멸종의 역사이기도 하다. 멸종으로 생태계에 틈이 발생하면서 새로운 생명체가 등장하는 것이다. 지구상의 생명의 역사는 멸종으로 인한 생명의 진화의 역사이기도 하다. 우리는 그 틈을 비집고 나온 생명계 숲의 일원이다. 데본기 멸종이 일어난 것은 연쇄적인 운석 충돌에 의한 것으로 추정되기도 하고, 시베리아 해저에서 시작된 맨틀 융기가 감마선 폭발을 일으켜 바닷물을 뜨겁게 하고 용암을 분출시켜 발생했다는 주장도 있다. 어찌되었건 양서류가 본격적으로 진화의 전면에 나타났다.

❙ 3억 년 전 양서류의 태동

양서류는 물과 육지 두 곳에서 모두 사는 동물을 말한다. 최초의 양서류(amphibian)는 오늘날의 폐어(lungfish)처럼 지상에서 산소를 호흡할 수 있고 지느러미를 지상에서 움직이는데 사용한 물고기로부터 진화하였다. 그러나 양서류는 물에 알을 낳아야했으며 이로 인해 이들은 해안, 강이나 늪지에 살게 되었다.[433] 바다 동물과 육지 동물을 구분하는 특징 중 하나는 지느러미와 팔다리이다. 그러나 과학자들은 지속적인 연구에도 불구하고 어류의 지느러미와 육상동물의 팔다리 사이의 연결성을 찾지 못했다. 이미 유전자가 달라져버린 경골어류를 대상으로 연구가 이뤄졌기 때문이다.

2004년 발견된 틱타알릭 로제(Tiktaalik roseae)라는 화석은 어류와 육상동물의 중간에 속하는 약 3억 6천만 년 전 어류의 조상인 총기류(總耆類, Crossopterygii)의 화석이다. 이 종은 어류와 양서류를 연결해주는 진화의 중간 고리로 추정되는 화석이다. 또한, 북미에서는 유전자가 달라지기 전에 경골어류로부터 갈라져 나온 민물어종인 스포티드가(spotted gar)의 유전자를 쥐의 유전자들과 비교한 결과 유사한 사실을 발견했다. 이 물고기의 지느러미 관련 유전자를 채취해 쥐의 태아에 주입했더니 보통 쥐와 거의 동일한 쥐의 발로 발달했다. 이는 육상 동물이 가진 손발이 고대 어류 지느러미와 비슷한 방식으로 진화해 왔다는 사실을 뒷받침하는 것이다. 우리 인간의 손발은 어류의 지느러미로부터 온 것임을 알 수 있다.

❙ 약 3억 년 전 파충류 등장

최초의 파충류는 석탄기(carboniferous era, 3.6~2.9억 년 전)인 약 3억 2천만

년 전에 나타났다. 그러나 백악기 후기의 대재앙처럼, 아마도 거대한 소행성(asteroid)에 의하여 야기된 페름기(Permian period) 말기인 약 2억 5천만 년 전의 대재앙(great dying, massive extinction) 직후에 번성하기 시작했다는 증거가 늘어나고 있다.[434]

양서류에서 파충류라는 새로운 종의 진화를 증명하는 전이화석(transition fossil) 또는 빠진 고리(missing link)도 발견되었다. 파충류는 거북으로 진화한 '아나프시드', 공룡이 된 '디아프시드', 그리고 '시나프시드' 등으로 진화했다고 추정한다. 이 중에 시나프시드가 결국 포유류로 진화하고 인간과 침팬지의 공동조상인 유인원이 나타났다.

▎3억 년 전 양막동물 진화

나무가 진화하여 딱딱한 껍질을 가진 씨를 가졌듯이, 파충류(reptile)는 진화하여 딱딱한 껍질을 가진 알을 낳아 마른 지상에서 새끼를 낳을 수 있게 되었다.[435] 포유류와 파충류의 태아는 보호막 안에서 안전하게 자란다. 포유류는 막에 싸인 새끼를 갖고 있다가 낳고, 파충류는 막에 싸인 태아가 알 속에 들어 있는 상태로 낳는다. 보호막으로 둘러싸는 포유류와 파충류는 양막동물이라고 하는데 약 3억 년 전에 진화 과정 속에 나타났다.

▎약 3억 년 전, 3미터 지네가 살던 석탄기

석탄기는 데본기와 페름기 사이로 약 3억 6천만 년~3억 년 전의 시기이다. 이 시대 지층에서 많은 석탄층이 발견되어 붙인 이름이다. 이 석탄층은 인간 삶을 바꾼 연료이다. 당시에는 죽은 나무를 분해시키는 박테리아가 아직 존재하지 않아 지구에 번성했던 그대로 썩지 않고 매장되었다.

석탄기에는 곤드와나 대륙이 여전히 존재했고, 북아메리카와 유럽이 합쳐진 로라시아 대륙이 곤드와나 대륙과 합쳐지고 있었다. 석탄기에는 양치식물 등 대규모 식물군이 발달해 공기 중 산소 함량이 40~50%나 됐다. 번창했던 식물들 속에 탄소가 저장되는 만큼 대기 속의 이산화탄소 농도는 줄어들었다. 전 지구가 열대우림으로 뒤덮였을 만큼 식물이 번창하여 산소가 크게 증가했다.

날개 달린 곤충도 등장하였다. 이 시기의 곤충들은 엄청나게 컸다. 대기 중 산소 농도가 오늘날보다 훨씬 높았던 석탄기 말에는 잠자리의 일종은 날개폭이 70cm에 이를 정도였고 초기 지네의 크기는 거의 3미터에 달한 것으로 추정한다. 이 거대 곤충들은 후에 공룡의 일종인 새들이 진화해 하늘을 차지하면서 크기가 점점 작아진 것으로 추정한다. 이 새들이 큰 곤충을 잡아먹기 시작했으며 그 결과 곤충들은 새들을 피하기 위해 몸 크기가 작은 쪽으로 진화했다.

2013년에는 곤드와나 대륙에서 살았던 것으로 추정되는 가장 오래된 초기 육상생물 화석이 발견되었다. 남아프리카공화국에서 3억 5천만 년 전 고생대 데본기에 만들어진 것으로 추정되는 전갈 화석이 발견된 것이다. 약 4억 2천만 년 전 고생대 실루리아기에 바다 생물들이 육지로 진출하고 진화를 거듭했다. 이어서 식물이, 그리고 무척추동물이 등장했고 석탄기에 척추동물이 모습을 드러냈다.

3억 년 전 페름기 대멸종이 인간의 기원

페름기(Permian)는 고생대의 마지막 여섯 번째 시기로 약 3억 년~2억 5천만 년 전의 시기이다. 페름기에 지구 대륙은 하나였고 초대륙 '판게아'가 있었다. 수목이 우거진 열대 낙원 같은 시대인 것으로 추정한다. 공룡과 유사한 반룡, 양서류, 곤충이 번성한 시기이다.

판구조론(plane tectonics)에 의한 대륙의 재배치는 과거 5억 년 동안 최소한 5번 생물 종류가 급격하게 감소한 이유이며, 이 시기 동안 전체 생명계의 75%가 사멸한 것으로 추정한다. 그중에서도 판게아 초 대륙이 형성되었던 시기인 약 2억 5천만 년 전에 최대의 재앙이 발생했다. 이 시기에 전체 수중 생명의 95%가 소멸한 것으로 추정한다.[436] 이 시기에는 태양빛이 가려져 온도가 떨어졌고, 온실효과로 인하여 온도가 다시 올라가는 난폭한 기후변화는 온화한 날씨에서 살았던 생명들을 몰살시켰을 것으로 추정한다.[437] 또한 당시 대륙이 하나로 붙어 초대륙이 형성되면서 생물들이 살던 얕은 바다가 없어지고 육지가 사막화된 것도 그 원인이었을 것으로 추정한다.

이러한 대멸종은 또 발생할 수 있다. 2007년 1월 미국 뉴욕타임스는 2억 천만 년 뒤 지구의 대륙이 뭉쳐져서 '판게아울티마(최후의 판게아라는 뜻)'라는 초대륙을 형성할 것이라는 기사를 냈다. 지질학적 증거에 의하면 초대륙은 약 5억 년 주기로 새로이 만들어진 것으로 추정한다. 그런데 2억 5천만 년 뒤 판게아울티마가 형성되면 또 다시 지구 생명체도 멸종할지 모른다는 점이다. 물론 우리는 그것을 볼 수가 없다.

페름기 대멸종으로 많은 생명이 사라졌다. 페름기 대멸종은 지구의 기후가 생명이 살기에 가혹한 것으로 바뀐 것이 원인으로 추정되며, 그것은 화산 폭발이나 소행성 충돌 때문일 수도 있다. 다른 주장도 있다. 페름기 바다에서 서식한 고 세균이 폭발적으로 증가하면서 이들이 배출하는 메탄이 지구의 기후를 바꿨다는 주장이다. 아무튼 공룡과 조류의 시조가 된 '트리낙소돈'은 멸종을 피해간 몇 안 되는 생물이었고 이들이 포유류로 진화했다. 만약 이 대멸종의 시기에 모든 생명체들이 사멸했다면, 우리는 존재할 수 없었을 것이다. 역사상 최악의 멸종으로 불리는 페름기 대멸종이 없었다면 우주와 생명의 기원을 탐구하는 우리도 존재하지 않았을지 모른다. 대멸종이 우리를 낳은 근원이라니 이 무슨 기구한 운명일까.

▎판 구조론이 낳은 노아의 홍수

종교와 신앙은 과학의 진보에 늘 걸림돌이 되었다. 근대 유럽에서는 오래된 조개껍질과 같은 해양 동물의 화석이 산꼭대기에서 발견되는 이유가 세계적인 홍수 때문이라고 믿는 사람들이 있었다.[438] 아마 『성서』에 나오는 홍수 신화 때문일 것이다. 영국의 지질학자 아서 홈스는 1944년에 처음으로 대륙이동설을 밝혔다. 그러나 이 주장은 본인 자신도 의심했고, 오랫동안 비판을 받았다.[439] 당시 대부분의 미국 과학자들은 대륙들이 지금의 위치에 있었다고 생각했다. 그러나 흥미롭게도 석유 회사에서 일하는 지질학자들은 석유를 찾아내려면 정확하게 판 구조론에 나오는 표면 운동을 인정해야만 한다는 사실을 오래전부터 알고 있었다. 그러나 석유회사의 지질학자들은 돈에만 관심이 있었고 학술적인 논문을 쓰는 일에는 흥미가 없었다.[440] 결국 1964년에 이르러서야 우여곡절 끝에 인정되었다.[441] 오늘날 이는 판 구조론(plate tectonics)으로 알려졌다. 지구 표면은 크기를 정의하는 방법에 따라서 8~12개의 대형 판과 20개 정도의 작은 판으로 구성되어 있고, 그런 판들이 모두 서로 다른 방향과 속도로 움직이고 있다.[442] 오늘날 인공위성의 관측에 의하면 대서양은 매년 3cm씩 넓어지는 것으로 보인다. 이는 북아메리카가 유라시아 대륙과 점차 떨어져나갔고, 대서양이 약 1억 5천만 년 전에 형성되었음을 의미한다.[443]

판 구조론은 인간의 삶과 종교와도 밀접하게 관련된다. 지중해 연안 미노스 문명(Minoan civilization, 기원전 3650년경~기원전 1170년경)은 화산 폭발과 해일(tsunami)로 한순간에 무너진 것으로 추정한다. 그 원인은 바로 아프리카 대륙 지각판이 유럽을 향해 북쪽으로 이동해서 생긴 지질 현상 때문이었다. 2004년 남아시아에 닥친 대재앙도 같은 원인이다. 또한 지중해 동부지역에 널리 전해오는 홍수 전설도 판 구조론과 관련이 있을 수 있다. 노아의 홍수가 그것이다.

지구와 생명 그리고 인간은 너무나도 복잡한 역사를 가졌다. 수십 억 년의 역사이니 당연하다. 현재의 대륙과 과거 대륙 사이의 관계는 상상하던 것보다 훨씬 더 복잡한 것으로 밝혀졌다. 카자흐스탄은 한 때 노르웨이와 뉴잉글랜드에 붙어 있었던 것으로 밝혀졌다.[444] 매사추세츠 해변의 자갈과 가장 가까운 것은 오늘날의 아프리카에 있다.[445] 그러나 아직까지도 과거 대륙의 분포에 대하여 많은 사람이 생각하는 것처럼 확실하게 이해하지 못하고 있다. 교과서에는 과거의 대륙들을 확실한 것처럼 그려놓고 로라시아, 곤드와나, 로디니아, 판게아와 같은 이름을 붙이기도 하지만, 대부분은 확실한 증거가 없는 결론을 근거로 한 것이다.[446] 또한 지표면의 구조들 중에는 판 구조론으

로 설명될 수 없는 것들도 있다.[447]

약 2억 년 전 판게아 대륙의 분리

19세기 과학자들은 멀리 떨어진 지역 사이의 지질학적, 동물학적 유사성에 혼란을 겪었다. 이 문제를 해결하기 위해서 지질학자와 고생물학자는 화석 기록 등으로 추측할 수 있는 명백한 대양 양편의 유사성을 설명하려 어찌할 줄을 모르고, 그저 연필을 깎아 두 대륙을 잇는 육교를 그렸다.[448] 19세기말부터 20세기 초에 '육교' 론이 주장되었던 것이다.[449] 히파리온이라는 고대 말이 프랑스와 플로리다에 살고 있었다는 사실이 밝혀졌을 때 대서양을 가로질러서 육교를 그려 넣었다. 지질학자들은 반세기 동안 그런 독선에 빠져 있었다.[450] 이 이론은 20세기 중반, 판 구조론에 따른 대륙 이동의 개념이 받아들여지면서 더 이상 쓰이지 않게 되었다.[451]

초대형 대륙인 판게아(Pangaea) 대륙은 당시 하나뿐이었던 판탈라사(Panthalassa)라는 바다에 둘러싸여 있었다.[452] 이 거대 대륙은 후기 백악기, 즉 1억 3천만 년 전 혹은 그 이후부터 분리를 거듭하며 표류했다.[453] 1억 3천만 년 전이라고 했지만 확실하지는 않으며, 약 1억 5천만 년 전후에 판게아 대륙은 두 개의 대륙으로 분리되기 시작했다. 하나는 북쪽의 로라시아(Laurasia) 대륙으로 아시아, 유럽 및 북아메리카의 대부분을 포함한다. 하나는 남쪽의 곤드와나(Gondwanaland) 대륙으로 남아메리카, 남극, 아프리카, 호주와 인도의 대부분을 포함한다. 그 후 두 대륙은 다시 분리되었다. 지금은 아프리카와 인도가 유라시아 대륙과 합쳐지고 있듯이, 다시 합쳐지는 초기 단계에 있는지도 모른다.[454]

곤드와나 초대륙은 그 뒤 분리되어 현재의 중남부아프리카, 남아메리카, 오스트레일리아, 남극 대륙, 마다가스카르(아프리카 남동쪽 섬) 및 인도 등을 형성한 것으로 추정한다. 이 곤드와나 대륙이 북쪽으로 이동하여 당시의 아시아 대륙과 충돌하면서 인도가 형성되었다. 이 충돌로 북쪽으로 히말라야 산맥이 만들어졌고, 히말라야는 북서부 쪽이 아니면 통과하는 것이 거의 불가능하였고, 인도는 고립되어 독자적인 문명이 형성되었다.[455] 이 곤드와나 가설은 1915년 알프레드 베게너(Alfred Wegener)라는 학자가 주창했으나 40여 년 동안 인정받지 못하다가 2차 세계대전 때야 비로소 인정을 받았다.[456] 인도 대륙에는 인도, 파키스탄, 방글라데시, 네팔, 부탄, 스리랑카가 존재한다.

2012년에 인도양을 사이에 두고 약 1만 킬로나 떨어진 마다가스카르와 호주에서 한 조상으로부터 갈라져 나온 눈 없는 동굴 물고기가 발견됐다. DNA 분석에 의하면 곤드와나 대륙이 존재했을 때 살았던 공동조상으로부터 나온 것으로 확인되었다. 이 물고기는 기이하게 생긴 고비물고기로 약 2천종으로 이루어진 세계 최대 물고기 과이다. 석회석 동굴 속에 사는데 10cm 미만의 작은 몸에 눈도 없고 색깔이 없다는 공통 특징을 갖고 있다. 마다가스카르와 호주의 동굴에서만 사는 이들 물고기는 곤드와나 초 대륙의 존재를 보여주는 사례이다.

3) 포유류, 인간으로 가는 길

2억 년 전 중생대 포유동물 인간의 기원

중생대(Mesozoic era)는 약 2억 3천만 년~6500만 년 전의 시기로 트라이아스기, 쥐라기, 백악기로 구분된다. 중생대는 파충류, 특히 공룡들이 살았고, 새와 포유류의 등장, 꽃이 피는 식물, 다양한 곤충, 최초의 사회성 동물인 개미와 벌 등이 출현하였다. 이 시기에 인류의 탄생으로 이어지는 포유류의 조상이 나타났다.

중생대가 시작되었을 때는 하나의 초대륙 판게아로 뭉쳐 있었지만 북쪽의 로라시아와 남쪽의 곤드와나로 갈라졌다. 로라시아는 다시 북아메리카와 유라시아로 나뉘었고, 곤드와나는 남아메리카, 아프리카, 오세아니아, 남극, 인도아대륙으로 갈렸다. 사이프러스 나무는 약 2억 년 전 판게아가 갈라질 때 여러 종으로 갈라진 것으로 밝혀졌다. 남극 대륙을 제외한 모든 대륙에서 자라고 있는 사이프러스 나무들의 유전자를 조사한 결과 판게아 대륙이 갈라지면서 아메리카 삼나무(레드우드)와 세쿼이아 등으로 진화했음이 밝혀졌다. 또한 파충류와 양서류, 포유류의 혈통 추적을 통해서도 초대륙의 분리 증거를 찾을 수 있다.

육상동물은 처음 등장한 이후로 네 개의 거대왕조를 이루어왔다. 첫 왕조는 터벅터벅 걸어 다니던, 원시적이면서도 거대했던 양서류와 파충류로 구성되어 있었다. 초기 파충류는 단궁(單弓) 형, 무궁(無弓) 형, 광궁(廣弓) 형, 이궁(二弓) 형이다.[457] 그런 이름들은 두개골의 옆면에 있는 작은 구멍의 수와 위치를 나타내는 것이다.[458] 단궁 형은 네 개의 줄기로 갈라졌지만, 페름기(2억 5천만 년 전쯤) 이후에는 그중의 하나만 살아남게 되었다. 우리가 속한 그 줄기는 수궁(獸弓) 형으로 알려진 원시 포유류로 진화했다. 수궁 형 파충류에게는 사촌격인 이궁 형은 공룡 등으로 진화를 해서 공룡 등이 되어 심각한 위협이 되었다. 결국 수궁 형 파충류는 거의 대부분 사라졌지만 아주 적은 소의 수궁 형 파충류는 작고, 털을 가지고, 굴을 파고 살도록 진화해서 아주 오랜 세월동안 숨어 있다가 작은 포유류로 태어나게 되었다.[459]

수궁 형은 파충류와 포유류의 특징을 모두 지녔다. 2012년 브라질 연방대학 연구진은 남부 대초원지대에서 발굴된 길이 약 35㎝의 두개골을 분석한 결과 수궁 형인 디노세팔리아임을 확인했다. 이들 수궁 형은 페름기 대멸종 때 대부분 사멸했고 트라이아스기에 등장한 공룡들에 굴복했지만 결국 이들의 먼 후손인 포유류가 다시 세상을 지배하고 그로부터 인류는 탄생했다. 인간은 정말 지난한 우여곡절을 겪으며 나타났다.

2015년에는 약 1억 3천만 년 전의 중생대 포유류의 완벽한 화석이 발견되었다. 이 발견으로 분명해진 사실은 중생대 포유류가 이미 1억 3천만 년 전에 상당히 진화를 이룩했다는 점이다. 현재 우리 인간을 가능하게 한 진화는 무시무시한 공룡과 함께 살아남았던 포유류의 조상들에 의해 일어났다. 우리 인간과 포유류들은 그 후손들이다.

2억 년 전 트라이아스기, 산소 부족과 진화

트라이아스기는 중생대의 첫 시기인, 약 2억 3천만 년 전부터 1억 8천만 년 전까지로 곤충, 포유류, 파충류, 공룡 등이 살던 시기였다. 트라이아스기 직전인 페름기는 지구상 산소 농도가 사상 최대치인 35%까지 올라갔는데, 공룡이 출현했을 때는 지구 역사 가운데 대기 중 산소 수치가 가장 낮았던 시기 중의 하나인 트라이아스기였다. 공룡의 몸 설계는 저 산소에 맞춰져 있었지만 산소가 다시 증가하면서 몸은 점점 커졌다.

트라이아스기 말기에는 대멸종으로 지구 생명의 70% 이상이 사멸한 것으로 추정되는데 운석 충돌이 원인이라는 주장과 미국 동부 애팔래치아 산맥의 화산 폭발이 원인이라는 주장 등이 있다. 이때 살아남은 것은 몸집이 작은 초기 공룡이었다.

공룡에 비해 작았지만 꽤 컸던 초기 포유류는 공룡이 등장한 뒤 아주 작아졌다. 공룡을 피하기 위한 것도 있었겠지만 대기 중 산소가 10%까지 떨어진 당시 최악의 저 산소로 냉혈동물보다 많은 에너지를 필요로 하는 온혈 포유류의 생존 자체를 위한 것이었다. 지구상의 산소의 변화에 따라 지구 생명체는 크게 요동을 하였다. 우리 인간이 지금 존재하게 된 것은 산소 요동 덕분이다.

1억 7천만 년 전 쥐라기와 1억 년 전 백악기

쥐라기는 중생대의 두 번째 시기로, 약 2억 년 전부터 1억 4500만 년 전까지이다. 초대륙 판게아가 서서히 남북으로 갈리면서 북쪽의 로렌시아(유라시아의 기원)와 남쪽의 곤드와나(아메리카, 아프리카, 오세아니아의 기원)가 구분되기 시작했다. 침엽수가 숲을 형성했으며 고사리 등도 살았다.

백악기는 중생대의 마지막 지질시대로 쥐라기가 끝나는 약 1억 5천만 년 전부터 6천 5백만 년 전까지의 시기이다. 해양 파충류, 암모나이트, 공룡 등이 살았고 포유류, 속씨식물과 같은 새로운 생물이 출현하였다.

쥐라기와 백악기는 잘 알려진 대로 암모나이트와 공룡들의 전성시대였지만 이 역시 백악기 말 소행성 충돌로 대부분 멸종하고 쥐와 같은 작은 포유류와 조류들만 살아남았다. 포유류는 처음 출현하였는데 매우 작고 종도 다양하지 않았으며 개체수도 적었다. 척추동물도 중생대가 시작하면서 출현했다. 공룡으로부터 진화한 새(시조새)도 쥐라기에 처음 나타났다.

❙ 6500만 년 전 공룡 멸종, 조류 등장

1980년 미국의 물리학자 루이스 앨버레즈와 지질학자 월터 앨버레즈 부자(父子)는 논문을 발표했다. "6500만 년 전 공룡이 멸종한 것은 소행성이 지구와 충돌했기 때문이다." 10년쯤 지나 멕시코 유카탄반도 북쪽에 있는 거대한 구덩이가 외계 물체와 부딪혀 생긴 충돌구라는 사실이 밝혀졌다. 6500만 년 전 지름 2.6~2.8km짜리 소행성이 충돌한 증거이다. 이 정도 규모의 소행성이 지구로 떨어지면 온도가 태양 표면의 10배 정도인 6만도까지 치솟고 연쇄지진, 화산폭발, 해일, 화재로 하루 만에 십억 명 이상이 죽을 수 있다.

이러한 충돌로 공룡이 멸종하고 조류와 포유류가 약진하였다. 2014년 여러 학술지에는 공룡이 멸종하고 1000만~1500만 년 동안 조류의 종이 폭발적으로 늘어나는 '빅뱅'이 있었음을 입증하는 논문이 발표되었다. 조류 48종의 게놈을 분석한 결과 조류도 소행성 충돌에서 단 몇 계통만 살아남은 것으로 나타났다. 이들이 1만종이 넘는 지구상 조류의 95%를 차지할 정도로 거대한 집단으로 진화했다.

❙ 6500만 년 전 포유류 약진

공룡은 2억 5천만 년 전쯤에 나타났다.[460] 즉 최초로 트라이아스기에 나타났고 약 65백만 년 전인 백악기(Cretaceous period) 말까지 번성하였다.[461] 그리고 이후 멸종하였다.

최초의 포유동물은 최초의 공룡과 거의 같은 시기인 트라이아스기에 나타났다.[462] 공룡이 사라지자 포유류는 그들이 있던 자리에 번창하기 시작하였다.[463] 공룡의 시대가 갑자기 끝나고, 포유류의 시대가 시작되기까지 거의

1억 5천만 년을 기다려야 했다.[464] 포유류는 파충류와는 달리 따뜻한 피와 털을 지니고 있다. 새끼는 태어나기 전에는 암컷의 몸속에서, 태어난 후에는 우유를 만드는 땀 분비선이 개량된 젖으로 키워진다.[465]

2013년 번역된 도널드 R. 프로세로의 『공룡 이후』는 공룡시대 이후 신생대(Cenozoic era) 포유류 시대의 진화를 쓴 책이다. 그는 지구 나이 46억 살을 1년으로 비유하여 최초의 포유류가 12월 17일에 출현했으며 자정 1초 전에 찰스 다윈이 『종의 기원』을 발표했다고 썼다. 포유류의 발생은 우주 역사에서 가장 최근의 일이며 인간의 탄생은 더 그렇다. 우주의 시간에서 보면 인간은 스쳐나가는 생물 중 하나에 불과하다. 지구상에 나타났다가 사라진 많은 생물처럼 인류 역시 언젠가는 사라진다.

3.인간의 조상 출현

1) 영장류와 유인원의 등장

신생대, 눈 깜박할 시간

공룡이 멸종한 시기인 신생대(Cenozoic era)는 약 6500만 년 전부터 현재까지로 포유류와 조류, 경골어류가 번성한 시대다. 신생대는 제3기와 제4기로 나뉜다. 이 가운데 제3기가 대부분을 차지하고, 제4기는 단 200만 년에 불과하다. 우리는 신생대 제4기에 살고 있지만 언젠가는 '고생대'라고 불릴 것이다. 제3기에는 대서양과 인도양이 넓어지고 태평양이 좁아지면서 대륙 배치가 현재와 비슷해졌다. 공룡은 신생대의 시작 시점인 6500만 년 전 멸종했고 다양한 육상동물과 포유류가 진화했다. 우리는 진화의 산물로 잠시 존재하는 종이다. 언젠가는 인간을 대체할 새로운 종이 나타날 수도 있다.

신생대 지구의 기후는 수천만 년 동안 극심한 변화를 겪었다. 그것은 우리 인류의 진화 경로를 바꾸었다. 지구의 기온은 격하게 요동치며 마치 온실과 냉동실을 오고 가는 혹독한 시기였다. 해류의 순환이 급격하게 바뀌고, 지중해는 바닥까지 말랐다가 다시 바닷물이 차기를 반복했고, 대륙들도 끊어졌다 이어졌다를 반복했다. 이 혼돈 속에 생명체들은 이동하고, 경쟁하고, 적응하고, 진화하고, 멸종하며 '자연 선택' 되었으며 그 사이 인류가 탄생했다.

2016년 중국과학원은 3400만 년 전 발생한 지구의 기후변화가 아프리카를 인류의 발원지로 만들었다고 발표했다. 이 발표는 4500만 년 전의 유인원 화석이 아시아에서 발견됐는데도 왜 아프리카가 인류의 발원지가 됐느냐는 질문에 답해준다. 당시에는 다양한 초기 영장류가 거의 모든 대륙에서 활동하였다. 그러나 지구 기후가 급변하면서 북미, 아시아 북부, 유럽에 번성했던 영장류는 사라졌다. 그러나 열대우림으로 남아있던 아프리카 북부와 아시아 남부의 영장류는 살아남았다. 결국 인류의 기원은 아프리카로 넘어가게 됐다.

인류는 기후변화의 산물이다. 지구가 빙하로 덮이면서 추워지자 아프리카에서 유인원이 살아남아 진화를 지속한 것이다.

마지막 빙하기는 약 4000만 년 전에 시작됐다. 인간은 아직도 빙하기에 살고 있다. 많은 사람이 생각하는 정도는 아니지만 조금은 축소된 빙하기에 해당한다.[466] 마지막 빙하기가 절정에 이르렀던 대략 2만 년 전에는 육지의 약 30% 정도가 빙하에 덮여있었다.[467] 지금도 지구의 10%는 빙하에 덮여있고, 14%는 영구 동토층을 이루고 있다. 지구상의 민물 중에서 75%는 얼음에 갇혀있고, 북극과 남극 모두에 만년설이 있는 지금의 상태는 지구의 역사상 아주 독특한 것이다. 세계 대부분의 지역에 눈이 내리는 겨울이 찾아오고, 뉴질랜드와 같이 온화한 지역에서도 영구 빙하가 존재한다는 사실이 아주 자연스럽게 보일 수도 있지만, 사실은 지구 역사에서 가장 특이한 상황에 해당한다.[468]

신생대의 초기에는 혹독했던 기후는 다시 따뜻해졌고 포유류가 지구상 곳곳으로 퍼져 나갔다. 그리고 다시 추워지면서 동물들이 대량으로 사라지는 극적인 변화가 있었다. 인류의 문명은 약 1만 년 전부터 시작한 지질학적인 시각에서 보면 눈 깜짝할 시간이다. 우리는 백년 앞도 보지 못하는 '캄캄한' 존재이다. 다시 지질학적 시간이 수십억 년이 흘러가면 우리 인간은 멸종한 생명체로 기억될 가능성이 높다. 누군가가 진화로 새로운 고등생명체로 남는다면 말이다.

❙ 약 5000만 년 전 영장류의 등장

5000만 년에서 2000만 년 전에 유인원과 사람의 공통조상과 원숭이의 공통조상인 영장류가 있었다. 영장류(primates)의 출현은 공룡의 멸종 시기와 겹친다.[469] 백악기 말기인 5000만 년 전쯤의 시기에 소행성충돌과 엄청난 생물종의 멸종으로 급속하게 야기된 진화가 진행되었고 인류의 조상인 영장류가 나타났다.[470] 2013년에 중국 후베이 성에서 5500만 년 전의 영장류 화석이 발견되어 그 시기가 앞당겨졌다. 이는 당시 영장류 화석 가운데 가장 오래된 것으로 원숭이, 유인원, 인간으로 이어지는 유인원(anthropoid) 계보와 안경원숭이(tarsier)로 이어지는 계보의 분기점에 대한 결정적인 단서로 보고 있다. '고대 긴꼬리원숭이'라는 의미의 아르키세부스 아킬레스(Archicebus achilles)로 명명된 이 화석은 동남아시아 등에서 사는 안경원숭이의 조상으로, 영장류 진화에서 최초로 일어난 분기를 설명해 주는 증거로 보고 있다. 하지만 오늘날의 원숭이와 유인원, 인간으로 이어지는 진화 계보와는 가깝지만 전혀 별개의 영장류 계통에 속한다. 약 5천만 년 전쯤 지구상에 영장류가 출현하고 진화를 통한 분기를 계속하여 인간이 살기 시작한 것이다.

2009년 영장류의 공동 조상으로 추정되는, 여우 원숭이를 닮은 4700만 년 전 화석이 미국 뉴욕 자연사박물관에서 공개되었다. 이 화석은 1983년 독일 메셀 피트의 화석 유적지에서 발견되었다. 과학자들은 이 화석이 영장류의 먼 친척을 연결하는 역할을 할 수 있을 것이라는 기대감을 나타내고 있다.

▌유인원의 발원지는 아프리카? 아시아?

유인원은 이집트에서 발견된 유인원 화석을 근거로 아프리카에서 발원했다는 것이 정설이었다. 그러나 2000년대 초반 아시아에서 잇따라 유인원 화석이 발견되면서 유인원의 기원이 어디인지를 두고 학계의 논란이 있다.

2012년에 프랑스 포이티에 대학을 비롯한 국제연구진은 고등 영장류의 조상인 유인원이 처음 나타난 곳이 아시아라는 연구결과를 발표했다. 3700만 년 전의 유인원 치아 화석을 미얀마 중부 오지에서 발견한 것이다. 그 화석이 사하라 사막에서 발견된 3800만 년 전 유인원과 유사하여 초기 유인원이 아시아에서 아프리카로 건너갔을지도 모른다고 추정한 것이다. 이번 발견은 그 유인원의 발원지가 아시아임을 입증하는 중요한 근거가 된다. 이번 연구를 진행한 연구진은 유인원이 아시아에서 아프리카로 이동하였고 후에 아프리카에서 고등영장류와 인류의 진화 기반을 마련했다고 주장하며 아프리카는 인류의 발원지이고, 아시아는 그보다 먼 조상인 유인원의 발원지라고 주장했다. 그러나 유인원들의 아시아에서 아프리카로의 이동경로를 설명하는 것은 어렵다. 유인원이 살던 수천만 년 전에는 아시아와 아프리카가 지중해보다 훨씬 넓은 바다를 사이에 두고 있었기 때문이다. 연구진은 아시아의 유인원은 3400만 년 전 빙하기가 닥쳐와 멸종했으며 오늘날 아시아의 유인원인 긴팔원숭이와 오랑우탄은 약 2000만 년 전 아프리카에서 건너온 것이라고 추정했다.

▌약 2000만 년 전 영장류와 인간·침팬지 '조상'의 분리

학자들은 현재 아프리카와 아시아에 살고 있는 원숭이가 2500만 년 전에 영장류의 혈통으로부터 갈라져 나간 것으로 보고 있다. 인간과 침팬지의 조상이 영장류의 진화줄기에서 갈라지며 인간의 이야기는 현대 침팬지와 인간의 공통조상인 동물이 아프리카 어딘가에서 살았다는 이야기에서 시작한다. 기원전 2000만 년 전까지 소급되는 화석이 발견되었다. 따라서 영장류에서 유인원과 인간의 조상으로의 분리는 2000만 년 전까지 올라간다. 1958년 우간다와 케냐 국경지대에서 발견된 2100만 년 전의 유인원 척추 뼈는 해부학적으로 직립한 유인원의 뼈였다. 이를 근거로 2009년 번역 출간된 에런 G.필러의 『허리 세운 유인원』은 인간과 원숭이의 조상은 원래부터 직립보행 했다고 주장한다. 인간은 네 발로 걷다가 진화해 두 발로 걷게 된 것이 아니라 처음부터 두 발로 걸었으며, 원숭이는 원래 두 발로 걷다가 네 발로 걷도록 진화됐다고 주장한다. 또한 긴팔원숭이는 지상에서는 허리를 세우고 두 발로 걷는다. 긴팔원숭이는 유인원에서 가장 먼저 분리된 원숭이이므로, 인간과 원숭이의 조상이 본래 직립했다는 또 다른 증거가 된다.

2002년 프랑스의 과학자 미셸 브뤼네 연구팀은 가장 오래된 이들 화석을 발표했다. 이들은 아프리카 두라브 사막에서 원형이 거의 보존된 두개골과 아래턱, 치아 화석을 찾아내 '투마이'라고 명명했다. 투마이는 700만 년 전에 살았던, 인류를 태어나게 한 인간과 유인원의 조상으로 추정한다.

이러한 종의 분리가 일어난 원인은 진화과정상의 여러 요인이 작용했을 것이다. 2009년 미국 워싱턴 주립대학교 연구진은 사람과 다른 영장류의 공동

조상에서 약 1000만 년 전에 일어난 급격한 유전자 변화가 이들 종의 진화적 분리를 촉발시키는 역할을 한 것으로 보인다는 연구를 발표했다. 연구진은 그 이유는 분명치 않지만 이런 유전자 변화는 개체군 규모의 변화, 수명, 게놈의 불안정성 때문이었을지 모른다고 추측했다.

3000만~2500만 년 전 유인원 출현

인류와 유인원(침팬지, 고릴라, 오랑우탄)은 공통조상에서 갈라져 나온 것으로 추정한다. 유인원은 Hominoidea(hominoids)라고도 불리는데 화석기록에 의하면 아프리카에서 약 2500만 년 전에 나타났다고 추정한다.[471] 물론 앞에서와 같이 아시아에서 출현했다는 주장도 있다. 2013년에는 미국 오하이오주립대학교 연구진이 아프리카 탄자니아에서 가장 오래전의 유인원(호미노이드)과 긴꼬리원숭이 화석을 발견했는데, 약 2500만 년 전 것으로 추정한다. 유인원(호미노이드)은 대영장류(고릴라, 침팬지, 보노보, 오랑우탄, 사람)와 소영장류(긴팔원숭이)를 포함하는 유인원 집단을 가리킨다. 과학자들은 DNA 증거를 근거로 유인원과 긴꼬리원숭이(구세계원숭이)가 3000만~2500만 년 전에 갈라져 나온 것으로 추정하고 있으나 2000만 년 전보다 더 오래된 시기의 화석이 발견되기는 이번이 처음이다. 지금까지 가장 연대가 높은 구세대원숭이는 우간다에서 나온 약 2000만 년 전의 것이다.

2000만~1500만 년 전 고등영장류 출현

인간과 오랑우탄 등 고등 영장류는 1500만 년 전에 긴팔원숭이 등 하등 영장류에서 갈라진 것으로 추정한다. 그러나 고생물학자들은 하등 영장류와 고등 영장류의 분화 이후 고등 영장류의 화석을 찾는데 노력을 기울여 왔지만 성과를 거두지 못하고 있다. 2004년에 1300만 년 전 인간, 침팬지, 고릴라, 오랑우탄 등 고등영장류의 공통 조상으로 보이는 화석이 스페인에서 발견되었다.

2) 호모종의 탄생

▎인간과 유인원의 분리

DNA가 거의 같은 인간, 침팬지, 고릴라는 같은 기원을 가졌으나 고릴라와 침팬지는 인간과 분리되었다. 분리의 주요 이유는 빙하기 때문인 것으로 추정한다. 빙하기 이후 숲이 줄어들자 인간은 숲에서 들판으로 나와 적응하고 직립보행하면서 지적 존재로 진화한 것이다.

▎약 1500만 년 전, 인간과 오랑우탄 분리

인간과 동물 중 가장 먼저 분기된 동물은 오랑우탄이다. 오랑우탄은 나무 위에 남고 나머지는 지상으로 내려왔다. 인간과 오랑우탄은 1300만~1600만 년 전에 갈라졌다.[472]

▎약 1000만~500만 년 전, 인간과 고릴라의 분리

인간은 약 5~7백만 년 전 고릴라로부터 분리되었다.[473] 8백만 년 전에서 천만 년 전이라는 주장도 있다. 아무튼 그때에 인간과 고릴라의 공통조상이 살았다.[474]

▎약 700만~500만 년 전, 인간과 침팬지의 분리

원 인류는 대략 600~700만 년 전에, 가장 가까운 친척인 침팬지에서 분리되었다.[475] 그러나 1970년대에는 최소한 1500만 년 전 많게는 3000만 년 전에 분리되었다는 주장도 있었다.[476] 공룡이 멸종하던 시기인 약 6천 5백만 년 전 포유류는 서로 급속하게 분리된 사실이 알려지면서 포유류의 유전변화율(rate of genetic change)의 비교가 가능해졌다. 그러나 인간과 침팬지는 주요 포유류들 간의 차이에 상당하는 약 10%만큼만 서로 차이가 난다는 것이 입증되었다. 이것은 약 500만~700만 년 전에 서로 분리되었음을 암시하는 결과이다.[477] 유전학자들이 DNA의 변화 양상을 분석한 결과 인간과 침팬지의 분리 시점이 500만~700만 년 전으로 확인된 것이다. 이들이 분리되던 시기에 인간과 침팬지와는 달랐겠지만 현대인류와 현대침팬지의 공통조상이 살았다는 사실을 암시한다.[478]

2005년 침팬지가 살지 않았다고 여겨온 동아프리카의 대지구대(大地構帶)에서 침팬지 화석과 인류의 화석이 발견됐다. 이 화석들은 과거에 인간과 침팬지가 같은 장소에서 공존했음을 보여주는 증거이다. 과거에는 서아프리카처럼 나무가 우거진 지역을 선호하는 침팬지들이 건조한 대지구대에서 산 적이 없었고 인류가 초원지대로 이동하면서 인간과 침팬지의 분화가 이루어졌을 것으로 믿어왔다. 인간과 침팬지가 지역적으로 분리되어 살게 됨으로써 인류가 출발했고 직립보행이 시작된 것으로 생각했지만, 반대로 두 종이 같은 곳에서 살았음을 분명히 보여주고 있어 인류의 진화적 분기의 원인을 재고해야 할 것으로 보인다.

▎영장류, 원숭이, 유인원, 인간

영장류는 공통적인 특징이 있다고 한다. 엄지손가락으로 다른 손가락을 마주하게 할 수 있다는 점, 큰 뇌를 가진 점, 엄지발톱이 평평한 점, 보통 한 번에 한 마리의 새끼를 배는 점, 수컷의 고환이 흔들린다는 점이다. 영장류는 원숭이, 유인원 및 인간으로 진화되었는데, 원숭이와 유인원의 결정적인 차이는 꼬리의 존재다. 꼬리가 있다면 원숭이, 꼬리가 없다면 유인원으로 분류한다. 오늘날 고생물학자들은 사람 속(hominine)과 원숭이(ape)의 차이는 직립보행을 하느냐의 여부라는데 의견이 일치한다.[479]

안경원숭이, 일본원숭이 등은 유인원과는 다르며 원숭이이다. 오랑우탄, 고릴라, 침팬지, 보노보 및 인간은 같은 조상을 공유한 사람과(Hominidae)이다. 사람과의 동물에는 오랑우탄 2종, 고릴라 2종, 침팬지 1종, 보노보 1종, 인간 1종 등 총 7종이 속해 있다. 이들의 차이는 인간이 보기에는 커 보이지만, 서양 사람들이 한국인과 중국인을 구분 못하는 것처럼 엄청난 차이가 있는 것은 아니다.

침팬지, 고릴라, 오랑우탄과 소형 유인원인 긴팔원숭이는 유인원이다. 이들 가운데 침팬지, 고릴라, 오랑우탄과 긴팔원숭이의 순으로 사람에 가깝다. 사람과는 원숭이와 달리 꼬리가 없고, 손가락과 발가락이 다섯 개이며, 직립보행이 가능하고, 고도의 사회생활을 하고, 권력관계가 있고, 도구를 만들어 사용한다. 물론 도구의 질은 달라 침팬지는 나뭇가지를 이용해 흰개미를 잡지만, 인간은 우주선을 우주로 보낸다.

침팬지, 고릴라, 오랑우탄을 야생에서 연구하여 이들의 생활을 밝힌 사람은 인류학자 루이스 리키의 제자들인 세 명의 젊은 과학자이다. 제인 구달이 침팬지, 다이앤 포시가 고릴라, 비루테 갈디카스가 오랑우탄과 교감하며 각각 『인간의 그늘에서』, 『안개 속의 고릴라』, 『에덴의 벌거숭이들』을 출판했고, 세 권 모두 세계적인 베스트셀러가 되었다고 한다.

과학자들은 침팬지가 인간과 비슷하다는 것을 알아내고 1775년에 침팬지라 이름을 붙여 처음에는 호모 속에 인간과 함께 분류하였지만 1816년에 침팬지를 독자적인 속으로 분류했다.

남자와 여자의 유전적 차이는 1% 정도인데 인간과 침팬지는 1.3%밖에 차이가 나지 않는다.[480] 자매의 유전자는 99.95% 합치한다.[481] 인간과 침팬지의 DNA는 아주 유사해서 98.7% 동일하다. 그리고 외관상 인간과는 상당히 멀리 떨어진 것처럼 보이는 생쥐도 97.5%의 합치율을 보인다.[482] 이는 우리 모두가 같은 조상을 가지고 있기 때문이다.[483] 그래서 재레드 다이아몬드는 『왜 인간의 조상이 침팬지인가』에서 외계인 과학자가 있다면 우리를 보노보에 이어 제3자의 침팬지 종으로 분류할 것이라고 말한다. 그는 침팬지와 1.6% 정도 유전자가 다른 제3의 침팬지가 인간으로 진화했다고 주장한다.[484] 1960년대부터 침팬지를 연구한 제인 구달은 침팬지가 도구를 사용한다는 것을 밝혀냈다. 인간과 침팬지의 유전자가 2%도 차이나지 않지만, 그 작은 차이가 인간을 다른 영장류와 다른 삶을 살게 했다. 언어와 상징을 사용하고 복잡다단한 사회를 구성할 수 있는 것도 이 작은 차이가 낳은 것이다. 그렇지만 우리는 침팬지의 조상으로부터 기원한 것이라는 점에서는 같다. 2006년 한·일 국제공동연구팀이 침팬지의 성(性) 염색체 해독에 성공해 인간의 Y염색체가 침팬지의 Y염색체와 달리 면역 관련 유전자 'CD24L4'를 추가로 갖고 있음을 밝혔다. 면역과 관련된 부분을 중심으로 진화가 이루어졌다는 가설을 입증하는 것이다. 2004년에도 침팬지의 22번과 인간의 21번의 유전자가 거의 같았지만, 면역 부분에서만 달랐다.

오랑우탄은 인간을 제외하곤 아시아에 사는 유일한 대형영장류로 주로 채식을 하며 가족 중심 공동체 생활을 한다. 고등 영장류 중 인간이 물론 가장 지적인 존재이다. 다음으로 흔히 침팬지가 지적인 존재로 알려졌다. 그러나 2007년 하버드대학교 심리학자인 제임스 리의 연구에 의하면 오랑우탄이 침팬지나 고릴라보다 더 지적인 동물이라는 연구결과가 나왔다. 이는 침팬지가 지적능력에서 인간과 가장 가깝다는 통념을 깨는 주장이며, 오랑우탄과 인간이 예상했던 것보다 더 밀접하게 얽혀있을 가능성을 시사해준다. 분자생물학에 의한 연구는 침팬지가 인간과 더 관련이 있음을 보여주지만 오랑우탄과 침팬지는 모두 인간 DNA의 약 96%를 갖고 있다.

보노보는 DNA가 인간과 1.3% 정도 밖에 차이 나지 않아 인간과 가장 가까운 동물 중 하나이다. 보노보의 뇌는 공감을 관장하는 부위가 더 발달해 있어 상대방의 고통을 잘 감지하고, 침팬지에 비해 뇌의 편도체 사이 연결이 두터운 편이어서 충동을 잘 자제할 수 있다. 보노보는 '에로 원숭이'로 불리며 친근함을 표현하기 위하여 성기를 서로 비비고, 사람처럼 마주보고 섹스를 하며, 사람처럼 온갖 체위로 섹스를 하고, '깊은' 키스도 하고, 동성 간 섹스도 흔하며 일부일처제가 없어 새끼는 아버지가 누군지 모른다. 암컷이 먹이를 가진 수컷과 성관계를 한 후 먹이를 나눠먹는 '성매매'도 일어난다. 보노보 사이에서도 권력이 존재하는데, 주로 암컷이 지배하고 새끼를 낳은 암컷이 서열이 높지만 엄격하지는 않으며 폭력적인 권력 다툼은 드물다. 갈등은 '섹스'를 해서 해결하며 동성끼리도 마찬가지여서 양성애가 일반적이고 이성애는 소수이다. 반면 침팬지는 갈등을 폭력으로 해결한다. 2015년 캘리포니아대학교 산타크루즈의 애드리엔 질만(Adrienne Zihlman) 교수팀은 보노보과 인간의 주검을 비교한 결과를 발표했다. 보노보는 체내 지방이 매우 적고, 상체 무게는 더 많이 나갔고, 다리 근육은 적었으며, 피부 조직은 더 두꺼웠다. 초기 인류는 직립보행을 하면서부터 더 많은 다리 근육과 지방이 필요했고, 수렵채집을 하면서 먹을 것이 부족한 시기를 대비해 지방을 저장해 놓아야만 했고, 여자는 아이에게 젖을 먹이기 위해 지방을 더 많이 저장해 놓을 필요가 있었을 것이다. 인간의 경우 체지방은 여자는 36%, 남자는 20%이고, 보노보의 경우 암컷은 4%, 수컷은 거의 0%에 가까웠다. 인간의 얇은 피부는 나무에서 지상으로 내려온 초기 인류가 체온을 유지하기 위해 땀을 분비하도록 진화하면서 변화한 것이라고 추정한다.

침팬지와 보노보는 사회성이 강한 동물로 높은 지능을 가지고 가족중심 공동체를 구성한다. 침팬지는 원숭이 골을 먹고, 집단 간에 전쟁을 하고, 영아를 살해하는 것이 인간과 닮았다. 보노보는 수컷에 의한 지배가 없고 집단 간 전쟁을 하지 않고 타협하고 갈등이 있을 때 섹스로 풀며 동성애도 일반적이다. 인간은 침팬지와 보노보의 양면성을 가지고 있다. 대체 인간과 오랑오탄, 침팬지, 고릴라, 보노보는 어떤 관계일까. 정말 궁금하다.

❙ 700만~500만 년 전 잡종이 인류의 기원

2006년에 일단의 과학자들은 500~700만 년 전에는 인간과 침팬지의 유전자가 동일했다고 발표하여 세상을 놀라게 했다. 다시 말해서 인간과 침팬지는 상호 번식을 했다는 뜻이다. 그렇다면 과거에 인간과 침팬지의 잡종은 어떻게 살아남을 수 있었을까? 가장 그럴듯한 추측은 암컷 잡종이 수컷 침팬지와 짝짓기를 하여 생존 가능한 후손을 낳았다는 것이다.[485] 그리고 현대인의 혈통은 이 잡종 속에서 발생했다.[486] 현재 아프리카에서는 직립보행을 하는 원숭이가 몇 종류 발견되었는데, 모두 600~700만 년 전 차드의 드주라브 사막에 살았던, 침팬지와 인간의 공통조상에 가까운 사헬안트로푸스의 후손들이다.[487]

2006년 인간과 침팬지의 잡종설을 주장한 일단의 과학자들은 하버드대와 매사추세츠공대의 과학자들이다. 하버드대 브로드 연구소와 매사추세츠공대 연구진은 인류의 조상과 침팬지의 조상이 완전히 갈라지기까지 약 400만 년이나 걸렸고 그 사이에 교잡해 잡종을 낳은 것으로 보인다고 발표했다. 인간과 침팬지의 게놈 가운데 일부는 완전히 달라 거의 1000만년동안 섞이지 않았음을 보여주지만 일부는 630만 년 전 이후 접촉이 있었음을 보여준다. 이는 두 종이 갈라져 나가긴 했으나 서로 교배하다가 결국 완전히 다른 종으로 분화한 것을 의미한다.

2013년에는 인간이 수컷 돼지와 암컷 침팬지가 교배해 나온 잡종에서 진화했다는 충격적 주장도 나왔다. 미국 조지아대학의 유진 맥카로는 인간이 침팬지와 여러 공통점을 갖고 있지만, 다른 영장류에서 볼 수 없는 차이점을 갖고 있음을 주목하였다. 이런 차이점은 진화의 시간을 과거로 소급했을 때 특정 시점에 위치한 한 잡종에 기원을 두고 있을 것이라고 추정할 수 있다. 그는 인간이 영장류 사촌들과 구별되는 모든 특징을 한 동물이 갖고 있는데, 바로 그 동물이 돼지라고 주장한다. 인간과 돼지 사이에는 피부와 장기 구조에서 많은 유사성이 존재한다. 그러나 분자생물학적으로 침팬지와 돼지는 교배할 수 없다. 두 동물은 수천만 년 전에 분리되어 나왔고, 침팬지의 난자가 돼지의 정자를 받아들일 수 없다. 과학은 늘 가설이지만 어느 것이 맞는지도 시간이 흘러봐야 한다.

현세로의 진입

약 200만 년 전에 시작된 신생대 제4기는 홍적세와 충적세로 나뉜다. 홍적세는 마지막 빙하기가 끝나는 1만 년 전쯤에 끝나고 충적세가 시작되어 오늘날까지 이어져 홀로세(Holocene) 또는 현세라고 부른다.

포유류가 점차 대형화되고 제4기 홍적세(플라이스토세, 갱신세, 최신세라고도 부른다) 이후 오스트랄로피테쿠스, 호모 에렉투스, 네안데르탈인 등 초기의 인류가 출현했다. 충적세가 시작되면서 인류의 발전과 전파로 많은 생물의 멸종이 일어났다. 과거 소행성의 지구 충돌, 화산의 폭발처럼 자연재해로 촉발된 대멸종이 아니라 특정 생명의 지배로 인한 생명의 멸종이다. 그것이 생명계의 재앙이지만 인간을 위한 축복인지는 알 수가 없다. 인간이 알아야 할 사실은 인간의 번성이 생명계를 파괴하고 있다는 점이다.

생명의 기원은 여기까지 쓴다. 너무도 부족한 것이 많은 것을 실감하였다. 하지만 다음으로 쓸 인간의 기원으로부터 이어지는 주제가 너무 많아 이쯤에서 멈추고자 한다. 다시 이 글을 정리하고 보완할 기회가 있기를 바란다.

chapter 3.

인간은 어디서 왔는가?

|제1장|

인간의 진화

1. 인간 진화론

1) 인간 진화의 이해

진화의 산물 인간

46억 년 전 우리가 살고 있는 태양계 근처 어딘가에서 생을 다한 항성(별)이 초신성 폭발을 일으켰다. 이 폭발로 태양계가 만들어지고 지구상에 인간이 나타났다. 우리 인간의 역사는 참 간단한 글로 표현할 수 있다. 하지만 인간이 나타나기까지는 세월의 길이만큼 복잡한 일이 일어났다.

오늘날 기후의 역사에 관한 전문가들은 지구 기후의 최근 변화를 매우 정밀하게 측정할 수 있다. 산소는 3개의 동위원소를 가지고 있다. 얼음지대와 물은 산소 동위원소의 보유량이 다르기 때문에 바다에 잔존하는 이 동위원소의 비율은 얼음의 존재량에 따라 다를 수밖에 없다. 산소를 보유한 화석 생명체를 발견하고 이들의 잔존물에서 산소 동위원소를 측정하여 과학자들은 이들이 살았던 시기의 얼음의 크기와 정도를 추정할 수 있다. 이러한 계산에 의하면 길고 차가운 시기 안에서도 더 따뜻하거나 더 차가운 시기가 있었다는 것을 보여준다. 이는 지구의 기울기와 궤도가 일부 원인일 수 있다. 오늘날 확실한 것은 이러한 짧은 시기는 지난 5백만 년 동안 변했다는 점이다. 약 280만 년 전까지는 따뜻한 간빙하기로부터 긴 빙하기의 완전한 순환이 약 4만 년 동안 지속되었다. 그리고 약 백만 년까지는 7만 년, 마지막 백만 년은 10만 년이 주기가 되었다. 지금은 짧은 간빙하기 또는 따뜻한 시기로 약 1만 년 동안 지속되어 왔고, 그 다음엔 훨씬 더 긴 차가운 시기가 찾아오고 새로운 간빙하기로 급격한 전이가 일어나기 전에 극히 추운 시기가 짧게 있었을 것이다. 가장 최근의 빙하기는 약 10만 년 전에 시작되었고 약 1만 년 전까지 지속되었다. 따라서 과거 1만 년은 이들 사이클에서 따뜻한 간빙하기에 해당한다.[488] 우리 인간 종은 급격한 기후와 환경의 변화가 있던 시기에 진화해 나왔다.[489] 이러한 변화는 서식지와 환경을 변경하여 광범위한 생태 지역을 이용할 수 있고 이러한 환경에 잘 적응한 종만 살 수 있게 만들었다. 인간과 같이 환경 변화에 잘 적응한 잡식성(generalists)과 작은 체구의 종은 빙하기가 낳은 전형적인 산물이다.[490] 지구상의 긴 빙하기와 짧은 간빙하기가 중요한 점은 이러한 빙하기가 불안정한 생태환경을 만들었다는 점이다.[491] 모든 지상의 생명체들은 주기적인 기후와 식물군의 변화에 적응해야 했고 이는 의심할 것 없이 진화의 속도를 가속시켰을 것이다. 현대 인류는 이러한 가속도가 붙은 진화의 산물이다.[492]

모든 육지 동물은 몸 안에 바닷물의 대용물(surrogate sea)을 지니고 있으며 태아가 영양을 공급받아 자라는 곳이 그곳이다.[493] 레이첼 카슨은 『우리를 둘러싼 바다』에서 "생명이 바다에서 시작된 것처럼 우리 각자는 어머니의 자궁이라는 소형 바다 속에서 시작하며, 배(胚)가 발생하는 과정에서는 아가미로 숨을 쉬던 동물에서부터 육지에서 살아가는 동물들에 이르기까지 이전의 조상들이 겪어 온 모든 단계를 반복한다."라고 말한다. 닐 슈빈이 쓴 『DNA에서 우주를 만나다』(2015 번역판)도 인간의 몸에 남아있는 진화의 흔적을 기록하고 있다. 우리 몸은 초신성 폭발 과정에서 생성된 원소로 구성되어 있으며, DNA에는 수십억 년의 생명 진화의 역사가 담겼다고 말한다. 예를 들어 태아의 신장은 처음에는 어류의 신장을 닮고, 임신 3개월이 지나면 포유동물의 신장이 된다.

▎진화연대의 측정, 돌연변이율

돌연변이율은 부모에게는 없던 형질이 자녀에게 나타나는 비율을 말한다. 과학자들은 돌연변이율을 통해 인류와 생명계에서 진화의 주요시기를 추정할 수 있다. DNA의 기본적인 돌연변이율은 100만 년 당 0.71%라는 사실이 밝혀졌다. 유전자(DNA)를 이용한 연대 측정은 동물의 분리 시기를 측정하는 유용한 방법이다. 예를 들어 북극곰과 회색 곰의 DNA 염기서열이 1% 다르고, 늑대와 코요테의 염기서열의 차이가 3%인 사실에서 공통의 조상에서 이들이 분리된 시기를 측정할 수 있는 것이다. 지금 침팬지와 인간의 DNA 차이를 거꾸로 추적해보면 침팬지와 인간의 편차는 660만 년 전에 생겨났다는 결론이 얻어진다.[494] 2012년 미국 하버드대 유전학 연구팀은 돌연변이 발생률을 이용한 연구에서 인류와 침팬지의 분기시점이 빨라야 660만 년 전으로 밝혀냈다. 침팬지와 인류의 분기 이후의 인류 조상으로 알려진 화석 '사헬안트로푸스 차덴시스'의 연대를 700만 년 전으로 추정한 기존 연구가 부정확했을 가능성이 있음을 보여준다.

돌연변이율을 통한 인류 이동의 시기가 새로이 밝혀지기도 한다. 2013년 연구에 의하면 인류가 아프리카를 떠난 시기는 지금까지 알려진 것보다 늦은 기원전 9만 3천 년 이후라는 것이 밝혀졌다. 선사시대 4만 년에 걸쳐 있는 유라시아인 유골에서 채취한 10개 이상의 모계 미토콘드리아 DNA(mtDNA)로 돌연변이율을 계산한 결과이다. 또한 돌연변이율을 근거로 현생인류 mtDNA의 최종적 공통 조상이 기원전 16만 년 경의 여성인 것으로 추정한다. 오늘날 모든 인류는 이 여성의 후손이라는 결론이 나온다. 확실한 것은 알 수 없는 가설이지만 말이다.

▌꼬리 뼈, 진화의 유산

많은 동물에 남아있는 쓸모없는 신체의 일부분은 먼 조상으로부터 진화되었음을 보여준다. 고래는 오늘날 전혀 쓸모없는 손가락뼈를 가지고 있다. 고래는 현존하는 포유류로 수중 생활에 초기 단계의 적응을 한 것으로 보이는 하마와 관련이 있을 수도 있다.[495] 사람도 원숭이나 침팬지와 같은 꼬리뼈가 있다.[496] 진화론의 자연 선택 이론은 이러한 현상을 잘 설명할 수 있다. 생명은 서서히 진화해 왔으며 따라서 쓸모없는 기관들이 아직 완전히 사라지지 않은 것이다.[497] 다윈도 진화는 아주 서서히 진행되어 왔다고 믿었다.[498] 인간도 진화를 하면서 불필요한 신체 기관이 남았다. 맹장은 소장과 대장이 만나는 부분에 있다. 초식동물은 맹장에 음식물을 저장해 소화시키지만, 인간은 잡식성으로 시간이 지나면서 퇴화했다. 동물은 천적으로부터 몸을 보호하기 위해 귀 근육(동이 근)을 움직여 소리를 듣는다. 인간은 '만물의 영장'이 되고 천적을 피해야 할 이유가 없어지면서 귀 근육을 움직일 수 있는 능력은 퇴화시켰다. 어떤 사람은 아직도 잘 움직인다. 또 신생아는 손가락을 갖다 대면 손가락을 꼭 쥔다. 이는 나무에 매달렸던 포유류의 유산이지만 더 이상 필요하지 않다.

▌우주의 운동과 빙하 인간과 진화

빙하기의 원인은 학자마다 다양하게 제시되지만 지구에 도달하는 태양 에너지의 변화가 유력하고, 온실가스 효과를 가져 오는 지구 대기 중 이산화탄소의 농도 변화도 중요한 원인일 수 있다. 타원형인 지구의 공전 궤도는 10만 년 내지 40만 년 주기로 변하며 지구의 축 또한 4만 1000년을 주기로 기울기가 약간씩 변한다. 이는 지구가 태양에서 받는 에너지에 큰 영향을 준다. 지구 궤도의 모양이 주기적으로 타원에서 거의 원형으로 바뀌었다가 다시 타원으로 바뀌는 것이 빙하기의 시작과 끝을 설명해줄 수 있다.[499] 유고슬라비아의 물리학자 밀란코비치는 지구가 태양에서 가장 멀어졌을 때 빙하기가 찾아왔다고 설명한다.

밤낮이 바뀌는 것은 지구가 자전하기 때문이고, 계절이 바뀌는 것은 지구의 자전축이 기울어져 태양 주위를 공전하고 있기 때문이다. 변함없이 자전과 공전이 이루어지는 것은 아니다. 목성과 토성처럼 큰 행성의 영향으로 지구의 공전 궤도와 지축의 기울기가 변한다. 1940년대 밀란코비치는 이를 반영하여 기후가 약 10만 년의 주기로 변화한다는 가설을 제시했다. 실제로 남극에서 산소와 질소의 비율이 10만년을 주기로 변해온 것이 알려졌다. 과학자들은 세차운동 등 다양한 이론으로 빙하기의 원인을 제시하고 있지만 아직 명확하게 밝혀내지 못했다. 한편 태양계는 은하계의 중심을 약 2억 5천만 년을 주기로 돌고 있다. 태양과 지구는 지금까지 약 20번 정도 은하계 주변을 돌았다.

빙하기뿐만 아니라 지구의 기후는 엄청난 변화를 겪은 것으로 보인다. 2012년 독일 쾰른대학교 마르틴 멜레스 교수가 이끄는 공동연구팀은 러시아 엘기깃긴 호수의 퇴적물을 시추한 결과, 북극 지역이 360만 년 동안에 4번의 간빙기가 있었으며 그중 110만 년 전과 40만 년 전 간빙기에는 빙하가 존재할 수 없을 정도로 온도가 높았다는 사실을 밝혔다. 지구는 과거 수백만 년 동안 엄청난 기후변화가 있었으며 그 안에서 진화의 방향은 예측할 수 없었을 것이다. 인간이 지상에 나타나기까지 수십억 년 또는 수천만 년 동안 지구는 우리가 상상하는 이상의 큰일들이 일어났으니 그 안에서 인간과 생명의 진화는 예측할 수 없을 정도로 복잡했을 것이다.

인류 탄생의 방아쇠

인류의 출현에는 임계국면이 있었을 것으로 추정한다.[500] 다른 생물 종의 출현과 유사하게 '어느 정도' 인간의 출현도 갑작스러웠다. 고생물학적인 스케일로 본다면 우리 인류의 출현은 너무도 갑작스런 것이다. 이는 우리가 어떤 한 '방아쇠(trigger)'를 발견할 수 있음을 의미한다. 별이 형성되는 때에는 그 온도가 오랫동안 올라가지만, 수소가 용해되는 '갑작스러운 방아쇠'가 당겨지는 시점에는 그 온도는 떨어진다. 인간도 그러했을 것이다. 수백만 년 동안의 진화를 야기한 적응은 어떤 경계선(threshold)을 넘는 순간 갑작스럽게 큰 변화를 가져왔다(transformed)는 것이다.[501]

이러한 방아쇠, 임계국면, 경계선은 우주의 역사에서 여러 번 있었다. 2013년 번역 출간된 데이비드 크리스천, 밥 베인의 『빅 히스토리』는 빅뱅, 우주의 기원, 생명의 기원, 인류의 기원, 문명의 탄생 등으로의 이행을 설명하면서 임계점으로서 최적 조건(goldiloks condition)과 임계국면(threshold)에 대하여 이야기한다. 전자는 '딱 알맞은 출현 조건'을 의미하고 후자는 임계점은 '새로운 현상이 나타나는 지점 혹은 시기'를 의미한다. 임계점으로는 빅뱅, 별의 출현, 원소의 출현, 태양계와 지구의 출현, 생명의 탄생 등을 예시하고 있다.

2) 인간과 생명계

▌인간은 생명계의 하나

1830년에 이르자 공룡 같은 거대하고 기괴한 생물들이 한때 지구를 호령했다는 사실을 부인하는 사람은 적어졌지만, 여전히 세상은 현재 모습대로 창조되었다고 믿는 사람들이 많았다.[502] 다윈은 다른 사람들이 진화론을 발전시키기를 바랐지만, 심지어 그의 추종자들조차 인간의 기원을 그와 다르게 해석하는 경향성이 있음을 알고 실망하여 단호한 어조로 『인간의 유래(The Descent of Man)』(1871)를 썼다. 이 작품에서 그는 인간의 조상이 유인원과 유사했다고 분명히 밝혔고, 심지어 진화는 인간의 신체적 특징을 산출했을 뿐 아니라 본능, 행동, 지능, 감정, 도덕성의 발달에도 기여했다고 주장했다.[503] 이 책의 원제는 『인간의 유래와 성 선택(The Descent of Man, and Selection in Relation to Sex)』으로 우리나라에도 2006년도에 번역서가 나왔다. 이 책에서 다윈은 '나는 주인의 목숨을 구하려고 무서운 적에게 당당히 맞섰던 영웅적인 작은 원숭이, 혹은 산에서 내려온 사나운 개와 맞서 자신의 어린 동료를 구하고 의기양양하게 사라진 늙은 개코원숭이에게서 내가 유래됐기를 바란다.'라고 썼다. 그는 인간은 동물에게서 유래됐고 '인간으로' 창조되지 않았음을 밝혔다. 인간의 지성은 적응에 의하여 변할 수 있는 '형질'로 보았다.

인간과 나머지 생명계를 근본적으로 구별하는 것을 본질적인 원리로 삼았던 과거의 세계관은 20세기의 생명과학 이래로 상당 부분 무너졌다.[504] 누군가의 말대로(누가 말했는지 정확히 기억나지 않는다) 인간은 자신의 자리를 잊어버린 건방진 침팬지라는 것이다. 인간은 생명계의 한 부분이지 생명계와 독립한 존재는 아니라는 것이다.

인간은 파충류이고 포유류이다

영장류는 영장목(靈長目)에 속하는 포유류로 원숭이, 침팬지, 고릴라, 오랑우탄뿐만 아니라 인간도 여기에 포함된다. 원숭이는 꼬리가 있으나 인간은 꼬리가 없어 유인원으로 분류되고 몸집이 커서 '대형 유인원'으로 분류된다. 대형 유인원에는 고릴라, 오랑우탄, 침팬지와 인간으로 4속(屬)뿐이다. 침팬지와 인간은 사람 족(Hominini)에 속한다. 우리 인간은 영장류, 포유류, 대형 유인원, 사람 족이다.

포유류는 인간과 동떨어진 존재가 아니다. 인간의 감정은 포유류 뇌에서 깊은 생물학적 뿌리가 있는 것으로 밝혀지고 있다. 인간 뇌의 진화 역사는 초기 포유류가 있던 2억여 년 전으로 거슬러 간다.[505]

하버드대학교 의과대학 정신과 전문의 조셉 슈랜드와 의학 전문 저널리스트인 리 디바인이 쓴 『디퓨징』은 이러한 인간의 진화 과정상의 특성을 설명한다. 화를 내면 인간의 뇌는 뇌간과 변연계의 지배를 받아 철저히 본능에 의하여 휘둘리며, 이성을 지닌 '문명인'은 하루아침에 원시인으로 바뀐다. 인류의 비극인 전쟁도 화를 포함한 질투와 의심의 '본능'으로 인한 것이다. 인간의 뇌에서 가장 먼저 나타난 뇌간은 '파충류의 뇌'라고 불리며 심장박동과 호흡 등 생존기능을 담당한다. 뇌간 바로 옆에 있는 변연계는 '포유류의 뇌'라고 불리며 충동성과 기억, 감정을 담당한다. 그리고 이러한 감정을 통제하는 곳은 뇌의 전전두엽이다. 인간이 태어나면 몇 시간 만에 변연계가 생성되지만 전전두엽은 1년이 지나야 생성되며 성인이 될 때까지 천천히 발전한다. 인간이 진정 인간이 되려면 상대방을 공감하고 신뢰하고 존중하려는 노력이 필요하며, 우리를 폭력으로 밀어내는 변연계를 거부하려는 노력이 있어야 한다.

▍인간과 생물계의 분류

지구상에는 수백만 종의 동물이 살고 있다. '호모 사피엔스'는 우리 인간 종의 학명으로, '슬기로운 사람'이라는 뜻이다. 생물 분류의 가장 기본적인 단위는 종이다. 종이란 공통의 유전체(遺傳體, genome)를 공유하는 개체들의 집단이며 다른 종의 집단과는 원칙적으로 생식이 불가능하다. 다른 종간에 간혹 생식이 이루어지더라도 이렇게 태어난 잡종은 말과 당나귀 사이에서 태어난 노새처럼 번식 능력이 없다.

생명의 분류는 너무도 복잡하다. 좀 쉽게 정리하여 현대 생물학의 분류 체계에 따르면 인간은 진핵생물 역, 동물계, 척삭동물 문(척추동물 문), 포유동물 강, 영장목 영장류, 사람(호모)과, 사람 속, 사람 종(호모사피엔스)에 속한다.

지구상에 처음 나타난 생명은 단세포 생물이고 엽록소가 없어 광합성도 하지 못했다. 이 단세포 생물은 핵막이 없는 원핵세포로 되어 있는 원핵생물로 동물과 식물의 구별이 뚜렷하지 않아 원생생물이라고 한다. 원핵생물은 진핵생물로 진화하였다. 우리 인간은 진핵생물이다. 과거에는 모든 생물을 식물과 동물로 구분하였으나 지금은 모네라 계, 원생생물 계, 균 계, 식물 계, 동물계 등 모두 5가지로 구분하고 있다. 생명계를 식물계와 동물계로 나눈다면 우린 동물이다. 우리는 동물이고 다시 작게 분류된다. 동물에는 척추가 있는 척추동물과 척추가 없는 무척추동물이 있고, 우리는 척추동물이다. 등뼈가 있는 척추동물은 그 외피에 따라 네 가지로 분류된다. 미끈거리는 양서류, 비늘로 덮인 어류나 파충류, 털이 있는 포유동물, 깃털로 덮인 조류가 그것이다. 우리는 척추동물 중 포유동물이다. 그리고 포유동물 중 영장목이다. 영장류는 영장목(靈長 目)에 속하는 포유류를 뜻하는 말로 인간은 물론 원숭이, 침팬지, 고릴라 등을 모두 아우르는 개념이다. 우리는 영장류 중 인간상과이다. 인간상과(Ape Superfamily)는 인간과(Hominidae, 대형 유인원과 사람)와 긴팔원숭이 과(Hylobatidae, gibbons)로 나누어진다. 인간과(Homininae)는 고릴라족(Gorillini)과 사람 족(Hominini)으로 사람 족은 침팬지 속(Pan)과 사람 속(Homo)으로 나눈다. 사람 속을 빼고는 다른 속은 모두 2종이 있다. 사람속의 친척은 모두 멸종했다.

그러나 이러한 분류법은 역사적으로 많은 혼란이 있었고 지금도 확실하지 않다. 과거 사람들은 동물이외에는 모두 식물이라고 생각했다. 그러나 1866년 독일의 생물학자 에른스트 헤켈은 단세포 생물을 식물로 분류할 수 없다고 판단해 원생생물로 따로 분류하여 동물, 식물 및 원생생물로의 3종류 분류를 제안했다. 그 후 70년 지난 1937년에 프랑스 생물학자 에두아르 샤통이 세포 내 구조에 따라 세포를 원핵세포와 진핵세포로 구분하여 2계 분류법을 제안했다. 1956년 코플랜드는 두 사람의 분류법을 모두 반영하여 4계로 분류했는데 원생생물을 원핵생물인 모네라(Monera)계와 원생생물계로 나눈 것이다. 1969년 미국 코넬대학교의 로버트 휘테커는 곰팡이와 버섯 등의 균은 식물이 아니라고 보고 균류로 별도로 분류하며 5계 분류체계를 발표했고 이것이 널리 인정받았다. 1990년에는 칼 우즈 교수가 완전히 새로운 분류법을 제안했다. 역(Domain)이라는 분류법을 도입하여 생물계를 3역으로 나누어 박테리아(Bacteria), 아케아(Archaea, 고 세균), 유카야(Eucarya, 진핵생물)의 분류를 제안했다. 모네라(Monera)계, 원생생물, 동물, 식물 및 균이라는 5개의 분류에서 모네라 계를 박테리아와 아케아로 나누고 나머지 모두를 유카야라는 진핵생물로 통합한 것이다. 놀랍게도 고 세균은 세균이라기보다는 진핵생물에 더 가깝게 보았다. 사람으로 진화해온 진핵생물과 메탄생성 고 세균은 약 20억 년 전(물론 추측이다.) 공통 조상에서 갈라졌고, 약 30억 년 전(역시 추측이다) 세균인 박테리아와 갈라졌다. 오늘날 생물학계는 3역 분류체계를 채택하는데 이는 다양한 생물의 모습을 명확하게 설명해주고 진화의 과정도 잘 보여준다(동아사이언스, 2013.2.4. 편집).

▎인간은 1% 정도 다르다

우리는 유전적으로 다른 동물과 많은 것을 공유하고 있지만 인간과 다른 동물은 분명 다르다는 것을 알고 있다. 물론 그 차이는 1% 내외밖에 되지 않지만 이는 과학적으로도 입증된다. 2016년에 인간과 동물을 구분하는 가장 유의미한 유전자를 찾았다는 연구결과가 발표되었다. 스페인 바르셀로나의 진화생물학협회 연구진은 침팬지와 고릴라, 보노보 등 유인원과 사람의 유전적 차이점을 찾아내기 위해 사람의 마이크로RNA 배열 1595개와 유인원의 유전자를 분석하였다. 이 연구에서 인간에게서만 발견되는 4개의 변종 마이크로RNA를 발견했으며, 동물과 사람을 구별짓는 중요한 역할을 한다는 사실을 밝혀냈다.

알다시피 인간의 두뇌는 크고 그 기능도 다른 동물과는 현격히 다르다. 왜 그런 일이 발생했을까? 2014년 독일 막스플랑크연구소와 중국 과학한림원 전산생물학연구소의 연구팀은 인간, 침팬지, 붉은털 원숭이, 실험용 생쥐의 뇌, 콩팥, 근육에서 얻은 5가지 생체조직을 대상으로 질량분석법을 이용해 1만 종 넘는 대사체들이 얼마나 다르게 분포하는지 10여 년에 걸쳐 비교 분석해 논문을 발표했다. 그 결론 중 하나는 인간의 뇌가 커지고 에너지 소모가 큰 인간 뇌에 에너지를 할당하다 보니 골격근육의 에너지 소비가 줄어 다른 유인원에 비하여 '힘'이 약해졌다는 점이다. 에너지 대사의 분배 방식이 바뀌었다는 것이다. 이에 대한 반론도 있다. 미국 하버드대학교의 인간진화생물학자인 대니얼 리버먼(Daniel Liberman)은 초기 인간은 뛰어난 달리기 능력과 오래 걷기 능력을 갖추어 더 많은 음식을 구할 수 있었고 그래서 더 큰 뇌를 갖출 수 있었을 것이라고 추정한다. 어느 주장이 맞는지는 결론내릴 수 없지만 결국 인간의 뇌는 커지고 많은 에너지를 사용하게 되었다.

2. 고인류 진화

1) 고인류의 등장

▌인류의 진화 요약

지구상에서 오랜 세월 빙하기와 간빙기가 교차되는 중에 인류는 점차 진화의 경로를 거치며 나타났다. 600만 년 이상이 걸린 오랜 진화의 과정 안에서였다.

인류와 유인원은 공통조상에서 갈라져 나왔다. 원인(猿人)은 가장 원시적인 가장 오래된 고인류이고 이어서 원인(原人), 구인(舊人), 신인(新人)으로 진화되었다. 오스트랄로피테쿠스 등은 원숭이와 비슷한 점이 많아 원인(猿人)으로 분류한다. 호모 하빌리스는 원인(猿人)과 원인(原人)의 중간에 해당한다. 호모 에렉투스는 원숭이와 다른 원시인, 즉 원인(原人)이다. 유인원과 사람의 중간 형태인 원인(猿人, 선행인류)에서 사람에게 더 가까운 원인(原人, 초기인류)을 지나 현생 인류로 진화해 왔다. 즉 인류의 진화 과정은 유인원이 오스트랄로피테쿠스라는 원인(猿人)으로 진화했고, 이후 네안데르탈인을 거쳐 현생인류 호모 사피엔스가 됐다는 것이 통상적인 이해이다. 그러나 인류는 영장류에서 오스트랄로피테쿠스, 네안데르탈인으로 '차례로' 진화한 것이 아니라 다양한 초기 인류가 나타났다 사라졌고, 원인과 네안데르탈인은 그 과정에서 나타났던 여러 종 가운데 하나일 뿐이다. 우리는 흔히 인간은 오스트랄로피테쿠스, 호모 하빌리스, 호모 에렉투스, 네안데르탈인, 크로마뇽인(호모 사피엔스)으로 진화되었다고 알고 있었다. 그러나 인류는 단계적으로 일직선으로 진화한 것이 아니라 복잡한 과정을 거쳤으며 오스트랄로피테쿠스에서 크로마뇽인까지 다섯 종이 전부도 아니고 대표적인 것도 아니다.

최초의 인류 후보자인 유인원이 나타난 이후 다양한 원인(猿人)이 등장해 아프리카 전역에서 번성했다. 그 가운데 드디어 우리 인류의 직계 조상이라고 할 '호모 속' 인류가 탄생했다. 일반적으로 호모는 우리가 거의 알고 있는 것이 없는 호모 하빌리스(도구를 쓰는 사람)에서 출발해 지금에 해당하는 호모 사피엔스(글자 그대로 '생각하는 사람')에 이르게 되었다고 한다. 그 사이에는 이론에 따라서 대략 5~6종의 호모종이 있었다고 믿고 있다. 호모 에르가스테르, 호모 네안데르탈렌시스, 호모 루돌펜시스, 호모 하이델베르겐시스, 호모 에렉투스, 호모 안테케소르 등이 그들이다.[506]

역사적 시간	시대	역사	비고
3~2백만 년 전		호모 하빌리스	직립보행, 자연에서 취한 물건을 도구로 사용, 수렵
2백만 년 전	전기 구석기		
2백만 년 전		호모 에렉투스/에르가스테르	유라시아로 최초의 이주
1백만 년 전		오스트랄로피테쿠스와 호모 하빌리스 소멸	
50만 년 전		자바인, 베이징인	
5만 년 전		네안데르탈; 최초의 호모 사피엔스	언어, 추상적 사고능력, 최초의 도구제작
2만 년 전	후기 구석기	크로마뇽인	동굴회화
1만 2천 년 전	중석기	오늘날과 같은 신체형태	정착생활, 식량재배자로 변모
1만 년 전		마지막 빙하기 종료	
		네안데르탈, 호모 에렉투스 소멸	
7천 년 전	신석기		농업, 가축, 도기, 촌락, 최초국가
5천 5백 년 전	청동기		이집트와 메소포타미아 최초문명, 문자, 청동, 정치·사회·경제제도

표 4 인류의 초기 역사

(출처: David Christian, Maps of Time (Berkeley: University of California Press, 2011): p. 138, E. M. 번즈, R. 러너, S. 미첨, 박상익 번역, 서양문명의 역사(상), 서울, 소나무, 2011: p. 3.)

인류의 진화 과정은 오스트랄로피테쿠스, 호모하빌리스, 초기 호모, 호모 사피엔스, 현생 인류인 호모 사피엔스 사피엔스로 이어져 왔다고 본다. 300만 년에서 200만 년 전에는 아프리카에 여섯 종의 초기 인류가 공존했던 것으로 보인다. 그러나 그중 단 하나만이 살아남았다. 대략 200만 년 전에 안개 속에서 출현한 호모가 바로 그들이었다.[507] 그리고 기원전 1만 년경 농업이 출현하는 신석기 혁명을 거쳐 오늘날 우리가 선 것이다. 그 오랜 기간 동안 얼마나 놀라운 일이 많이 있었는지를 생각하면 우리는 점점 더 작아진다.

이 같은 현생 인류의 기원에 대한 설명은 사실 논란이 끝없이 이어지고 있다는 점을 알아야 한다. 화석 조각이 나올 때마다 새로운 가설이 등장하고 있고 다양한 가설이 존재한다는 점이다. 여기서의 설명은 내가 여기저기 찾아서 파악한 가설들을 정리한 것으로 오류도 있고 앞으로 오류로 판명될 것도 있음을 알려둔다. 그렇다고 저자가 만들어낸 허구는 아니다. 세상의 모든 주장은 가설이다. 따라서 인류의 기원과 역사는 지속적으로 수정될 전망이다. 인류의 기원과 역사를 복구하려는 연구는 더욱 활발해지고, 과학 연구 기법이 발달하고 있기 때문이다. 화석의 유전자를 분석하여 얼굴의 형태나 머리카락 색깔 등도 알아내고, 뼈를 분석하여 생활 형태와 사인(死因)도 밝혀냈다. 고인류 화석을 발굴한 후 화석을 3차원 스캔한 다음 그 정보를 모두에게 제공하고 있다. 또한 지금까지 발견된 인류 화석이 매우 적고 일부 지역에서만 발견되었기 때문에 앞으로 새로운 발굴에 따라 새로운 내용이 나올 것이고, 따라서 인류의 기원과 역사는 어떤 극적인 변화를 겪을지 예측하기 어렵다.

직립보행 인간으로 가는 길

20세기 초까지만 해도 인간으로의 진화가 시작된 것은 큰 뇌 때문이라고 보았다. 그러나 화석 연대 측정 결과, 큰 뇌보다는 직립보행이 먼저였다는 것이 밝혀졌다.[508] 뇌의 확장, 특히 인간 발달에 결정적이라는 대뇌피질 연합중추의 확장은 훗날에야 이루어졌다.[509] 직립보행과 이동이 인류 진화의 근간이라는 것이 학자들의 의견이다.[510] 우리 인간의 엄지발가락이 굵고 긴 것은 걸을 때 엄지발가락 힘으로 땅을 뒤로 밀치기 때문이다. 그것은 두발 걷기의 강력한 증거이다. 인간은 뒤꿈치로 땅을 디딘 뒤 발 안쪽을 살짝 대고 다시 발가락(특히 엄지발가락) 부분에 힘을 집중시키며 땅을 밀친다.

인간이 직립보행을 시작한 것은 기후변화로 거대한 숲이 사라지고 사바나가 확장되면서, 원시인들의 영양섭취와 생활방식이 바뀌었을 때 일어났다.[511] 당시 대륙판이 이동하고 아프리카 동부 해안이 치솟으면서 인도양에서 유입되는 습기가 차단되어 아프리카의 서부 열대 우림까지 사바나 초원으로 바뀌었다. 수백만 년 전 인간이 원숭이에서 분리되어 진화하기 시작했을 당시 지구의 기후는 건조해져 열대우림이 줄어든 것이다. 인간의 선조들은 먹이를 찾아 사바나로 나갔다. 이것이 인간의 직립보행 기원을 설명하는 여러 가설 가운데 지배적인 '사바나 가설'이다.

사바나 가설을 보완하는 가설도 있다. 2012년 미국·일본·영국 등 과학자 연구팀들은 인류 초기 조상이 먹이를 놓고 경쟁을 펼치는 과정에서 먹이를 쉽게 운반하기 위해 직립보행을 하게 됐다고 주장했다. 그러나 2013년 요크대학교 고고학연구팀은 지질구조 판이 이동하거나 화산이 분출되는 등 지형의 기복이 심해지면서 네 발로 걸어 다니기 매우 불편했던 것이 원인일 것이라는 가설을 제기했다.

사바나 가설만이 있는 것은 아니다. 기후변화가 시작되기 전부터 직립보행을 했던 영장류가 존재했으며, 일부 오스트랄로피테쿠스가 숲속에 살면서 나무타기와 직립보행 모두에 적응을 했다는 증거가 발견되면서 이 가설은 도전을 받았다. 2009년 10월 과학저널 〈사이언스〉에서 발표한 아르디(아르디피테쿠스 라미두스)는 약 440만 년 전에 살았던 것으로 추정한다. 이들의 엄지발가락은 침팬지처럼 옆으로 뻗어 있었다. 그러나 유연하게 구부러져서 나무를 오르내릴 수 있는 침팬지의 발과는 조금 달라, 이들이 불완전하게나마 서서 걸었던 것으로 추정된다. 따라서 인류는 처음에는 직립보행과 나무타기를 병행했을 가능성이 있다. 이 경우 인류가 숲이 아닌 초원에 적응해 직립보행을 진화시켰다는 이전까지의 가설은 흔들릴 수 있다. 2013년 5월 미국 보스턴대학교 인류학과 제러미 드실바 교수의 연구에 의하면 현대인의 약 8% 정도가 유인원처럼 나무타기에 좋은 '유연한' 발을 가졌다는 사실을 발견했다. 가운데가 평평하고 심지어 살짝 위로 구부러지기까지 하는 발이었다. 2013년 〈사이언스〉에 게재된 200만 년 전 인류인 오스트랄로피테쿠스 세디바는 발을 땅에 디딜 때부터 발가락 끝이 지면에서 떨어질 때까지 관절에 가해지는 힘의 방향이 지금의 인류와는 달랐던 것으로 보인다. 초기 인류가 걷던 방식은 한 가지만은 아니었을 가능성이 있다는 뜻이다. 황당한 것은 캘리포니아 주립대학교 리버사이드의 이상희 교수는 인간의 직립보행은 순전히 우연의 결과라고 주장한다는 점이다. 그 우연이 무엇인지 궁금하다. 하긴 인간 역사 5000년도 재구성하기가 어려운데 문자도 없던 시기의 일을 재구성한다는 것은 얼마나 어려운 일일까.

확실한 것은 알 수 없지만 인간이 직립보행을 하고 도구를 사용하게 되면서 뇌의 크기가 커지고 '똑똑한' 동물이 된 것이다. 기후변화이건 지각 변동이건 환경의 변화로 초원이 만들어졌으니 환경에 의한 자연 선택이 인류를 진화시킨 원인이며 인간을 탄생시킨 기원인 셈이다.

한편 직립보행만이 인간 진화의 원인이 아니라는 주장도 있다. 하나는 인류가 큰 뇌를 가지는 것이 가능했던 것은 인류가 음식을 익혀 먹었던 것이 원인이라는 가설이다. 요리를 하지 않으면 인간은 생존을 위해 매일 약 5kg의 날 음식을 씹어야 하는데 하루 6시간이 걸린다고 한다. 요리를 해서 음식을 먹게 되면서 내장이 작아지고, 위장이 에너지를 덜 소비하면서 남는 에너지를 큰 뇌가 사용할 수 있게 되었다는 것이다. 또 하나의 가설로 2007년 캘리포니아 산타크루즈 대학 도미니 박사팀은 초기 인류가 불을 사용하여 녹말성 식품을 요리하는 것이 가능해져 녹말성 식품을 더 쉽게 먹을 수 있었고, 인간이 녹말을 소화하는 침샘 효소인 아밀라제를 생성하는데 필수적인 'AMY1'이라는 유전자를 많이 갖게 되었다고 주장했다. 녹말이 많은 식품을 많이 섭취한 사람들은 이 유전자를 더욱 많이 가지고 있고, 생선을 주식으로 하는 북극 야쿠트족은 이 같은 유전자가 적다는 것도 확인했다. 녹말성 식품 섭취로 얻어진 풍부한 에너지가 다른 영장류에 비해 큰 인류의 뇌에 영양을 공급하는 데 필수적일 수 있다고 발표했다. 종전에는 육류 섭취가 인류의 진화를 이끌었을 가능성을 제기했다. 현대의 수렵 채취인들도 육류가 차지하는 비중은 매우 작으며, 과거 작은 뇌를 가지고 직립보행을 하지 않은 동물들도 육류를 먹을 수 있었다는 점으로 볼 때 육류가 인류의 진화를 이끌었을 것이라는 가설은 사실이 아닐 가능성이 크다는 것이다. 그러나 녹말성 식품의 도입으로 인류가 더욱 큰 뇌를 가지게 됐다고 단정 짓는 것은 어렵다는 반론도 있다.

1000만~500만 년 전 루시의 조상

기원전 약 700만 년 전후로 오스트랄로피테쿠스 등 원인이 등장하여 수백만 년 동안 살았다. 2002년 프랑스의 미셸 브뤼네 교수가 이끄는 국제연구팀은 2001년 중앙아프리카 차드 공화국에서 발견한 원인(猿人) 두개골 화석 표본이 600만~700만 년 전의 것으로 추정한다고 발표했다. 이는 '투마이 원인'이라고 불리며 가장 오래된 것이다. 두개골 용량과 몸의 크기는 침팬지와 유사하면서도 직립보행을 한 것으로 추정한다. 이것이 사실이라면 인간이 침팬지와 함께 공통 조상에서 갈라지기 시작할 무렵에 등장한 최초의 원시인류인 셈이다. 하지만 직립보행 여부는 해부학적으로 골반 뼈를 근거로 해야 하며, 두개골의 뒷부분만 보고 추정한 것은 무리가 있다는 일부 학자들의 반론도 있다. 어찌되었건 인간은 침팬지와 갈라진 직후부터 헤아리면 20만 세대를 지난 것으로 보인다.[512] 한편 하버드대학교 브로드연구소와 매사추세츠 공대(MIT) 연구팀은 이 화석은 최초 원시인류와 침팬지 사이에 교잡(이종교배)이 있었음을 보여주는 증거라는 주장을 했다. 이들은 인류와 침팬지가 분리되기 시작한 것은 기존 학설보다 훨씬 오래전인 1000만 년 전부터이며, 그 후 400만 년 동안 복잡한 과정을 거쳐 완전히 갈라서게 되었다고 주장했다. 이에 따르면 인류와 침팬지의 분화가 완료된 시점은 약 630만 년 전 내지 540만 년 전으로서, 기존의 700만 년 전이라는 주장보다 약 100만 년 늦다. 인간과 침팬지 유전자를 비교한 결과 일부는 1000만 년 동안 전혀 섞이지 않은 반면 일부는 630만 년 전 이후에도 접촉했음을 나타내는 연구결과를 그 증거로 제시했다.

네 발로 기던 유인원이 점차 두 발로 선 인간으로 변하는, 즉 유인원이 오스트랄로피테쿠스 등 원인(猿人)으로 진화했고, 호모 하빌리스, 호모 에렉투스, 네안데르탈인, 호모 사피엔스가 되었다는 것은 지나친 단순화이다. 다양한 원인이 나타났다 사라지기를 반복했고, 네안데르탈인은 그 과정에서 나타났던 한 종이다. 2012년에는 호모 하빌리스와 동시대에 호모 루돌펜시스라는 또 다른 종이 존재했다는 것이 알려졌고 이들 외에 또 다른 초기 호모 속이 존재한다는 주장도 제기되었다. 최초의 조상 인류로서 영광을 누리던 화석들은 어김없이 더 오래되고 원시적인 화석의 발견으로 그 지위에서 쫓겨나기를 거듭해왔다. 앞으로 어떤 발견이 나오고 어떤 이론이 전개될지 기대된다.

600~500만 년 전의 지중해

약 600만 년 전에 지중해는 반쯤 갇힌 바다가 되었고 염분을 가두어버렸다.[513] 그리고 신생대 제3기인 560만 년 전 지브롤터 해협이 닫히며 지중해 유역은 거대한 분지로 변하여 염분이 많은 사막이 되었다. 그동안 지중해가 사막으로 변한 것을 두고 지중해를 둘러싼 유라시아 판과 아프리카 판, 아라비아 판이 서로 충돌해 지브롤터 해협 부근이 융기했다는 가설과, 빙하기로 전 지구 해수면이 낮아져 지중해가 고립되었다는 가설이 있었다. 후자를 지지하는 주장은 2015년에도 나왔다. 지중해가 대서양에서 분리돼 사막화된 것은 남극해의 결빙 때문이라는 주장이다. 남극 바다에서 결빙이 일어나면서 바닷물이 부족해져 해수면이 낮아졌기 때문이다. 바다의 염분이 감소함에 따라 바다는 쉽게 얼게 되었고 남극은 급격하게 얼음지대로 형성되었으며 날씨는 급격하게 추워졌다.[514] 지중해가 다시 바다가 된 것은 그로부터 27만 년 후다. 지중해가 사막화 된 이후 남극해는 다시 해빙기를 맞아 해수면이 상승하며 지브롤터 해협을 통해 지중해로 흘러들어갔다. 이는 533만 년 전의 '잔클리안(Zanclean) 대홍수'를 만들어 냈다. 2009년 연구에 의하면 지중해는 대서양의 물이 급격히 밀려들어와 2년도 못 되는 사이에 채워졌다. 대홍수는 최장 수천 년간 지속된 소량의 해수 유입으로 시작되긴 했지만 유입된 물의 90%는 짧게는 몇 달, 길어야 2년 사이에 채워진 것으로 보인다는 연구결과이다. 이렇게 급격한 대홍수는 지중해 생태계와 기후에 엄청난 영향을 미친 일대의 재난이었을 것이다.

2013년 번역 출간된 앤터니 페나의 『인류의 발자국』은 지구상의 환경 변화가 인간의 진화와 문명에 미친 영향을 다루고 있다. 그는 지중해로의 바닷물 유입이 사람이 살기에 적합하지 않은 사막 지역을 문명 중심지로 바꾸는 데 기여했음을 기술하고 있다. 지중해 유역의 그리스 로마 문명은 지구 환경 변화의 산물이고 우리 인간의 문명도 지중해 바다 대홍수의 영향 아래서 성취된 것이다.

지중해는 고래의 탄생과 직접적인 관련이 있는 바다이다. 고래는 포유류로 알 대신 새끼를 낳아 젖을 먹이고, 아가미가 아닌 허파로 숨을 쉬는 포유류이다. 약 5500만 년 전 지구는 신생대 기간 중 가장 따뜻한 시기였고, 소, 돼지, 낙타, 하마, 사슴 등의 조상인 포유동물이 번성하였다. 이 중에는 고래의 조상인 파키케투스(Pakicetus)도 있었는데 이들은 늑대를 닮았고 네 다리에는 소처럼 발굽이 달려있었다. 고래와 소는 같은 조상에서 갈라진 셈이다. 파키케투스는 포유동물이 많아 먹이 경쟁이 심해지자 오늘날 지중해가 된 테티스 해로 점차 이주하였다. 당시 테티스 해는 수심이 얕고 물이 따뜻해 수영을 하며 먹이를 잡고 새끼를 낳아 기르기에 좋은 환경이었다. 시간이 흐르면서 물고기를 잡기 좋도록 주둥이는 길어졌고, 이빨은 날카로워졌으며, 그들은 점점 더 깊은 바다로 나아갔을 것이다. 약 1000만 년이 흐르면서 파키케투스는 바실로사우루스(Basilosaurus)와 도루돈(Dorudon)이라는 동물로 진화했다. 이들은 진화를 거듭하여 약 500만 년경 오늘날의 고래와 돌고래가 출현하였다.

400만 년 전 비틀즈의 '루시', 오스트랄로피테쿠스

사람과(Hominidae, 호미니드)는 사람아과(Homininae)인 사람, 고릴라 및 침팬지와, 오랑우탄아과(Ponginae)인 오랑우탄 등 2가지로 분류되고 대형 유인원을 포함하는 영장류를 말한다. 사람아과는 사람 족(Hominini)과 고릴라로 나뉘고, 사람 족은 사람 속(Homo)과 침팬지로 나뉜다. 우리 인간은 사람 속 호모이고 침팬지와 함께 사람 족, 고릴라와 침팬지와 함께 사람아과이며 크게 사람과에 속한다.

오스트랄로피테쿠스 등 원인(猿人)은 원숭이로부터 분리된 사람 과와 같이 분리된 종이지만 멸종되었다. 사실 이들은 침팬지, 고릴라 및 오랑오탄 등 현재 살아있는 사람과 동물과 마찬가지로 우리 인간의 직접 조상은 아니다.

오스트랄로피테신은 서로 밀접한 관계에 있는 2개의 속인 약 400만 년 전에 등장한 오스트랄로피테쿠스 속(Australopithecus)과 약 270만 년 전에 등장한 파란트로푸스 속(Paranthropus)을 말한다. 파란트로푸스는 초식성에 직립보행과 나무타기를 모두 한 것으로 추정되지만 인간의 직접적인 조상은 아니다.

400만~500만 년 전(시기는 학자에 따라 연구결과에 따라 늘 유동적이다)에 지금은 멸종한 원인(猿人) 오스트랄로피테쿠스가 아프리카에 등장했다.[515] 같은 조상에서 갈라지면서 원숭이와 분리된 것이다. 확실히 알려진 최초의 것은 아프리카에서 대략 400만~500만 년 전에 출현하였다.[516] 1995년 케냐 북부에서 발견된 오스트랄로피테쿠스 아나멘시스(Australopithecus anamensis)는 약 420만 년 전 것으로 추정한다.[517] 2009년 미국 캘리포니아대학교 버클리의 티모시 화이트 교수는 1992년 아프리카에서 발견한 원인 화석을 분석한 결과 440만 년 전의 원인(猿人)이라고 밝혔다. 미국 퍼듀대학교 연구진은 남아프리카공화국에서 1994년 발견된 화석인 '리틀풋'이 367만 년 전 살았던 원인(猿人)의 화석이라고 발표했다. 이 같은 발견으로 원인은 한 종이 아니라 여러 종이 있었다는 결론이 나온다.

이들의 긴 팔은 침팬지와 비슷한 형태지만 완전한 직립보행이 가능해 유인원에서 인류로 진화하는 단계를 보여주고 있다. 하지만 인간의 조상은 아니다. 인간은 유인원과, 사람 속, 인간 종으로 분류되며, 오스트랄로피테쿠스는 인간과 같이 유인원에 속하지만 사람 속은 아니다. '루시'가 가장 유명한 오스트랄로피테쿠스다. 가장 널리 알려진 '루시'는 1970년대 미국 고생물학자 돈 요한슨(Don Johanson)이 에티오피아에서 발견한 것이다. 루시가 발굴될 당시 라디오에서는 비틀즈의 'Lucy in the Sky with Diamons'가 흘러나왔고, 그 덕분에 이 화석에는 '루시'라는 이름이 붙었다. 당시에 오스트랄로피테신은 에티오피아와 차드에서 남아프리카까지 넓은 지역에 산 것으로 보인다.[518]

이들의 뇌는 400cc 내외로 오늘날 침팬지가 300~400cc이므로 거의 침팬지에 가까운 수준이며, 현대 인류가 1500cc 정도인 것과 크게 차이가 난다.[519] 유인원의 뇌가 다른 동물보다 큰 것은 진화의 결과임이 분명하다. 그것은 출산 과정에서도 나타난다. 2012년 스위스 취리히대학교 연구진은 1924년 남아프리카 타웅 지역에서 발견된 약 250만 년 전 오스트랄로피테쿠스인 화석을 분석한 결과 뇌의 진화는 직립보행 동물들의 출산과 관련된 것이라고 발표했다. 타웅 두개골 화석에서 열린 채로 남아 있는 이마의 구조는 태아가 출산 중 산도를 빠져나올 때 두개골이 짓눌려도 유연성을 갖게 하는 역할을 한다. 다른 대영장류의 이마는 출산 직후 닫히지만 사람의 경우엔 두 살 무렵에야 닫혀 뇌가 그때까지 급속한 성장을 할 수 있게 된다. 이러한 이마 봉합은 뇌가 큰 아기를 출산하는데 따른 적응이고, 출산 후 뇌가 급속 성장하는 방향으로 변화하는 것과 관련이 있으며, 전두엽의 팽창과 관련이 있다는 것이다.

인간의 출산이 고통스러운 것은 인간의 뇌가 지나치게 큰 탓이다. 하지만 고통을 줄이기 위해 골반 뼈를 좀 더 크게 하는 진화가 일어나면 직립보행이 힘들어진다. 서서 걸을 때 태아가 골반 바닥을 내리 누르면서 심하면 탈장 현상이 일어날 수 있다. 고통스러운 출산은 직립보행을 위한 어쩔 수 없는 선택이었다. 고통스러운 출산이 우리가 걸어 다니기 위한 진화과정상의 선택이라니 기묘하다.

이들은 가끔 육식을 했지만 대체로 초식을 했다. 몸짓, 소리나 털 손질 같은 행위로 의사소통을 했을 수도 있다. 그렇지만 침팬지와 같이 이들은 말을 할 수 있는 신체기관이나 추상적인 정보를 상세하게 표현할 수 있는 지적인 능력은 없었다.[520] 현생 인류는 유일하게 살아남은 호미니드이며 대부분은 사멸하였다.[521] 오스트랄로피테쿠스가 인류의 조상이 아니라면 인간은 어떻게 나타난 걸까. 아마 오스트랄로피테쿠스 이후의 새로운 종이 나타났겠지.

❙ 인류를 낳은 빙하기

오래 전에는 수십만 년에 걸쳐서 점진적으로 빙하기가 시작되고 끝나는 일이 반복되었다고 생각했지만, 그렇지 않다. 최근의 역사에서 대부분의 기간 동안 지구의 기후는 우리 문명세계가 알고 있는 것처럼 안정하고 평온했던 것이 아니라 온화한 기간와 혹독한 추위 사이를 격렬하게 오고갔다.[522] 지질학적 증거로 봤을 때, 과거 지구상에는 최소 5회의 대규모 빙하기가 있었다.[523] 가장 오래된 것은 약 7억 5000만 년 전의 스타티안 빙하기이다. 마지막 빙하기는 기원전 2만 4천 년~기원전 1만 3천 년이었다.[524]

오늘날 인류학자들은 정말 수많은 연구를 하고 있다. 놀라운 발견과 탐구가 지속되고 있고, 들어만 봐도 감탄이 나온다. 인간은 참 대단한 존재이다. 그 중 참으로 흥미로운 연구는 기후와 관련한 해양연구이다. 이들의 연구에 의하면 수백만 년 전에 유인원과 호모 종이 갈라진 후 바다 속에는 1000년마다 1.5인치씩 흙이 쌓였고 지금은 거의 1000피트(약 300미터로 8백만 년 동안 쌓인 높이)에 이른다. 그런데 바다 속의 흙을 퍼내어보면 진흙층이 3피트(약 1미터)마다 밝기가 다른데 이는 약 2만 3천 년마다 큰 기후변화를 암시한다. 그런데 그것은 약 2만 3천 년마다 일어나는 지구의 궤도 변화와 관련되어 있다. 지구의 궤도 변화는 지구가 받는 태양빛 양을 변화시키면서 기후변화를 가져온다. 인류는 빙하기를 포함하여 긴 시간에 걸친 기후변화와 함께 이동하면서 결국 역사를 만들어낸 것이다.[525] 태양을 도는 지구 궤도의 변화로 북반구 고위도 지역에 햇볕의 양이 한곗값 이하로 줄어들면 빙하기로 접어든다. 과학자들은 기후변화의 원인을 분석해왔다. 그 중 밀란코비치가 제시한 것이 유명하다. 기후는 지구의 공전에 따라 변한다고 주장하면서, 최대의 기상이 변은 10만 년 주기로 변하는 이심률, 즉 지구 공전 타원궤도의 반지름 길이와 4만 년 주기의 지축 변화 등 공전의 변화에 따라 나타난다고 주장했다. 지구가 태양으로부터 가장 멀어졌을 때 빙하기가 출현했고, 지구가 태양을 돌면서 21.5~24.5도 사이에서 지구 회전축의 기울기가 변화하고 있는데, 이 역시 영향을 준다. 미국 항공우주국(NASA)은 화산 폭발 등 태양 안에서 일어나는 현상에 따라 지구에 도달하는 빛의 양이 달라지면서 기후변화가 나타난다고 주장하였다.

300만 년 전 마지막 빙하기, 인류의 기원

지구는 약 260만 년 전부터 커다란 빙하기에 접어들었다. 빙하기가 시작된 주된 원인으로는 두 가지가 유력하다. 하나는 히말라야 산맥이 솟아오르면서 공기의 흐름을 차단해버렸고, 다른 하나는 파나마 지협이 형성되면서 해류의 흐름을 막아버렸던 것이다. 아프리카가 사바나로 변한 것은 400만 년 전 대륙판 이동으로 아프리카 동부 해안 6000km가 치솟아 인도양의 습기 유입이 차단되어 열대 우림이 사바나 초원으로 바뀌었다는 주장도 있다. 기원전 4500만 년부터 섬이었던 인도가 3000km나 밀려올라와 아시아에 붙게 되면서 히말라야 산맥이 솟아오르고, 광활한 티베트 고원이 만들어졌다. 가설에 따르면 높은 지형은 더 서늘할 뿐만 아니라 바람이 북아메리카를 향해 북쪽으로 불게 만들어서 장기적인 냉각현상이 더 쉽게 일어나게 되었다고 한다. 그런 후에 대략 기원전 500만 년부터 파나마가 바다 밑에서 솟아오르고 북아메리카와 남아메리카 사이의 틈을 가로막으면서, 태평양과 대서양 사이에 난류의 흐름을 차단해서 적어도 전 세계의 절반에 해당하는 지역에서 강우양식이 바뀌게 되었다.[526] 파나마 지협이 서서히 솟아오르면서 태평양에서 대서양으로 흐르는 조류가 단절되었고, 극지방으로 흐르던 난류의 방향이 바뀌었고, 북위도 지역에는 갑자기 극심한 빙하기가 시작되었다. 그 결과 계절적으로 가뭄과 추위가 찾아오게 된 아프리카는 점진적으로 밀림이 사바나로 바뀌게 되었다.[527]

아프리카가 사바나로 된 것은 빙하기 때문이라는 주장에 대해 새로운 가설도 있다. 2016년 미국 캔자스대학교 연구팀은 300광년 떨어진 곳에 있는 초신성 2개의 폭발로 인한 방사선 폭풍이 170만 년에서 870만 년 전 지구에 도달하여 생물계에 큰 영향을 주었다고 발표했다. 암 발생률이 높아지고, 돌연변이 발생 확률이 증가했고, 진화가 빨라졌을 가능성이 있다고 밝혔다. 추정이지만 아프리카가 건조 사바나 기후가 되고 빙하기가 시작된 것도 우주선의 영향이 있을지도 모른다는 추정도 있다.

그렇게 나타난 결과 중 하나가 아프리카의 건조화였다. 결국 유인원들은 나무에서 내려와 새로 나타나는 사바나에서 적응해서 살아가는 새로운 생활양식을 가지게 되었다.[528] 숲이 사라지면서 원시 유인원이 먹이를 찾아 초원으로 나왔고 직립이 시작되었다. 우리 인간이 지금의 모습으로 나타난 것은 아프리카의 사바나가 그 원인이다. 이를 보면 우리 인간의 진화는 자연 선택임이 분명하다. 환경의 변화로 종이 진화한 것이지 우리 스스로 현재의 모습으로 나타난 것은 아니다. 환경이 달랐다면 현재 우리는 다른 특징을 가진 종으로 진화했거나, 아니면 완전히 다른 종이거나 아예 나타나지 않을 수도 있다는 결론이 나온다.

다시 오스트랄로피테쿠스 이후 어떤 종이 나왔을까. 그리고 그것이 어떻게 인간이 되었을까.

280만 년 전 오스트랄로피테쿠스와 호모의 중간 종족

오스트랄로피테쿠스가 나타나고 200만 년이 지나서야 호모로 가는 새로운 종이 나타난 것 같다. 진화는 우리가 생각한 것보다 더 긴 시간의 터울이 존재했다. 수백만 년 동안 오스트랄로피테쿠스는 어떻게 살아왔는지 그리고 어떤 일이 일어났는지는 미스터리이다. 오스트랄로피테쿠스에 이어 호모 하빌리스가 나타난 것으로 알려졌다. 그런데 오스트랄로피테쿠스와 호모 하빌리스 사이에 50만 년의 간격이 있고 두 종이 많이 달라 진화학적으로 설명되지 않기에 두 종 사이에 연결점이 되는 종이 있을 것이라고 추정해왔다.

2015년 애리조나주립대학교 등 국제공동 연구진은 에티오피아에서 2013년 발견된 아래턱뼈 화석이 280만 년 전 것이라고 밝혔다. 280만 년 전은 오스트랄로피테쿠스와 호모 하빌리스의 중간단계 시기이다. 이 발견이 이러한 중간단계인지 아니면 새로운 종의 발견인지는 확실하지는 않지만 후속연구가 기대된다. 같은 해인 2015년에 요하네스버그에서 비트바테르스란트대학의 리 버거 교수는 250만 년 내지 300만 년으로 추정되는 새로운 종(호모 나레디)을 발견했다고 발표했다. 이는 인간의 특성과 더 원시적인 영장류의 특징이 섞여 있지만 인류의 직접적인 조상으로 보이지는 않는다. 2017년 비트바테르스란트대학 리 버거 교수와 미국 위스콘신 매디슨대학 존 호크 교수의 공동 연구진은 250~280만 년 전 원시 인류로 추정했던 호모 날레디(Homo naledi)가 연대 측정에서 23만 6000년~33만 5000년 전에 살았던 것으로 밝혀졌다고 발표했다. 따라서 호모 날레디는 열대 초원지대에서 호모 사피엔스나 네안데르탈인과 같은 다른 인류 조상과 공존했을 수밖에 없다고 주장했다. 호모 날레디의 손과 발은 오늘날 인류와 흡사하게 진화했으면서 유독 두개골은 호모 사피엔스처럼 커지지 않은 것에 대하여 과학자들은 두 가지 가능성을 제기했다. 하나는 독자 진화설로 호모 날레디는 당시 초기 호모 속의 원시 인류로 나타났지만, 현대 인류로 진화한 다른 원시 인류와 별개로 원래 형태를 거의 유지한 채 이어졌다는 주장이다. 다른 하나는 도중에 다시 과거 형태로 역 진화했을 가능성이다. 아프리카 남부지역은 다른 곳보다 상대적으로 생존경쟁이 덜해 두개골이 계속 커질 필요가 없었고, 자연스럽게 골반이나 어깨도 두개골이 작았던 과거 원시 인류와 비슷한 형태로 되돌아갔을 수 있다.

발굴된 동굴에서 최소 15명의 시신이 있는 것으로 추정되고 의도적으로 놓아둔 것으로 봤을 때, 죽은 자를 땅에 묻는 장례와 같은 의식을 했을 가능성이 있는 것으로 추정한다. 이것이 중간화석인지는 확실하지 않지만 중간화석에 가까운 것이 확인됨에 따라 오스트랄로피테쿠스에서 호모로의 진화 과정에서 호모가 어느 날 갑자기 하늘에서 떨어진 것이 아니라 진화의 과정에서 나타난 것임을 새삼 보여준다. 이들이 인간의 직접 조상은 아니지만, 시신을 묻는 의식을 한 것으로 보이는 것은 놀랍다. 진화의 과정에서 이 시기쯤엔 생물계에서 죽음과 종교라는 관념이 희미하게 싹트고 있었던 것은 인간만의 일은 아니었나 보다.

오스트랄로피테쿠스의 후예인 파란트로푸스 로부스투스(Paranthropus robustus)는 아프리카의 기후가 건조해지던 당시 먹이가 부족하여 멸종했을 것이라는 것이 종전의 추정이다. 그런데 2006년 이 종이 식물의 열매나 잎을 따 먹는데 그치지 않고 초본식물과 뿌리, 초식동물까지도 먹이로 삼는 다양한 식생활을 한 것으로 밝혀졌다. 미국 콜로라도 주립대학의 매트 스폰하이머 교수를 포함한 연구진은 남아프리카공화국에서 발견된 4종의 파란트로푸스 치아 화석의 사기 질을 분석해 이들이 먹은 음식의 종류를 밝혀낸 것이다. 따라서 파란트로푸스의 멸종 원인을 진지하게 재고해야만 할 것이다.

유인원에서 오스트랄로피테쿠스로의 전환이 일어나고 그 후 초기 호모가 등장하였다. 물론 인간이 나타난 것은 아니다. 아직은 누구도 오스트랄로피테쿠스와 호모 사이의 관계에 대하여 알지 못하지만, 오스트랄로피테쿠스가 사라질 때까지 100만 년 이상을 함께 살았다는 사실은 알고 있다. 그들이 왜 사라졌는지에 대해서는 아직까지 정확히 아는 사람은 없다.[529]

2) 인류의 조상 출현

▌과거를 몰랐던 인간

19세기 중엽이 되어서야 인간은 선사시대가 있었고, 석기시대, 청동기시대, 철기시대가 존재했다는 것을 알았다.[530] 1851년 최초로 선사시대라는 단어가 공식 용어로 사용되었다.[531] 21세기 우리는 빅뱅과 진화 그리고 원시인을 아는 몇 안 되는 인류이다. 인류 역사의 99.9%는 원시적인 역사이다. 문자도 없고 민족이나 종교의 이름도 없으며 정치와 종교의 지도자 이름도 없는

역사였다.[532]

우주의 탄생부터 호모가 나타나기 전까지 역사를 돌아보았지만 마찬가지로 아직도 모르는 것이 너무 많다는 것을 알 수 있다. 아직도 가야할 길이 멀고, 앞서 기술한 내용이 앞으로 어떤 변화를 겪을지 예측할 수도 없다.

인간의 정의

인간이란 무엇인가? 인간의 정의가 무엇인지는 시대에 따라 끊임없이 변해왔다. 플라톤은 인간이란 털 없이 두 발로 걷는 동물이라고 주장했다. 이에 대해 디오게네스는 털 뽑은 닭을 들고는 "이것이 플라톤이 말한 사람이다!"라고 외쳤다고 한다. 하지만 동양의 고전 『순자』에는 "사람의 특징을 '두발과 털 없는 것(二足而無毛)'으로만 말할 수 없다. 분별심이 있지 않으면 사람이 아니다."라고 말한 걸보면 이것이 좀 더 품위 있는 정의이다.

세월이 천 년 이상 흐르고 유럽에서는 인종 논쟁이 시작되었다. 1550년 스페인 바야돌리드에서 '바야돌리드 논쟁'이 일어났다. '아메리카 신대륙의 인디오들이 인간인가?'에 대한 논쟁이었다. 15세기 스페인은 신대륙에 진출하여 무수한 원주민을 무참하게 학살했다. 일부 신부들은 이를 본국에 고발하였고 그들은 인간임을 주장하였다. 그러나 인디오들의 인신공희 등 이교적인 행위를 빌미로 그들은 신에 의해 창조되지 않은 존재라는 주장과, 인간은 누구나 신에 의해 창조되었기에 그들도 개종하면 하느님의 자녀가 될 수 있다는 주장으로 나뉘었다. 종교로 인간을 구분하는 어처구니없는 논쟁이었다. 유럽의 중세는 인간을 종교로 판단한 시대였다.

세월이 또다시 흐르고 이성과 과학의 시대인 근대로 진입하였다. 17세기 데카르트는 동물은 기계로, 인간은 생각하는 존재로 구분하고, 18세기 임마누엘 칸트는 이성의 존재가 인간과 동물의 차이라고 주장했다. 즉 유일신교의 창조론 대신 이성을 기준으로 인간을 판단하기 시작하였다. 그러나 여전히 유일신교적인 관념이 이어져 로크는 신이 오직 인간에게만 이성을 허락했다고 말했다.

과학은 이 모든 것을 재고시켰다. 인간을 처음으로 동물의 일부로 분류한 사람은 카를 폰 린네다. 린네는 1758년 출간된 『자연의 체계』에서 사람을 영장목으로 분류했다. 이 시기는 진화의 개념이 등장하지 않았던 때로, 종의 불변성이 진실로 여겨지던 시대였다. 인간에게 호모 사피엔스라는 학명을 붙인 것도 린네다. 하지만 그는 인종 분류에서는 인종차별적이었다. 인간을 백인 유럽인, 황인종 아시아인, 흑인 아프리카인, 붉은 아메리카인, '괴물인' 등 5개 인종으로 분류하여 편견에 가득 찬 평가를 하였다. 마지막의 괴물인은 푸에고 인디언 등 토착민들이었다. 이러한 시각은 현대까지 서구 유럽인들을 지배하였다.

오늘날 과학은 인간이 그저 생명 진화의 산물이라고 본다. 인간이 동물임은 분명하다. 동부 고릴라와 서부 고릴라의 계통 관계보다 인간과 침팬지의 계통 관계가 더욱 가깝다. 동부와 서부 고릴라는 유전적으로 매우 달라 침팬지, 현생 인류, 네안데르탈인의 차이에 비견될 정도이다. 그래서 많은 학자가 인간의 해부학적 차이를 기초로 인간을 정의했다.

구석기시대, 기원전 200만 년~기원전 1만 년

이제 우리는 구석기라고 불리는 시대에 도착했다. 현생 인류의 직계조상인 호모 하빌리스가 등장한 2백만 년 전이다. 그런데 2백만 년 전에는 현생 인류는 없었다. 오스트랄로피테쿠스나 호모 하빌리스에 이어서 나타난 호모 에렉투스는 직립보행을 했지만 호모사피엔스라 불리는 현생 인류와 어떤 관계가 있는지는 거의 밝혀지지 않았다. 구석기시대가 시작하고 한동안은 호모 사피엔스의 시대는 아니었다.

선사시대 연구자들은 200만 년 전부터 마지막 빙하기의 끝 무렵인 1만 2천 년 또는 1만 년 전까지를 단일시대로 구분하여 구석기시대라고 부른다. 구석기시대는 빙하기와 간빙기가 교차하던 시기이다.[533] 구석기시대는 전기와 후기로 나눈다. 전기는 전체 구석기시대의 99%를 차지한다.[534] 기원전 3만 년 경에 후기 구석기시대가 시작되었다.[535] 보통 구석기시대는 호모 에렉투스가 주체인 주먹도끼가 대표하는 전기 아슐리안 문화, 네안데르탈인이 주체인 무스테리안 문화, 호모 사피엔스 사피엔스가 주축을 이룬 후기문화로 구분한다. 크로마뇽인(Cro-Magnon)은 호모 사피엔스 사피엔스로 1879년 프랑스 크로마뇽 지방의 동굴에서 발견되었다. 약 5만 년 전부터 후기 구석기시대까지 호모 에렉투스와 네안데르탈인이 멸종하였다면 우리 현생 인류의 역사는 후기 구석기시대부터이다.

후기 구석기시대는 식량 공급이 달리게 되면서 약 기원전 1만 년에 종말을 고했다. 빙하가 북쪽으로 후퇴하고 남부 유럽의 기후가 순록이 살기에는 너무 따뜻해지자, 크로마뇽인도 점차 발트해 연안으로 이주해갔다. 아마도 크로마뇽인은 순록을 따라 북쪽으로 이동해 갔을 것이다. 그러나 우리는 그 후의 어떤 문화적 업적도 알지 못한다.[536]

호모 사피엔스는 지구상에 존재한 시간의 90% 가량을 수렵채취인으로 생활했다. 그들은 간단한 목기와 석기를 사용했고, 불을 익숙하게 다루었으며, 우리가 아는 한 여러 세대 동안 변함없는 생활 방식을 영위했다.[537] 이 시기는 역사의 급류에 휩쓸리기 전으로, 당시의 문화적 진화는 생물학적 진화의 리듬에 따라 더디게 진행되었을 것이다.[538]

▎약 200만 년 전 인류의 직계조상 호모 하빌리스 출현

구석기시대의 시작인 약 200만 년 전 드디어 인간의 조상인 종이 출현했다. 이때 영장류의 한 종이 호모 하빌리스로, 즉 인류학자들이 '솜씨 있는 인간'이라 명명한 존재로 진화했다. 호모 하빌리스는 석기를 만들기 시작한 종이다.[539] 그 후 1000년이 2천 번 지나는 동안 우리 조상들은 계속해서 식량을 찾아다녔고, 도구는 오랜 시간에 걸쳐 더 복잡하고 정교한 형태로 발달했다.[540] 호모 하빌리스(Homo Habilis)는 처음 석기를 사용했을 것으로 추정되는 오스트랄로피테쿠스보다 더 발전된 석기를 사용한 것으로 보인다.

그러나 1986년 호모 하빌리스의 키가 1m에 불과하다는 사실이 밝혀지면서 인류의 조상 문제는 미궁에 빠졌다. 약 20만 년 뒤 등장한 호모 에르가스테르의 키는 170cm에 이르러 호모 하빌리스는 인류의 직접 조상이 아니라는 반대 의견이 나왔고, 다른 종이 호모 에르가스테르로 이어졌을 것이라는 추측이 제기되었다. 1972년 호모 루돌펜시스라는 새로운 종이 발굴됐다. 후에 나타난 것으로 보이는 호모 에렉투스보다 두개골 크기가 훨씬 컸으며 생김새가 인간과 비슷해서 인류 조상일 것이라는 예측이 나왔고, 호모 에르가스테르로 진화한 것은 호모 루돌펜시스라는 이론이 나타났다.

문제는 이렇게 끝나지 않았다. 호모 하빌리스, 호모 루돌펜시스, 호모 에르가스테르 등이 동시에 살았다는 주장과 이들이 사실 같은 종이라는 주장이 나온 것이다.

▎약 200만 년 전 3종의 호모 공존?

2012년 케냐의 나이로비에 있는 투르카나 유역 연구소의 미브 리키 박사가 이끄는 연구팀은, 케냐에서 호모 에렉투스와는 다른 178만~195만 년 전의 두개골 화석 3점을 발굴해 그 연구결과를 발표하면서 당시 아프리카에서 적어도 3종의 인류가 공존했다고 주장하였다. 2015년 독일 막스플랑크 진화인류학연구소와 영국 유니버시티 칼리지 런던 연구진은 호모 하빌리스의 화석으로 두개골을 복원한 결과를 발표했다. 알려진 것보다 아래턱이 오스트랄로피테쿠스와 훨씬 비슷하고 두개골 용량은 당초 추정보다 커서 호모 에렉투스에 가까운 것으로 드러났다. 연구진은 초기 인류가 턱 형태에서 이처럼 큰 차이를 보이는 것은 약 2백만 년 전 사람속 안에 호모 하빌리스와 호모 에렉투스, 호모 루돌펜시스 등 3종이 공존했음을 의미한다고 분석했다. 이러한 분석이 옳다면 호모 하빌리스는 동아프리카에서 살았으며 당시에 오스트랄로피테쿠스 등 다른 많은 종들과 함께 살았던 것으로 보인다.[541] 혹은 다른 종이라고 생각했던 이들 종이 하나의 종일지 모른다.

▎약 200만 년 전 단일 호모 종?

2013년 유럽과 아시아의 경계에 위치한 조지아에서 발견된 작은 두개골들을 분석한 결과, 인간의 조상이 모두 같은 종일 수 있다는 연구결과가 제시되었다. 이 화석은 호모 하빌리스의 특징과 함께 호모 에렉투스, 호모 루돌펜시스의 많은 특징이 함께 나타난 것이다. 두개골들은 약 180만 년 전에 같은 지역에서 살았는데도 형태가 다양하여 현생 인류의 조상으로 불리는 호모 하빌리스, 호모 루돌펜시스, 호모 에르가스테르 등이 같은 종일 가능성이 있다. 아프리카 화석에서도 유사한 형태와 편차 범위가 나타나는 만큼 당시 아프리카에 살았던 인류는 단일 호모 종으로 보아야 할 수도 있다. 그러나 여러 종의 인류를 호모 에렉투스 하나로 뭉뚱그리려는 시도는 너무 성급하다는 반론도 있다.

오랫동안 인류가 호모 하빌리스에서 직립 원인인 호모 에렉투스, 그리고 현생 인류인 호모 사피엔스로 진화했다는 단선진화론이 지배적이었다. 그러나 인류의 조상 중 여러 종류가 동일시기에 동일 지역에서 함께 살았다는 복수 종의 이론이 대두하였다. 결국 여러 증거로 볼 때, 인간도 다양한 지역에서 다양한 방식으로 진화하여 다양한 특성을 가진 여러 인류 종들이 나타나서, 그 중 하나가 궁극적으로 살아남은 것으로 추정한다.

이들 종이 살았던 2백만 년 전이라는 시간이 피부에 와닿지 않는다. 1만 년 전의 인간 역사도 잘 어림이 되지 않는데 하물며 백만 년이라는 시간은 100년도 못사는 인간에게는 느껴질 수 없을 것이다. 그때 호모 하빌리스 등이라고 불리는 이들 종에게 대체 무슨 일이 있었는지 타임머신이 없는 이상 정확히 알 수가 없다. 인간의 기원을 찾는 것이 가능성이 있는지, 그리고 의미는 있는 건지 갑자기 혼란스럽다.

호모 하빌리스, 최근까지 생존?

한편 200만 년 전 지구상에 모습을 드러냈던 호모 하빌리스 등이 최근까지 살았을지도 모른다는 연구결과도 나왔다. 1989년 중국 윈난 성에서 발견된 '붉은 사슴 동굴인'으로 명명된 인류 화석의 허벅지 뼈를 분석한 결과, 150만 년 전에 살았던 고대 인류 호모 하빌리스나 초기의 호모 에렉투스와 비슷한 특징이 나타났다고 2015년 발표되었다. 지금까지 유럽과 아시아 지역에서 발견된 고대 인류는 네안데르탈인과 데니소반인뿐인데, 이들은 현생 인류의 출현과 함께 4만 년 전에 사라진 것으로 알려져 왔다. 그런데 이 화석의 연대가 비교적 최근임이 밝혀지면서 이들과는 또 다른 고대 인류가 1만 년 전에 끝난 마지막 빙하기의 후반까지 살았을 가능성이 제기된 것이다.

❙ 호모 하빌리스는 누구인가

인류 진화에서 뇌의 용량은 오스트랄로피테쿠스 380~450cc, 호모 하빌리스 700cc 내외, 호모 에렉투스 1000cc 내외, 호모 사피엔스 1500cc 정도로 점차 커졌다. 인류의 뇌가 커지기 시작한 것은 약 2백만 년 전 호모 하빌리스 이후부터이다. 인류는 커진 뇌에 필요한 에너지를 공급하기 위해 체지방을 몸속에 저장하기 시작했다. 지방은 탄수화물이나 단백질보다 2배 이상 높은 에너지를 낸다. 뇌는 골격근에 비해 15배 이상 많은 에너지를 소비한다. 인간의 뇌는 기초대사량의 15~20%에 이른다.

호모 하빌리스(Homo habilis)는 인간이라기보다는 침팬지에 더 가까운 아주 원시적인 상태였지만, 뇌는 전체적으로 루시(오스트랄로피테쿠스)보다 50%나 더 컸다.[542] 전체 몸집에 비해 그렇게 큰 것은 아니었지만, 당시의 아인슈타인이었을 것이다.[543] 이들은 도구를 사용하고 현대의 인간과 같이 학습을 하는 동물로 아마도 인간 역사의 시작을 의미할 수도 있다.[544] 그러나 해부학적 증거에 의하면 완전한 직립보행은 아니며 나무에서 많은 시간을 보낸 것으로 보인다.[545]

호모 하빌리스가 2백만 년 전에 나타났다. 당시에는 이들이 지구상의 '만물의 영장'이었을 것이다. 우리 인간이 지금은 그것을 이어 받았지만 다시 200만 년이 지나면 어떻게 될까? 호모 사피엔스는 살아남을까? 호모 사피엔스와 지구상의 생명체는 멸종할까? 아니면 또 다른 종이 우리를 이어받아 '은하계의 영장'이 될까? 후자가 맞는다면 우리는 200만 년 후의 종에게 200만 년 전의 '호모 사피엔스'로 남을 것이다.

▌언제부터, 누가 도구를 썼을까

초기 원인(猿人)은 5백만 년 전 전후에 직립보행을 시작했지만, 최초의 석기는 250~270만 년 전에 출현했다는 것이 일반적인 통설이다.[546] 원인(猿人)은 유능한 뇌와 빠르게 진화할 수 있는 모든 요소들이 마련되었음에도 불구하고, 실제로는 그런 진화가 일어나지 않았던 것으로 보인다. 루시와 동료 오스트랄로피테쿠스는 수백만 년 동안 거의 변하지 않았던 것으로 보인다. 더욱 이상한 것은 그들이 거의 100만 년 동안이나 도구를 사용하는 다른 초기 인류들과 함께 살았음에도 불구하고, 오스트랄로피테쿠스는 자신들이 가지고 있던 유용한 기술들을 활용하지 않았다는 것이다.[547] 석기의 사용은 호모 사피엔스와 가까운 호모 속의 조상들이 시작했으며, 오스트랄로피테쿠스 아파렌시스(Australopithecus afarensis)는 석기를 비롯한 복잡한 도구를 사용할 수 없었다는 것이 학계 정설이었다. 물론 오스트랄로피테쿠스는 인간의 직접 조상이 아니다. 그러나 다른 증거도 발견되었다.

2015년 케냐에서 330만 년 전의 것으로 보이는 최초의 석기가 발견되었다. 지금으로부터 3백만 년 이전의 것으로 기존의 통념을 깨뜨리는 시기이다. 이 석기를 만든 주인공은 케냐에 살았던 오스트랄로피테쿠스일 가능성이 높다. 다른 연구도 오스트랄로피테쿠스가 기존의 생각보다 도구를 잘 다룰 수 있었을 것이라는 가설을 지지하고 있다. 예일 대학과 켄트 대학, 프랑스 국립과학연구소의 과학자들은 현생 인류와 침팬지, 고릴라, 오스트랄로피테쿠스의 손을 컴퓨터 모델링을 통해서 분석했다. 그 결과 오스트랄로피테쿠스는 석기를 비롯한 복잡한 도구를 다루기에 충분한 수준의 손을 가지고 있었다. 두뇌만 발달했다면 석기를 포함한 도구를 사용하지 못할 이유가 없었다는 것이다. 또한 인간만이 도구를 사용하는 것도 아니다. 2016년 영국 옥스퍼드대학, 런던대학과 브라질 상파울루대학 등으로 구성된 공동 연구진은 처음으로 원숭이도 도구를 사용하는 것을 관찰했다. 하지만 이들 원숭이가 깬 돌을 어디에 사용하는지 관찰하지는 못했다. 뿐만 아니라 오랑우탄이나 고릴라 같은 영장류도 나뭇가지를 도구로 사용하며, 침팬지는 견과류를 돌로 깨 먹는다. 물론 인간과는 수준이 다른 것은 사실이다.

사실 석기를 제작하는 것은 인간의 진화 과정에서 매우 커진 전두엽피질의 작용에 의한 섬세한 기술이 요구되었다.[548] 평균적인 뇌의 용량은 오스트랄로피테쿠스가 400cc 내외, 호모 하빌리스가 700cc 내외, 호모 에렉투스가 1000cc 내외, 현생 인류는 1500cc 정도이다. 뇌의 크기가 커지는 것이 진화임은 분명하다. 하지만 뇌가 큰 것이 지적능력이 높다는 것은 아니다. 아인슈타인의 뇌는 보통 사람에 비해 오히려 작았다. 2005년 연구결과를 보면 뇌의 용량이 과연 지적능력과 비례하는지에 대한 의문이 제기된다. 2004년 인도네시아에서 발견된, 키가 1미터에 불과한 난쟁이 인간 '호모 플로레시엔시스'는 약 2만 5천여 년 전에 살았던 종이다. 이 종의 뇌 용량이 침팬시 수준인 400cc 정도인데 호모 사피엔스가 만들었음직한 정교한 화살촉과 돌칼이 함께 발견되었다. 화석을 분석한 결과 이 종의 대뇌 전반을 둘러싼 피질의 모습이 호모 사피엔스와 비슷한 것이 확인되었다. 언어를 이해하는 영역인 대뇌피질 측두엽이 확장돼 있었고, 인지 능력을 담당하는 대뇌피질 전두엽이 많이 접혀 있었다. 생명체의 지능은 뇌의 전체 크기가 아니라 대뇌피질의 크기가 중요한 것이다. 또한 뇌의 크기만으로 본다면 코끼리나 고래가 최고이다. 따라서 생명체의 지적 기능을 판단할 때 체중 대비 뇌의 무게가 차지하는 비율인 대뇌비율 지수(Encephalization Quotient)가 중요하다. 침팬지가 2.5 정도인데 반해 인간은 7~8로 매우 높은 것이다.

도구의 사용은 진화심리학에서도 설명된다. 도구의 사용은 볼드윈 적응(Baldwinian adaptation)으로 알려진 과정을 통해서 진화되었다. 볼드윈 적응은 처음으로 이를 체계적으로 기술한 19세기 미국의 심리학자의 이름을 따서 만든 단어이다. 미국의 심리학자인 제임스 볼드윈은 자연 선택이 생물학적 법칙일 뿐만 아니라 정신을 다루는 모든 과학에 적용되는 원칙이라 주장했다. 이는 다윈적인 요소와 문화적인 요소가 결합하여 나타난 것이다. 동물의 행동 변화가 동물의 생활방식을 변화시키고, 이에 따라 시간이 흘러가면서 유전적 변화를 일으키는 새로운 (자연)선택의 힘을 낳는다는 것이다. 예를 들어 추운 기후에서 살아가도록 새로운 생활방식을 배운 종은 진화를 통하여 털을 나게 함으로써 새로운 환경에 유전적으로 적용하게 되는 것이다. 인간의 경우를 예로 들면, 가축을 사육하는 사람들은 오랜 세대에 걸쳐 우유를 소화시킬 수 있는 효소인 락타아제를 만들어내서 우유를 먹을 수 있게 된 것이다.[549] 아마도 도구를 만들고 사용하는 데 뛰어난 인간(hominine)은 다른 종들보다 더 많은 후손을 낳을 수 있는 자연 선택의 우월성을 획득하게 되었고, 이들의 지적능력은 곧 전체 종의 유전자가 되었을 것이다.[550] 그렇다면 도구의 사용은 피드백을 통하여 두뇌 성장의 원인이자 결과가 되었을 것이다.[551]

인간이 도구로 사용한 석기는 두 단계로 나누어진다. 200만 년 전 인류가 처음 사용한 석기 군을 일반적으로 "올두바이 공작(Oldowan Industry)"이라고 한다. 이에 속하는 석기는 그때그때 임시적으로 만든 것으로 여겨지며, 형태적 정형성을 찾기 어렵다.[552] 올두바이 공작은 약 25만 년 전까지 이어졌다.[553] 올두바이 공작은 보다 정제된 석기로 구성된 '발달한 올두바이 공작(Developed Oldowan Industry)'으로 이어지며, 이것은 다시 매우 정제된 형태의 석기로 구성된 '아리안 공작'으로 계속된다. 아리안 공작은 아프리카와 유럽 및 인도에 걸쳐 분포하지만, 모든 곳에서 이러한 공작이 확인된 것은 아니다. 아리안 공작의 대표적 석기는 주먹도끼를 비롯한 각종 양면가공 석기로서, 이러한 석기는 이후 약 150만 년 가까이 호모 에렉투스와 초기 호모 사피엔스 집단의 대표적인 도구가 되었다. 시간이 흐르면서 아리안 공작의 석기 제작에는 돌보다 강도가 약한 나무·사슴뿔을 망치로 사용하여 원석을 때리는 방법과 소위 간접타법이 응용되었는데, 이로부터 보다 정제된 형태의 석기가 만들어졌다.[554]

인간이 석기를 사용한 기간은 100만 년 이상이다. 우주가 탄생한 이래 거의 140억 년의 시간이 흐르고, 지구가 탄생한 이래 40억 년의 시간이 흐르면서 오랜 생물학적 진화를 통해 인간이 탄생하고, 100만 년 이상의 '문화적' 진화를 통해 인류 문명이 출현하였다. 우주, 생명 그리고 인간의 기원은 헤아릴 수 없는 시간과 무한에 가까운 공간적 지평 속에 설명되는 것이니 참으로 막막하고 아득하다.

180만~120만 년 전 호모 에르가스테르

호모 에르가스테르(Homo ergasther)는 아프리카에서 약 180만~120만 년 전에 생존했던 고인류이다. 1972년 영국의 인류학자 리처드 리키가 케냐의 루돌프 호수에서 처음 발견하였다. 호모 에렉투스와는 다소 다른 점이 발견되어 별도로 호모 에르가스테르로 분류하였다. 이 종보다 후에 나타난 것으로 보이는 호모 에렉투스보다 두개골 크기가 훨씬 컸고 생김새가 인간과 비슷해서 인류 조상일 것이라는 예측이 나왔고, 호모 에르가스테르로 진화한 것은 호모 루돌펜시스라는 이론이 지배이론으로 자리 잡았다. 호모 에르가스테르는 아프리카에서 유라시아로 이주했다.[555]

호모 에르가스테르는 뇌의 크기가 850~1000cm^{3}였던 것으로 추정한다.[556] 이들 중 일부는 불을 사용한 것으로 보이고, 전보다 언어능력이 향상된 것으로 보이며, 전뇌(前腦)가 큰 것으로 보아 약간의 상징체계를 가졌을 것으로 보인다.[557] 호모 하빌리스보다 더욱 진보된 석기를 사용하였으며, 목소리를 통해 의사소통을 했을 가능성도 있다고 추정한다. 그러나 조지아의 화석은 호모 하빌리스의 석기와 유사한 형태의 석기를 사용하고 있었다. 키는 180~189cm 정도로 추정한다.

약 170만 년 전 호모 에렉투스 등 등장

160만 년 전부터는 빙하시대였다. 기온은 오늘날보다 10~15도 낮았다. 단단한 지면의 3분의 1이 빙하로 덮여있었다.[558] 200만 년 내지 150만 년 전 호모 에렉투스와 호모 에르가스테르(Homo ergaster)가 나타났다.[559] 다행스럽게도 한 종이 살아남았다. 도구를 사용하던 그들은 난데없는 곳에서 출현해서 그 정체가 확실하지도 않고 논란이 계속되고 있는 호모 하빌리스와 함께 살았다. 어떤 책을 보는가에 따라 다르지만, 호모 에렉투스는 약 180만 년 전에서 대략 2만 년 전까지 살았다. 호모 에렉투스는 경계선이다. 그 이전에 존재했던 모든 종은 유인원과 같은 특성을 가졌고, 그 이후에 출현했던 모든 종은 인간과 같은 특성을 가졌다. 호모 에렉투스는 처음으로 사냥을 했고, 처음으로 불을 사용했고, 처음으로 복잡한 도구를 만들었고, 처음으로 집단생활의 흔적을 남겼고, 처음으로 늙고 병든 동료를 돌보아주었다. 그 이전에 살았던 초기 인류와 비교해볼 때 호모 에렉투스는 모습이나 행동이 지극히 인간적이었고, 팔다리가 길고 말랐지만 아주 강했고(현대 인류보다 더 강했다), 엄청나게 넓은 지역에서 성공적으로 살 수 있는 욕구와 능력을 가지고 있었다. 호모 에렉투스는 다른 초기 인류들에게 두려운 정도로 강력하고, 재빠르고, 재능이 있는 것으로 보였을 것이 틀림없다.[560] 그러나 이러한 긴 주장도 논란이 많고 반대도 많으며 확실하지 않다.[561] 확실한 사실은 100만 년 전보다 훨씬 더 오래 전의 어느 시기에 비교적 현대 인류와 가까운 직립 원인이 아프리카를 떠나서 용감하게 지구 전체로 퍼져나갔다는 것이다.[562] 모두가 합의할 수 있는 것은 그것뿐이다. 인류 진화의 역사에서 그 이후에 무슨 일이 일어났는지는 길고 치열한 논쟁거리이다.[563]

대부분의 전문가가 받아들이고 있는 인류의 이주에 대한 전통적인 이론에 따르면, 거의 200만 년 전에 새로운 종으로 출현한 후 놀라울 정도로 빠르게 아프리카를 떠났던 호모 에렉투스이다. 상당한 기간 동안 그들은 여러 지역에 정착을 했고, 이들 초기의 호모 에렉투스는 아시아의 자바인과 베이징인, 유럽의 호모 하이델베르겐시스, 마지막으로는 호모 네안데르탈렌시스로 진화했다.[564]

그러나 인류의 기원이 아프리카가 아니고 아시아라는 반론도 있다. 화석의 증거를 그대로 믿는다면, 호모 에렉투스들은 아프리카를 떠날 즈음이나 어쩌면 그보다 조금 앞서서 자바에 도착했던 것으로 보인다.[565] 아프리카와 자바의 거리를 생각해보면 불가능한 시나리오다. 그런 사실 때문에 현대 인류의 발원지가 아프리카가 아니라 아시아일 수도 있다고 주장하는 과학자들도 있다. 그러나 아프리카 이외의 지역에서는 가능성이 있는 선구종이 발견된 적이 없었기 때문에 만약 그런 주장이 사실이라면 놀랍고 신기한 일이 될 것이다. 그렇게 된다면 아시아 사람들은 저절로 출현했다는 뜻이 된다. 더욱이 아시아 기원설은 확산의 문제를 뒤집어놓기도 한다. 이제는 자바인이 어떻게 그렇게 빨리 아프리카까지 갈 수 있었는지를 설명해야만 한다. 호모 에렉투스가 아프리카에서 등장한 직후에 아시아에서도 출현할 수 있었던 이유에 대해서는 몇 가지 가능성이 높은 이론이 있다. 첫째, 초기 인류 유골의 연대 측정에는 상당한 오차가 있다는 것이다. 아프리카 유골이 살았던 실제 시기가 추정 값의 오차 범위에서 오래된 쪽이고, 자바인의 경우에는 오차 범위가 반대쪽이라면, 아프리카의 호모 에렉투스가 아시아로 옮겨가는 데 상당한 시간이 걸렸다는 뜻이 된다. 그리고 자바인의 연대측정이 완전히 틀린 것일 가능성도 있다.[566]

아프리카에서 기원했건 아시아에서 기원했건 호모 에렉투스는 인류의 조상이다. 호모 에렉투스는 한동안 지구에 살던 유일한 사람 속이었던 것처럼 보인다. 엄청나게 모험심이 강했던 호모 에렉투스는 숨이 막힐 정도의 속도로 지구 전체에 퍼져나갔다.[567] 약 70만 년 전쯤에는 호모 에렉투스는 남아시아에서 살았고 빙하기의 유럽까지 진출한 것으로 추정한다.[568]

▍약 140만 년 전, 불의 사용

그리스 신화의 프로메테우스는 제우스가 숨긴 불을 훔쳐 인간에게 가져다주었다가 쇠사슬에 묶여 독수리에게 간을 먹히고 밤새 간이 자라나면 또 파먹히는 형벌을 받았다. 인간이 불을 얻게 된 신화이지만 제우스가 우리 인간을 '구원'하여 준 셈이다. 인간은 불을 사용하면서 지능이 발전하고 문명의 꽃을 피웠다.

인류가 불을 처음 사용한 시기는 142만 년 전으로 거슬러간다.[569] 캐나다 토론토 대학을 비롯한 연구팀은 2012년에 현대 인류의 조상이 약 100만 년 전부터 불을 사용한 흔적을 남아프리카의 동굴에서 발견했다. 호모 에렉투스는 최초로 불을 다룬 인류의 조상이다. 익힌 음식을 먹으면서 소화가 잘 되어 장이 작아지고 허리가 잘록해지고 에너지를 덜 쓰게 되자, 남은 에너지가 뇌에 쓰여 뇌가 발달할 수 있었다.

2010년 하버드대 영장류 동물학자 리처드 랭엄 교수는 인간이 다른 종과 다르게 진화를 할 수 있었던 건 요리를 시작하면서부터라고 주장하였다. 날고기를 먹으려면 강한 치아와 큰 장기가 필요하고 음식 섭취와 소화에 많은 시간을 써야 하지만, 음식을 익혀 먹으면서 큰 장기와 에너지 소비가 불필요하게 되어 장이 작아지면서 뇌가 커지고 발달하였다는 주장이다.

우리 인간은 불을 사용하면서 지능이 발달하고 문명을 이루었다. 불은 단순히 불이 아니라 긴 역사적 맥락이 있다. 우리가 먹는 음식의 탄수화물은 광합성의 결과로 만들어진 것이며 음식을 익히기 위해 필요한 산소도 태양 때문에 나타났다. 2009년 번역 출판된 앨프리드 W. 크로스비의 『태양의 아이들』은 우리 인간이 애초부터 '태양의 아이'로 태어났다고 말한다. 인류 역사는 태양에너지를 사용한 역사이다. 초기 인류는 불을 이용해 자신을 보호했고 음식을 익혀 먹으면서 뇌가 발달하였다. 뇌가 발달하자 더욱 효율적으로 태양에너지를 사용할 수 있었다. 수렵 채취에서 농업으로의 전환도 태양에너지를 더 효율적인 방법으로 획득하는 방식이다. 화석연료를 찾아냈고, 전기를 발견하고 원자력까지 찾아냈다. 생명의 탄생도 태양이 없으면 불가능했다. 태양은 인간을 창조한 '창조자들' 중 하나이다. 이렇게 보면 인간은 오랜 시간 진화의 산물이다. 이 우주는 어떻게 존재하느냐는 질문은 여전히 남아 있지만 말이다.

약 120만 년~80만 년 전 호모 안테세소르

호모 안테세소르(Homo Antecessor)는 약 120만 년 전에서 80만 년 전 사이에 살았던 고 인류로 스페인 북부에서 발견되었다. 유럽에 살았던 호미니드 중에서 제일 오래 된 것 중 하나로 추정되는데, 뇌 크기가 1000~1150cc로 현생 인류보다는 약간 작다. 이 화석은 호모 에르가스테르와 호모 하이델베르겐시스 간의 연결고리로 생각하는 견해가 있지만 소수 의견은 호모 하이델베르겐시스와 같은 종이라고 본다.

새로운 화석이 나타날 때마다 새로운 이름이 주어지고 새로운 가설이 나타난다. 하지만 결국 약 2백만 년 전부터 호모 사피엔스가 나타날 때까지 살았던 종의 화석이다. 이들이 어떻게 살았으며, 서로 어떤 관계이며, 어떻게 호모 사피엔스로 진화했는지는 앞으로도 연구가 이어지고 새로운 발견이 계속될 것이다.

▌약 80만 년 전 호모 하이델베르겐시스

몇 십억 년 전, 몇 백만 년 전, 몇 십만 년 전이라는 단어를 계속 쓰다 보니 시간관념이 없어지고 시간이 피부에 와닿지 않는다. 80만 년 전은 2천 년이 400번 지나야 하는 길고 긴 시간이다.

2천 년이 400번이나 지난 과거에 살았던 하이델베르크인 또는 호모 하이델베르겐시스(Homo heidelbergensis)의 화석이 나타났다. 1908년 독일 하이델베르크 근교에서 발견한 뒤, 하이델베르크의 이름을 따서 붙인 이름이다. 이들의 평균 뇌 용적은 1100~1400cc이며 이는 현대 인류의 뇌와 비슷하다. 이들은 아프리카에서 출현하여 유럽과 아시아로 건너간 것으로 추정한다. 이들의 화석은 아프리카에서 유럽과 영국 등에 분포되어 있으며 중국에서는 약 5만 년 전까지도 생존한 것으로 추정한다.

이들은 호모 사피엔스와 호모 네안데르탈렌시스의 직접적인 조상으로 추정되지만 네안데르탈인의 무리라고도 추정되고 있다. 현생 인류와 네안데르탈인은 호모 하이델베르겐시스(Homo heidelbergensis)라는 공통 조상에서 갈라져 나온 친척이다. 아프리카의 호모 하이델베르겐시스는 약 20만 년 전에 현생 인류로 진화해 전세계로 퍼져 나갔다.[570]

3. 현대인 등장

1) 네안데르탈인의 등장

▎약 30만 년 전 네안데르탈인

기원전 50만 년 전쯤부터 고인류의 뇌가 급격하게 커지기 시작했다. 인간이 신석기 농업혁명을 시작한 것이 1만 년밖에 되지 않았으니 그보다도 50배 이상 먼 과거의 일이다. 고인류는 지금은 생존하지 않는 멸종된 호모 종을 말한다. 뇌가 커지면서 고인류의 지적능력과 언어능력이 개발되었겠지만 우리는 이들의 생활방식에 대해 거의 아는 것이 없다. 이들이 남긴 것은 유골밖에 없고 그마저도 드물기 때문이다. 이러한 후기 고인류 중 가장 널리 알려진 것이 호모 네안데르탈인이다.[571] 현생 인류보다 키는 작았지만 더 큰 뇌와 다부진 체구를 지녔던 네안데르탈인은 호모 에렉투스의 후손으로 35만 년 전 유럽에 도착했다.[572]

네안데르탈인의 화석은 찰스 다윈의 『종의 기원』(1859)이 출간되기 3년 전에 발견됐다. 네안데르탈인 또는 호모 네안데르탈렌시스(Homo neanderthalensis)는 1856년 독일 네안데르(Neander) 계곡에서 발견되어 붙여진 이름으로 현생 인류인 호모 사피엔스와 가까운 종이지만 멸종되었다. 호모 사피엔스인 우리도 언젠가는 멸종된 종이 될 가능성이 있다. 네안데르탈인은 우리 인간의 직계 조상은 아니지만 우리 인간의 유전자 안에는 네안데르탈인의 유전자가 일부 포함되어 있다. 우리의 유전자는 일부 네안데르탈인으로부터 온 것이다. 아마도 호모 사피엔스 사피엔스와 성적인 교류를 한 것으로 추정한다.

네안데르탈인은 유럽, 서아시아, 중근동, 중앙아시아, 시베리아, 북부 아프리카에 살았던 것으로 추정한다. 아메리카 대륙에서는 아직 화석이 발견되지는 않았고 극동아시아, 동남아시아, 아프리카 사하라 사막 이남에서 발견된 화석들은 네안데르탈인으로 보이지 않는다.

네안데르탈인은 누구인가

네안데르탈인은 현생 인류와 너무 흡사해 호모 사피엔스로 분류되었다. 그러나 완전히 똑같지는 않다.[573] 네안데르탈인과 현생 인류의 염색체를 분석한 결과, 단지 0.1~0.5%만이 다르다는 사실이 알려졌다. 지금은 멸종되어 확실하게 알 수는 없지만 그 유전자가 인간에게도 있는 것을 보면 그들이 호모 사피엔스 사피엔스와 성적인 교류를 한 것은 분명해 보인다. 성적인 교류가 가능하다는 것은 같은 종이라는 뜻이다.

네안데르탈인은 땅딸막하고 튼실한 체구, 쑥 들어간 이마, 커다란 뇌 용적을 가졌다. 그들은 (최신 DNA 분석이 확인한 대로) 일부 유전물질의 차이 때문에 호모 사피엔스의 직계 조상은 아니지만 어쨌든 친척뻘은 된다.[574]

놀라운 것은 네안데르탈인의 뇌의 크기는 호모 사피엔스보다 크다는 점이다. 네안데르탈인의 심리적·지적능력에 대해서는 학자마다 견해가 분분하다. 그들은 (한때 추정되었듯이) 미개한 야수도 아니었고, (훗날 과장되게 주장되었듯이) 현대인과 같지도 않았다.[575] 네안데르탈인은 석기와 사냥술, 불의 사용, 언어를 매개로 한 가족의 의사소통, 매장 풍습 등으로 볼 때 '문화'를 가진 것으로 추정한다. 그들은 부싯돌로 도구를 만들고 사냥 기술도 뛰어났던 것으로 보인다. 사냥 능력으로 인하여 이들은 초기 고 인류가 살지 못했던 우크라이나 혹은 남러시아의 빙하지대에 거주할 수 있었던 것으로 보인다.[576] 네안데르탈인은 호모 사피엔스 네안데르탈인으로 칭하고, 우리 인간은 호모 사피엔스 사피엔스로 불린다. 같은 호모 사피엔스이다.

스페인 지브롤터에 있는 동굴에는 거의 10만 년 동안 네안데르탈인이 살면서 조개, 갑각류 등의 식량을 구한 흔적이 있다. 그래서 학자들은 현생 인류가 네안데르탈인과의 경쟁에서 살아남은 이유가 도구의 사용이나 식량의 차이는 아니라고 본다. 호모 사피엔스 사피엔스가 네안데르탈인과의 경쟁에서 살아남은 배경은 뒤에서 설명할 예정이다.

▍네안데르탈인의 문화와 종교

우리 인간 호모 사피엔스 사피엔스는 뇌의 좌우가 비대칭이라 몸의 좌우 중 잘 쓰는 쪽으로 오른손잡이나 왼손잡이가 나타난다. 인간은 대뇌가 좌우 비대칭이고 언어는 좌 뇌와 관련이 많다. 네안데르탈인도 호모 사피엔스와 같이 뇌가 좌우 비대칭이고 오른손잡이가 90% 정도 된다. 언어를 사용했을 가능성이 높은 것이다. 인간에게 전달된 네안데르탈인의 유전자에는 언어와 관련된 FOXP2 유전자가 있다. 이 유전자에 돌연변이가 생기면 말을 할 수 없다. 호모 사피엔스가 처음 시작했다는 동굴 벽화는 네안데르탈인이 먼저 시작했다는 연구결과도 나오고 있다. 현대인과 거의 같았던 이들 네안데르탈인이 어떻게 인간과 성적인 교류를 하고 어떻게 태어났는지는 '신비'이다. 유대교, 그리스도교 및 이슬람교가 주장하는 신에 의한 인간 창조를 받아들인다면 네안데르탈인은 그 인간에 포함되는지도 궁금하지만 『성경』에 그런 내용이 전혀 없다. 사실 어떤 종교에서도 네안데르탈인을 알지는 못했다.

네안데르탈인에게 인간과 같이 물감, 보석과 깃털로 몸을 치장한 증거가 있는 것으로 보아 호모 사피엔스에게만 고유한 것으로 보았던 '상징' 체계도 있었던 것으로 보인다.[577] 또한 네안데르탈인은 인간보다 먼저 지구상 최초로 장례풍습을 가졌다.[578] 장례풍습은 종교를 연구하는 전문가들에겐 네안데르탈인에게도 종교가 있음을 추정하게 하는 근거가 되기도 한다. 네안데르탈인이 나름의 장례식을 치러 죽은 자를 묻었고 초기 형태의 종교를 가졌을 가능성은 매우 높다.[579] 실제로 이 무렵에 복원이 가능한 거의 완벽한 유골이 갑자기 많아진 것도 그 점을 시사한다.[580] 종교가 어떻게 시작되었는가 하는 문제는 아직 해결되지 못했다.[581] 네안데르탈인 이전에는 '종교' 생활이 있었는지도 알 수 없다.[582]

2) 호모 사피엔스 사피엔스의 기원

▌인간은 갑자기 뚝 떨어졌을까

이런 황당한 질문은 너무 단순화한 것이지만 유대교, 그리스도교와 이슬람교 등 유일신교의 창조설에 의하면 그렇게 설명될 수 있다. 물론 오늘날 일부 종교인들은 진화론을 '상당히' 수용하고 있다. 종교계 쪽만이 아니라 학계에서도 인간이 어느 기간 동안 '어떻게' 출현했는지에 대하여 두 가지 주장이 있다.

첫 번째 설명은 소수의견이다. 이들의 주장에 의하면 인간은 거의 백만 년 동안 아프리카와 유라시아에시 느리게 현대적 형태의 인간으로 진화해 왔다는 것이다. 따라서 과거 백만 년 동안 아프리카와 유라시아에서 발견되는 고인류는 하나의 종이 진화한 것으로 지역적으로 약간의 차이를 가진다는 것이다. 이러한 차이에는 피부 색깔과 얼굴 모습에 나타나며 이들이 오늘날까지 생존했다는 것이다.[583] 이러한 설명이 옳다면 인간 역사는 백만 년이 되었다고 결론 내려야 한다.[584] 그러나 이러한 접근은 많은 문제점을 가지고 있다. 과거 백만 년 동안의 화석유해의 엄청난 다양성, 그 지역의 광범위성과 소수의 사람들이 그렇게 먼 거리를 이동하였을까 하는 의문을 감안하면 이러한 화석을 단 한 종이 진화한 것으로 보기엔 어려움이 있다.[585]

두 번째 견해는 더 많은 지지를 받는다. 인간은 기원전 10만 년에서 기원전 25만 년 사이에 아프리카에서 상대적으로 짧은 시기(more abruptly) 동안 나타났다는 주장이다. 이러한 결론의 결정적 증거는 유전자이다. 현대 인류의 유전자 연구에 의하면 우리 인간은 이웃 종인 고릴라보다 훨씬 덜 다양하다(오래된 종일수록 유전자가 다양하다). 이는 우리 인류가 아주 젊으며 20만 년 정도 된 것으로 보이는 것이다. 인류가 더 오래 되었다면 지역별 인류 안에서 또는 지역별 인류 간에 더 큰 유전적 차이가 형성되었을 것이다. 더욱이 현대 인류의 유전적 다양성의 대부분은 아프리카 사람들 내에도 존재한다는 것이다. 이는 아프리카 지역에서 인간이 가장 오랫동안 살았다는 것을 의미한다.

그렇다면 아프리카가 인류가 처음 등장한 곳이라는 추정이 나온다. 실제로 이 이론에 의하면 현대 인류는 역사의 거의 절반 동안 아프리카에서만 살았다.[586] 다시 말해 약 10만 년 이전에 인간은 아프리카에만 존재했다.[587]

상대적으로 '갑작스럽게' 인류가 등장했다는 이 설명은 전형적인 진화 패턴과 잘 어울리는 것이다. 많은 유인원과 같이 현대 인류도 생물학자들에게 '이소적 종분화'라고 알려진 프로세스에 의하여 진화한 것이다.[588] 이소적 종분화(allopatric speciation)는 지리적으로 격리되어 살아가게 됨으로써 두 집단 간에 점차 차이가 발생하여 상호간에 생식이 안 되는 생식 격리를 초래하고, 유전적 변화로 인하여 유전자의 차이가 발생하여 결국 종이 분화되는 것을 말한다. 이소적 종분화의 증거는 대단히 많으며, 대개의 종 분화는 이 과정에서 생긴다.[589] 하나의 종이 아주 널리 퍼져있는 경우 어떤 그룹이 고립되는 것은 흔한 일일 것이다. 이들이 다른 부류들과 성적인 교류를 하지 않는다면 시간이 흘러가면서 유전적으로 격리될 것이다. 새로운 종은 격리되어 급격히 진화할 수도 있다. 이것이 사실이라면 모든 인간은 약 10만 년 또는 20만 년 전에 아프리카에서 살았던 고립된 적은 수의 조상의 후손이다.[590] 아프리카의 어딘가에서 고립되어 살던 호모종이 결국 인간이 되었다는 것이다.

그러나 이 이론도 문제가 없는 것은 아니다. 언어와 같은 오늘날의 인간의 특성이 기원전 약 5만 년 이전에 시작된 상부 구석기시대(Upper Paleolithic) 이전에는 나타나지 않았기 때문이다. 유라시아와 오스트레일리아의 고고학적 증거를 보면 기원전 약 5만 년경에야 인간에게 아주 결정적인 변화가 있었던 것이다. 고고학자들이 현대 인류의 속성으로 보는 것은 크게 4가지이다. 첫째는 새로운 환경에서 생존하는 등 새로운 환경에의 생태적 적응(ecological adaptation) 능력이다. 둘째는 도구의 사용으로, 도구는 새로운 기술의 사용으로 새로운 환경에 적응하는 수단이 되었다. 셋째는 사회적 및 경제적 유대관계의 확장이다. 마지막으로 가장 중요한 것은 상징적 언어의 사용과 함께 다양한 예술의 등장 과 같은 상징적 행위이다. 이러한 변화의 증거에 입각하여 많은 고고학자와 선사학자들은 상부 구석기시대 혁명

(revolution of the Upper Paleolithic)이 있었다고 주장한다.[591]

기원전 약 5만 년이라는 늦은 시기에 일어난, 그리고 아주 급작스러운 인간의 창조적인 행위의 개화기야말로 인간 역사의 시작이라고 볼 수 있다는 주장이다. 그런데 현대 인간이 등장한 시기와 현대 인간의 이러한 행태 사이의 시간적 차이는 감질나는 퍼즐이다. 이에 따라 어떤 학자들은 기원전 10만 년 이내에 인간의 뇌에 중대한 변화가 일어났음을 주장하게 됐다. 최근에 미국의 두 고생물자 샐리 맥브리어티(Sally McBrearty)와 앨리슨 브룩스(Alison Brooks)는 아프리카의 고고학적 증거를 면밀히 분석하여 이 문제를 원만하게 해결하였다. 약 25만 년 전 생물학자들에게 널리 알려진 유전 혁명이 역사학자들에게 익숙한 문화적 혁명으로 전환되었던 것과 유사하게 설명을 한 것이다.[592] 유라시아와 오스트레일리아에서 보이는 급격한 변이는 아프리카에서 나타난 증거에서 보이지 않는다.[593] 여기에서 이들의 주장은 완전한 인간의 행태는 상부 구석기시대보다 훨씬 이전에, 아마도 25만 년 전에 출현했으며 조금씩 점진적으로 발생했다는 것이다. 아프리카에서는 유라시아보다 훨씬 전에 일어난 것이다. 문화적 또는 해부학적 변화는 갑자기 발생한 것이 아니라 조금씩 발생한 것이다. 더 나아가 이들은 이러한 변화가 있었던 최초의 시기는 호모 헬메이(Homo Helmei)라고 부르는 원 인류 출현시기와 일치한다고 주장한다. 이 종은 현대 인간과 아주 가까워서 우리 종인 호모 사피엔스로 분류할 필요도 있어 보인다.[594] 이들의 주장이 옳다면 인간의 역사는 아프리카에서 약 25~30만 년 전에 시작했다고 말할 수 있다.[595]

요약하면 아프리카에서 살았던 어떤 고립된 종이 진화를 거듭하여 새로운 종으로 분화되고, 이들이 지구 곳곳으로 이주하였다. 기원전 약 20만 년 또는 기원전 약 10만 년경에 인간의 뇌에 중요한 변화가 일어나고 지적능력이 커지기 시작했고, 언어가 등장하고, 공동체 생활이 강화되고, 상징적인 행위 등 문화가 발생했다. 우리 인간은 이러한 역사의 후손이다. 우리는 흔히 "나는 누구인가? 우리는 누구인가?"라는 질문을 한다. 그러나 인간의 기원을 음미해보면 그것보다는 "누가 나인가"라는 질문이 더 적절한 질문인 것 같다.

인류 아프리카 기원설

유대교, 그리스도교 및 이슬람교에 의하면 신이 인간 아담을 창조하였다고 한다. 아담은 '인간'이라는 뜻을 가진 단어이다. 하지만 신이 인간을 언제, 어디에서 창조했는지는 어디에도 나오지 않는다. 신이 인간을 창조했다고 받아들이든 아니든 관계없이 인간이 언제, 어디서 그리고 어떻게 '창조'되었는지는 과학의 연구영역이다. 지금까지의 과학적 연구에 의하면 인간은 아프리카에서 '창조'되었으며 아프리카가 인류의 '고향'이다.

호모 사피엔스가 세계 도처에서 거의 동시 다발적으로 출현했다고 보는 학자들도 있으나, 최근의 지배적인 발굴 성과를 근거로 대다수 연구자는 호모 사피엔스가 야수가 넘치는 (아)열대 아프리카의 대규모 원시인 집단에서 유래했으며, 20만 년 전쯤 아프리카—시리아 지구대 동쪽, 잠베지 강 북쪽에 살았으리라 확신한다.[596] 약 10만 년 이전에는 인간은 아프리카에만 존재했다.[597]

인류의 아프리카 기원설은 유전자 연구로부터 시작되었다. 유전학과 환경학적 연구결과는 거의 대부분 아프리카 기원설을 뒷받침해주고 있다.[598] 1987년에 캘리포니아 대학의 유전학자 레베카 칸, 마크 스톤킹, 앨랜 윌슨은 〈네이처〉에 논문을 한 편 실었다. 유전학 연구에 있어서 기념비적인 논문으로 남은 이 논문은 147명을 대상으로 한 미토콘드리아 DNA 분석 결과를 실은 것이었다. 분석 결과에 의하면 모든 참가자들의 모계 조상이 약 20만 년 전에 아프리카에 살았던 한 여성으로 거슬러 올라간다. 이들의 연구 이후 수많은 사람의 미토콘드리아 DNA 분석 결과가 계속해서 더해졌다. 유전자 샘플 수가 늘어났지만 여전히 이 모든 계보의 기원은 아프리카에 있다. 만약 당신이 모계 쪽으로 계속해서 유전자 계보를 거슬러 올라간다면 결국에 당신의 조상은 지구상에 살고 있는 모든 이들의 조상이기도 하다는 결론이 나온다. 따라서 유전학자들이 그를 '미토콘드리아 이브' 혹은 '아프리카 이브'라고 이름 붙인 것은 놀랄 일이 아니다.[599] 지금까지 발견된 가장 오래된 호모 사피엔스의 화석도 동아프리카에서 발견되었다.[600]

인류의 기원을 설명하는 '아프리카 발생론'에 의하면 모든 인간의 DNA는 기원전 약 16만 년에 아프리카에 살았던 '이브'라는 여성에서 비롯되었으며, 모든 남자들의 Y 염색체는 기원전 약 6만 년에 아프리카에 살았던 한 남성에게서 물려받은 것이라고 설명한다.[601] 이것은 기원전 16만 년의 여자와 기원전 6만 년의 남자가 결혼했다는 의미가 아니다. 기원전 16만 년경의 어떤 여자의 후손이 기원전 6만 년의 남자와 결혼하였고 그 후손이 이어져 내려와 우리 인간이 되었다는 의미일 것이다. 그 후 인간은 두 그룹으로 나뉘어서 남쪽으로 이주한 그룹은 오늘날의 부시맨(Bushman, 남아프리카의 키 작은 수렵 민족)이 되었고, 나머지는 동쪽으로 이동하여 부시맨을 제외한 모든 인류의 조상이 되었다. 우린 이들의 후손인 셈이다.[602] 사실 '10만 년'은 인간에겐 피부로 느낄 수 없는 숫자이다. 우린 기껏해야 100년을 살고, 우리가 문서로 남긴 역사를 돌아보는 시간은 많아봐야 1만 년이기 때문이다.

인류가 아프리카에서 기원했다는 것은 유전자의 다양성으로도 증명된다. 어떤 종족이 한곳에 모여 오래 살면 그 사람들의 유전자는 시간이 지나면서 돌연변이를 일으키고 변이도가 증가한다. 즉 유전적인 다양성이 증가하는 것이다. 그런데 그 '전체' 집단 구성원 중 일부가 다른 지역으로 이주하면 그들은 전체 주민 중 소수이기 때문에 원래 거주지에 사는 사람들보다 유전적 다양성이 작을 수밖에 없다. 실제로 오늘날 각 인종 집단의 유전적 다양성을 보면 유럽인과 아시아인보다 아프리카인 안에서의 유전적 다양성이 크다. 이로 미루어 현생 인류의 기원이 아프리카라고 보는 것이다. 소수의 인간이 아프리카 밖으로 진출하여 유전적 다양성이 작은 것이다. 그러나 현생 인류가 처음 탄생한 하나의 지리적 중심이 있다는 점은 인정하더라도, 최초의 인간 집단이 사방으로 퍼져 나간 경위는 확실하지 않다.[603]

아프리카 기원설에 관해서도 논쟁이 있다. 북 차드 드주랍 사막에서 발견된 7백만 년 전 화석은 고 인류가 아프리카 동쪽이 아니라 서쪽에서 출현했을지도 모른다는 것을 암시한다. 또한 남아프리카 말라파 지역에서 발견된 2백만 년 전 화석은 인간이 동아프리카가 아니라 남아프리카에서 발생했을 가능성도 보여준다.[604] 인간이 남긴 화석이 워낙 적기도 하고 발견되는 것은 더 적어서 앞으로 어떤 반론이 제기될지는 모른다. 확실한 것은 아직까지 인류의 기원은 아프리카라는 것이다. 단지 아프리카의 어디서, 언제 기원했느냐의 문제만 남았다.

인류 아시아 기원설

약 20만 년 전 현생인류 호모 사피엔스, 약 200만 년 전 호모 에렉투스, 약 300만 년 전 오스트랄로피테쿠스가 아프리카에서 나타났다는 주장은 1980년대 후반에 나왔다. 호모 에렉투스는 약 180만 년 전 아프리카를 떠나 아시아로 확산했다. 베이징의 북경원인과 인도네시아에서 발굴된 자바원인은 그 후손이다.

중국의 북경원인과 인도네시아의 자바원인은 호모 에렉투스이지만 일부 서구 학자들은 곁가지로 취급한다. 당시 주로 유럽 백인 남성이었던 고인류학자들은 주로 유럽에서 살았던 네안데르탈인과 크로마뇽인에 관심을 기울였다. 일부 유럽 학자들은 네안데르탈인 등과 현생 인류가 모두 호모 하이델베르겐시스라는 인류에서 진화했다고 주장한다. 이 종은 독일 하이델베르크에서 처음 화석이 발견됐는데, 수십만 년 전에 아프리카에서 나타나 유럽으로 이주했다. 호모 하이델베르겐시스가 태어난 것은 기껏해야 80만 년 전에서 60만 년 전이지만 중국에서 발견된 화석들은 70만 년 전부터 90만 년 전의 것으로 약 '10만 년'이나 앞서는 것으로 유럽 학자들의 주장과는 차이가 있다.

또한 호빗이라는 고 인류도 화제다. 2003년 인도네시아 보르네오 섬 아래에 있는 플로레스 섬에서 발견된, '호빗'이라고 이름이 붙은 호모 플로레시엔시스(플로레스인)는 기원전 약 5만 년 전까지 살았던 인류로 몸집과 두뇌 크기가 작다. 아프리카에서 멀리 떨어진 인도네시아에서 수만 년 전까지 이렇게 인류가 살았다는 것은 고인류학자들에게는 당황스런 일이었다. 고인류학자들은 이 화석이 새로운 인류가 아니라 병에 걸린 현생 인류라는 주장을 했다.

그러나 2016년 캐나다 사이먼 프레이저대학교 고고학과 마크 콜라드 교수팀은 플로레스인의 화석은 병에 걸린 현생 인류가 아니라 '진짜' 작은 인류일 가능성이 높다고 발표했다. 더욱이 2016년 플로레스 섬에서 70만 년 전쯤인 호모 플로레시엔시스의 조상으로 추정되는 화석이 발견됐다. 플로레스인이 병에 걸린 현생 인류가 아니라, 실제로 수십만 년 동안 동남아시아에서 살았던 키 작은 인류일 가능성이 커졌다.

흑해와 카스피해(Caspian Sea) 사이에 있는 조지아 드미니시에서 1990년대부터 2000년대 중반까지 약 180만 년 전의 '미니' 화석이 발견되었는데, 호모 하빌리스 등 크기가 작은 초기 호모 속일 가능성이 높다. 몸은 어린아이만 하고 두뇌는 침팬지보다 조금 커서 오스트랄로피테쿠스 등과 비슷하다. 180만 년 전이면 인류가 처음 아프리카 밖으로 진출했다고 추정하는 연대와 거의 같아 호모 에렉투스가 아니라 오스트랄로피테쿠스 정도의 작은 종이 아프리카 밖으로 먼저 나갔다고 추론할 수 있다. 2011년 미국과 조지아 연구팀은 드미니시 화석이 호모 하빌리스 등의 특징을 지니고 있다고 발표했다. 그렇다면 커다란 호모 에렉투스가 아니라 작고 침팬지보다 약간 큰 두뇌를 지닌 다른 초기 종이 아시아 땅에 먼저 발을 디뎠다는 추정이 가능하다.

또한 조지아에서 발견된 호미닌의 두개골과 턱뼈 등은 180만 년 전 것으로 호모 에렉투스보다 훨씬 더 원시적 형태를 띠고 있다. 이를 근거로 초기 고 인류가 유라시아 대륙에서 호모 에렉투스로 진화한 뒤 아프리카로 다시 이주해, 궁극적으로 호모 사피엔스로 진화했을 가능성이 크다고 설명하는 학자도 있다. 결국 호모 에렉투스가 아프리카가 아닌 아시아에서 탄생했을 가능성이 있다는 것이다. 호모 에렉투스가 드미니시 등으로부터 진화하여 일부는 아시아에 퍼져 나가고 일부는 아프리카로 갔다는 것이다. 이들은 아시아에서 베이징인과 자바인이 됐고, 유럽에서 네안데르탈인이 됐으며, 아프리카에서 호모 사피엔스가 됐다. 호모 사피엔스는 다시 유라시아로 퍼져 나갔고 그들이 우리 인류라는 것이다. 초기에 아시아에 온 작은 인류는 곳곳에 퍼져 나갔고 일부는 5만 년 전까지 흔적을 남겼으니 그게 플로레스인이다. 이러한 주장은 아직은 소수의견이다. 그럼에도 불구하고 우리는 오랜 기간의 진화 과정에서 나타났고, 호모 종의 진화 과정의 끝가지이며, 계속 진화하는 종이라는 것은 변함없는 사실이다.

▌인류 다 지역 기원설

인류가 전 세계의 여러 지역에서 출현했다는 주장도 있다. 일부 고인류학자들은 호모 사피엔스보다 훨씬 오래된 호모 에렉투스나 호모 하이델베르겐시스가 아프리카에서 아시아와 유럽으로 진출했고, 각 지역에서 독립적으로 호모 사피엔스로 진화했다고 믿는다.[605] 수십만 년이라는 시간을 생각해보면 아직 증거는 밝혀지지 않았지만 인류는 '복잡한' 경로를 거쳐서 '다양한' 모습으로 진화해왔을 가능성이 크다.

2009년경 중국 베이징(北京)에서 4만 년 전 현생 인류의 화석이 발견됐다. 이 화석은 현생 인류가 아프리카에서 시작해 아시아와 유럽으로 진출했다는 통설과 다르게 여러 대륙에서 독자적으로 진화했음을 보여주는 증거가 될 수도 있다. 이 화석은 대부분 현생 인류와 일치했으나 일부는 유라시아 대륙 말기 고생 인류의 특징을 갖고 있다. 이것은 현생 인류가 아프리카, 아시아와 유럽 등 여러 지역에서 기원했을 가능성을 시사한다. 대부분의 학자는 유보적인 입장을 보이고 있는데, 발견된 유골이 적어 현생 인류가 어디에서 시작하여 어떻게 전개되었는지는 미지수이기 때문이다.

네안데르탈인을 대상으로 한 새로운 연구에 의하면 인류는 다양한 지역에서 동시 다발적으로 진화했다는 '다 지역 기원론'으로 무게가 실리고 있다. 이는 오스트랄로피테쿠스에서 호모 에렉투스, 호모 사피엔스로 진화했다는 가설은 수정되어야 함을 의미한다. 오리무중이다. 그러나 우주의 기원에서 출발하여 수십만 년 인류의 진화과정을 추적하는 과학적인 탐구는 여전히 위대하다.

▎아직은 알 수 없는 인류의 기원

재미있는 것은, 우리 인간이 그렇게도 인류의 기원을 찾아내려고 노력했지만 최초의 현대 인류에 대해서는 놀라운 정도로 알려진 것이 적다는 점이다. 더욱 재미없는 것은 사실 대부분의 것들에 대하여 인간이 아는 것은 명확하지 않다는 점이다. 인간은 이상하게도 사람 속에 속하는 다른 종들의 혈통보다 우리 자신의 혈통에 대해서 알고 있는 것이 더 적다. 화석 기록으로는 최초의 현대 인류가 출현한 곳이 어디인지에 대해서는 아무 것도 알 수가 없다. 많은 책이 남아프리카의 클라지스 강 하구에서 발굴된 유골을 근거로 약 12만 년 전에 처음 등장했다고 한다. 그러나 모두가 그것이 완벽한 현대인이라고 인정하는 것은 아니다. 호모 사피엔스가 처음으로 출현했다고 모두가 동의하는 곳은 지중해 동쪽의 현재 이스라엘 부근이다. 그러나 대략 10만 년 전에 처음 등장했던 그들조차도 이상하고 분류하기 어려우면서도 잘 알려지지 않은 상태이다.[606] 이건 당연한 귀결이다. 그 당시로 시간 여행을 갈 수도 없고, 남겨진 유골도 거의 미미하고, 그 유골만으로 모든 것을 아는 건 불가능하다. 그러나 인간이 최근 백 년 사이에 엄청나게 많은 것을 알게 된 것은 사실이다. 그걸 찾아내는 학자들에게 늘 감사한 마음이다.

우리 인간은 치열한 생존경쟁에서 살아남은 종이다. 어떻게 그런 일에 성공했는지는 언제나 논란거리였다. 그때를 목격한 사람은 아무도 없기 때문일 것이다. 대량학살의 흔적은 발견되지 않았기 때문에 대부분의 전문가는 새로운 인류가 그 전의 인류를 경쟁에서 이겼을 것이라고 믿지만, 다른 요인들도 작용했을 것이다. 우리에게 주어진 시간의 제한은 곧 지식과 앎의 제약조건이다.[607] 우주의 탄생으로부터 지금까지의 여행은 그래도 어느 정도 타당성이 있으리라고 확신한다.

|제2장|

문명의 여명

1. 인간의 등장

1) 호모 사피엔스로 가는 길

▎호모 사피엔스 역사의 개요

인도에서는 아주 옛날부터 우주의 나이를 수억 년, 수조 년 등 엄청나게 긴 시간으로 설명하였다. 물론 과학적 증거는 없는 추론이었다. 동아시아나 아프리카에서는 우주의 나이를 보편적으로 고민한 것 같지는 않다. 18세기까지도 서구 유럽에서는 우주와 세상의 나이가 5800년밖에 안 되었다고 알고 있었다. 18세기이면 지금부터 3세기 이전이다. 유럽의 그리스도인들은 『성서』를 근거로 인간 역사를 5천 년에서 1만 년 정도로 추정한 것이다. 지금도 보수적인 그리스도교인은 같은 생각을 하고 있다. 인간이 특정 종교나 관념을 절대화했을 때 얼마나 큰 오류가 나타나는지를 보여주는 대표적인 사례이다. 오늘날 인간은 인간의 역사가 수십만 년이 되었고 우주는 138억 년의 역사를 가지고 있다고 알고 있다. 그러나 오랜 세월이 흐르면 또 어떤 새로운 증거가 나올지 모른다. 그때의 사람들은 과거 21세기만 해도 우주를 138억 년으로 보았다고 회고할지 모른다.

인류 발생사의 마지막 장, 즉 호모 사피엔스가 지구상에 등장하는 모습은 유전학, 언어학, 고고학의 모든 조사 결과로 보았을 때 분명한 것으로 보인다.[608] 유전자 지리학적 관점에서 본다면, 즉 유전자가 나타나는 다른 개체군과의 차이점의 수를 본다면 아프리카인들은 이미 10여만 년 전에 호모 사피엔스로 분화된 것이 분명하다.[609]

25만 년 전 아프리카 대륙에 현생 인류의 신체 골격과 거의 같은 형태의 종이 존재했으며, 약 10만 년 전에는 완전히 동일한 모습을 갖추었다는 것은 거의 입증된 사실이다. 10여만 년 진 신인(新人. 호모 사피엔스)은 아프리카 주거지를 떠나기 시작하여 지상에 퍼져나갔다.[610] 이들은 이동을 계속하여 마침내 약 6만 년 전, 동남아시아와 태평양의 섬들과 오스트레일리아에서 발견되는 한 집단이 발생했다. 그 후 나머지 사람들은 약 4만 년 전 코카서스 그룹(유럽인, 인도인, 북아프리카인)과 기타 그룹으로 분화되었는데, 이 기타 그룹에서 결국은 몽고인, 티베트인, 일본인, 아이누 족 같은 동북아시아 민족과 아메리카 인디언이 나오게 되었다. 유전자 지도는 이렇게 말하고 있다.[611] 대략 20만 년 전 또는 16만 년 전(20~10만 년 전[612])부터 존재한 것으로 추정되는 이 마지막 종인 호모 사피엔스는 약 5만 년 전에 문화적 존재로 도약했다.[613] 그리고 역사와 함께 우리가 존재하게 된 것이다.

약 20만 년 동안의 인류 역사를 개략적으로 정리하면 다음과 같다.[614]

기원 전 연도(단위: 만 년)	내용
20	아프리카에서 가장 초기형태의 현대인류 출현
10	마지막 빙하기 시작, 아프리카에 현대인류 출현

7.5	
5	동남아시아, 호주와 사훌(Sahul. 호주, 뉴기니 등 빙하시대의 지역)에 현대인류 출현
2.5	유럽, 아시아에 현대인류 출현
0~0.2	아메리카에 현대인류 출현 빙하기 종료와 농업의 시작, 최초의 도시와 국가
	산업혁명

표 5 인간역사의 개요

우리는 인간 발생 계통에서 1만 년도 안 되는 2천 년(0.2만 년) 정도를 21세기라 칭하며 자부심 강한 종으로 살아가고 있지만 시간의 역사 안에서는 미미한 존재이다.

30여만 년 전 네안데르탈인과 호모 사피엔스 분리

네안데르탈인이 호모 사피엔스와 분리되었다고 제목을 달았지만 엄격하게 말하면 호모 사피엔스 네안데르탈인과 호모 사피엔스 사피엔스의 분리이다. '분리'가 있으려면 공통 조상이 있음을 전제해야 한다. 현생 인류와 네안데르탈인은 호모 하이델베르겐시스(Homo heidelbergensis)라는 공통조상에서 갈라져 나온 친척이라는 설명이 가장 유력한 후보이다. 아프리카의 호모 하이델베르겐시스는 현생 인류로 진화해 전 세계로 퍼져 나갔다.[615]

호모 하이델베르겐시스에서 분화되어 나타난 네안데르탈인과 우리 인류는 기원전 70만~55만 년부터 분리되기 '시작'한 것으로 보인다.[616] 그리고 약 40만~20만 년 전에 호모 사피엔스가 분리되었다. 호모 사피엔스가 나타나고도 네안데르탈인은 그들과 오랫동안 공존하다가 결국 멸종하고 말았다. 2017년 이전까지는 아프리카 동부 에티오피아에서 발굴된 19만 5000년 전의 화석이 가장 오래된 것이었다. 과학자들은 호모 사피엔스가 20만 년 전 아프리카 동부에 나타나 10만 년 전 유럽과 아시아로 퍼져나갔다고 생각했다.

2017년에 그보다 10만 5000년은 더 된 30만 년 전에 살았던 호모 사피엔스 화석이 발견되었다. 독일 막스플랑크 진화인류학연구소의 장-자크 후블린 교수의 국제공동연구진은 아프리카 모로코에서 30만 년 전의 호모 사피엔스 두개골 화석들을 발굴했다고 발표했다. 후블린 교수는 호모 사피엔스가 아프리카를 떠나 유라시아로 퍼지기 전에 이미 아프리카 내부의 서부에서 동부로 확산이 먼저 일어났다고 볼 수 있다고 밝혔다. 이러한 발견은 화석과 DNA 증거 사이의 간극을 메워줄 귀중한 발견이다. DNA는 시간이 지나면서 돌연변이가 생기며, 이를 분석하면 진화 과정을 역산할 수 있다. 호모 사피엔스와 네안데르탈인의 DNA를 비교하면 50만 년 전 공통 조상에서 호모 사피엔스와 네안데르탈인이 갈라진 것으로 추정된다. 2017년 이전까지 발굴된 호모 사피엔스 화석은 모두 20만 년 이내여서 화석과 DNA 증거 사이에 30만 년의 시간 차이가 존재했다. 이번 모로코 화석은 10만 년 정도 차이를 채운 것으로 인류 진화사의 빈 고리가 발견된 것이다. 이 10만 년 동안 호모 사피엔스는 뇌에서 진화가 이루어진 것으로 추정한다. 여기서 나온 두개골은 호모 사피엔스나 현대 인류와 거의 흡사하고 40만 년 전 네안데르탈인과는 차이가 난다. 현대 인류나 호모 사피엔스는 머리둘레가 공 모양이지만 이번 화석은 뒤로 길쭉한 형태이다. 이번에 발굴한 초기 호모 사피엔스 이후 10만 년 동안 뇌가 급격히 진화하면서 두개골도 오늘날의 공 형태로 바뀐 것으로 보인다.

2017년에도 새로운 발표가 이어졌다. 독일 막스플랑크연구소와 튀빙겐대학 공동 연구팀은 기원전 22만 년 이전에 호모 사피엔스가 유럽으로 이주했다는 증거를 네안데르탈인의 유전자에서 찾아냈다고 밝혔다. 연구진은 1937년 독일 남서부 지역에서 발견된 기원전 12만 년경 네안데르탈인의 대퇴골에서 미토콘드리아 DNA를 뽑아 분석했는데 놀랍게도 호모 사피엔스의 유전자가 발견됐다. 연구진은 미토콘드리아 DNA의 돌연변이율을 역산해 기원전 22만 년 이전에 호모 사피엔스 여성과 네안데르탈인 남성이 짝을 지었으며, 이로 인해 네안데르탈인의 미토콘드리아 DNA에 호모 사피엔스의 유전자가 나타났다고 설명했다. 이 발견 이전에는 호모 사피엔스가 기원전 6만 년경 아프리카를 떠나 유럽으로 왔으며, 이때 먼저 정착해 있던 네안데르탈인과 만나 유전자를 교환했다는 것이었다. 인류의 DNA에 네안데르탈인의 유전자가 보이는 것도 이 때문이라고 설명되었다. 이번 연구에서는 기원전 22만 년 이전에 유럽에서 호모 사피엔스와 네안데르탈인의 1차 유전자 교환이 있었고, 먼저 유럽에 온 호모 사피엔스는 이후 멸종했으며, 인류의 직계 조상은 그 후 2차로 유럽에 온 호모 사피엔스라고 연구진은 설명했다.

시간이 많이 흘러 기원전 10만 년에는 서로 분명히 구분되는 세 호모종이 살았다. 유럽에는 네안데르탈인(호모 네안데르탈렌시스), 아시아에는 호모 에렉투스, 아프리카에는 호모 사피엔스가 살았다.[617] 호모 사피엔스는 약 15만 년 전부터 동아프리카에 살았지만 이들이 지구의 다른 지역으로 급속히 퍼지면서 다른 호모 종들을 멸종시키기 시작한 것은 불과 7만 년 전의 일이었다.[618] 인간은 동아프리카에서 이주한 호모 사피엔스의 후손이다. 호모 사피엔스가 동아프리카에서 지구 곳곳으로 이주하는 과정에서 네안데르탈인과 성적인 교류를 하면서 우리의 일부 유전자에는 네안데르탈인의 것이 포함되었다. 네안데르탈인만이 아니다. 인간은 오랜 세월 진화를 거듭하면서 진화 과정상의 생물계의 유전자를 물려받은 것이다. 그들이 우리이다. 나는 누구인가가 아니라 누가 나인가라고 묻는 것이 더 타당하다. 붓다가 말하듯이 우리에게 '영원한' 자아란 있을 수 없으며, 유일신교에서 말하듯이 우리는 '피'조물인 것이다.

▎기원전 10만 년경 인류 멸종 위기

호모 사피엔스가 출현하여 살아가던 기원전 13만 5천 년~9만 년경에 아프리카 대륙은 빙하기 이후 건조화로 인하여 심한 가뭄에 시달렸다. 화석에서 채취한 DNA를 분석해보면 당시의 인구수에 심각한 병목현상이 나타났음을 알 수 있는데, 학자들은 그 무렵의 인구가 2천 명 내외까지 감소했을 것으로 추정하고 있다. 가뭄이 끝난 후 인구는 원래의 수준을 회복했고, 인류는 약 40개 집단을 이루어 아프리카 전역으로 흩어졌다.[619] 또 다른 유전적 증거에 의하면 마지막 빙하기의 시작점인 10만 년 전에는 인간의 숫자가 아마도 1만 명 정도로 위험스럽게 작았다는 것을 보여준다.[620] 2천 명이건 1만 명이건 가뭄이 더 심했다면 오늘날 인간은 지구상에 존재하지 않았을 수도 있을 상황이었다. 인간이 지금 이렇게 문명을 이루고 아등바등 살아가게 되는 과정은 험난했고, 필연인지는 모르지만 '우연'의 연속이었다.

기원전 10만 년경 빙하기 이후 극심한 가뭄으로 인간이 멸종 위기를 넘기고 2만여 년이 지나, 이번에는 화산 폭발로 인류는 다시 멸종 위기에 처했다. 초대형 화산이 폭발한 것이다. 지구상에서 가장 마지막에 있었던 초대형 화산의 폭발은 기원전 7만 년경에 수마트라 북부의 토바 산에서 일어났다. 토바 산의 폭발 이후로 6년 동안 '화산 겨울'이 계속되었다는 것이 확인되었다. 그 폭발로 인류는 멸종 직전의 위기에 처하게 되었고, 전 세계에서 살아남은 사람의 수는 수천 명에 불과했던 것으로 짐작된다.[621] 결국 현대의 인류는 극히 적은 수의 집단에서 비롯되었고, 인간이 유전학적 다양성을 갖추지 못한 것도 바로 그런 이유 때문이다.[622] 어쨌든 그로부터 2만 년 동안 지구의 인구가 수천 명을 넘지 못했다는 증거도 있다.[623] 인류가 오랫동안 복잡한 진화의 과정을 거쳐 왔지만 실질적으로 우리의 조상은 아주 제한적인 수의 사람들이었다. 오늘날 현대 인류의 유전자의 다양성이 적은 것도 그 이유이다. 그들은 어떤 사람들이었을까 참으로 궁금하다.

수마트라 토바 화산 폭발에 대한 인류학자들의 연구결과도 발표되었다. 2009년 미국 일리노이 주립대학교 인류학자 스탠리 앰브로즈 교수 등은 인도네시아 수마트라 토바 화산 폭발 직후 최소한 1000년간 열대기후가 매우 건조해지면서 숲이 대부분 사라졌다고 발표했다. 정확한 시기는 알 수 없지만 7만 년 내지 4만 년 전 인도네시아 수마트라 섬의 화산 폭발로 혹독한 빙하기를 초래했고 호모 종도 멸종의 위기를 겪었다. 화산 폭발로 400km^{3}의 재가 분출돼 몇 년간 하늘을 뒤덮었으며 지구 기온은 최고 15℃나 떨어져 이후 1800년 동안 빙하기가 지속되었다. 화산 폭발과 이어진 빙하기로 10만~5만 년 전 일어난 인류 개체수의 병목현상과 인간의 유전적 다양성 부족은 당시 인류가 거의 멸종할 위험에 닥쳤음을 알려준다. 인류는 수만 여 년 전 아슬아슬하게 멸종을 모면했지만, 일부 학자들은 미국 옐로스톤 국립공원 밑에서 화산 활동이 증가하고 있는 것으로 미뤄 언젠가는 슈퍼화산이 폭발할 것으로 예측하고 있어 또 다른 멸종 가능성을 배제할 수는 없다.

그런데 이러한 대규모 화산 폭발은 한번으로 끝난 것이 아니라 지속적으로 발생한다. 약 10만 년에 한 번 정도로 지구에는 지름이 50km 내외의 칼데라 지형이 만들어진다. 칼데라는 화산이 폭발하여 마그마가 분출된 후 마그마가 빠져나간 곳이 무너지면서 생긴 지형이다. 엄청난 규모의 화산 폭발이 일어나고 마그마와 화산재가 지구를 덮치는데, 이를 슈퍼 화산(Super Volcano)이라고 부른다. 토바 산뿐만 아니라 미국의 옐로스톤도 약 7만 년 전 폭발한 것으로 추정한다. 그렇다면 인류 멸종의 위기는 토바 산과 옐로스톤 화산 폭발의 합작품이다. 만약 지금 옐로스톤이 폭발한다면 그랜드캐니언의 10배 이상에 달하는 거대한 마그마가 분출된다. 지구상에는 미국의 옐로스톤, 아르헨티나의 세로갈란, 인도네시아 토바, 일본의 아이라, 뉴질랜드의 타우포 등이 슈퍼 화산인 것으로 보인다. 거의 10만 년 전에 폭발한 이 슈퍼 화산이 또 언제 어디서 폭발할지는 아무도 모른다. 확실한 것은 그 폭발은 인류 문명을 초토화한다는 것이다. 그 사이에 낀 우리는 행운일까. 우리의 운명은 너무 불확실하고 상대적인 느낌이 든다. 우리가 할 수 있는 일이라곤 이렇게 책을 읽는 것뿐이다.

호모 종의 이주

호모 에렉투스는 거의 2백만 년 전에 새로운 종으로 출현한 후 놀라울 정도로 빠르게 아프리카를 떠났다. 상당한 기간 동안 그들은 여러 지역에 정착을 했고, 초기의 호모 에렉투스는 아시아의 자바인과 베이징인, 유럽의 호모 하이델베르겐시스, 마지막으로는 호모 네안데르탈렌시스로 진화했다.[624]

지금으로부터 대략 10만 년쯤 전에, 더 영리하고 유연한 종이었던 우리 모두의 선조가 아프리카 평원에 등장해서 두 번째로 바깥쪽으로 퍼져나가기 시작했다.[625] 호모 종은 아프리카에서 나타나 약 7~8만 년 전에 아프리카에서 출발하여 아라비아반도를 지나 인도에 도착한 후, 크게 3개 경로로 나뉘어 전 세계로 이동했다. 아시아 경로, 오스트레일리아 경로, 유럽 경로이다. 아시아 경로에서는 동북아시아 경로, 티베트 경로, 중앙아시아 경로의 3개 경로로 나뉘어서 이동했다. 오스트레일리아 경로에서는 동남아시아에 도착한 아시아 조상들의 일부가 갈라져 말레이반도를 거쳐 오스트레일리아로 향했다. 또 마지막으로는 중동을 거쳐 유럽에 진출하였다. 아라비아반도와 시나이반도는 인류 이주의 공통 경로였다. 한편, 아프리카 내에서는 동북아프리카에서 북부, 서부, 남부로 이동했다. 이들 경로는 미토콘드리아 DNA와 인류 유골 등에서 추정한 경로이다. 약 10만 년 전쯤부터 인간이 아프리카 밖의 지역에서 산 증거가 발견된다. 최초의 증거는 약 10만 년 전의 인간 유골이 중동에서 발견되었다. 처음에는 아프리카와 환경이 유사한 유라시아 대륙의 남부 동서쪽으로 이동한 것으로 추정한다.[626]

▎약 4~5만 년 전 호모사피엔스 창조?

인류는 호모 사피엔스(Homo sapiens)로 분류되며 이 안에 네안데르탈인과 현생 인류 등의 아종이 포함된다. 네안데르탈인의 학명은 호모 사피엔스 네안데르탈렌시스(Homo sapiens neanderthalensis)이며 현생 인류의 학명은 호모 사피엔스 사피엔스(Homo sapiens sapiens)이다. 호모 사피엔스 사피엔스 내에는 아종이나 변종은 없다. 우리 현생 인류는 호모 사피엔스 사피엔스로 불리며 호모 사피엔스 이달투(Homo sapiens idaltu) 등 호모 사피엔스 아종 중에서 유일하게 살아남은 종이다. 아종(亞種, subspecies)은 향후 더욱 분화되어 변종으로 분화될 중간 종으로 아종 상호간에는 교배할 수 있고 형질이 대체로 비슷하다. 변종(變種, variety)은 기본적으로 한 종이지만 분명하게 차이가 있는, 주로 지역적인 개체군을 말한다. 호모 사피엔스 이달투는 기원전 15만 년경에 살았던 종으로 1997년 에티오피아에서 발견되었다. '이달투'는 이 지역 말로 '조상'이라는 뜻을 가진다. 호모 사피엔스 사피엔스와 그 이

전 시기에 존재했던 호모 사피엔스의 다른 아종(亞種)들과의 관련성에 대해서는 아직 명확히 밝혀지지 않았다. 그렇다고 갑자기 하늘에 뚝 떨어진 피조물은 아니다.

현생 인류인 호모 사피엔스 사피엔스는 호모 사피엔스(Homo sapiens)의 아종으로, 기원전 약 4~5만 년경에 출현하였다. 현생 인류의 직접적 조상인 호모 사피엔스는 기원전 약 20만 년 전후에 처음 나타난 것으로 추정한다. 호모 사피엔스 사피엔스는 4만~3만 년 전까지 유럽과 기타 지역에서 네안데르탈인을 몰아냈다.[627]

초기 호모 사피엔스 사피엔스의 화석은 전 세계의 다양한 지역에서 발견되었다. 1868년 프랑스에서 처음 발견된 크로마뇽인(Cro-Magnon man)의 화석은 유럽에서 발견된 가장 대표적인 화석이다. 현생 인류의 직접적 조상으로 호리호리한 체구의 크로마뇽인은 아프리카를 벗어나 4만 년 전 유럽에 정착한 것으로 추정한다. 1901년 프랑스와 이탈리아의 국경 지대에서도 발견되었다. 아시아에서는 1933년 중국 베이징에서 발견된 화석이 대표적인 화석이다.

호모 사피엔스 사피엔스가 어떻게 나타났는지는 명확하지 않다고 했다. 호모 사피엔스에서 호모 사피엔스 사피엔스로의 진화는 형질인류학에서 흔히 대전이(大轉移)라고 불리는 '진화'를 통해서 약 4만 년 전 전후에 일어났다고 본다. 대전이란 급격한 형질변화를 말한다. 급격한 형질변화가 어떻게 일어났는지는 알 수가 없다. 호모 사피엔스 사피엔스는 우리가 후기 구석기라고 부르는 문화의 주체이다. 뇌의 크기는 초기 호모 사피엔스와 큰 차이가 없거나 오히려 적었지만 창의력이 급격히 성장하였다. 정교한 석기를 만들고, 벽화와 같은 예술작품을 만들었다.

3만 년 전 네안데르탈인의 멸종

기원전 4만 년경까지만 해도 네안데르탈인은 유럽을 지배하고 있었다. 하지만 동아프리카에서 시작된 현생 인류인 호모 사피엔스 사피엔스가 네안데르탈인을 역사에서 사라지게 만들었다. 호모 사피엔스가 나타나고 나서 네안데르탈인의 마지막 자취를 찾을 수 있는 기원전 약 3만 년경까지 그 두 종류의 호모 종이 공존했다.[628] 네안데르탈인은 현대인의 직접적인 조상은 아니지만 기원전 약 3만 년경에 멸종한 가까운 친족인 것만은 분명했다.[629] 기원전 약 2만 5천 년경에 멸종한 것으로 보는 견해도 있다.[630]

네안데르탈인이 왜, 어떻게 멸종했는지 밝히는 것은 고고학계의 오랜 숙제였다. 네안데르탈인이 멸종한 것은 현생 인류와의 경쟁에 밀려 도태되었다는 가설과 인구가 많은 현생 인류에 흡수되어 멸종했다는 가설이 있다. 전자의 경우 크로마뇽인이 네안데르탈인을 대량 학살했다는 가설부터 더 좋은 옷과 무기를 만들 수 있었던 크로마뇽인과 그러지 못했던 네안데르탈인의 차이가 둘의 운명을 갈랐다는 가설도 있다. 2000년대 들어 일부 경제학자들은 크로마뇽인이 가진 분업, 협력 및 교역의 능력을 네안데르탈인 멸종의 원인으로 꼽는다. 크로마뇽인은 자신의 능력에 따라 분업을 하여 사냥을 잘하는 자는 수렵에 전념하고 재주가 있는 자는 도구나 옷을 만들었다. 생존경쟁에 유리한 고지를 점령한 크로마뇽인은 인구가 계속 늘어났지만 먹잇감의 수가 제한돼 있었기 때문에 네안데르탈인은 식량 경쟁에서 패하여 결국 멸종을 당했다는 추론이다.

우리가 한 번도 본 적이 없었던 네안데르탈인은 멸종했지만 이들의 피와 유전자는 우리 몸에 남아있다.

호모 사피엔스와 네안데르탈인의 성적 교류

네안데르탈인과 현생 인류인 호모 사피엔스 사피엔스와의 관계를 정립하는 논쟁에만 100년 이상이 걸렸다. 아직도 명확하게 정립된 것은 아니다. 21세기 현생 인류인 호모 사피엔스 사피엔스가 네안데르탈인을 완전히 대체했을 것이라는 주장과 인류가 이전에 존재하던 호모 종과 유전자 교류가 있었을 것이라는 주장으로 나누어져 있다. 2010년 이전까지는 대체설이 상식이었으나 2010년에 새로운 증거가 나타났다. 교배설이 나타난 것이다.[631]

옥스퍼드대학교의 고고학자 토마스 하이엄(Thomas Higham)은 네안데르탈인과 현생 인류 간에 상호작용이 이뤄졌을 것이라는 가능성을 주장했다. 유럽 등에서는 네안데르탈인의 무스테리앙 문화와 현생 인류의 문화가 겹치는 것을 볼 수 있어 후기 네안데르탈인이 현생 인류로부터 영향을 받았음을 암시한다. 독일의 네안데르탈인의 거주지에서 현생 인류와 유사한 가공물 등이 발견되면서 이들이 현생 인류의 기술을 얻었을 가능성을 보여준다. 더욱이 네안데르탈인의 유전자가 인간 DNA 속에 저장되어 있다는 증거도 이종교배가 이루어졌음을 추정하게 한다.

1990년대에 스반테 패보 독일 막스플랑크 연구소 박사팀이 네안데르탈인 화석에서 직접 추출한 DNA를 분석한 결과, 네안데르탈인과 현생 인류의 DNA가 다르며 전혀 섞이지 않았다는 연구결과를 냈다. 그러나 후속 연구에서 네안데르탈인은 현생 인류의 유전자에 영향을 남겼으며, 유럽인들이 4% 정도는 네안데르탈인으로부터 유전자를 물려받았다는 사실을 밝혀냈다. 결국 네안데르탈인은 유럽 대륙에서 살던 친척 인류로 밝혀진 것이다. 2010년 5월 7일자 〈사이언스〉에는 네안데르탈인의 30억 염기쌍에서 상당 부분(약 60%)을 해독한 데이터를 현생 인류의 게놈과 비교한 결과, 아프리카를 제외한 지역에 사는 사람들의 경우 네안데르탈인의 피가 섞여 있다는 놀라운 사실을 밝혔다. 2014년 4월 2일 〈네이처〉에는 오세아니아 원주민들에게서 데니소바인의 피가 5% 정도 흐른다는 사실이 발표되었다. 인류의 진화의 연결고리와 길게 이어진 '끈'을 생각해보면 이러한 유전자 공유는 당연히 예상되는 것이 아닐까. 이 모든 성과는 독일 막스플랑크 진화인류학연구소의 진화인류학자인 스반테 패보 박사가 지휘했다. 패보 박사는 고인류학 분야의 아인슈타인이라고 할 만하다. 참고로 '고' 인류학은 멸종된 인류를 연구하는 학문이다. 지금 하는 일을 그만두고 이 분야에 뛰어들고 싶은 '호기심 천국' 학문이다.

전체적으로 아프리카 이외의 지역에 사는 인간은 3% 정도 네안데르탈인의 유전자를 공유하는 것으로 밝혀졌다. 더 놀라운 것은 사람마다 가진 네안데르탈 유전자가 다르다는 점이다. 따라서 인류 전체가 보유한 네안데르탈인의 유전자는 훨씬 많다. 최근의 연구에 의하면 최소 20%이다. 그런데 인류가 보유한 유전자는 네안데르탈인의 것만이 아니다.[632] 오랜 진화의 과정에서 어떤 일이 일어났는지 확실하지 않지만 다른 호모 종의 유전자도 물려받은 것이다.

오늘날 학계의 추정으로는 네안데르탈인은 약 8만 년~5만 년 전 중동에서 호모 사피엔스와 교배가 이루어졌다. 그것이 사실이라면 네안데르탈인은 호모 사피엔스의 아종으로 재분류해야 한다. 유럽과 아시아인의 유전자에는 약 1% 내지 4% 정도 네안데르탈인에게서 온 유전자가 있다는 것이 정설로 굳어지고 있다. 검은색 피부의 아프리카인만이 네안데르탈인의 유전자를 가지고 있지 않은 순수한 호모 사피엔스 사피엔스이다. 우리 인간은 생물학적으로 그렇게 단순한 존재가 아니다. 어쩌면 진화과정에서 이와 유사한 많은 일이 일어났을 가능성이 엿보인다. 그런데 호모 사피엔스와 다른 호모 종과의 섹스를 통한 유전자 공유는 현생 인류에게도 도움이 되었다. 이러한 유전자는 인류의 생존 능력을 강화시켜주고 면역력을 높여 주었던 것이다.[633] 우리는 네안데르탈인의 유전자의 일부를 물려받은 호모 사피엔스 사피엔스이며, 아프리카인은 순수한 호모 사피엔스 사피엔스이다.

▎호모 사피엔스와 데미소바인도 성적 교류를 했다?

유럽에서 네안데르탈인이 살던 기원전 약 10만 년부터 기원전 3만 년 사이에 동북아시아에서는 호모 종의 화석이나 석기가 거의 발견되지 않아 '암흑기'라고 불린다. 그러던 중 알타이 산맥에서 데니소바인의 유골이 발견되었다. 데니소바인은 호모 사피엔스나 네안데르탈인과 아주 가까운 종으로 밝혀진 제3의 호모 종이다. 데니소바인의 유적과 화석이 발견된 곳은 러시아 데니소바동굴로 알타이 산맥에 위치한다. 데니소바인은 그보다 동쪽(동아시아)까지 진출하였을 것으로 추정되며 실제로 아시아에서는 발견되지 않았다. 네안데르탈인이 히말라야 산맥을 넘지 못한 것으로 추정한다. 기원전 약 8만~7만 년에 데니소바동굴이 있던 지역에서 데니소바인이 살았고, 기원전 약 4만

5천 년에는 네안데르탈인이 이주했지만 기원전 약 4만 년 전에 사라졌다. 이들이 모두 없는 그 자리를 현생 인류가 채웠을 것으로 추정한다.

앞에서 설명하였듯이 현생 인류와 네안데르탈인이 유전자를 공유한다. 놀라운 것은 유전학자와 고인류학자들의 연구결과 현생 인류 안에도 데니소바인의 유전자가 남아있는 것으로 확인되었다. 그런데 더 놀랍게도 남쪽에 위치한 파푸아 뉴기니와 솔로몬 제도 등 멜라네시아인들이 데니소바인의 유전자를 가장 많이 갖고 있었다. 이들의 DNA 중 약 4%가 데니소바인의 것, 약 4%가 네안데르탈인의 DNA로 고인류 DNA를 8%나 갖고 있는 것으로 밝혀졌다. 반면 동굴과 가까운 곳에 있는 동북아시아의 인류에게는 데니소바인의 DNA가 발견되지 않았다. 네안데르탈인의 DNA가 이들의 주 거주지였던 유럽 사람들에게 가장 많이 발견되는 것과는 다르다. 참 이상하다. 언젠가는 그 이유가 밝혀지길 기다린다.

현생 인류의 DNA에 네안데르탈인과 데니소바인의 DNA가 포함돼 있고, 데니소바인의 DNA에도 네안데르탈인의 DNA가 17% 정도가 포함돼 있다. 세 가지 종은 우리가 알지 못하는 복잡한 관련을 맺은 것으로 추정한다. 아직 우리는 모르는 것이 많다. 인간 개개인의 유전자는 모두 다르며 다양한 고인류의 유전자를 모두 다르게 가지고 있다. 결국 인간은 긴 세월동안 복잡하게 얽힌 진화의 과정에서 나타난 것이 분명하다.

2) 호모 사피엔스 사피엔스는 누구인가

▍호모 사피엔스 '단일' 종 '미세한' 차이

기원전 약 3만 년부터 시작된 후기 구석기시대의 대표적인 종족은 크로마뇽인이다.[634] 진화상 가장 가까운 혈연관계인 아프리카의 침팬지가 진화과정 중에 세 가지 아종(亞種)으로 나누어진 반면, 호모 사피엔스는 상당히 통일적으로 하나의 종으로 진화하였다.[635] 피부 색깔의 차이는 햇빛량과 관련이 있을 뿐이다. 다양한 호모 사피엔스의 물리적 차이는 상대적으로 미미하다. 현재와 같은 약간의 '인종적인' 차이가 언제 발생했는지는 정확히 알 수 없다. 기원전 약 20만 년부터 오늘날 유럽인, 아시아인과 아프리카인이 보여주는 미세한 '물리적' 차이가 나타나기 시작했다. 이러한 차이는 지역적인 분리와 분리된 지역 안에서 성적 교류로 발생한 것이다. 인간 역사를 통틀어 물리적 진화는 아주 미세하며 역사 초기의 인간과 오늘날의 인간은 거의 차이가 없다.[636] 아마도 인류가 서로 교류를 하지 않고 오랫동안 진화했다면 유럽인, 아시아인, 아프리카인은 다른 종이 되었을 것이다. 네안데르탈인과 호모 사피엔스의 차이처럼 말이다. 하지만 인류는 끝없는 이동과 문화적 진화를 통해 교류를 하였고 이젠 세계화와 더불어 한 종으로 통합되고 있다. 우리 인간은 아종도 변종도 없는 단일 종이다. 유럽의 참새와 아시아의 참새가 하나의 종이지만 크기 등이 약간 차이가 나는 것처럼 말이다.

▍인간은 완성되었는가? 인간의 생물학적 진화

스티븐 제이 굴드처럼 저명한 생물학자들은 인류의 진화가 호모 사피엔스가 아프리카를 떠나 전 세계로 퍼져나가던 5만 년 전에 끝났다고 주장한다. 스티븐 제이 굴드는 "지난 4~5만 년 동안 인류는 생물학적 변화를 전혀 겪지 않았다."라고 말했다. 인류의 생물학적 진화는 멈추었으며 유전적인 진화는 일어나지 않았다는 것이 과학계의 믿음이다. 어떻게 '진화' 학자들이 진화가 멈추었다고 말할 수 있을까?

반면 물리학자 그레고리 코크란과 유전학자 헨리 하펜딩은 『일만 년의 폭발』에서 인류의 진화는 오늘날까지 지속되고 있다고 주장했다. 더욱이 인류의 진화가 최근 1만년 동안 과거 6백만 년보다 거의 100배 빠른 속도로 일어났다는 '급진적인' 주장을 내놓았다. 그 사례의 하나로 유대인의 높은 지능을 제시했다. 독일계 유대인을 뜻하는 '아슈케나지' 유대인은 동북 유럽으로 이주하여 서부유럽, 미국 등으로 퍼져나간 유대인으로 유대인의 80%를 차지한다. 이들의 평균 지능은 115에 이른다. 그러나 사실 지능은 후천적인 요인이 있어 의문의 여지는 있어 보인다.

여기서 잠시 인간의 지능과 기질이 과연 선천적이기만 한지에 대하여 짚고 넘어가 보기로 한다. 인간의 본성이 타고난(nature) 것인지 양육(nurture)된 것인지에 대한 본성-양육 논쟁이다. 18세기 이탈리아의 법학자 베카리아는 범죄가 인간의 의지에 달려있다고 주장하였다. 반면 19세기 이탈리아의 법의학자 체사레 롬브로소는 범죄인은 태어날 때부터 범죄인의 기질을 가지고 태어난다는 태생적 범죄인을 주장했다. 사회과학자와 자연과학자의 차이만큼 뚜렷한 입장차가 드러난다. 반면 19~20세기 프랑스의 사회학자 에밀 뒤르켐은 사회 문화적 환경에 의해 범죄자가 된다는 주장을 하였다. 그는 사회학자답게 사회적인 요인을 중요시하였다. 이렇듯 유전이냐 환경이냐 하는 논쟁은 자신이 배운 학문적 입장에 따라 다르다. (비만에 대해서도 유전 요인과 환경적 요인에 대한 논쟁이 뜨겁다. 전자는 비만 유전자가 따로 있으며 본인의 의지와 관계없이 살이 찌게 된다고 설명한다. 반면 환경적 요인을 지지하는 측은 식습관이나 생활환경에 의해 결정된다고 믿고 있다.)

본성이냐 양육이냐 하는 논쟁은 21세기에도 지속되었다. 2004년 국내에 소개된 스티븐 핑거의 『빈 서판』은 '깨끗이 닦아낸 서판'이란 뜻의 중세 라틴어 '타불라 라사(tabula rasa)'를 의역한 말이다. 영국의 철학자 존 로크가 『인간 오성론』에서 이 단어를 인용하여 인간이 수학적 인지 능력, 진리 관념, 신 관념을 가지고 태어난다는 '본유 관념 이론'을 공격하면서 유명해진 말이다. 존 로크는 인간이 흰 종이 와 같이 비어있고 경험으로부터 인식 능력이 싹튼다는 주장을 하였다. 그러나 1950년대 이후 인지과학, 신경학, 행동 유전학, 진화 심리학 등의 연구가 지속되면서 빈 서판 이론은 뿌리째 흔들렸다. 학습을 위한 신경계 등 선천적 '서판' 없이 학습은 이루어질 수 없으며, 종과 개체마다 인식 능력과 기질이 선천적으로 다르다는 것이 분명하게 밝혀졌다. 인간 게놈의 유전자 등에는 광대한 정보가 담겨 있으며, 특정 유전자가 인지·언어·기질의 여러 측면에 관여한다는 것을 보여주는 사례가 갈수록 늘어나고 있다.

지능에 대해서도 유전과 환경 간의 논쟁이 치열하다. 서로 다른 지능을 갖고 태어나기는 하지만, 뇌는 선천적인 것보다 후천적인 요인에 의해 더 큰 영향을 받는다는 과학적 증거도 있다. 지능이 좋다는 것은 의학적으로는 '뇌신경 세포를 연결하는 시냅스의 연결이 많아지고 강화된다.'는 뜻이다. 문제는 시냅스는 머리를 쓰면 쓸수록 발달한다는 점이다. 따라서 노력에 따라 지능은 좋아질 수 있다. 일본의 뇌신경 전문의 츠키야마 다카시는 머리가 굳는 것을 '브레인 프리즈(brain freeze)'라고 말한다. 이런 증상은 노인뿐만 아니라 청소년에게서도 나타나고, 전문직 종사자들에게 많다. 한 가지 일에만 종사하거나 편향된 방식으로만 지속적으로 생각하는 사람의 특징이고, 특정한 일에만 전문화된 사람은 그 일에 적합하도록 뇌가 길들여지면서 뇌가 '편향적으로' 고정된다. 해보지 않은 일과 해보지 않은 생각을 시도하는 것만으로도 뇌는 좋아질 수 있다는 '긍정적인' 주장이다. 그러나 반론도 만만치 않다.

토마스 부처드 미네소타대학교 교수팀은 100여 쌍의 헤어져 자란 쌍둥이를 연구했다. 그랬더니 쌍둥이들의 IQ는 70% 정도 서로 닮았다는 점을 알았다. 더욱이 한 집에서 같은 부모 밑에서 자란 일란성 쌍둥이도 70%밖에 닮지 않았다는 사실이 발견되었다. 즉 환경의 영향이 별로 없다는 뜻이다. 그런데 입양된 형제에 대한 연구를 보면, 이들의 IQ는 청소년기 이전에는 같이 자란 형제와 유사성을 보이다가도 성인이 된 이후 측정해 보면 유사성이 실종된다. IQ의 경우 70%나 유전자로 설명할 수 있지만 학업 성적, 인성과 성격은 유전자 요인이 40% 정도밖에 되지 않는다고 한다. 유전자는 절반의 가능성일 뿐이다.

인간의 진화 과정을 잠시라도 생각해보면 선천과 후천에 관한 논쟁은 명확해질 것이다. 인간은 진화 과정에서 자연 선택을 통하여 진화해왔고 '특정' 기질을 가지고 태어난다. 그리고 시간이 흐르면 점점 진화해간다. 따라서 변화된 환경에 적응한 종이 선택된다. 그 의미는 타고난 것뿐만 아니라 후천적인 적응도 있다는 의미이다. 어느 것이 어느 정도 강한지는 과학자들이 연구할 몫일 것이다.

이쯤 마무리하고 인간의 생물학적 진화가 이젠 멈추었는지 다시 살펴본다.

사실 과거 1만 년 동안 유전자의 변화와 진화가 지속되어 왔다는 증거는 다양하다. 티베트 지역에 사는 사람은 고산지역에 적응할 수 있는 유전자 돌연변이를 가지고 있다. 이 돌연변이는 불과 과거 1000년 동안 생긴 것으로 추정한다. 인류의 피부색 차이도 진화가 진행되고 있음을 보여준다. 아프리카는 자외선이 강해 자외선을 막는 멜라닌 색소를 많이 만드는 돌연변이가 '자연 선택'을 받아 피부가 검어졌다. 아프리카를 떠난 인간은 햇빛이 약해지고 멜라닌 색소가 많던 피부가 자외선을 막아서 비타민 D 합성이 잘 안되어 문제가 생겼다. 그래서 멜라닌 색소가 적어졌고 피부가 하얘졌다. 이를 '비타민 D가설'이라고 부른다. 그런데 피부색을 결정하는 유전자는 인류가 아프리카를 떠난 후 오랜 시간이 지나고서야 처음 나타났다. 비타민 D 가설에 의하면 본래 인류가 아프리카를 떠나 북쪽으로 진출한 직후에는 나타났어야 한다. 그래서 과학자들은 새로운 가설을 제시하였다. 아프리카를 떠난 인류는 사냥을 통해 비타민 D가 풍부한 고기와 생선을 풍부하게 섭취하여 멜라닌 색소를 없앨 필요가 없었다고 주장하였다. 하지만 약 1만 년 전 '농업혁명'으로 곡물을 주로 섭취하여 비타민 D가 부족해졌고 멜라닌 색소는 생존에 불리해지면서 피부가 하얘졌다고 주장한 것이다.

인류의 생물학적 진화가 멈추었다는 주장은 지나친 주장으로 보인다. 하지만 과거 1만 년 동안 '중요한' 진화가 일어난 것은 아니다. 진화는 '더 긴' 세월을 요구한다. 오랜 시간이 지난 후 우리가 어떻게 진화될 것인지는 예측할 수는 없지만 환경의 변화가 그 방향을 결정할 것임은 틀림없다.

▎빙하기가 인간 유전자에 미친 영향

빙하기는 끝났고 지금 우리 생활과는 관련이 없는 오래전 일이다. 그러나 빙하기는 우리 인간의 탄생과 직접적인 관련이 있다. 빙하기는 인간 진화의 방향을 상당 부분 결정짓고 인간의 유전자에도 큰 영향을 주었다. 인간은 우주, 은하계, 태양계와 지구라는 거대 시스템이 낳은 '산물'이다. 『생명—최초의 30억년』을 쓴 미국 하버드대학교 나사 우주생물학연구소 연구원인 앤드류 놀은 이렇게 말한다. "인간에게 특별한 지위를 부여한 것은 환경이지 진화가 아니다." 환경은 우리 인간의 유전자를 만들었다.

생명체의 진화는 생존하고 번식하기에 유리한 유전형질을 선택하는데, 이를 자연 선택이라고 할 수 있다. 그런데 인간에게 발생하는 유전병과 당뇨병 등의 질병은 왜 남아있는지 의문이 생긴다. 사실 우리가 걸리는 각종 질환도 진화의 산물이며 환경의 '후유증'이다. 『아파야 산다』(2010년 번역 출간)의 저자 샤론 모알렘은 패혈증, 고혈압, 당뇨 등은 인류가 과거 생존을 위해 선택한 '진화의 산물'이라고 주장한다. 당뇨병이 있는 사람의 혈당 수치는 여름보다 겨울이 높다. 추위와 혈당이 관계가 있다는 뜻이다. 추우면 몸이 떨리고 근육 활동이 늘어나면서 근육에 쌓여 있던 당분이 연소하는 과정에서 열이 발생한다. 당뇨병 인자가 없었으면 인간은 기원전 1만 년경 마지막 빙하기 이후 유럽에 찾아온 혹한에서 견디기 어려웠을 것이다. 추위에 견디는 능력이 당뇨병 인자를 가져온 것이다. 한편 미국에서의 고혈압 환자는 아프리카계 미국인들이 두 배 이상 높다. 아프리카인들이 노예로 끌려올 때 오랜 굶주림을 겪다보니 염분을 많이 유지해 탈수를 면한 사람이 살아남았다는 것이다. 이 유전자를 가진 아프리카계 미국인은 염분에 민감하게 반응하는 고혈압에 더 많이 걸린다는 주장이다. 특히 당뇨병은 빙하기의 유산이다. 혈액에 당이 쌓이고, 자주 소변을 봐 혈액 농도를 높이고, 어는점이 낮아져 동사를 막을 수 있기 때문이다. 암도 마찬가지이다. 1960년대 레너드 헤이플릭은 세포의 분열은 한계가 있음을 발견했다. 그 한계는 52~60회다. 염색체의 끝에 있는 텔로미어라가 세포 복제가 일어날 때마다 손실되는데 이 한계치에 달하면 복제가 멈춘다. 텔로메라아제라는 효소는 텔로미어를 늘린다. 암세포는 텔로메라아제를 속성 가동함으로써 세포 복제 시 텔로미어를 더 빠르게 보충시킨다. 암세포는 무제한 복제를 할 수 있다. 세포의 복제 횟수를 제한하도록 진화한 것은 암 예방 때문이라고 적지 않은 과학자들이 믿는다. 복제 횟수가 제한되지 않았다면 암이 훨씬 기승을 부렸을 것이다. 암을 막기 위해 인간은 노화를 감수해야 하는 셈이다. 결국 인간의 질병은 오랜 세월 진화과정 상에서 나타난 후유증이다.

❙ 왜 인간만 유별나게 지능이 뛰어날까

인간은 스스로 생각하기에도 놀라운 지적능력을 가진 존재로 진화하였다. 하지만 왜 인간 또는 적은 수의 종만이 뇌가 커지고 지적능력의 진화가 일어났을까.[637] 그러나 이러한 질문은 왜 오랑우탄이 현재와 같은 종이 되었느냐는 질문과 다름이 없다. 그것은 진화의 과정에서 수많은 우연과 사건의 결과일 뿐이다. 물론 그 안에 신의 뜻이 있다면 필연이 존재하겠지만.

인간은 '필연' 또는 '영원'을 찾는 존재이다. 인간에게 자신은 우연한 존재이고 죽으면 끝이라는 '우연성' 또는 '무상'은 견디기 어려운 말이다. 그래서 인간은 자신의 필연성을 '신'에서 찾으려 하지만 과학은 '어처구니없게도' 신을 진화와 유전자로 설명한다. 2006년 슈테판 클라인은 『우연의 법칙』에서 인간이 필연 또는 운명을 믿으려하는 것을 뇌의 작용으로 설명하고 있다. 뇌의 전달물질인 도파민과 신경세포의 작용으로 뇌는 주변을 일관된 틀로 인식하려는 본능을 갖는다. 뇌는 그 틀에 맞는 것만 보려는 '선택적 인지'를 하려고 하고 우연을 회피하려 한다는 것이다. 그 선택적 인지는 우연을 회피하고, 절대적인 신을 믿고, 자신의 영원성, 즉 구원을 받아들이는 '본능'에 의한 것이라는 주장이다.

잠시 '우연히' 엉뚱한 이야기를 하였다. 다시 인간이 왜 지구상에서 홀로 똑똑해졌는지 생각해본다. 인간이 지구상에서 가장 지적인 존재가 된 이유를 심리학적 측면에서 설명하기도 한다. 2015년에 번역 출간된 아지트 바르키와 대니 브라워가 쓴 『부정본능(Denial)』은 인간의 '현실 부정' 성향이 인간이 독보적인 존재로 진화하는 데 결정적 역할을 했다고 주장한다. 초기 인류는 진화를 거듭하여 지능이 발전하면서 자신이 죽을 수밖에 없다는 운명을 알고 공포를 느끼기 시작하였고, 이를 회피하고자 현실을 부정하는 능력을 진화시키면서 뛰어난 존재가 될 수 있었다는 것이다. 인간이 죽음의 공포라는 '심리적 장벽'을 뛰어넘은 것은 바로 '부정하는 능력'이라는 주장이다. "의식하게 되면 참을 수 없는 사고, 감정 또는 사실들을 인정하지 않음으로써 불안을 누그러트리려는 무의식적인 방어기제가 부정이다." 죽음을 부정하는 능력이 인간에게만 일어났다는 주장이다. 하지만 왜 인간에게만 일어났는지는 설명하지 않는다. 또한 객관적 근거 없이 추정에 의한 설명이다.

생리적 측면에서 설명하는 접근도 있다. 2015년 〈뉴욕타임스〉의 기사에 따르면 듀크대학교 데이비드 샘슨 선임연구원 등은 초기 인류가 크게 진화할 무렵에 수면(睡眠) 양식이 크게 변했다고 주장했다. 인간이 직립보행을 하면서 나무에서 내려와 지상에서 생활하고 숙면을 취하게 된 것이 지능발달에 도움을 주었다는 연구결과이다. 맹수 등의 위협을 막기 위해 불을 피워놓고 무리지어 잠으로써 다른 영장류에 비하여 더 짧은 시간에 뇌 발달에 중요한 렘수면을 깊게 취할 수 있게 됐고, 늘어난 활동시간 동안 도구를 만들거나 의사소통을 늘려갔을 것이라는 추성이다. 대부분의 영장류는 인간보다 잠자는 시간이 길거나 깊지 않아 인간 수면과 질이 다르다.

진화론자들은 인간만이 고도의 지적능력을 가지게 된 것을 '우연'에 의한 진화에서 찾는다. 일부 학자들은 인간이 지적능력을 가지도록 진화한 것은 육식이 원인이라고 주장한다. 수십만 또는 백만 년 전에 나타난 초기 인류는 채식 위주의 생활을 하였던 것으로 추정한다. 이들 화석의 큰 어금니와 깊숙한 턱뼈는 음식물을 많이 씹어 먹었음을 보여준다. 그러나 아프리카는 약 2백만 년 전부터 1만 년 전까지 대기가 건조해지면서 식물이 줄어들었고 따라서 초기 인류는 육식을 하지 않을 수 없게 되었다. 인류의 조상이 점차 육식을 늘려나감에 따라 두뇌와 몸집이 커지기 시작했다. 육식을 하면서 먹이를 구하는 방식이 바뀌었다. 먹잇감을 잡아야했고 그것은 '어려운' 일이었다. 결국 어려운 일이 뇌를 발달시켰다는 설명이다. 호모 사피엔스가 먹이를 구하는 방법은 지적인 인간의 출현과 밀접한 관계가 있다. '인간 사냥꾼'이라고 불리는 가설에 따르면, 단순히 먹이를 찾아 돌아다니던 방식에서 큰 짐승 사냥에 나서는 방식으로의 전환은 인류의 진화에 중요한 추진력을 제공했고, 도구제작과 사용의 급속한 팽창, 큰 뇌 발달, 의사소통과 협력적 사냥에 필요한 복잡한 언어 기술의 진화를 포함해 일련의 연쇄적인 결과들을 초래했다.[638] 결국 먹고살기 위해 우리 인간은 진화를 거듭했고 그 결과로 머리가 좋아졌다.

하지만 지구상에 사는 '머리 나쁜' 육식동물들은 무수히 많다. 이들은 왜 인간처럼 진화하지 못했는지에 관해서도 설명이 필요하다.

불의 사용과 음식을 익혀먹는 것이 지적능력 발전의 원인이라는 주장도 있다. 앞에서도 언급했듯이 하버드대학교 리처드 랭엄이 불을 이용한 요리가 인류 진화의 원동력이라는 '요리가설'을 제안한 것이다. 음식을 익혀 먹으면서 소화가 잘 되고 이에 따라 소화기가 작아지면서 뇌가 커졌다는 것이다. 문제는 2015년 하버드대학교 심리학자인 펠릭스 바르네켄과 예일대학교 진화생물학자인 알렉산드라 로사티는 침팬지도 요리할 수 있는 인지 능력을 갖추고 있고, 날 것보다 조리된 음식을 더 좋아한다는 연구결과를 발표한 것이다. 그러나 왜 인간만 요리를 해 먹었으며 지능이 발달했는지는 설명되지 않았다. 2016년 하버드대학교 인간진화 생물학과 다니엘 리버만 교수도 랭엄 교수의 '요리가설'을 반박하는 실험결과를 발표했다. 초기 인류가 음식물을 요리하기 시작한 50만 년 전보다 훨씬 과거부터 턱과 치아, 저작근육, 소화 장기가 작아졌다는 것이다.

일반적으로 도구의 사용이 인간의 뇌와 지적능력이 발달하게 된 원인이라는 것이 전통적인 주장이다. 2016년 미국 에모리대학교 인류학자 디트리히 스타우트 교수는 도구 사용이 인류 진화에 미친 영향력은 과소평가 되었다고 주장했다. 그가 직접 석기를 만들어보니 칼 역할을 할 수 있는 박편(돌 조각)을 떼어내는데도 돌망치를 사용할 때만큼의 정교함이 필요하며 손도끼를 만드는 것은 훨씬 어렵다는 것을 알았다. 이를 통해 인간 진화는 도구제작 능력과 밀접한 관계가 있음을 깨달았다. 또한 도구를 제작할 때 뇌의 활동을 측정했더니 뇌의 인지 능력 부분과 깊은 관련이 있음을 알아냈다. 또한 석기 제작은 그 기술을 독자적으로 습득하기가 거의 불가능하여 초기 인류가 상호간에 가르침을 주고받으며 언어 능력도 진화되었다고 추정한다.

어느 한 요인이 인간의 지적능력을 향상시켰다고 보기는 어렵다. 이 모든 것들이 복합적으로 인간의 지적능력에 영향을 주었을 가능성이 크다. 우주의 형성과 생명의 진화과정을 돌아보면 수많은 복합적인 요인이 서로 맞물린 것을 알 수 있다. 진화의 과정은 단선형으로 이루어진 것이 아니다.

2. 문명의 시작

1) 신성(新星) 호모 사피엔스 문명

▎호모 사피엔스 사피엔스의 이주

홍적세는 오스트랄로피테쿠스와 호모 하빌리스가 출현한 기원전 2~3백만 년경부터 기원전 약 4만 년경 호모 사피엔스 사피엔스가 등장한 후 마지막 빙하기가 끝난 기원전 약 1만 년까지이다.[639] 이 시기는 통상 구석기시대라고 부른다.[640] 구석기시대의 특징은 인간의 역사에서 인간의 거주 지역이 점차 늘어나는 시기였다는 점이다.[641]

기원전 6만 년경 수백 명으로 추정되는 두 개의 소집단이 향후 지구의 역사를 바꾸게 될 이주를 감행했다. 새로이 진화로 나타난 호모 사피엔스들은 가는 곳마다 덜 똑똑하고 적응력이 떨어지는 호모 에렉투스의 후예를 밀어냈다.[642] 기원전 약 5~6만 년경부터 인류는 아프리카를 떠나기 시작하여 처음에는 중동, 유라시아 대륙의 중부지방과 북부지방, 그리고 동아시아와 오스트레일리아에 정착하였다.[643] 기원전 약 4만 년경 처음으로 인간은 유럽과 유라시아 안쪽 지역에 등장하였다.[644]

호주로의 이주는 인도네시아에서 출발한 것으로 보인다. 기원전 4만 년경에는 분명히 도착하였고 아마도 기원전 5~6만 년경에 도착했을 수도 있다.[645] 오스트레일리아는 이주하기에는 만만치 않은 바다가 있었다. 인도네시아 쪽에서 호주와의 최소 거리는 65~100km 이어서 유인원들은 건널 수 없었으며, 인간도 우연히 건너기는 쉽지 않은 거리이다. 고고학적 증거에 따른 추정에 의하면 인류 최초의 장기 항해는 기원전 약 5만 년경 동남아시아에서 오세아니아로 이주한 것이다. 당시에는 지금보다 바닷물이 적어 항로가 짧았다. 화석 증거와 유전자 분석에 의하면 아시아인과 호주인은 5만 년보다 훨씬 이전에 분리된 것으로 나타난다.[646]

기원전 3~4만 년경에는 시베리아로 갔을 가능성이 크다.[647] 아마도 기원전 2만 5천 년경에는 시베리아 북쪽의 일부지역에 정착하였을 것이다.[648] 현생 인류 호모 종이 최초로 이질적인 환경으로 이주한 것은 사훌(Sahul. 과거 호주, 뉴기니, 타스마니아가 붙어있던 대륙)과 빙하기 유라시아 대륙 북쪽 스텝지역과 툰드라 지역이다. 이 지역에는 어떤 유인원도 이주하지 못했는데, 이것은 호모 종의 생태적인 창의성(ecological creativity)을 보여준다.[649] 인간은 전에는 호미닌이 거주하지 않았던 호주(바다와 강을 건너갈 수 있는 기술이 필요했을 것이다), 빙하기였던 시베리아, 아메리카로 이주하기 시작하였다.[650]

화석 증거와 유전자 분석에 의하면 아시아인과 아메리카인(Amerindian)은 기원전 1만 5천 년~3만 5년경에 분리된 것으로 나타난다.[651] 시베리아의 동쪽에 살았던 인류는 마지막 빙하기에 존재했던 베링기아를 건너 혹은 배를 타고 아메리카 대륙으로 건너갔다. 기원전 1만 년경에 아메리카 대륙에 들어갔다고 추정하는 사람들도 있지만 기원전 3만 년경에 들어갔을 일단의 가능성도 있다.[652] 빙하기가 절정을 이루던 기원전 3만 4천 년과 3만 년 사이에 지구의 수분은 대부분 광대한 얼음 대륙으로 존재했다. 그 당시 베링해는 아시아와 북아메리카를 연결하는 두께 수백 미터의 거대한 얼음 덩어리 연륙교 '베링기아(Beringia)'였다. 베링기아가 가장 넓었을 때는 폭이 1500km나 되었던 것으로 보인다.[653]

기원전 8천 년경 또는 빠르면 기원전 3만 년경 인간은 남극을 제외하고는 모든 대륙에서 살았다.[654] 태평양 등의 바다에 있는 오지의 섬들은 인류의 진출이 아주 늦었다. 기원전 1200년경에는 '라피타' 인이 오세아니아 동쪽으로 나아가 피지, 사모아, 통가, 바투아누 등 폴리네시아 전역의 무인도를 개척했다. 서기 1000년에서 서기 1300년 사이에 폴리네시아인은 하와이 제도와 남쪽의 뉴질랜드, 이스터 섬을 개척했다.

우리나라에도 호모 사피엔스는 일찍이 도착했다. 2001년 제주 해안가에서 사람 발자국 화석이 발견됐다. 화석의 크기와 생성연대를 살펴본 결과 약 2만 년 전이었다. 이들은 호모 사피엔스로 우리 한국인의 직접적인 조상으로 추정한다. 약 2만 년 전 제주도는 마지막 빙하기의 영향으로 한반도와 붙어있었던 것으로 추정되며 이들은 걸어서 제주도에 도착한 것으로 보인다.

인류가 아프리카를 떠난 주장에 대하여 반론은 있다. 기원전 약 5~6만 년경에 호모 사피엔스가 북부 경로를 통해 아프리카 밖으로 나왔다는 가설은 유럽의 고고학 증거와 잘 맞아 떨어진다.[655] 그러나 기원전 5~6만 년보다 훨씬 이전에 호모 사피엔스가 이미 남부 아시아와 오스트레일리아로 퍼져 나갔다는 것은 어떻게 설명해야 할까. 케임브리지 대학의 마르타 롭 폴리는 아프리카 밖으로 나오는 경로가 적어도 두 개는 있었을 것이라고 주장했다. 하나는 기원전 약 7만 년경에 동아프리카를 통해 아라비아 반도를 거쳐 인도양을 따라 이동하는 경로이고, 다른 하나는 기원전 약 5만 년경에 북부 아프리카를 통해 팔레스타인이 있는 레반트를 지나 유럽으로 들어가는 것이다. 서로 다른 경로를 통해 이동한 호모 사피엔스가 지니고 있던 도구 역시 달랐을 것이라고 생각했다. 먼저 동아프리카를 통해 아프리카 밖으로 나간 호모 사피엔스는 중석기 시대의 도구를 가지고 있었고, 그 이후 유럽으로 진출한 호모 사피엔스는 그보다 정교해진 후기 구석기 도구를 가졌다는 것이다. 호모 사피엔스가 이렇게 다른 경로를 통해 서로 다른 시기에 전 세계로 퍼져 나갔기 때문에 오늘날 지구상에는 다양한 종류의 신체적 형태를 가진 사람들이 살게 되었으며, 이는 유전적 증거로도 뒷받침된다는 것 역시 이들의 주장이다.[656]

그러나 유전학자들은 고인류학자들과 의견을 달리한다. 미토콘드리아 DNA 계보 분석에 의하면 아프리카 밖으로는 단 한 번의 대규모 이동이 있었다고 추정되기 때문이다.[657] 이들의 주장에 의하면 기원전 8만 5천~6만 5천 년경(앞에서는 기원전 6만 년경이었는데 여기서는 훨씬 앞선 시기이다)에 아프리카 밖으로 나온 사람들이 남부 아시아 근처에 이르러 둘로 분화되었고 이들이 이후에 유럽으로 들어간 최초의 호모 사피엔스이다. 이 시나리오 상에는 호모 사피엔스가 북부 아프리카를 통해 유럽으로 진출했다는 가설은 성립되지 않는다.[658] 논란은 있지만 우리 인간은 아프리카에서 기원했다는 것이고 아프리카 밖으로 이주한 호모 사피엔스의 후예라는 것이다.

3만 년 전 호모 사피엔스의 종교는?

기원전 약 3만 년경 유럽에서는 크로마뇽인이 등장했고 아프리카와 아시아에서도 그에 상응하는 인종이 등장했다. 구석기시대에도 문화수준이 좀 더 높아진 시기에 이르게 되면 구석기시대의 종교적인 신념과 관행을 보여주는 보다 명백한 증거가 나타난다. 크로마뇽인도 네안데르탈인과 마찬가지로 호모 사피엔스의 한 종류였다. 그러나 보다 진화된 인종이었으며 현대인보다 더 크고 거친 모습을 하고 있었다.[659]

네안데르탈인도 시신을 매장하는 '종교적' 성향이 있었다. 더 나아가 크로마뇽인은 초자연적 성격을 띤 고도로 발달된 세계관을 지니고 있었다는 실제적인 증거가 있다. 그들은 죽은 자의 시신에 네안데르탈인보다 더 많은 관심을 기울였다.[660] 종교란 결국 자신의 죽음에 대한 관념의 부산물일까. 프랑스 라스코와 쇼베의 동굴에 그려진 벽화는 크로마뇽인도 종교적 의례를 하였음을 보여준다. 그러나 3만 년 전 인간의 종교란 오늘날의 종교와는 거리가 멀다. 당시 호모 사피엔스 사피엔스에게 유대교, 그리스도교, 이슬람교, 힌두교, 불교 등은 어떤 의미도 없었다. '신'은 그들과는 관련이 없었고 알지도 못했다. 더욱이 유일신이라는 관념은커녕 언어도 관념도 거의 없었던 그들이었다.

2만 년 전 궤도주기 환경이 낳은 문명

인간은 스스로 존재하는 개체가 아니다. 피조물로 보든지 진화의 산물로 보든지 인간은 자연환경의 산물 또는 자연환경과 공존하는 존재이다. 인간이 진화를 거듭하고 오늘날 문명을 이룬 것은 역시 자연환경과 관련이 있다. 기원전 2만 4천 년경에서 기원전 1만 년경까지 상당 기간 동안 시베리아와 아메리카 사이의 베링해협은 육지였으므로 인간은 유라시아에서 알래스카로 걸어서 건너갈 수 있었다.[661] 기원전 1만 년 경 해수면이 다시 상승하고 기후가 온난해지고 빙하가 녹으면서 유라시아, 아메리카, 오스트레일리아가 나누어졌다.[662]

베링 해협은 지금은 폭이 약 80km이지만 인간의 삶에 커다란 영향을 준 바다이다. 베링 해협은 염도가 낮은 북태평양의 물이 북극해를 지나 염도가 높은 북대서양의 물과 섞이고 열대의 열을 전달한다. 2010년 미국 국립 대기 연구센터 연구진은 빙하기의 베링 해협의 해수면 변화가 지구 전체의 기후 패턴을 좌우했다고 밝혔다. 해수면의 높낮이에 따라 베링 해협이 연결되거나 끊기면서 해류에 변화가 생기고, 그 결과 북극지역의 온도가 오르내려 빙하의 빙상 면적이 커졌다 작아졌다 하면서 전 세계 해수면에 영향을 미쳤다는 것이다.

지구가 태양에 가까워지는 궤도주기에 이른 기원전 약 1만 년경부터는 태양열의 영향으로 북극 빙상의 크기가 크게 줄어 베링 해협이 열렸으며 이에 따라 비교적 안정적인 기후가 자리 잡아 인류 문명개화의 기반을 제공했다. 지구와 태양의 궤도주기와 베링 해협은 인류의 문명을 탄생시킨 원인을 제공한 요인이다. 지구 공전 궤도는 약 10만 년마다 변하므로 다시 베링 해협이 닫히고 추워지면 인간 문명은 또 어떤 변화를 겪을지 모른다.

❙ 기원전 2만 년경 빙하의 끝이 낳은 문명

유럽과 아시아에서 기원전 2만년 경에 시작하여 기원전 3천년 경에 오늘날의 모습을 갖게 된 빙하의 마지막 퇴각은 빙하지대를 숲으로 대체하였고 그 경계를 따라 툰드라가 형성되었다.[663] 빙하기(ice age)와 간빙기(interglacial)가 되풀이되던 기원전 약 1만 년경에 북부 유럽과 북부 아메리카 대륙을 덮고 있던 빙하가 후퇴하고 마지막 빙하기가 끝났다. 마지막 빙하기가 끝나면서 현생 인류의 시대인 현세(홀로세)가 시작되었고, 구석기시대가 끝나고 중석기가 시작되었다. 이 마지막 빙하기는 약 10만 년 전부터 10만 년 동안 지속되며 우리 인간의 삶에 결정적인 영향을 끼쳤다. 그렇다면 빙하기는 왜 끝났을까.

빙하기가 끝난 것은 지구와 태양의 궤도주기의 변화가 원인이라고 하지만 그것만으로는 확실하지가 않다. 지구의 운동이 '원' 운동이고 태양의 중력만

이 지구에 영향을 미친다면 지구에서 일어나는 모든 변화는 자전과 공전 주기에만 따를 것이다. 지구는 원이 아니라 타원 궤도를 따라 태양 주위를 돌고 있고, 지축이 기울어져 있다. 목성과 같은 큰 행성의 영향으로 지구의 공전 궤도인 타원 궤도의 모양도 변하고 지축이 기울어진 정도도 변한다. 지구가 태양으로부터 가장 멀어졌을 때 빙하기가 찾아왔다. 회전하고 있는 물체가 흔들리는 현상인 지구의 세차운동에 따라 태양으로부터 가까워지거나 멀어지면서 기후가 변했다. 반면 미국 항공우주국(NASA)은 화산 폭발 등 태양 안에서 일어나는 변화에 따라 지구에 도달하는 빛의 양이 달라지면서 기후변화가 나타난다고 본다. 1940년대에 유고슬라비아의 물리학자 밀란코비치는 지구의 기후변화에 대하여 지구의 공전이 원인이라는 주장을 하였다. 약 10만 년 주기로 변하는 이심률, 즉 지구 공전 타원궤도의 반지름 길이와 약 4만 년 주기의 지축 변화 등이 원인이라는 주장이다. 밀란코비치 주기는 빙하기의 주기 설명에 적용되었는데, 이후 남극의 얼음 중심에서 채취한 산소와 질소의 비가 10만 년을 주기로 변해온 것이 알려져서 더욱 주목을 받았다. 지구의 운동은 밀란코비치가 생각한 지축의 기울기 변화나 공전궤도의 모양 변화 이외에도 10만 년을 주기로 지구의 공전궤도면이 아래위로 출렁이는 행성 세차운동 등으로 더욱 복잡하기 때문에 빙하기의 원인이 무엇인지는 여전히 잘 모르고 있다.

빙하기가 끝나는 것을 촉진시킨 다른 요인도 있다. 마지막 빙하기가 끝난 원인에 대하여 2015년 과학자들(영국, 스페인, 호주, 미국과 네덜란드 공동연구팀)의 연구결과가 발표되었다. 연구팀은 빙하기 동안 남극 부근 바다 깊은 곳에 갇혀 있던 이산화탄소가 남부 대서양과 적도 동부 태평양의 강한 용승류에 실려 바다 표면으로 올라와 공기 중으로 방출된 것으로 보고 있다. 이로 인하여 대기 중 이산화탄소 농도가 크게 높아졌고, 지구의 온난화현상으로 기온이 올라가면서 빙하기가 빠르게 끝났다는 것이다.

태양과 지구의 자전과 공전은 빙하기를 소멸시켰을 뿐만 아니라 생명체의 생체 리듬에 큰 영향을 준다. 인간과 생명은 에너지가 필요하고, 사용하는 에너지는 태양으로부터 오기 때문이다. 낮에는 에너지가 태양으로부터 밀려오므로 에너지의 소비량이 많은 활동을 하게 되고, 밤에는 에너지 소비를 최소로 할 수 있는 행위를 하게 된다. 결국 인간과 생명의 잠도 그러한 요인이 작용했을 것이다. 일조시간이 긴 여름철에는 식물이 무성하게 자라고 동물의 활력이 커지지만, 일조 시간이 짧은 겨울철에는 성장이 멈추거나 동물은 동면과 같이 에너지를 최소화하는 형태로 상태를 바꾼다. 인간도 크게 보면 예외는 아니다. 우리는 우주의 많은 천체들의 영향 아래에서 '공존하는' 존재이다.

2) 구석기 말 농업 시작 이전

▌약 1만 년 전 급격한 기후변화

지구는 약 백만 년 전까지는 약 4만 년을 주기로, 그 이후부터는 약 10만 년을 주기(아마도 지구 공전주기가 원인일 것)로 온난한 기후와 한랭한 기후가 반복되었고 점차 온도가 내려갔다. 그리고 기원전 약 1만 3천 년경부터 기원전 약 8천 년경에는 온도차가 섭씨 5도 정도 나는 온난기후와 한랭기후가 약 2년간 나타나고 사라지는 반복현상의 증거가 발견되었다. 5도의 온도차는 사실 생명체에게는 엄청난 변화였을 것이다.

간빙기(Interglacial)는 빙하기에 빙기와 구분하는 전반적인 따뜻한 평균 기온을 보이는 시기이다. 우리 인간이 살고 있는 시기는 홀로세 간빙기로 기원전 약 9500년경부터 지속되고 있다. 간빙기 동안 툰드라 지대는 극지방으로 후퇴했고 툰드라 지역은 숲으로 바뀌었다. 간빙기가 발생한 원인에 관해서는 다양한 의견이 있다. 지구와 소행성 충돌이 원인이라는 주장이 그 중 하나이다. 2012년에는 기원전 약 1만 년경 소행성이 지구로 돌진해 공중 폭발했음을 보여주는 증거가 전 세계의 광범위한 지역에서 발견됐다는 발표가 있었다. 이로 인하여 지표면이 녹고, 포유류와 인간이 대량 살상되었고, 마지막 빙하기인 '신 드라이어스기(Younger Drias)'기가 유발되었다는 추정이다. 2007년도에 소행성이나 혜성의 대충돌이 있었을 것이라는 가설을 처음 제기했던 과학자들은 이후 멕시코에서 소행성 충돌의 증거를 발견했다. 그리고 캐나다와 미국, 러시아, 시리아, 유럽 등에서도 그 흔적을 찾아냈으며 모두 기원전 약 1만 년경의 암석층이었다. 당시 지구에서는 소빙하기가 시작돼 대형 포유동물들이 멸종했는데, 이는 소행성 충돌이 원인일 수 있다는 주장이다.

그러나 2013년에 이 가설은 반박되었다. 미국과 유럽에 있는 15개 대학의 과학자들은 그러한 충돌을 뒷받침할만한 크기의 구덩이가 발견되지 않았을 뿐더러 충돌과 관련된 어떤 물질도 이 시기 퇴적층에서 발견되지 않았다고 반박했다. 혜성 충돌을 주장하는 학자들이 발견한 것들은 오염되었으며 자연과학의 어떤 물리학 모델로도 그 가설을 입증할 수 없다고 지적했다. 이들은 "소행성이나 혜성 충돌 가설은 이제 좀비 상태에 이르렀다. 연구의 결함이 밝혀져 사멸했다 싶으면 어느새 되살아나 여전히 엉성한 이론을 또 다시 내세운다. 앞으로 또 이런 주장을 하려는 학자들은 발표 전에 보다 꼼꼼히 증거를 조사해야 할 것"이라고 말했다.

지구는 기원전 약 1만 년에 있었던 대빙하기가 끝날 무렵 상당히 빠른 속도로 더워지기 시작했지만, 천년 가까이 지속된 신(新) 드라이어스기라는 추운 겨울이 갑자기 찾아왔다. 천년 동안의 맹공격이 끝난 후에는 온도가 다시 올라갔다. 20년 동안에 7도나 올라갔다. 그리 굉장한 변화가 아닌 것처럼 보이기도 하지만, 실제로 스칸디나비아의 기후가 20년 만에 지중해의 기후로 바뀌어버린 것과 같은 엄청난 변화였다. 지역적으로는 더욱 심한 변화가 있었던 것도 있었다. 그린란드의 얼음 시추공에 따르면, 그곳의 온도는 10년 사이에 15도나 바뀌어서 강수양상과 식물의 성장조건이 극적으로 변했다. 인구가 많지 않았던 지구를 뒤흔들어놓기에 충분했을 것이다. 오늘날 그런 변화가 일어난다면 그 결과는 상상을 넘어설 것이다.[664] 더욱 두려운 사실은 어떤 자연현상 때문에 지구의 온도가 그렇게 급속하게 바뀌었는지를 모른다는 것이다. 물론 그 원인에 관한 논란은 있다.[665] 이러한 기후변화는 다양한 방법으로 확인된다. 호수, 산, 바다의 퇴적물을 분석하면 과거의 기후를 알 수 있다. 2012년 미국 오하이오 주립대학교 리처드 여키스 교수팀은 이스라엘 서부에서 출토된 양날 도끼 40점의 용도를 분석해 당시 기후를 파악했다고 발표했다. 이 도끼로 큰 나무를 베고 숲을 평지로 만든 뒤 목축지로 활용했음을 근거로, 기원전 약 6~4천 년경에는 습한 기후였다고 추정했다. 기원전 약 4천 년경부터 건조하게 바뀌었다.

기원전 9500년경부터는 간빙기로 대체로 따뜻해졌고, 인간 역사는 따뜻해진 간빙기와 함께 개화하였다. 기후가 따뜻해지면서 북아메리카, 북유럽과 스칸디나비아 및 동부 시베리아 전체를 덮고 있던 빙하가 물러났다. 아프리카와 남아메리카에서는 숲이 대부분 사라지고 열대 숲이 조성되었다.[666] 이렇게 마지막 빙하기의 중석기 시대(기원전 10,000년경에 시작)는 과도기로서, 빙하가 소멸하면서 해면을 상승시키고 이에 따라 자연환경이 변화되어 점차 유목 생활에서 촌락 생활로 바뀌게 되었다. 빙하가 물러가면서 생긴 삼림지대에서 동물을 뒤쫓고 구석기시대의 창과 칼을 계속하여 쓰던 유목 생활의 사냥꾼들은 점차 감소했으며 대신에 정착 부족이 늘어났다.[667] 또한 빙하가 물러나고 해면이 높아지면서 시베리아와 알라스카, 일본과 중국, 영국과 유럽, 호주, 파푸아뉴기니와 타스마니아를 연결했던 육지도 끊어졌다. 또한 빙하기에 아시아의 남부반도였던 인도네시아는 다도해와 군도로 변했다. 인도네시아와 타스마니아와 호주의 간격도 넓어졌다. 이로 인해 인간의 역사는 기원전 2천 년경부터 아프리카·유라시아, 아메리카, 오스트레일리아, 태평양군도로 나누어졌다.[668] 또한 기원전 약 8천 년~기원전 3천 년 경에는 습도가 높아지면서 사하라 사막이 호수와 숲으로 이루어진 지역으로 만들어졌다. 인간은 변화하는 환경에서 각각의 환경에 맞게 적응을 하였고 인간 사회는 다양화되기 시작하였다.[669] 인간의 문명이 일어난 것은 지구 40여 억 년의 역사에서 마지막 1만 년의 온난화의 결과다. 이 짧은 기간 동안 자연변화에 의하여 폭발한 인간 개체의 증가와 문명은 인간의 오만을 낳았다. 그들은 스스로 '만물의 영장'이라 부르며 '신'이 되려고까지 하고 있다. 약 4만 년 전 호모 사피엔스

사피엔스, 즉 인간이 '대' 전이를 통하여 '창조'되었고, 약 1만 년 전 지구가 온난해지면서 인간 개체 수는 1만 년 동안 엄청나게 빠른 속도로 증가했고, 언젠가는 1백억 명까지 증가할 것으로 예상되고 있다. 그 안에 우리가 있다. 우리 인간은 우주라는 커다란 시공간의 산물이다.

1만 년 전 동물 대멸종과 원인

기원전 1만 년경부터 마지막 빙하기가 끝나면서 지구의 기온이 크게 오르고 기후가 안정되었다.[670] 기원전 8천 년경부터 적어도 중부유럽에서는 기후가 상당히 쾌적해졌다. 빙하시대 동물 중에서 살아남은 것은 순록과 사향소 뿐이었다.[671] 기원전 약 8천 년경부터 기원전 약 5만 년경의 빙하기에는 매머드, 사향소 등 대형 포유동물이 전 세계 곳곳에 살았지만 오늘날에는 매머드, 털 코뿔소 등 많은 동물이 사라졌다. 이들이 멸종된 원인에 대하여 과학계는 호모 사피엔스가 주범이라는 의견과 자연재해라는 의견으로 나뉜다.

전자를 옹호하는 주장의 예로 2009년 호주 연구진은 키가 2미터인 대형 캥거루가 호주에 정착한 인간의 사냥으로 멸종했다고 과학 학술지 미국국립과학원회보에 보고했다. 캥거루의 이빨 화석을 분석한 결과 이들이 먹고 살았던 식물을 찾아냈는데, 이 식물은 온난화에도 적응했던 것으로 보인다. 즉 캥거루가 환경의 변화가 아니라 호모 사피엔스의 수렵활동 때문이라는 설명이다. 후자의 주장은 빙하기 말 지구의 평균 기온이 5도 이상 오르면서 이들이 적응하지 못해 멸종했다는 것이다. 2006년 알래스카대학교 연구진은 〈네이처〉에 인간이 북미 대륙에 도착하기 전부터 이미 매머드와 야생마의 개체 수가 줄었다고 발표했다.

그 후 2011년 여러 나라가 참여한 국제공동연구진은 인간의 수렵활동과 지구 기후변화 중 한 가지만으로 빙하기의 대규모 멸종을 설명할 수 없다는 연구결과를 〈네이처〉에 실었다. 종들마다 수렵과 기후 중 하나에만 영향을 받은 종도 있고 두 가지 영향을 다 받은 종도 있다는 주장이다. 이러한 혼란 속에서도 호모 사피엔스 사피엔스는 성공적으로 적응하면서 지구상에서 개체 수가 증가하기 시작했다.

1만 년 전의 인간

기원전 약 4만 년에 등장한 호모 사피엔스 사피엔스는 놀라운 뇌 진화와 함께 등장하였다. 어떻게 그런 진화가 있었는지는 많은 설명이 존재하지만 불가사의라고 말할 수밖에 없다. 어떻게 물질이 인간이 되었는지 놀라울 뿐이다. 물론 유물론적인 과학인들은 그것이 '자연'이라고 말할 것이다.

호모 사피엔스 사피엔스 현생 인류는 빙하기가 누그러지면서 지구상에 번성하기 시작했다. 기원전 1만 년경부터 시작된 마을, 도시, 국가의 발생은 결국 문명을 이루어냈다. 문명이란 많은 인간이 모여서 사는 것이다.[672]

그런데 이러한 문명의 전개는 먼저 구대륙에서 본격적으로 일어난 것으로, 아메리카 신대륙은 구대륙에 비하여 그 발전 속도가 매우 느렸다. 초기 인류가 빙하기로 얼어붙은 베링 '육교'를 통해 아메리카 대륙을 밟은 이래 1492년 콜럼버스가 산살바도르 섬에 상륙할 때까지, 인류 문명의 두 축인 신세계와 구세계는 거의 2만 년 동안 단절되어 있었다. 단절된 지 2만 년 밖에 되지 않았으므로 두 세계의 사람들은 유전자 차이가 거의 없었다. 구세계는 농경사회를 시작으로 점차 문명을 이룬 반면, 신세계는 풍요로운 환경 덕분에 수렵·채집의 삶을 탈피하지 못했다. 하지만 신세계도 자연에 적응하기 위해 천문학을 발달시켰고, 집단과 계급 구조도 만들었다. 자연적인('경제적인') 풍요가 '정신적' 빈곤을 낳은 것이다. 오늘날에도 자연자원이 풍부하거나 관광자원이 많은 '경제적인' 풍요를 누리는 국가가 발전이 더디고, 인간도 경제적인 풍요 속에 자란 사람들이 정신적인 빈곤을 겪는 경우를 많이 본다. 인간 문명은 적응과 진화라는 물을 먹고 자라는 역경의 산물이다.

기원전 1만 년까지의 인구

어떤 인구 통계학자의 주장에 의하면 구석기시대 후기인 기원전 약 3만 년경에는 수십만 명의 인간이 지구상에서 살았다고 한다.[673]

기원전 약 2만 년경은 마지막 빙하기의 가장 추운 시기였다. 기원전 1만 6천 년경부터는 점차 따뜻해지고 습도도 높아지기 시작했다.[674] 마지막 빙하

기가 끝나는 기원전 1만 년경에는 6백만 명의 인간이 살았다고 한다.[675]

기원전 1만 년경부터 기원전 5천 년경까지 중석기 시대는 과도기로서, 빙하가 소멸하면서 해면을 상승시키고 이에 따라 자연환경이 변화되어 점차 유목 생활에서 촌락 생활로 바뀌게 되었다.[676] 기원전 1만 년경부터 기원전 3천 년경에 농업이 시작되고 약 6백만 명이던 인구가 5천만 명까지 증가하였다.[677]

3) 초기 문명과 인간의 이해

▌호모 사피엔스, 문명의 시작

수만 년 사이에 호모 사피엔스는 예술과 신화, 상징을 만들어냈다.[678] 호모 사피엔스는 유라시아, 오스트레일리아, 아프리카 등 전 세계에서 3만 년 내지 4만 년 전에 상징과 예술 작품을 창조하기 시작했으며 이때 문화가 시작되었다. 문화 발달의 속도는 점점 빨라지고 오늘날에도 여전히 진행되고 있다.[679]

정글이나 동굴에서 살던 인간이 어떻게 이집트의 건축가(문명), 바빌로니아의 천문학자(과학), 히브리 예언가(종교), 페르시아의 통치자(정치), 그리스의 시인(문학), 로마의 기술자(기술), 인도의 성인(철학), 일본의 예술가(예술), 중국의 현인(윤리)으로 거듭나게 되었을까.[680] 정말 미스터리이다. 인간의 '문명'은 약 4만 년 전에 시작되었지만 그 짧은 시간에 이루어진 인간 문명은 우리 자신도 설명하기 어려운 일이다.[681] 인간이 스스로를 과대평가하여 이런 생각이 드는 걸까. 유인원에 불과하던 인간이 수만 년 사이에 커다란 강을 건넌 것이 정말 미스터리여서 그런가. 아니면 진화 과정상에서 나타난 뇌의 갑작스러운 폭발인가.

이에 대하여 유발 하라리는 자신의 책 『사피엔스』에서 호모 사피엔스가 어떻게 세상의 지배자가 되었는지를 역동적으로 설명했다. 7만 년 전 호모 사피엔스는 아프리카를 벗어나 이동하면서 네안데르탈인 등의 경쟁 종들을 몰아냈다. 그리고 7만 년 전부터 3만 년 전까지 배, 등잔, 활과 화살, 바늘을 발명했고, 예술품 등도 만들었으며, 종교와 상업이 출현하고, 사회의 계층화가 일어나기 시작했다. 인간이 지구를 '지배'한 것은 바로 기원전 7만 년경의 언어의 시작 등 '인지' 혁명(다시 말해 뇌가 커지고 지적능력이 도약된 것)으로 시작되었으며, 기원전 약 1만 년경의 농업 혁명, 근대의 과학 혁명으로 지금에 이르렀다.

▍수명 연장으로 촉진된 인간 문명

초기 호모 종은 수명이 짧았고 중년기나 노년기의 사람보다는 청년의 비율이 더 높았다. 그러나 호모 종이 진화하고 삶이 좀 더 '풍요롭게' 되면서 노년층의 비율이 점점 늘어났다. 노년층이 청년층보다 많아진 것은 현생 인류가 살았던 기원전 약 4만 년경, 후기 구석기시대에 이르러서였다. 그리고 노년의 삶이 늘어난 후기 구석기시대에 이르러서 인류의 문화가 크게 발전하기 시작했다. 인간이 짧은 시간에 문명의 꽃을 피운 것은 점차 수명이 길어지고 중년과 노년의 삶을 가지게 된 것이 그 원인이라는 것이다. 인간의 수명이 중년과 노년까지 늘어나고, 한 사람의 일생동안 축적된 지식이 인류가 발명해 낸 언어를 통해 전달되면서 예술, 과학 등의 발전을 가져오고 문명이 탄생하게 되었다는 것이다.

2000년대 초까지 발견된 선사시대 유골 중 50세가 넘는 것은 없는 것으로 알려졌다. 그만큼 초기 인간은 지금과는 수명이 달랐다. 연구에 따르면 네안데르탈인의 인구 구조는 '젊은' 성인(15~30세) 10명에 '늙은' 성인(30세 이상) 4명이었는데, 호모 사피엔스는 젊은 성인 10명에 늙은 성인 20명으로 구성되어 나이 든 개체 수가 좀 더 많았다고 한다. 수만 년 전 인간 종은 30세 이상이면 늙은 성인이었다. 네안데르탈인에 비하여 '나이든' 성인이 손주들을 돌보고 지식과 경험을 전수했을 것이라는 추정이 가능하다. 또한 네안데르탈인은 개체 간에 거의 교류가 없이 폐쇄적으로 살았지만, 호모 사피엔스는 공동체를 구성하여 살았던 것으로 보인다. 이를 통하여 호모 사피엔스는 점점 더 고도화된 사회로 발전했을 것이다.

그러나 집단을 이루고 인간보다 오래 사는 동물들도 있어 수명만으로 인간 문명을 설명하는 것은 문제가 있다. 이들 동물이 인간처럼 고도의 지적 문화를 이루지 못한 것은 지능이 낮아서인 것으로 보인다. 따라서 인간의 지능이 높았던 것이 더 중요한 요인일 것으로 보인다. 다른 동물들에 비하여 호모 사피엔스가 더 지능이 높아진 이유는 앞에서 기술하였다. 한편 네안데르탈인에 비하여 호모 사피엔스가 더 오래 산 것은 사실이지만, 수렵과 채취에서 농업시대로 들어서면서 오히려 인간의 수명은 짧아졌다는 반론도 제기된다. 1980년대에 미국 인류학자 로렌스 에인절이 지중해 동부지역의 유골을 조사한 결과, 기원전 1만 년 전후 구석기시대 수렵채집인의 평균 수명은 남성이 35.4세, 여성이 30세이고 기원전 6천 년 경에 농경을 시작한 신석기 초기에는 수명이 각각 33.6세, 29.8세로 줄어들었다고 한다. 농경이 그만큼 힘들었기 때문일까. 농경 사회의 사람들은 거의 2000년이 지난 18~19세기가 되어서야 구석기시대의 수명에 도달할 수 있었다고 한다. 그래도 네안데르탈인보다는 더 오래 살았다. 우리 인간이 오늘날 지구를 '장악'하고 우주를 '넘보는' 존재가 된 것은 지능의 발달과 함께 수명이 연장된 것이 그 원인이다.

▌오랜 양육과 교육으로 인한 문화적 진화

구석기시대에는 태어난 아기의 50% 이상이 성인이 되기 전에 사망하였다. 일부는 50~60살까지 살았겠지만 대부분 성인이 되었다 하더라도 보통 25~30년 정도 살았다.[682] 그러나 후기 구석기시대, 즉 현생 인류인 호모 사피엔스 사피엔스가 나타나면서 인류의 수명은 급격히 증가하였다. 인류학자들은 호모 에렉투스가 처음 등장한 2백만 년 전에 노년기가 처음 나타났다고 본다. 인류의 진화과정에서 노년층의 비율이 시간이 지남에 따라 점점 늘어났다. 하지만 고인류 집단에서는 노년층보다 청년의 비율이 더 높았다. 노년층이 더 많아진 것은 후기 구석기 인류인 호모 사피엔스 사피엔스에 이르러 시작되었다. 현생 인류에 이르러서야 수명이 본격적으로 늘었고, 노년이 보편화됐다. 또 후기 구석기시대에 인류의 문화가 꽃피기 시작했고 추상적 사고가 나타났다. 인류의 문화가 꽃을 피우기 시작한 것은 인간이 오래 살게 되면서부터, 다시 말해 노년의 삶이 생기면서이다. 수명이 늘어나면서 인간의 지적 정보가 축적되고 인간의 지식이 상징과 예술을 낳았다. 당시 수명이 늘어났지만 오늘날과 비교하면 꼭 그렇지만도 않다. 20세기 초까지도 사실 사망률이 높고 평균 수명도 짧았다. 유아 사망률이 높아 우리나라에서는 백일잔치까지 하였고 이것은 다른 나라에서도 발견된다. 성인이 돼서도 병이나 전쟁, 여성의 경우 출산으로 많은 사람이 죽었다. 하지만 21세기에는 의술의 발달과 더불어 평균수명은 크게 증가했다.

현생 인류 호모 사피엔스 사피엔스와 그 이전에 존재했으나 멸종된 호모 종이나 유인원을 구분하는 중요 특징 중 하나는 유아기와 소년기가 차이가 난다는 점이다. 유소년이 부모에게 의존하는 기간이 길어졌다는 것은 부모가 자식에게 지식과 기술을 가르칠 시간이 길어졌다는 것을 의미했다. 자식의 입장에서 보면 오랜 기간을 거쳐 서서히 성숙한다는 것은 학습 능력을 비약적으로 발전시킬 시간적 여유가 있음을 뜻했다. 학습 능력이 확대되면 우발적으로 발명한 것을 의도적으로 보존할 가능성이 높아진다.[683] 이런 사태가 발생했을 때, 문화적 진화는 생물학적 진화의 느린 속도를 앞지르기 시작했다.[684] 이때부터 인간의 행동은 경이로운 DNA 분자 기구를 통해 유전된 개인의 생물학적 자질보다는 사회에서 배운 것의 지배를 받았다. 문화적 진화가 생물학적 진화를 압도했을 때, 엄밀한 의미의 진정한 역사가 시작되었다.[685] 현생 인류 호모 사피엔스 사피엔스인 우리는 대학까지 16년을 공부하고, 어떤 사람들은 대학원에서 5년 이상을 학문 습득에 전념하여 인생의 20~30%인 20년 이상을 지식과 기술을 배우는데 소모한다. 그런데 왜 유아기와 소년기가 길어졌을까. 진화 과정상에 나타난 자연 선택일까.

이에 대한 답으로 칩 월터가 쓴 『사람의 아버지』(2014년 번역 출간)라는 책에 '하나'의 설명이 나온다. 호모 사피엔스가 직립보행을 하면서 점차 작아진 골반과 태아의 큰 뇌는 출산의 어려움을 가져왔고, 결국 호모 사피엔스는 아기를 빨리 세상에 내보내는 것으로 자연 선택 되었을 것이다. 이로 인해 유년기가 길어지게 됐고 지식과 기술이 더 많이 전달되면서 뇌가 '발전'하였다는 것이다. 침팬지는 뇌 성장이 생후 12개월 만에 종료되지만, 인간은 태어날 때 뇌 무게가 성인의 20% 내외에 불과하고 생후 3년 동안 거의 3배로 커진다. 청소년기에도 계속 발달해 20대에 접어들 때쯤 성장이 종료된다. 인류는 진화를 거듭하며 '필요한' 정보와 지식을 습득하여야 할 필요가 있었을 것이고 이에 따른 긴 육아가 자연 선택 되었다는 주장이다. 풍요로웠던 인류의 고향 아프리카가 건조화 되면서 어쩔 수 없이 이동을 시작한 우리의 조상들은 공동으로 먹이를 구하면서 머리가 좋아지고, 직립보행을 하면서 골반이 작아지자 아기를 조기에 출산하는 방향으로 자연 선택이 이루어졌다는 시나리오다. 결국 생존과 생식이라는 자연법칙의 산물이라는 것이다.

자연 선택의 결과이지만 인간의 양육 기간이 길어지면서 우리가 '문화'라고 부르는 것이 탄생하여 전승되었다. 물론 양육뿐만 아니라 인간의 수명이 늘어나면서 지식과 정보가 더 많이 축적되고 전달되었다. 인간이 단지 유전자라는 생물학적 요소뿐만 아니라 문화라는 '비' 생물학적인 것이 나타나 공존하기 시작한 것이다. 그것이 오늘의 인간 문명을 낳은 원동력이다.

진사회성 동물 호모 사피엔스

에드워드 윌슨의 『지구의 정복자』(2013년 번역 출간)에 의하면 사회성(또는 진사회성)은 지구상에 수십억 명이 살고 있는 인간에게는 자연스런 행동이지만 동물계에서는 아주 드문 현상이다. 이 책에서 소개하는 진사회성(眞社會性. eusociality)이란 용어는 두 세대 이상이 함께 살면서 새끼를 키우고 협력하며 이타적 행위를 하는 것을 말한다. 지구상에서 알려진 진사회성 동물은 개미, 벌, 인간 등 20여종뿐이라고 한다. 개미가 진화에 의하여 진사회성 동물이 되기까지는 약 1억 년이 걸렸다고 추정한다. 진화라는 개념을 얼마나 긴 시간을 염두에 두고 고려하여야 할 것인지를 보여주는 사례이다. 수십만 년 또는 백만 여년에 걸쳐 진사회성 동물로 진화하며 아프리카에서 등장한 호모 사피엔스는 몇 만 년 만에 전 세계로 퍼졌다. 생물의 진화 과정에서 몇 만 년은 너무도 짧은 시간이었다.

▌유전인가 환경인가, 문화인가 주체인가

인간은 유전자에 의해 결정된 존재라고 보는 주장과 환경에 따라 결정된다고 보는 주장이 대치한다. 하지만 유전자와 환경 중 어느 한 쪽에 의해서만 결정된다는 것은 지나친 생각이다. 피터 리처슨 등의 『유전자만이 아니다』(2009년 번역 출간)는 문화와 유전자가 함께 진화한다는 '유전자-문화 공진화 이론'을 주창했다. 하지만 오늘날 우리는 유전자 결정론적인 사고방식에 갇혀 있다. 신문과 방송에 보도되는 '암 유전자 발견'이나 '범죄 유전자 규명' 등의 뉴스는 유전자 결정론을 배경으로 한다.

그러나 진화생물학자인 폴 에얼릭의 『인간의 본성』(2008년 번역 출간)은 영원불변한 인간 본성은 없으며, 유전적 진화와 문화적 진화의 상호작용으로 만들어지는 본성(natures)이 전부라고 주장한다. 인간의 본성과 유전자에 공통점이 존재한다고 하더라도, 단일한 인간 게놈이 없듯이 단일한 인간 본성은 없으며 시대와 지역과 사람에 따라 다르다는 주장이다. 그는 유전자 결정론을 거부하며 유전자와 문화·환경과의 공진화를 강조했다. 유전자가 접하는 환경에서 가능성의 범위를 결정하고, 그 환경은 유전자의 발달 가능성 범위를 결정하며, 인간 본성을 결정짓는 것은 유전자와 환경, 그리고 그 상호작용이라고 강조한다. 그렇지만 우리가 생각하는 '자아'나 '주체'는 제시되지 않는다. 우리 인간은 유전자와 환경이라는 제약 조건에 갇혀있을 뿐이라는 주장이다.

인간은 생물학적인 면과 인간이 축적한 문화적인 면을 복합적으로 가지고 있다. 인간의 생물학적인 요인과 유전자가 문화와 어떤 관련이 있을까? 윌슨(Edward O. Wilson)이 시작한 사회생물학은 인간을 포함한 동물의 사회적 행동의 생물학적인 면을 연구한다. 그러나 1970년대 미국에서는 사회생물학이 생물학적 요인인 인간의 본성을 강조하면서 사회적 약자를 위한 변화를 거부하는 것으로 비쳤고, 그래서 이들은 지배계급의 하수인으로 비난받았다. 스티븐 로우즈, R. C. 르원틴, 레온 J. 카민의 『우리 유전자 안에 없다』(2009년 번역 출간)는 사회생물학은 나치의 우생학과 다를 바 없다고 비판했다. 이러한 비판은 사회생물학을 유전자 결정론이라고 낙인찍은 '잘못된' 비판으로 과학적이라기보다는 '정치적인' 접근이었다. 사회생물학자들은 생물학적 결정론을 주장하지 않는다. 사회생물학은 어떤 행동은 진화적 적응 행동이라고 규정하지만 그렇다고 좋지 않은 행동을 정당화하는 것은 아니다. 2013년 번역 출간된 존 올콕의 『다윈 에드워드 윌슨과 사회생물학의 승리』는 사회생물학에 제기되는 의혹과 오해를 해소시키는 책으로 그동안 있었던 사회생물학에 관한 논쟁과 정치적 비판을 나름대로 정리하였다. 사회생물학 논쟁의 '정치적인' 면을 잘 가위질하여 읽어야 한다는 의미이다. 유전자나 환경이나 모두 우리에게 '주어진' 것이다. 우리는 그 안에서 '자아'를 가동하며 자유를 꿈꿀 수 있다.

▌만물의 영장인가 리바이어던인가

우리 인간은 지구상에서 문명을 성취하며 최고의 지적인 존재라고 자부하지만 동시에 잔혹한 '동물'이기도 하다. '호미닌'(또는 hominid)은 수백만 년 동안 진화해왔던 인간의 가까운 조상을 통틀어 일컫는 말이다. 인간은 호미닌 중에서 가장 최근에 생겨난 종이고 유일하게 살아남은 종이다. 그러나 과거에는 오늘날처럼 지구상에 단 한 종의 호미닌이 존재했던 시기는 없었다. 선사 시대에는 여러 종의 호미닌이 지구상에 함께 존재했다. 그러다가 약 3만 년 전에 이르면 호미닌 계보에는 우리의 조상인 호모 사피엔스와 우리의 사촌 격인 네안데르탈인, 이렇게 단 두 종만이 남게 된다. 오늘날에는 우리 호모 사피엔스 사피엔스밖에 없다.[686] 그런데 호모 사피엔스 사피엔스는 살아남고, 네안데르탈인이 왜 멸종했는지에 대하여 다양한 견해가 있다.

유발 하라리는 『사피엔스』(2015년 번역 출간)에서 우리 인간은 지구 생물계 역사상 가장 치명적인 종이며 생태학적으로 볼 때 '연쇄살인범'이라고 말했다. 호모 사피엔스가 출현하면서 다른 유인원이 전멸했을 뿐만 아니라 생명계의 많은 종이 멸종하였다. 약 10만 년 전쯤만 해도 최소 여섯 종의 호모 종이 살았지만 결국 호모 사피엔스 사피엔스만 살아남았다. 게다가 인간은 다른 동물과는 달리 동종 인간마저 대량 학살하는 존재이다. 물론 동종 살해는 인간만의 전유물이 아니다. 침팬지를 연구하는 제인 구달은 침팬지도 사이코패스성 살해, 보복성 살해 등이 나타나는 것을 발견했다. 인간과 가장 가까운 침팬지에게서도 나타난 동종 살해는 자연적으로(진화적으로) 발생했을 가능성이 있지만 폭력의 유전적 근원에 대해서는 아직 확인된 바가 없다. 그러나 인간처럼 땅과 권력을 차지하기 위하여, 자신과 생각(종교, 이념 등)이 다르다는 이유로 무참하게 죽이고 대량 학살을 자행하는 동물은 없다.

우리 인간은 지구 역사상 아주 짧은 시간에 문명을 이뤄냈지만 너무도 '잔인한' 존재이다. 『사회계약론』에서 루소는 본래 인간은 비폭력적이고 이타적이라고 묘사했지만(그는 유전자나 진화 등에 대한 지식이 없었다), 인류의 과거는 토머스 홉스가 『리바이어던』에서 묘사하듯이 살육과 폭력의 장이었다. 지금도 살아남아 있는 '원시부족'이 그것을 말해준다. 미국의 인류학자 나폴리언 섀그넌이 1964년 처음 접했던 아마존의 원시부족인 "야노마뫼" 족은 늘 폭력과 전쟁 속에 살았다.

이언 모리스의 『전쟁의 역설』(2015 번역 출판)도 인간의 폭력성을 묘사하고 있다. 우리가 막연하게 생각하는 '평화로운 원시시대'는 환상일 뿐이다. 원시사회는 사람들 간의 폭력이 난무했다. 인간 사회에서 폭력이 점차 줄어든 것은 수많은 전쟁을 통해 부족이 통합되거나 국가가 생기면서부터다. 원시시대의 인간이 나름 평화로운 사회와 국가를 형성하는 것은 폭력과 전쟁을 통해서였고, 자발적으로 만들어진 것은 어떤 기록에서도 찾아볼 수가 없다. 세계대전이 벌어진 20세기 100년 동안 세계 인구의 1~2%에 해당하는 1~2억 명이 목숨을 잃었지만, 석기시대에는 인간의 폭력으로 사망한 사람은 오늘날에 비해 10배나 높은 10~20%에 이르는 것으로 추정한다. 근현대에 들어와 세계대전 등으로 대량학살이 발생했지만 고고학과 인류학의 최근 연구는 과거에 비해 오늘날 폭력은 평화로 이행하고 있음을 보여준다.

미국 하버드대 스티븐 핑커 교수의 저서 『우리 본성의 선한 천사』는 이 점을 잘 정리하여 제시하였다. 인류는 호모 사피엔스 사피엔스로 진화 후 '인간의 역사'가 이루어지고 '문명'이 발전하면서 제도적 장치로 폭력성과 살인이 점차 줄어들었다. 이언 모리스가 주장한대로 20세기에 대규모의 학살이 있었음에도 인구 대비 학살의 비율은 감소했다. 인류가 농경사회로 '진화'하기 이전 수렵과 채집 시대에는 사망자 가운데 폭력으로 죽은 비율이 60%까지 추정되기도 한다. 시간이 흐르면서 폭력은 줄었고 20세기 유럽은 1% 수준으로, 현대 사회는 0.5% 수준까지 떨어졌다. 하지만 우리의 유전자에는 여전히 폭력성이 잠재하고 있다. 그렇다면 폭력은 인류의 타고난 본성일까? 문명과 제도를 통하여 막을 수밖에 없는 본능일까? 그렇다. 대부분의 동물은 오직 먹기 위해서 다른 동물을 죽인다. 그런데 인간은 먹이와 관계없이 서로 폭력을 행사하며 죽이기까지 한다. 조직적인 테러와 전쟁도 벌인다. 반면 인간은 서로 협력하고 심지어 희생까지 감수하는 모습도 보인다. 그러면 인간의 이중적인 이타성과 이기심, 폭력과 사랑은 어떻게 설명할 수 있을까.

인간의 이타성에 대한 논란은 20세기 말과 21세기 초에 부각되었다. 새뮤얼 보울스 , 허버트 긴티스의 『협력하는 종』(2016년)은 20여 년간 진화생물학과 진화게임 이론을 연구하면서 얻은 성과를 집대성하여 인간의 이기성, 이타심의 기원과 진화를 다룬 책이다. 이 책에서 저자는 인간이 서로 협력하고 이타적인 행동을 보이는 것은 초기 인류가 겪은 자연재앙과 다른 집단들과의 분쟁에서 살아남기 위하여 필요한 수단이었다는 주장을 한다. 과거 인간 사회는 집단들 간에 분쟁이 많았고, 이기적인 사람들이 많은 집단일수록 분쟁에서 살아남기가 어려웠을 것이다. 이기적인 사람은 언제나 있기 마련이며, 이들은 다른 사람들의 협력에 무임승차를 하려고 한다. 하지만 오랜 기간 인간은 이런 사람들을 서로 힘을 합쳐 '징계'했을 것이다. 그 옛날 우리 인간이 직면했던 집단적 삶의 방식은 오늘날 우리와 다를 바가 없다. '이타적' 협력은 기업, 조직, 사회적 삶이 성공적으로 이루어지기 위한 핵심이다. 자본주의 경제에서도 기업은 구성원들이 그 기업의 목표를 위해서 '협력'해야만 다른 기업과의 경쟁에서 살아남을 수 있다. 저자는 경쟁이 성공의 열쇠라는 주류 경제학자들의 논조를 비판하며 협력을 강조한 비주류 경제학의 주장을 담고 있는 것으로 보인다. 주류 경제학과 비주류 경제학의 구분을 하지만 자본주의 사회에서 기업은 이타적 협력을 통한 경쟁이 효과적이다. 자본주의이건 공산주의이건 공정한 분배가 없는 기업은 효과적이지 않다는 것은 입증된 사실이다. 어찌되었던 이것도 집단의 이익 극대화를 통한 개인 이익의 추구의 하나로 본다면 결국 인간은 이기적인 존재일 수밖에 없다. 물론 놀랍게도 타인에 대한 '이타'를 삶의 목적으로 사는 사람도 있다. 누구나 느끼듯이 인간은 정말 다양하다. 한 인간 안에도 다양한 잠재성이 존재한다.

▌인간 진화의 지속

기원전 약 250만 년경부터 기원전 1만 년경까지의 기간과 비교할 때, 기원전 1만 년경부터 인류의 진화 속도는 빨라졌다. 기원전 1만 년경에 농업이 시작되고 인구가 크게 늘어나면서 유전자의 돌연변이가 늘고 인류의 다양성도 늘어난 것이 그 원인이다. 개체의 다양성은 진화의 전제 조건이며 다양성이 높은 집단은 진화의 속도가 빠르므로 결국 인류의 진화는 점점 빨라질 것으로 보인다. 농업이 발달하면서 인류는 전 세계로 급속도로 퍼져나가고 인간의 교류가 폭발적으로 늘며 유전자의 다양성도 커졌다.

히말라야 고산지역에 사는 사람들에게 나타난 '고소적응'이라는 유전자 돌연변이는 불과 천 년 전에 생긴 것으로 알려졌다. 현재 세계에서 가장 빠르게 진화한 유전자이다. 의학의 발달도 인간의 유전자 다양성을 확대시켰다. 과거에는 살아남지 못했을 사람의 유전자도 의학의 도움으로 계속 살아남게 된 것이다. 과거라면 살아남기 어려운 근시 인간이 많이 살아남아 유전적 다양성이 확산된 것이다. 조만간 인구는 백억 명까지 늘어날 것이고, 급속한 세계화로 '인종' 간의 벽이 무너지고 인간의 다양성은 급속하게 증가할 것으로 보인다. 인간의 생물학적 진화와 더불어 문화적 진화는 더욱 예측하기 힘들어 보인다. 우리 인간의 미래는 어디로 흘러갈 것인지 예측하기 어렵다. 이제 우리는 인간의 '역사'로 들어간다.

chapter 4.

인간은 어떻게 왔는가?

|제1장|

고대의 역사

1. 문명 이전의 인간

1) 인간 문화의 첫걸음

역사로 가는 길

우리가 역사를 돌아보는 이유 중 하나는 폴 고갱의 그림 제목처럼 "우리는 어디서 왔고, 우리는 어디로 가는가?"라는 질문에 대한 답을 찾고자 하는 것이다. 모든 것에는 뿌리(기원)가 있기 마련이다. 역사의 탐구는 그 기원을 찾는 길이다. 과거 고대사회에서 우리 선조들은 우연이나 운명의 여신 '티케'(고대 그리스어: Τύχη) 같은 신화를 중심으로 역사를 이해했다. 중세에 들어서자 서구에서 '신의 섭리'에 의해 지배당했고, 근대에 들어와서는 '이성'이 역사를 보는 눈이었다.

21세기 들어 역사가 우주의 차원으로까지 확대되는 거대역사(Big History)로 나아가면서 역사가 우주물리학, 생물학, 지리학 등 다양한 학문을 통섭하는 시도를 하고 있다. 우주의 시작부터 인간 문명까지 모든 것을 역사적 관점에서 다루는 것이 바로 거대역사이다. 거대역사는 우리 인간의 모든 지식을 총동원해서 우주 삼라만상의 역사를 엮는 것이다. 언젠가는 외계생명체를 포함하여 우주 구석구석의 역사까지 집대성하는 미래의 '최종' 학문일 수도 있다.

❙ 지구와 인간 역사의 시대 이해

지구 역사의 지질학적인 구분은 크게 대(era), 기(period), 세(epoch) 등으로 구분된다. 21세기 인간은 신생대의 제4기 중 홀로세에 살고 있다. 약 40억 년 전부터 25억 년 전까지를 '생명체가 시작된 시대'라는 뜻으로 시생대라고 하고, 그 이후를 원생대라고 한다. 원생대는 약 25억 년 전부터 약 6억 년 전까지, 고생대는 약 6억 년 전에서 2억 년 전까지, 신생대(Cenozoic era)는 중생대가 끝나는 약 7천만 년 전에 시작된다. 21세기 인간은 약 7000만 년 전에 시작된 신생대에 살고 있다. 신생대는 제3기와 제4기로 나뉜다. 제3기는 250만 년 전에 끝나는 시기이고 제4기는 그때부터 오늘날까지 지속된다. 21세기 인간은 250만 년에 시작된 제4기에 살고 있다. 제4기는 홍적세와 충적세로 나뉘고, 250만 년 전에 시작된 홍적세는 기원전 1만 년경쯤 빙하기 끝 무렵에 마감된다. 홍적세(Pleistocene)가 끝나고 마지막 빙하기가 끝날 무렵 충적세(또는 홀로세 또는 현세)가 시작되었다.[687]

기원전 약 1만 년경에 시작된, 21세기 인간의 살고 있는 충적세(홀로세)는 지질시대 중 마지막 기간으로 오늘날까지 이어지므로 현세(Recent epoch)라고도 불린다. 우리는 충적세, 홀로세 또는 현세에 살고 있다. 그런데 1995년 노벨화학상을 받은 네덜란드 대기화학자 파울 크뤼천은 18세기 후반부터를 인류세(Anthropocene)라고 부를 것을 주창했다. 지구 온난화, 오존층 파괴 등으로 지구가 '시달림'을 당하고 있는 시대를 지칭하기 위함이다. 2015년에는 12개국 과학자 26명이 인류세가 최초의 원자폭탄 실험이 실시된 1945년 7월 16일에 시작된 것으로 보아야 한다는 논문을 발표하기도 했다. 두 주장은 모두 인간이 지구와 생태계를 파괴하는 위험한 존재임을 경고한다. 실제로 우리 인간은 지구를 위협하고, 생태계를 교란시키고, 생명체를 멸종시키고 있는 위험한 존재이다.

▌생명체 멸종의 역사와 인간

리처드 엘리스의 『멸종의 역사』(2006년 번역 출간)는 지구상의 멸종의 역사를 다루었다. 지구에서 진화하고 살았던 생명의 역사는 곧 멸종의 역사이다. 지구상에 나타났던 생물종 가운데 거의 대부분인 99%가 멸종하였으며 종의 수명은 대부분 1000만 년이 되지 않는다. 우리 인간도 예외일 수는 없다. 호모 사피엔스 사피엔스라는 우리 종도 1000만 년 이내에 멸종될 것이 99% 확실하다.

2006년 7월 〈네이처〉는 지난 수백 년간 생명의 멸종 속도가 수백 배 빨라졌다고 발표했다. 또한 전 세계 포유류의 25%, 양서류의 33%, 조류의 10% 이상이 멸종될 위기에 처해 있고, 향후 50년 안에 전체 생물 종의 15~37%가 멸종될 것이라고 하였다. 우리가 사는 지구상 생명들은 끊임없이 진화하면서 새로운 종을 낳았고 과거의 종은 사라졌던 것이다. 대량 멸종도 있었다. 과거 지구상에는 오르도비스기, 데본기, 페름기, 트라이아스기, 백악기에 일어났던 다섯 차례의 대량 멸종이 있었다.

종의 멸종은 종 자체의 '수명'으로 인한 것도 있지만 환경변화로 인한 멸종도 많았다. 그렇지만 한 개의 종이 다른 종들을 무수히 멸종시키고 있으니 그 종이 바로 인간이다. 인간은 다른 생물들과 공생하며 진화하는 생명계 공동체를 구성하지 않았고, 많은 생물이 인간에 의한 대량 학살로 멸종하였다. 인류가 살아가는 지역은 농지 개발 등으로 많은 생물 종이 멸종하였고 생물의 다양성이 5억 년 전의 모습으로 돌아가고 말았다. 더욱이 인류는 지구상의 많은 생물종을 멸종시키기도 하였지만 또한 인간이 변화시킨 환경의 영향으로 스스로 멸종 위기 종으로 몰리고 있다. 인간이 지구상에 확산되면서 스스로 자신의 생존이 위협을 받는 역설적인 상황이 도래한 것이다. 오늘날의 멸종은 제6의 대량 멸종이라고 말한다. 그리고 과거의 대량 멸종이 일어난 원인은 불분명하지만 제6의 대량 멸종은 인간에 의한 자연 파괴로 인한 것이다.

지구 생명계 전체로 보면 인간의 등장은 많은 생명 종의 고통을 가져왔다. 농업혁명으로 인류 문명이 탄생하고 인간은 지적인 진보를 이루었지만, 반면 인간은 자연과 다른 생명과의 공생관계를 깨고 자연을 지배하고 파괴하는 존재로 우뚝 섰다. 동물들을 가축화하면서 오늘날 닭, 돼지, 소 등을 '잔인하게' 우리에 가둬 키우고 '착취'하고 있다. 농업혁명은 수많은 생명을 멸종시켰을 뿐만 아니라 더욱 열악한 환경에서 살게 만든 원인이 되었는지 모른다. 우리 인간이 지구의 자연환경 안에서 어떤 위치인지, 어떠한 역할을 하여야 하는지 한번 생각해볼 일이다.

▍언어와 문자의 사용과 인류 문명

석기시대 수렵·채집기의 인구는 몇 백 만에 불과했을 것이다. 기원전 1만 년경 농경문화의 확산과 더불어 인구가 크게 증가했고 문화도 세분화되었다. 마침내 메소포타미아 지방에서 문자가 발명되었고 세계의 여러 지역에서 인류 최초의 '고등' 문화가 싹트기 시작했다. 역사시대가 시작된 것이다.[688] 문자는 인간의 삶을 근본적으로 바꾸는 기준점이다.

인류의 역사는 문자의 사용을 기준으로 선사시대와 역사시대로 나뉜다. 고대 수메르의 쐐기문자가 새겨진 점토판이 발견되기 전까지 역사는 고대 이집트 상형문자를 기준으로 기원전 3천 년을 넘어서지 못했다. 그러나 1928년 이라크의 이난나(고대 수메르의 사랑과 전쟁의 여신) 신전 터에서 점토판이 발견되었다. 이 점토판에는 인류가 만들어낸 최초의 문자인 쐐기문자가 있음이 판명됐고, 인류의 역사는 기원전 3300년까지 거슬러 올라가게 됐다. 쐐기문자는 1500여 년간 지속적으로 쓰였고 고대 오리엔트 역사를 기록하는 대표적인 문자이다.

인간이 문자를 사용한 것은 수천 년이 되었지만 언어를 사용하기 시작한 것은 그보다 훨씬 오래되었다. 인도 안다만 제도에서 세계에서 가장 오래된 언어의 하나인 보어(語)를 말할 수 있는 마지막 주민이 2010년 세상을 떠났다. 안다만 주민들이 사용하는 언어들은 아프리카에 기원을 둔 것으로 추정되는데 일부는 7만 년이나 됐을 가능성이 있다. 안다만 제도에서 사용되는 언어들은 신석기 이전으로까지 기원을 찾을 수 있는 마지막 언어들일 수 있다. 오늘날 언어학자들은 인간의 언어가 10만 년 전 내지 5만 년 전에 기원했다고 보고 있다. 언어는 인류 문명을 가능케 한 결정적인 사건이었다. 인간이 말을 하려면 해부학적으로 목의 후강이 내려앉아야 하고 뇌의 발달이 요구된다. 약 30만 년 전쯤 호모 종이 진화되면서 후강이 내려앉은 것으로 추정한다. 그러나 뇌의 발달을 감안하면 언어는 30만 년 전보다 훨씬 이후의 시기로 보인다.

언어는 진화를 통한 언어 유전사가 필요했다. 진화론적인 유전학에 의하면 인간과 동물의 언어 사용은 언어 유전인자(Foxp2)와 직접적인 관련이 있다. 호모 종은 기원전 약 10만 년경에 언어 유전인자가 진화과정에서 자라고 있었다. 1990년 과학자들은 언어 장애가 있는 가계(家系)를 연구하여 2001년에 언어 유전자(Foxp2)를 찾아냈다. 이 유전자는 진화 과정에서 돌연변이로 발생한 것으로 추정하고 있다. 현재 인류가 가진 형태의 언어유전자로의 변형은 기원전 20만 년경에서 기원전 12만 년경 사이에 서서히 출발하여 기원전 약 1만 년경 내지 2만 년경에 완성된 것으로 보고 있다. 이렇게 진화과정에서 언어 유전자가 나타나 언어 능력이 발생한 원인에 관해서는 여러 가지 설명이 있다. 영장류의 공동체 생활인 '털 고르기'가 언어로 바뀌었다는 학설이 그 중 하나이다. 미국 텍사스대학교 데이비드 버스 교수는 언어는 개체 간 유대 관계를 형성하는 수단이며, 침팬지가 서로 털을 골라주는 행위에서 언어의 기원을 찾을 수 있다고 주장했다.

2002년 독일 막스 플랑크 진화인류학 연구소와 영국 옥스퍼드대학교 연구진은 포유동물도 갖고 있는 언어 유전자(Foxp2)에 중요한 변화가 발생해 인간 고유의 언어 구사 능력을 갖게 됐다고 밝혔다. 포유동물도 비슷한 언어유전자를 가지고 있으나 인간과 다른 동물의 언어 구사 능력의 차이는 그 유전자의 일부 변이 때문이라는 사실을 밝혀낸 것이다. 모두 715개의 아미노산으로 구성된 이 유전자는 쥐와 비교해 아미노산 3개, 침팬지와 비교해 아미노산 2개만 다르다.[689] 이런 미세한 차이는 단백질의 모양을 변화시켜 얼굴과 목, 음성 기관의 움직임을 통제하는 뇌의 일부분을 훨씬 복잡하게 형성하고, 이에 따라 언어 능력에 차이가 발생하는 것으로 추정한다. 아직 이 언어 유전자의 정확한 역할을 밝힌 것은 아니며 이 유전자 외에도 언어 구사에는 다른 여러 유전자들이 관련됐을 것으로 추정한다. 한편 이 유전자에 문제가 있는 경우 발음이 새고 언어의 문법을 제대로 이해하지 못하는 것으로 밝혀졌다.

인간의 언어유전자는 인지 능력과도 관련이 있다. 2014년 언어 학습과 관련된 인간 뇌 유전자의 핵심 부분을 쥐에게 이식하는 데 성공했다. 인간의 뇌 유전자를 이식받은 쥐들은 일반 쥐들보다 미로 안에서 식품을 찾아내는 새로운 방법들을 훨씬 빨리 터득할 수 있다는 연구결과가 나왔다. 2009년 진행된 연구에서 언어 학습과 관련된 인간 뇌의 언어 유전자를 수백 마리의 쥐에게 이식시킨 결과, 쥐들의 뉴런이 보다 복잡하게 전개되고 더 효율적인 뇌 회로를 갖추게 된다는 것이 밝혀졌다. 인간의 언어 유전자를 쥐에 주입하면 뇌의 신경회로가 바뀌고 '찍찍'거리는 소리도 바뀐다. 서로 다른 종들 간의 유전자 이식이 인지력 등 뇌의 학습 속도를 크게 개선할 수 있음을 보여준다. 언어 유전자 같은 개별 유전자가 진화 과정에서 인간 뇌의 독특한 능력을 갖추는데 상당한 기능을 한 것을 보여준다. 인간의 언어와 관련된 언어 유전자가 기억에 관여함으로써 인지 능력의 유동성을 키워주는 것을 보여준 것이다. 우리 인간의 정신 능력이 이렇게 생물학적으로 설명되는 것을 보면 놀랍다.

우리 인간이 즐기는 음악도 언어와 관련이 있다. 진화론에서는 음악을 언어의 부산물로 보고 있다. 또한 영국의 고고학자인 스티븐 미슨은 『노래하는 네안데르탈인』에서 인류 최초의 언어는 음악에 가까웠을 것이라고 주장한다. 인간의 언어가 처음에는 몸짓, 단어, 리듬이 분절되지 않고 이런 요소들이 뭉친 '음악'과 같을 수밖에 없다는 주장이다. 찰스 다윈도 처음부터 인간에게 '고등' 언어가 존재했을 리 없다고 생각했다. 다윈의 책 『인간의 유래』에서 원시 언어는 음악과 비슷했을 것이라고 추측한다.

구석기시대 인간의 경제생활

인류가 호모 사피엔스로 진화한 후 생존을 위해 먹이를 획득하는 방법은 다른 영장류나 유인원과 마찬가지로 수렵과 어로, 채집이었다.[690] 인간의 과거는 동물계의 일원으로 그들과 같은 생명계를 구성하였다. 구석기시대 인간은 자연의 일부였고, 수많은 동물 중 하나였다. 물론 지금도 수많은 동물 중 하나이다. 구석기시대 사람들은 산과 들에서 야생동물을 사냥하고, 강과 바닷가에서 조개나 물고기를 잡고, 야생식물이나 그 열매를 채집하며 생활했다.

구석기시대 인간의 경제생활의 핵심적인 특징은 식량 채집이었다. 농사를 지어서 식량을 조달하는 것이 아니라 대자연을 떠돌며 음식물을 수집한 것이다. 초기 유인원의 생활과 비슷하게 초기 인류도 아마 10~20명이 가족이나 공동체를 이루어 떠돌면서 생활했을 것으로 추정한다.[691] 연중 지속적으로 사냥이나 낚시가 가능한 좁은 지역을 차지한 집단을 제외하면, 구석기시대의 식량 채집자들은 떠돌이 생활을 했을 것으로 추정한다. 그들은 동물의 움직임과 계절에 따른 식물의 성장에 맞춰 이동하며 살았다.[692] 이들이 인근 부족들과 종종 접촉을 하면서 소유물들을 주고받기도 하였을 것이다. 물론 거래가 아니라 부족들 간의 유대를 위해서였을 것이다. 이 시기에 큰 규모의 거래나 전쟁은 없었다.[693] 구석기시대 후기인 약 3만 년 전에 창 발사기와 화살이 등장했고, 늑대인 개를 길들여 사냥에 이용할 수 있게 되었다.[694] 계절에 따라 이동하는 식량 채집 생활은 잉여를 거의 산출하지 못했고, 따라서 사회적 지위 분화나 지배를 거의 허용하지 않았다.[695] 그러나 신석기시대에 들어서면서 농업 혁명이 일어나 생산이 크게 증가했고, 인간 개체수가 크게 증가하면서 생산물의 분배에서 많이 가진 사람이 생겨나고 국가와 지배자가 나타났다.

초기 구석기시대의 사람들은 일하는 시간이 현대인보다 훨씬 짧았을 것이다. 여러 연구에서 나온 추정에 의하면 구석기시대의 채집 경제는 하루 약 6시간 정도 일한 것으로 추정한다. 반면 인간은 농업을 주업으로 하는 사회로 오면서 약 9시간, 현대에는 9시간보다 약간 적은 시간 동안 일하고 있다.[696] 인간이 농업혁명과 산업혁명 등을 거치며 풍요로운 삶을 살고 있다는 것이 통념이다. 그러나 마셜 살린스는 이에 반론을 펼친다. 그는 『석기시대 경제학』(2014년 번역 출간)에서 구석기인들이 하루 2000kcal 이상의 충분한 먹을 거리를 얻고도 하루 평균 2~3시간 정도의 노동밖에는 하지 않았을 것이라고 주장한다. 그는 신석기 농업혁명과 근대 산업혁명 등이 오히려 인간의 삶을 낙후시켰으며, 인류의 빈곤 문제도 문명이 낳은 부산물이라고 주장한다. 그렇지만 인간의 생활수준이 높아진 것은 인정하며 단지 먹고사는 일에 너무 많은 시간을 투자하는 노동방식으로의 퇴행, 그리고 인간 사이의 빈부격차가 심해진 것이 문제점임을 주장한 것이다. 스티븐 웰스이 쓴 『판도라의 씨앗』도 같은 주장을 한다. 구석기시대 수렵 채집인이었던 남자의 평균 수명은 35.4세, 여성은 30세였는데 신석기시대 말에는 남자는 33.1세, 여자는 29.2세로 오히려 줄어들었고, 구석기시대 남자의 신장이 거의 177cm인데 비해서 신석기 말 남자는 161cm였다. 식량이 늘어 인구는 폭발적으로 증가했지만 수명과 체구는 나빠졌다는 것이다. 식량 자원의 증가로 인류 전체의 개체 수는 증가했지만 인간 개개인의 삶은 혹독했던 것으로 보인다.

한편 오늘날 인간이 겪는 많은 질병은 오랜 구석기 생활을 이어온 부산물이다. 인간은 수백만 년 또는 수십만 년 동안 진화해오면서 대부분 구석기적인 생활을 하였고 그에 걸맞은 유전자를 가지고 있다. 오늘날 인간이 겪는 육체적 질병이나 정신적 질환은 신석기시대에 시작된 농업 생산, 정착 생활과 함께 나타났다. 구석기시대에는 수렵과 채집 생활을 하며 다양하고 많은 식물을 섭취했지만, 농업 경작 생활을 하면서 쌀과 밀 등 제한된 음식에 의존하게 되었다. 따라서 탄수화물의 섭취 비중이 높아지면서 당뇨병, 고혈압 등이 증가하고 충치도 많아졌다. 21세기를 사는 인간 중 거의 20%가 과체중이고, 5% 이상이 비만이라고 한다. 우리 인간은 구석기시대의 유전자를 물려받아, 아마도 10만 년 이상이 지나야만 새로운 생활 습관에 맞는 유전자를 가진 인류로 진화될 것이다. 그때까지 우린 앉아있는 시간을 줄이고, 많이 걷고, 등산을 하고, 헬스클럽에 가서 강제로 구석기 인간의 사냥과 채집생활만큼 에너지를 빼내야 한다. 이 얼마나 아이러니인가. 또한 농업혁명이 가져온 당분이 높은 음료와 곡류, 육류 섭취를 줄이고, 구석기시대의 인간을 흉내 내어 칼로리가 적은 채소 등의 다양한 음식물을 더 많이 먹어야 한다. 우린 신석기, 청동기, 철기를 지나 포스트 산업 혁명기를 살고 있지만 여전히 구석기시대 유전자와 몸을 가지고 열심히 땀을 흘려야 하는 역설에 처해있는 슬픈 존재이다.

오늘날 인간의 질병은 대부분 100만 년이 넘는 구석기시대 동안 형성된 생물학적 유전자와 신석기시대 이후의 인간 생활과의 부조화 때문이다. 또한, 농업 경작을 위한 정착 생활과 집단생활을 하면서 인긴 공동체의 규모는 점점 커졌고, 인간의 두뇌가 감당할 수 있는 숫자이자 자연 발생적 집단의 최대 규모로 알려진 150명을 넘어서면서 인간관계와 사회생활로 인한 스트레스와 정신질환이 나타났다.

또한 현대인들은 대부분의 시간을 직장에서 보낸다. 경쟁이 치열해짐에 따라 일하는 시간은 늘어나고, 가족 간의 대화는 줄고, 개인의 실존적인 삶의 영역은 축소되었다. 구석기시대에서 농경사회로 들어서면서 일터와 가정이 거의 하나였지만 산업사회로 이행되면서 다시 분리된 것이다. 구석기시대도 마찬가지였다. 남자는 사냥을 하러 떠났을 것이고 여자는 집을 보고 채집을 하였을 것이다. 그런 점에서 구석기인과 현대인은 닮았다.

❙ 구석기시대의 문화와 종교

구석기시대에는 혈연을 중심으로 부족을 이루어 수십 명 정도의 소규모 집단으로 수렵과 채취를 하면서 살았다. 소규모 공동체로 살았고 수렵과 채취 위주의 생활이어서 생산도, 자본도, 고도의 기술도 거의 없었다. 이렇게 구석기시대의 인류는 다른 동물 집단과 마찬가지로 부족으로 잘게 쪼개져 서로 다른 많은 언어와 문화가 있었다.[697] 그래서 초기 인간사회는 너무나도 다양한 모습을 가졌고 그들은 각자의 생활방식과 기술을 보유하였을 것이다. 이

러한 문화적 배경 하에서 새로운 기술이나 적응이 매우 느리게 전개된 것은 놀랄 일이 아니다.[698]

따라서 구석기시대는 오늘날과 많이 다르다. 작은 집단으로 생활했기 때문에 구분된 수많은 인간 집단이 각기 살아갔다.[699] 늑대나 여우처럼 구석기시대의 인간도 각기 작은 집단을 이뤘고 '인류'라는 공동체 의식은 전혀 존재할 수가 없었다. 이들의 생활은 매우 개별적이었다. 이들의 기술이 자신들의 환경에 맞게 특수하였듯이 신도 공통적인 것이 아니라 개별 집단마다의 신이 있었다. 그러다보니 집단마다 부르는 신의 이름도 달랐다. 이들의 우주도 아주 제한적이었다.[700] 현대의 연구에 의하면 최초의 인간사회는 전체 우주를 부족들의 연결망으로 보았던 것으로 추정한다. 초자연적 세계가 실제로 존재하며 방문할 수 있다고 생각하였을 수 있다. 죽어서 또는 살아서도 방문이 가능하다고 생각했을 지도 모른다.[701] 구석기시대의 지식과 관념은 미미하였기에 종교나 신 개념도 태동 단계였다. 만일 신이 존재한다면 신은 언제부터 우리 인간과 대화를 하려했을지 궁금하다.

참고로 초기 구석기시대 동굴벽화를 보면, 애초부터 종교적 삶이란 '살기 위해 다른 생명을 파괴할 수밖에 없다'는 비극적 사실을 받아들이는 일에 뿌리를 두었던 것으로 보인다.[702] 고고학의 연구에 의하면 매장 풍습은 약 10만 년 전 중기 구석기시대부터 시작되었다. 그것은 현생 인류인 호모 사피엔스 사피엔스 이전이다.

▎구석기시대 유전자와 현대인

하버드대학교 생물학과의 에드워드 윌슨은 현대인에게는 바이오필리아, 다시 말해 '녹색갈증'이 있다는 주장을 했다. 오랜 세월 사냥과 채집 생활을 한 인간의 유전자에 내재된 광활한 자연에 대한 욕구 말이다. 한국인의 최고의 취미는 등산으로 전체 인구의 약 15%가 등산을 한다고 한다. 그리고 나이가 들수록 선호도가 증가하여 남녀 모두 40대 이상인 경우 등산을 취미로 하는 비율이 가장 높았다. 반면, 20대는 2~3%에 불과했다. 과거 구석기시대의 자연이란 포식 동물과 독초가 가득한 위험한 곳이었을 테니 어린 아이가 산속으로 들어가는 것은 물론 위험하였을 것이다. 사냥 기술과 독초에 대한 지식이 풍부한 나이든 사람이 어린 청소년을 이끌고 산과 들을 누비는 것은 오래 전에 있었던 풍경이었을 것이다. 등산을 좋아하는 나이 든 기업주나 어른이 젊은이들을 산에 끌고 가는 것은 구석기시대 사람들의 행동의 무의식적인 반복일지 모른다. 산에서 내려와 고기를 구워 먹고 노는 것은 사냥감을 잡아서 집에 돌아와 벌이는 원시적 축제가 발현된 것일 수도 있다. 윌슨이 기술한 바이오필리아는 그럴듯해 보인다. 그런데 과연 스마트폰과 함께 21세기를 살고 있는 청소년들이 과연 중년을 넘어서, 게임과 스마트폰을 끊고 산으로 강으로 달려갈지는 의문이다. 2030년쯤 이 책의 재편을 낸다면 그들이 산으로 갈지 방에서 게임을 할지 알 수 있을 것이다.

구석기시대의 생활양식과 유전자는 사냥과 낚시라는 현대인의 취미로도 남아있다. 반려동물을 키우는 것도 구석기시대 수렵 생활과 관련이 있다. 미국인들은 강아지와 고양이의 먹이에 매년 약 9조원, 동물 의료비용에 약 8조원 이상을 쓰고 있다고 한다(2003년 기준). 유럽이나 미국에서는 주인이 휴가를 가있는 동안 반려견들이 개 전용 특급호텔에서 뉴웨이브 음악을 들으며 지낸다고 한다. 우리 인간은 과거 대부분의 시간을 사냥꾼과 채집자로 살아왔다. 백만 년이 넘는 호모 종의 진화과정에서 최근 1만 년 정도만 농사를 짓고 도시 생활을 하였을 뿐이다. 우리의 조상인 고인류가 오랜 세월 사냥을 하는 과정에서 동물에 대한 감정이입이나 연민으로 형성된 인성이 오늘날 반려동물에 대한 사랑으로 표출되고 있는 것이다. 제임스 서펠의 『동물, 인간의 동반자』(2003년 번역 출간)에 나오는 주장이다. 저자는 구석기 선사시대에 이미 애완동물의 역사가 시작됐을 것으로 추정한다. 실제로 개의 미토콘드리아 DNA를 늑대와 비교하면, 개와 늑대가 분리한 시점은 구석기시대였던 약 14만 년 전이다. 오랫동안 인간과 함께하면서 진화되어온 개는 '친' 인간적인 동물이 된 것이다. 기원전 45년 경 키케로는 "개는 네 발을 가진 인간의 친구이며 오직 인간을 위해 탄생한 자연의 선물"이라고 말했다. 개는 인간과 함께 공생하는 동물이며 인간의 삶에 놀라운 역할을 하기도 한다. 2011년 숙명여대 문과대를 수석 졸업한 김경민 씨는 졸업식에 개와 함께 단상에 올랐다. "맹인견이 없었다면 수석 영광은 없었을 거예요." 그가 안내견을 만난 것은 2007년으로, 안내견은 죽을 때까지 자신의 손발 구실을 할 것이다. 구석기시대는 결코 우리와 동떨어진 얘기가 아닌 것이다. 우리 인간은 어느 날 갑자기 하늘에서 떨어진 '완성된' 존재가 아니며 오랜 세월의 인연과 연결망 속에서 태어난 존재이다.

2) 신석기시대와 농업혁명

▎신석기시대 농업혁명의 원인

구석기시대의 적은 인구는 상대적으로 풍부한 자연의 혜택 속에서 자신의 기술과 숙련된 솜씨를 이용하며 '나름' 만족한 삶을 살았을 것이다. 물론 구석기시대 사람들은 문자도, 자동차도, 휴양지도 없었고, 그것의 필요성이나 개념 자체도 없었다. 구석기시대 사람들은 농업이 가능하다는 것을 알았겠지만, 또 가끔은 농사를 지었겠지만 자신의 삶의 방식을 바꿀 절박한 동기가 없었다.[703]

빙하기가 끝나고 기후가 온화해지면서 인구가 크게 증가하기 시작하였다. 특히 아프리카와 유럽(Afro-European) 지역에서 인구 증가의 압력이 컸다. 그러나 빙하가 녹아 바다 수면이 높아지고 육지가 줄어들면서 '자연' 자원에만 의존한 수렵채취 경제로는 필요한 식량을 충족시킬 수 없었다.[704] 수렵과 채집에 의한 지구의 인간 수용능력(carrying capabilities)은 약 8백 60만 명(열대 초원은 5백 60만, 온대 초원은 50만)으로 추정한다.[705] 결국 인구 밀도의 증가를 다른 지역으로의 이주에 의한 사냥과 채집으로 쉽게 해결할 수 없게 되면서, 자원의 수요와 공급 균형이 깨지는 시점에 이르러서야 식물과 동물을 기르는 새로운 삶의 방식이 채택된 것으로 보인다.[706] 기원전 1만 년 무렵, 소수의 집단이 유랑하는 방식 대신에 농업과 목축을 선택하고 생계를 위해 근본적으로 새로운 도구와 기술을 개발했다.[707]

물론 오랜 진화과정을 거치면서 인간의 지적능력이 크게 좋아진 것이 그 전제조건이었다. 농업으로 생산방식이 바뀐 원인은 진화의 결과인 인간의 뇌와 지적능력의 발전이 없었으면 불가능했을 것이다. 이러한 요인과 더불어 환경의 압력도 한 요인이었던 것이다. 기후변화로 거주에 적절한 일부 지역에 인구가 집중되기 시작했을 것이다. 이에 따라 사냥과 채집을 통해서 생존을 위한 식량을 조달하는 일은 어려워졌고 인간의 지능이 좋아지면서 농업기술도 점차 개선되었다. 이렇게 기후변화와 기술 발달이 농경으로의 이행을 촉신했을 것이다.

이러한 신석기 농업혁명은 자연환경 변화에 따른 '수동적인' 자연 선택은 아니었다. 구석기시대 인간에게서 볼 수 있는 최초의 생활양식이 부분적으로 생물학적 진화에서 비롯되었다면, 신석기혁명은 비록 자연환경의 변화로 인한 압력에 의한 것이긴 해도, 인간이 변화하는 환경에 대응하여 '스스로' 추진한 역사의 방향전환을 나타낸다.[708]

물론 조상들이 구석기시대의 생존방식을 '자발적으로' 버린 것이 아니다. 생존환경 악화의 압력 아래 떠돌이 식량채집 생활양식을 버리고 식량 생산방식을 채택함으로써 인류는 비로소 마지못해 '에덴동산'을 떠나 신석기시대로 들어섰다.[709] 빙하기가 끝나고 농업이 시작된 것은 『성경』과도 관련이 있을지도 모른다. 기원전 약 1만 년경 빙하기가 끝나고 기후가 온화해지면서, 또 해수면이 올라가고 강수량이 늘면서 수렵과 채집으로 먹고살던 인간은 농사를 시작하였다. 에덴동산에서 과일을 따 먹던 아담과 하와는 수렵과 채집을 하던 빙하기 인류의 모습이다. 일부 학자들은 에덴동산이 페르시아만 바닷속에 있다고 본다. 온난화로 인한 해수면 상승으로 바닷물이 호르무즈해협으로 들어오면서 수장되었다는 것이다. 또한 노아의 홍수를 묘사하면서 우물이 터져서 물이 넘쳤다는 이야기가 나온다. 해수면의 상승으로 지하수가 역류한 것으로 추정한다. 에덴동산에서 선악과를 먹고 쫓겨난 아담과 이브가 그 벌로 농사를 짓는 고통이 시작되었다고 기술한다. 이는 빙하기가 끝나고 에덴동산이 수몰된 후에 농업이 시작된 사건이다. 터키 남부의 괴베클리 테페에는 기원전 약 8000년경의 농경 사회 유적이 있다. 이 유적의 남쪽, 이란과 터키 접경지대에 『성서』의 에덴동산이 있었다고 추정하기도 한다. 농경 사회의 인간이 수렵 채취하던 구석기 원시 공동체 사회를 이상향으로 상정한 것인지 모르겠다.

이제 환경 변화와 자연 선택이라는 진화의 방향은 인간의 생산양식의 변화로 이어진다. 농업혁명이 일어난 것은 1만 년밖에 되지 않았고, 이는 인간의 유전자가 새로운 생존양식에 적응하여 '진화'되기에는 너무 짧은 시간이며, 오늘날 인류는 구석기시대의 유전자와 같은 유전자를 가지고 있어 당뇨병 등 수많은 후유증으로 고통받고 있다. 기원전 1만 년 이후에 일어난 호모 사피엔스 사피엔스의 농업혁명은 우리 인간이 70억 명에 이르기까지 증가하게 한 출발점이었다. 농업혁명이 없었다면 나도, 이 글을 읽는 당신도 태어나지 못했을 것이다. 우리가 태어나기까지 사연은 참으로 많았다.

인간만이 농사를 짓는 것은 아니다. 개미도 나름의 농업을 한다는 것이 알려졌다. "전 미국 물리학자 지디온 린스컴 박사로부터 편지를 받았습니다.… 그에 의하면 농업을 인간이 처음 시작한 것이 아니라고 합니다. 인간 이전부터 개미들이 씨앗을 뿌리고 추수했다는 겁니다." 1861년 영국 린네학회에서 찰스 다윈이 발표한 내용이다. 그리고 그는 린스컴 박사의 개미농업 주장을 지지한다고 밝혔다.

농업의 시작과 함께 문명은 출발하였다. 1만 년 또는 2천 년 동안 문명은 끝없는 발전을 하였지만 인간이 자연의 굴레를 벗어난 것은 아니다. 적은 노동으로 유익하고 높은 칼로리의 식량을 얻을 수 있어 농업이 시작된 것만은 아닐 수도 있다. 수렵·채집 생활이 농경 생활에 비하여 훨씬 더 풍요로웠다는 증거도 있기 때문이다. 호모사피엔스가 나타나기 전에는 식량이 부족했다면 그 개체수가 증가하지 못했을 것이다. 인간도 인구 압력에 직면하여 인구 증가를 억제하는 생존 전략을 채택할 수도 있었다. 인구 증가로 인해서 먹을 것이 부족하게 되면, 인간 집단 간의 경쟁을 초래했을 것이다. 그러나 사람의 숫자가 중요하였을 집단 간 경쟁과 전쟁에서 인구가 많은 집단이 유리하였을 것이고 인구가 증가할 압력이 존재했을 것이다. 결국 수렵·채집의 생산성으로는 인구 증가를 감당하기 어려웠을 것이고 농업이 생산성 면에서 유리한 시점에 도달했기 때문에 농업이 선택된 것이라고 보아야 할 것이다. 이때부터 인간 사회는 식량을 조달할 수 있는 한도까지 개체수가 증가하기 시작했고, 21세기 초 인구는 70억 명에 이르며, 21세말에는 백억 명에 달할 것으로 보인다. 그러나 오늘날 우리 인간은 식량뿐만 아니라 자연환경의 유지와 조화를 통한 지속가능한 성장과 인구의 한계에 직면해있다. 다시 인간의 개체수와 문명의 전개는 '자연 선택'될 것이다.

농업의 지역적 기원

기원전 1만 년경 시작된 신석기시대의 농업혁명은 종자식물의 재배와 함께 시작되었다.[710] 농업은 지역에 따라 발생 시기가 조금씩 다르다. 이것의 최초 증거는 서남아시아에서 볼 수 있다.[711] 서남아시아는 인도와 중앙아시아를 제외한 중동이나 근동지방을 말한다. 중국에서는 양쯔 강 유역에서 기원전 약 7천 년경부터 쌀이 재배되기 시작하였다. 아프리카는 아주 늦어서 기원전 3500년경까지도 전면적인 재배 방식은 발생하지 않은 것 같다.[712] 우리나라에서의 농업은 훨씬 늦은 시기에 시작되었다. 고고학적인 연구에 따르면 한반도에서 조, 기장, 피와 같은 잡곡이 재배되기 시작한 것은 신석기 중기에 해당하는 기원전 3천 년 경부터였지만, 농업이 본격적으로 시작된 것은 기원전 약 1000년경부터 시작된 청동기시대였다. 벼농사가 시작된 것도 기원전 1000년경부터라고 추정되고 있다.[713]

농업이 시작된 것은 지역별로 시기가 다르다. 그럼 처음에 어디서 농업을 시작했을까? 하나의 집단이 시작해서 퍼져나갔을까? 아니면 여러 지역에서 약간의 시간 차이를 두고 독립적으로 시작했을까? 두 가지 설명이 가능하다. 어느 한 인간 또는 인간 집단이 발명했다는 것과 여러 지역에서 여러 인간 또는 인간 집단이 시작했다는 주장이다. 아인슈타인의 상대성 이론처럼 '천재'가 패러다임을 바꾸는 발견을 할 수도 있지만 대부분의 지적인 발전이나 기술의 발전은 그렇지 않다. 인류의 진화과정에서 인간이 가지는 유전자와 지적인 능력은 보편적인 것이기에 자연환경의 변화에 따라 인간 생활의 변화는 보편적인 모습을 가질 수밖에 없었을 것이다.

농업의 기원에 관한 첫 번째 설명은 한 지역 또는 일부지역에서 농업이 '발명'되거나 시작되어 전 세계로 전파되었다는 주장이다. 1920년대에 호주의 고든 차일드(Vere Gordon Childe)는 '신석기 혁명'이라는 개념을 처음 제시했다. 당시 그는 근동 지역에서 처음으로 농업이 시작되었다는 주장을 했다. 이와 같이 고든 차일드 등은 고고학적 증거를 제시하며 터키와 이란에 걸친 반월(半月) 지대에서 '하나의 집단'이 농업을 시작하면서 유럽과 아시아로 전파되었다는 주장을 하였다. 아인슈타인의 상대성 이론과 같이 신석기시대 농업혁명이 소수의 지역에서 일부 사람들의 발견에 의하여 지구 전체로 퍼졌나갔다는 주장이었다.[714]

유럽에서 농업이 시작된 것도 이러한 맥락에서 설명된다. 2015년에 기원전 약 5000년 내지 6500년 전 터키 아나톨리아에서 유럽으로 이주한 인간이 유럽에 농업을 처음으로 전파했다는 연구결과가 발표됐다. 미국 하버드대학교와 아일랜드 더블린대학교 등의 연구진이 서유럽과 터키 지역에서 살았던 고대인 2백여 명의 유골 DNA 분석을 기초로 한 연구결과이다. 유럽의 농업은 농업 지식만이 유럽으로 유입된 것이 아니라 농사를 짓는 인간이 이주한 결과라는 것이다.

재미있는 사실은 유럽의 농업이 '노아의 대홍수'와도 관련성이 있는 것으로 추정한다는 점이다. 미국 지리학자 윌리엄 리안과 월터 피트만은 노아의 대홍수가 기원전 5천여 년경 실제로 발생했다는 주장을 했다(1997년). 이들은 흑해의 퇴적층을 분석한 결과, 석기시대 말기에 엄청난 규모의 해일이 있었으며 이로 인해 광활한 농경지가 침수되는 대홍수가 발생했음을 확인했다. 당시 전 세계 바다의 수위가 높아지면서 흑해로 바닷물이 넘쳐 들어와 흑해의 수면은 전보다 무려 150m나 높아졌다. 흑해의 수면 상승에 따라 약 10만 km^2에 달하는 흑해 북부 및 북서부의 농경지가 물에 잠겼으며 크림 반도는 섬처럼 남아있게 되었다. 이후 물이 빠지면서 '크림 섬'은 육지와 맞붙어 반도로 변했다. 이들은 당시 바닷물이 나이아가라 폭포의 수백 배의 중력으로 흑해를 덮쳐 이 소리가 100km 떨어진 곳까지도 들렸다고 대홍수의 상황을 재구성했다. "40일 동안 폭우가 내려 사람, 동물, 벌레에 이르기까지 모든 것을 사라지게 했다."는 『성경』속의 대홍수나 "6일 낮 7일 밤 동안 바람이 해산하는 여인처럼 소리를 지른 후 인류가 진흙 속에 가라앉았다."는 길가메시 설화 등 많은 홍수신화의 기원은 신석기시대 말기에 발생했던 흑해의 대범람이라는 것이 이들의 설명이다. 당시 흑해 연안에서 농사를 지었던 정착민들이 대홍수로 이주에 나서서 농경문화가 전파되었다는 설명이 가능하다.

유럽에서 키우는 집돼지도 같은 설명이 가능하다. 과거 유럽의 돼지는 야생 멧돼지의 후손이라고 추정하였다. 2007년 새로운 연구에 의하면 집돼지는 석기시대 중동의 농민에 의해 중동에서 유럽으로 건너왔다. 유럽에서 키우는 돼지와 기원전 5000년경 돼지의 미토콘드리아 DNA를 분석하여 나온 결론이다. 이는 중동에서 유럽으로 인간이 이주하면서 농사뿐만 아니라 작물화한 식물과 가축화한 동물도 들여왔음을 의미한다. 하지만 그 후 유럽인들이 멧돼지를 길들여서 가축화한 후 중동 돼지는 상당부분 사라졌으며, 유럽에서의 돼지 가축화가 2단계로 이루어진 것으로 추정한다. 농업과 가축이 중동에서 유럽으로 전파된 것은 유럽이 전적으로 중동 농민들의 식민지가 됐음을 의미한다.

반면 복수 기원설은 여러 지역에서 동시에 농업이 시작되었다는 주장이다. 기원전 약 7000년경부터 기원전 3000년경까지 신석기시대는 여러 가지 혁명적인 발전이 현저하게 나타난 시기이다. 즉, 땅을 적극적으로 경작하는 초기 농경의 형태가 나타났으며, 야생동물을 길들여 양과 소를 목축하게 되었다.[715] 이러한 혁명은 세계의 여러 지역에서 각각 독립적으로 시작된 것으로 추정하는 것이 복수 기원설이다.[716] 실제로 길들인 짐승과 재배용 식물에 기반을 둔 신석기 사회가 기원전 1만 년 이후 근동뿐만 아니라 인도, 아프리카, 북아시아, 동남아시아, 중남아메리카 등 전 세계 다양한 장소에서 여러 차례 독립적으로 등장했다.[717] 세계의 두 반구인 구세계와 신세계가 지리적으로 떨어져 있다는 사실을 생각할 때 신석기 기술이 신속하게 확산되고, 밀과 쌀, 옥수수, 감자 등이 다양한 지역에서 독자적으로 재배되었다는 사실을 이해하기란 쉽지 않다. 선사시대의 시간 단위로 따지자면 그 변화는 비교적 갑작스럽게 일어난 것처럼 보이지만, 실제로는 점진적인 과정이었다.[718]

복수 기원설을 지지하는 여러 연구결과가 있다. 2016년 런던대학(University College London)의 가렛 헬렌탈 교수 등의 공동연구진은 기원전 8000년경 고대 이란인의 DNA 분석 결과, 이들에게서 곡물을 섭취한 흔적이 발견되어 농경민임을 확인하였다. 이들의 유전자가 이란, 파키스탄, 아프가니스탄 사람들과 비슷한 점으로 보아 농업이 이란에서 파키스탄 등 남아시아로 전파된 것이라는 추정이 가능하다. 반면 이들의 유전자는 아나톨리아 반도(터키) 사람과는 크게 달라 이들은 인적 교류가 없었던 것으로 보인다. 따라서 터키인이 독립적으로 농업을 아시아와 유럽으로 전파했다는 추정도 가능한 것이다. 다른 연구도 농업의 복수 기원설을 뒷받침한다. 이렇게 선사시대에 농업이 여러 지역에서 동시에 발생한 것은 놀랍고도 중대한 사실이다.[719] 수백만 년에 걸쳐서 진화해온 인류가 불과 몇 천 년 사이에 세계 대부분 지역에서 농사를 짓기 시작했다.

유럽과 아시아에서 동떨어진 아메리카 대륙도 농업이 독립적으로 시작되었다. 아메리카 대륙에서 농업이 시작된 것이 종전에는 기원전 약 4000년이라고 보았으나 훨씬 과거인 기원전 약 8000년임이 1997년에 밝혀졌다. 당시 스미소니언 연구소 주도로 실시된 연구에서 멕시코의 동굴에서 발견된 호박씨와 과일 껍질의 연대를 측정한 결과, 중국이나 중동 지역에서 농업이 시작된 것과 거의 같은 시기인 기원전 8000년경인 것으로 나타난 것이다. 인간의 진화 과정에서 보편적인 '흐름'이 인간에게 내재한 것으로 보인다. 그런데 아메리카의 경우 농업이 시작된 후에도 8000년 이상이 지나서야 마을이 형성되기 시작했다. 옥수수를 재배했지만 생활양식을 크게 바꿀 정도는 되지 못했다. 초기 옥수수 열매가 아주 작았고, 기원전 15세기가 돼서야 굵어져 겨우 인간의 배를 채울 수 있었고, 옥수수가 지금처럼 커진 것은 스페인 정복자들이 들어올 무렵이었다. 고고학자들의 연구에 의하면 '신세계'에서 옥수수가 기원전 약 7000년 전에 재배되기 시작한 것으로 나타났다. 오늘날 한국인들이 즐겨먹는 고추는 기원전 2000년 이전에 남아메리카에서 재배되었다. 미국 스미스소니언 자연사박물관 연구진은 페루 남부에서 바하마 제도에 이르는 광대한 지역에서 수천 년 전부터 여러 종류의 고추를 재배했음을 보여주는 화석 증거가 발견됐으며, 이 가운데 가장 오래된 것은 에콰도르 남서부에서 발견된 기원전 약 4000년 전의 것이라고 발표했다(2007년).

생명과 에너지 변환

다음은 서울대학교 물리학과 이규철 교수님으로부터 받은 메일이다. 이규철 교수는 교환교수로 미국에 갔다가 2017년 3월 귀국하여 연구실에서 만났다.[720] 중요한 내용이므로 인간의 역사와 에너지에 대하여 생각해보면서 몇 가지를 정리하였다.

> 김근수 선생님
>
> 제 전공과 관련된 분야는 아니지만 인류의 역사 상 가장 중요한 시점은 불을 사용하게 된 때라고 봅니다. 또한 석기, 청동기, 철기시대로 구분하는 인류사가 사용하는 도구의 재료를 중심으로 나뉘지만 더 우수한 재료를 사용하게 된 것은 불의 온도를 다루면서 가능하게 된 것이므로 불의 사용은 인류에게 가장 중요한 사건으로 언급하지 않을 수 없다고 봅니다.
>
> 세상은 에너지와 물질로 구성되어 있는데 에너지는 그 형태가 변화합니다. 이를 에너지 변환이라 합니다. 인류 문명의 탄생은 불이라는 일종의 에너지 변환(불은 분자 간 결합된 화학에너지를 열과 빛의 에너지로 바꾸는

에너지 변환)을 인간이 다루면서 시작되었고, 추후 불을 어떻게 잘 다루느냐가 신석기, 청동기, 철기로 이어지는 인류 문명의 발전을 가져 왔고, 또 다른 에너지 변환 장치는 증기기관 (열에너지를 운동에너지로 변환)의 산업혁명을 가져왔고, 이어서 전자기 유도 현상(전기에너지를 운동에너지로, 운동에너지를 전기에너지로 변환)을 이용한 발전기, 모터의 발명으로 전기를 다루는 시대에 살게 되었으며, 핵에너지의 활용으로 2차 세계대전을 미국의 승리로 종식시킬 수 있게 되었습니다. 앞으로도 인류의 문명은 에너지를 얼마나 잘 다루느냐가 매우 중요하다고 볼 수 있습니다.

이규철 드림 2017.1.7.

생명과 우리 인간의 몸은 분자들로 구성되고 분자들 사이에서 발생하는 에너지 변환을 이용한다. 사실 생명도 태양으로부터 오는 빛의 에너지에서 탄생하였다. 생명체가 생명 활동을 하려면 에너지를 외부 환경에서 얻어야 한다. 빛은 대부분 태양과 같은 '별'에서의 핵융합 반응을 통해 생성된다. 뜨거운 별의 내부에서 수소들이 '융합'돼 헬륨이 되는 과정에서 약 0.8%의 질량이 사라져 버린다. 아인슈타인은 1905년에 특수 상대성 이론과 함께 발표했던 '$E=mc^2$' 식을 통해 그렇게 사라진 질량이 에너지를 가진 빛으로 변환된다는 사실을 설명했다. 이러한 물질 에너지 변환으로부터 발생한 빛이 우리 생명체를 탄생시키고 유지시켜주고 있다. 지구상 대부분의 식물은 광합성을 통해 태양의 빛 에너지를 화학에너지로 바꾸어 당과 식물체를 구성하는 화합물을 직접 만든다. 동물은 식물이나 다른 동물이 지닌 고분자 유기화합물을 섭식하고 분해해 생성되는 에너지로 생명 활동을 유지한다. 생물 체내에서 일어나는 유기화합물의 화학반응과 이에 수반되는 에너지 변환을 물질대사라 한다. 인간은 신석기시대에 들어 농업을 시작하면서 인간이 먹을 수 있는 식물을 대량으로 재배하여 태양에너지를 집중적으로 이용하게 되었다.

생명과 인간 그리고 문명은 에너지 변환의 역사이다. 태양에너지로부터 탄생한 생명은 인간으로 진화하고 인간은 나무, 석탄, 석유, 원자력을 에너지로 이용하여 문명을 이루었다. 에너지의 역사가 인간의 역사라고 말해야할지 모르겠다. 백만 년 이전 초기 인류는 자연화재, 화산으로 생긴 불을 처음 이용했을 것이다. 신석기시대에 들어와 드디어 인간은 직접 불을 만들어내는 원시적 도구를 사용했다. 인간이 불을 사용하면서 음식물을 익혀 먹고 영양분을 더 쉽게 많이 흡수하면서 뇌가 커졌다. 청동기시대와 철기시대에는 무기, 농기구 등을 제작했고, 석탄을 사용하면서 산업혁명을 낳았고, 이젠 원자력을 에너지로 사용하고 우주로 진출하고 있다. 에너지는 과거 생명진화의 근원이었고, 이젠 인류 문명 진화의 핵심이며 인류 문명 진화속도를 결정하고 있다.

농업혁명의 부작용

기원전 1만 년경 빙하가 물러가고 기후가 온화해지면서, 인간의 지적능력 향상과 함께 농업이 시작되면서 본격적으로 인간의 시대가 시작되었다. 인간은 농업혁명을 거치면서 단순하고 수동적인 사냥과 채집으로 자연이 생산한 산물에 '기생하는' 존재가 아니라 생산하는 존재로 혁명적 변화를 했고, 문명을 '생산'하였다. 인간은 발달한 뇌와 손을 이용하여 도구를 발명하고, 언어 사용과 함께 공동체를 이루면서 문명을 형성한 것이다. 지구의 역사상 처음으로 물질과 생명체의 '자연적인' 작용이 아닌 생명체 스스로 만들어낸 '비자연적인' 문명을 이루어낸 것이다. 물론 자연과 문명을 구분하는 것은 인간의 논리일지 모른다. 인간과 인간이 만들어낸 문명도 지구와 태양이라는 자연 그 자체 또는 최소한 자연을 이용한 것이기 때문이다.

그러나 신석기시대에 인류가 이루어낸 농업혁명의 후유증도 크다. 농업혁명으로 인류가 번영과 진보의 길에 들어섰다고 하는 측면과 인류가 자연과의 조화로운 공생을 포기하고 고통과 탐욕과 소외의 길로 달려간 전환점이었다는 비판이 있다. 우선 인간의 수명이 줄었는데 이해하기가 어려운 면이 있다. 구석기시대 수렵채집인 남성의 평균 수명이 30~35세였는데 비해서 신석기 말 남녀의 평균 수명은 약 5년 정도 줄어들었다. 신석기시대에는 구석기시대와 마찬가지로 태어난 아기의 50% 이상이 성인이 되기 전에 사망하였다. 일부는 50~60살까지 살았겠지만 대부분 성인이 되었다 하더라도 보통 25~30년 정도 살았다.[721] 농업의 혹독한 노동과 관련이 있는 것으로 추정한다. 당시 인간에게 인생을 돌아볼 시간은 없었다. 40살도 되기 전에 죽음에 이른 인간으로서는 실존적 문제에 관심을 가지기에는 인생이 너무도 짧았다.

수명만 짧아진 것이 아니다. 인류는 농업과 함께 고도의 문명을 이루면서 수많은 후유증에 시달리고 있다. 인류가 농업을 시작하여 생산혁명을 이루고, 도시와 국가를 형성하면서 계급질서가 탄생하고, 전쟁이 확대되고, '고등' 종교가 시작됨과 동시에 비만·당뇨 같은 현대질병, 불안·우울 등 정신질환 등이 등장하였다. 그래서 『호모 노마드 유목하는 인간』(2005년 번역 출간)을 쓴 자크 아탈리는 "유목민은 불, 언어, 민주주의, 시장, 예술 등 문명의 실마리가 되는 품목을 고안했다. 반면 정착민이 발명한 것은 고작 국가와 세금, 그리고 감옥 뿐이었다."라는 주장을 했다. 21세기 자본주의 사회에서 '대안적' 삶의 방식으로 각광받는 구석기시대의 '노마드'(유목민)는 인간의 역사와 문화 전체를 창조한 원동력이 되었다. 그러나 기원전 1만 년경 농경과 목축이 시작되고 기원전 2000년경 정착 생활이 시작되면서 권력이 생겨나며 국가, 세금, 감옥, 무기를 만들어냈다는 것이다.

▎농업혁명의 후유증, 불평등의 탄생

기원전 1만 년경 농업이 시작되기 전 구석기시대의 수렵채집 사회에서 인간은 작은 무리를 이루며 살았을 것이고, 비록 '힘 센' 인간이 있었겠지만 많지 않은 식량자원을 가지고 상대적으로 지금보다는 평등한 공동체를 이루며 살아갔을 것이다. 뭐든 많아지면 문제가 생기기 마련이다. 수렵과 채취로 획득한 식량은 적었고 남더라도 오래 저장할 수도 없어 구성원들끼리 나누어 먹었을 것이다. 사냥과 채집활동도 적은 인원으로 구성된 공동체 모두의 참여가 필요한 '평등한' 일이었을 것이다. 신석기시대 농업혁명이 일어나기 이전의 인류는 개인들 간에 재산이나 특권의 차이가 크게 없는 비교적 평등한 사회에서 살았다. 가진 것도, 가질 것도 없었다.

유목사회도 기본적으로 잉여물을 비축하는 사회는 아니었다. 그러나 농업 사회가 시작되면서 잉여 물을 비축하여야 했다. 이는 부의 집중과 불평등 형성의 초기 조건을 제공하였다.[722] 수렵 채취도 협업을 필요로 했겠지만 그 규모는 작았고 생산의 잉여는 거의 없었다. 농업은 기본적으로 협업을 필요로 했고 사람들이 함께 살게 되면 이해관계의 조정이 필요하기 마련이다. 이들의 무덤을 보면 일부 소수의 사람은 부장물 등과 함께 특별하게 취급된 것을 알 수 있다. 그러나 초기 농경사회는 아직은 평등하였던 것으로 보인다.[723]

사회의 계급화는 잉여생산의 증가와 보조를 맞추었다. 후기 신석기시대에 이르러 낮은 수준의 계급사회, 즉 우두머리를 중심으로 한 부족, 혹은 인류학자들이 말하는 '큰 사람(big man)' 사회가 등장했다. 그와 같은 사회는 친족관계와 서열, 그리고 재화를 수집하고 재분배하는 권력에 기반을 두었으며, 재분배는 때때로 매우 효율적으로 이루어졌다.[724] 이제 지도자들은 5천~2만 명의 인력을 통제했으나, 아직 왕이라 불릴 정도는 아니었다.[725] 그들 자신의 소유가 비교적 적었고, 신석기 사회에서 정말로 큰 부를 산출하기란 불가능했기 때문이다.[726] 인간 사회에 서열과 위계질서가 나타남에 따라 거기에 상응한 대우를 받는 높은 신(elite gods)이 나타나기 시작했다.[727] 기원전 약 5천 년 전에 최초로 국가가 등장하였다.[728] 그것은 오늘날까지 이어진 인간 사회의 모습이다.[729] 초기의 농경은 자연에 의지했지만 점차 토지를 중심으로 혈연집단을 이루며 정착 생활을 시작했다. 그러나 초기 신석기시대에는 오로지 전문적인 기술만으로 먹고사는 특수한 직업인이 거의 존재하지 않았다. 그러한 상황은 잉여 식량이 많아지고 교역이 증가한 후기 신석기시대에 이르러 변화했다. 정착촌은 더 복잡해지고 부유해졌으며 전문적인 도공, 직공, 석공, 도구제작자, 성직자, 우두머리 등이 등장했다.[730] 도시가 출현하고 신관, 상인, 전사, 장인들의 전문 직업이 생겨나게 된 것이다. 결국 잉여생산물은 장인, 사업가, 전사(戰士), 성직자, 필경사(筆耕士)와 권력자들의 몫이 되었다.[731] 이는 오늘날의 지식 엘리트, 기업가, 군인, 성직자, 정치인에 해당하는 것으로 그 후로 거의 변화가 없다.[732]

이렇게 가진 자와 못 가진 자, 지배자와 피지배자, 다양한 직업을 가진 사회 구조는 소유와 재산권을 둘러싼 배분의 문제와 관련된다. 농업은 '소유'를 낳았고 가진 것이 있으니 문제도 생겼다. 누가 가질 것이고 어떻게 나눌 것인지는 인간 사회 속에 내재된 갈등의 화약고이다. 농경을 통한 식량 생산은 긴 시간의 노동, 즉 노력이 필요하다. 이렇게 생산한 식량에 대한 소유권이 보장되지 않으면 농업은 가능하지 않다. 생산된 농산물에 소유권을 부여하지 않으면 생산할 사람이 없을 것이다. 농업은 소유권이라는 배타적 재산권을 필요로 하며 결국 생산물과 토지에 대한 재산권이 등장하였다. 재산권과 소유권의 등장과 함께 인류의 삶은 사냥과 채취 위주의 작은 공동체 사회에서 국가나 제국 같은 대규모 집단으로 그리고 문명으로 '약진'하였다.

인류가 소규모 공동체에서 부족사회로, 도시로, 국가로, 또한 문명으로의 발전은 시간이 흐르면서 이루어졌다. 인류 역사의 거의 대부분을 차지하는 구석기시대의 인간은 수십 명 정도의 무리로 살았을 것이고 각각은 모두 자기결정권의 주체였다. 기원전 8000년을 전후로 신석기 농업사회로의 이행으로 촌락을 이루며 정착 생활을 시작하고, 잉여생산물을 둘러싼 분쟁이 발생하고, 씨족제도라는 체제가 들어섰지만, 그 규모가 작아 인간은 여전히 자기결정권을 가졌다. 기원전 3000년경부터 도시와 문명이 나타났고 분업 체계, 계급과 국가가 생겨났다. 당시 문명은 극소수의 지배층과 절대다수의 피지배층이 형성되면서 군주제가 형성되었다. 18세기를 전후하여 유럽은 부르주아지라는 새로운 집단이 새로운 지배계급으로 등장했다. 오랫동안 인간 사회는 극소수의 지배층과 대다수의 피지배층의 사회였다. 그러나 근대에 들어 민주주의가 싹트고 인류 전체가 인류문명의 주체가 될 수 있는 시스템이 형성되었다. 그러나 제도화된 민주주의는 또 다른 지배층을 위한 발판이 되었고 지배층에 의한 통치에 정당성을 부여해주는 이념으로 악용되기도 하였다. 오늘날 민주주의는 최상의 가치와 체제로 간주되지만 민주의 의미는 다양하고 심지어는 상호 모순적이기까지 하다.

신석기 농업혁명과 함께 인간의 착취와 폭력도 나타났다. 인류는 농업혁명으로 식량의 총량이 늘어났고 재산권이 등장하면서 삶의 방식이 점차 달라지기 시작했다. 생존경쟁으로 진화한 인간은 생산물의 분배과정에서 경쟁을 피할 수 없었고, 소유물의 분배에서 차이가 발생하고 '힘 있는' 지배자와 엘리트가 등장하면서 불평등이 시작되고 강화되었다. 빈부격차가 커지고 계층구조가 확립되면서 착취하고 '갑'질하는 일들이 발생하였다. 그리고 노예가 나타났다. 신석기시대에는 가축이 농업이나 생산을 위한 주요 에너지원이었지만 노예 역시 주요한 에너지원이었다. 생물계의 역사상 처음으로 동족 간의 폭력과 착취가 발생한 것이다. 지구상의 어떤 생명체도 동족을 '노예'로 착취하지 않는다. 산업혁명과 화석원료의 발견으로 이제는 노예는 사라졌지만 20~21세기에는 유전을 두고 세계가 경쟁하고 있다.[733]

과거 유럽은 아프리카와 아메리카 대륙을 점령하여 인간을 노예로 엄청난 부를 생산했다. 그러나 산업혁명이 발생하고 화석원료가 발견되면서 노예제도는 자취를 감추었고, 미국 같은 강대국들은 전 세계의 유전을 장악하기 위하여 전쟁도 불사하고 있다.[734] 사실 노예제도가 철폐된 것은 화석연료 등으로 노예제도의 필요성이 줄어들면서였다. 노예제도는 그리스도교 국가였던 유럽에서 너무나도 폭력적이고 비인간적인 모순 그 자체였다. 물론 어느 종교 국가이건 노예나 유사한 제도는 존재했지만 특히 유럽에 의한 노예 착취와 폭력은 지독했다. 그리스도교가 그렇게도 비판했던 진화론은 노예제도에 반하는 것이었다. 찰스 다윈의 진화론은 노예제도에 철퇴를 가하는 이론이다. 인간이 고인류의 공통 후손이라는 것은 인종 간의 차별이 없음을 증명하기 때문이다. 다윈은 노예제도를 혐오했다. 다윈은 비글호를 타고 몇 년 동안 항해하면서 흑인 노예들이 백인들에게 폭력을 당하는 광경을 목격했다. 다윈은 이에 대해 '피를 끓게 만드는 일', '항의조차 못하는 자신이 무력했다.'라고 표현했다. 가족의 영향도 있었다. 다윈의 외할아버지인 조시아 웨지우드가 경영하는 웨지우드사의 대표적인 세공품에는 흑인 노예가 "나는 사람이 아니고 형제가 아닌가요?"라고 말하는 모습이 새겨져 있다. 다윈의 외할아버지는 반노예 운동가에게 자금을 대기도 했다. 다윈의 외삼촌인 조스 웨지우드도 반노예단체에 기부했으며 "신은 하나의 피로 모든 민족을 만드셨다."라는 문구가 새겨진 상표를 사용했다.

또한 자원을 둘러싼 분쟁도 커져 단순한 경쟁을 넘어선 싸움과 전쟁이 일상화되었다. 이 모든 것이 '가진 것'이라는 물질의 부산물이었다. 지구상에 존재하는 물건을 두고 인간은 '전쟁'을 시작하였고 그것을 우리는 문명이라고 부른다. 지나친 표현일까? 결국 재산을 지키고 전쟁을 위하여 국가가 탄생하고 지배계층이 출현하였다. 이렇게 탄생한 국가와 지배계급은 경제 활동을 직접 통제하고 감독했다.

근대의 도래와 함께 국가에 의한 직접적인 경제 통제는 약화되고, 사람들이 주체가 되어 시장에서 경제활동에 종사하기 시작한 것이 자유로운 근대사회의 시작이었다. 현대에 들어 시장과 자본에 대한 반감으로 사회주의적 '혁명'이 나타났지만 사회주의는 실패했다. 그러나 21세기에도 세계적으로 매년 3000만 명이 죽음에 이를 정도의 심각한 기아상태에 처해 있고, 8억 명 이상이 만성적인 영양실조에 허덕이고 있다. 또한 기아로 인하여 매년 7백만 명이 실명하고 있고 대다수는 어린이다. 사실 지구가 오늘날 생산해내는 식량은 그들을 충분히 먹이고도 남는다. 전 세계에서 수확되는 옥수수의 25% 가량이 부유한 나라의 소의 사료로 이용되고 있다. 신석기시대 이후 역사는 변함없이 인간불평등을 유산으로 물려받았고, 자유 시장에서 나오는 소득과 부의 불평등은 여전하거나 점차 악화되는 양상이다. 자유 시장은 경제를 발전시켜 전체 생활수준을 높일 수 있겠지만, 부와 소득의 양극화는 해결하지 못하고 있고 그것이 자본주의를 위협하고 '제3의 길'을 찾도록 하고 있다. 인간은 신석기 농업혁명 이후 변함없이 불평등한 사회를 이루며 살고 있다. 그리고 그것은 실질적으로 해결될 가능성도 없으며 심지어는 그 '필요성'을 거부하는 보수적인 태도도 존재한다. 우리에게 남아있는 것은 인류 전체의 진보라는 이념과 불평등의 해소라는 '이율배반'을 어떻게 조율할 것인가 일수밖에 없다. 물론 둘 다를 만족하는 시스템이 존재할지도 모르지만 아직은 그것이 무엇인지 실질적으로 확인된 것은 없다.

신석기시대의 정착 생활

신석기시대(기원전 7000~3000년)에 땅을 적극적으로 경작하는 초기 농경의 형태가 나타났고, 사람들은 야생동물을 길들여 양과 소를 목축하기 시작하였다. 토기 제작기술도 진보했다.[735] 그러나 초기 신석기시대의 농업은 나중에 근동의 최초 문명들에서 찾아볼 수 있는 물대기, 밭 갈기, 짐승 이용 등을 동반한 고밀도 농업과 다르다. 초기 신석기시대 사람들은 쟁기를 이용하지 않았고, 필요한 경우에는 커다란 돌도끼 등으로 땅을 정리했다.[736] 그러나 신석기 경제는 더 많은 식량을 생산했고, 따라서 구석기시대의 떠돌이 경제보다 더 많은 사람과 더 높은 인구밀도를 지탱할 수 있었다.[737] 인구가 급속하게 팽창함에 따라 정착된 공동체가 설립되었고 영구적인 주기가 세워졌다.[738]

그러나 농업 이전에도 인간은 정착 생활을 한 것으로 밝혀졌다. 팔레스타인의 말라하(Mallaha) 유적은 정주 형태의 마을이지만 발굴된 음식물은 대부분 야생의 것이었다. 당시 자연환경이 풍요로워 농사를 짓지 않고 정주한 것으로 보인다. 즉 인간이 정착 생활을 한 것이 꼭 농업과 함께는 아닌 것이다. 오히려 농업이 시작되었어도 정착 생활을 하지 않는 경우도 있었다. 멕시코의 테우아칸(Tehuacan) 지역은 농업이 시작되고 4000년 뒤에야 정착 마을이 생겼다. 농업이 곧 정착 생활은 아니었으며, 지역마다 환경에 따라 달랐다. 신석기 농업혁명 이론은 이렇게 예외적인 발견으로 도전을 받는다. 또 하나의 사례는 기원전 1만 2천5백 년경부터 9천 5백 년경까지의 나투피아(Natufia) 문화이다. 이스라엘, 팔레스타인, 레바논, 요르단, 시리아에 이르는 지역에서 빙하기가 끝난 후 조그만 마을들의 유적이 발굴되었다. 이들은 마을을 이루어 살았지만 농업에 종사하지 않았고 사냥과 채집 생활을 한 것이다. 이들은 약 1000년 동안 영하의 날씨인 소빙하기에 정착 생활을 하지 못하고 사냥과 채집 생활을 했다. 물론 일부 지역은 농업을 시작하였다. 이 사례는 농업혁명이 일어나고 마을, 도시 또는 문명이 형성되었다는 고든의 '신석기혁명' 주장과 다르다. 이들은 공동체를 먼저 이루고 후에 농업을 시작했다.

우리는 과거 선사시대의 인간이 동굴에서 살았다고 들어왔다. 하지만 최초의 '집'은 움막이라는 주장이 제기되었다. 노버트 쉐나우어의 『집』(2004년 번역 출간)에 따르면 동굴은 수렵채집 사회에서 임시거처였을 뿐이고, 자생적 원시주거는 움막이 최초라고 주장한다. 선사시대, 구석기시대 인간은 수렵 채취의 경제생활로 떠돌이생활을 했을 것이다. 영구적인 주거지는 아니지만 '정착적인' 집을 가진 경우도 있었다. 하지만 신석기시대 농업혁명 이후 인간은 정착 생활을 하면서 대부분 자기 땅을 떠나지 않고 살아왔다. 대부분 농지 근처에 집을 짓고, 아주 짧은 거리를 걸어 다니거나 약간 먼 거리는 마차를 이용해 오갔다.

인간이 오랜 세월 수렵채집 생활을 하면서 인간 유전자도 그런 생활에 맞게 진화되었을 것이다. 1만 년 동안 계속된 농업 혁명과 산업혁명 이후의 정착 생활도 이 본능을 없애기에 충분하지 않은 시간이다. 『출퇴근의 역사』(2016)의 저자 이언 게이틀리는 오전 9시부터 오후 5시까지 8시간을 일하려고 무려 110km를 매일 통근하며 하루 5시간을 소모한다. 깨어있는 시간의 30%를 통근에 소비하며 살고 있는 셈이다. 산업혁명과 함께 시작된 통근은 사실 구석기시대에 각인되었을 인간 유전자에 맞는 생활이다. 전 세계적으로 통근 생활자의 이동 시간은 매일 한 시간 내외가 평균적이다. 이보다 길어지면 육체적, 심리적 불편을 느끼면서 스트레스를 받는다. 그런데 하루 한 시간은 수렵채집 사회에서 인간 사냥꾼의 추정 이동시간과 비슷하다.

21세기 들어 재택근무 등 통근을 없애려는 시도가 시작되었다. 하지만 구석기시대 유물인 '규칙적 방랑벽'을 가진 인간의 유전적 본능은 쉽게 없어지지 않을 것이다. 인간의 '유목민적인' 본능은 현대에도 남아 5억 명 이상의 인간이 이민자, 망명객, 노숙자, 이주노동자로 살며 매년 10억 명 이상이 여행을 한다. 그래서 『호모 노마드 유목하는 인간』(2005년 번역 출간)을 쓴 자크 아탈리는 21세기를 '유목민의 시대'로 규정한다. 농경사회적인 정착 문명은 와해되고 세계 이곳저곳을 떠도는 유목민들이 만드는 유목 문명의 시대가 올 것이라고 예언한다. 더 나은 조건을 찾아 떠도는 외국인 근로자, 정치적 망명자, 인터넷의 세계를 떠도는 '가상 유목민'들까지 다양한 유목민이 떠돌고 있다. 21세기 유목민들은 특정 영토에 의해 정체성이 규정되는 것이 아니라 자신이 몸담고 있는 문화나 이념, 그들이 믿는 종교가 정체성을 규정한다. 유목민이란 가벼움과 자유로움을 추구하며 정착하지 않는 삶을 사는 자들이다.

▎농업, 노동의 증가와 여가의 감소

농업과 이어지는 산업사회는 인간을 일의 '노예'로 전락시켰다. 21세기 현대인들은 일주일에 평균 40~50시간 일한다. 개발도상국에선 평균 60시간, 최악의 경우 80시간씩 일한다. 우리나라 직장인들의 상당수는 저녁을 가족과 함께 하지 못하며 아이들 얼굴 보기도 힘든 생활을 한다.

이에 비해 지금도 수렵채집 생활을 하는 칼리하리 사막의 사람들은 평균 35~45시간 일한다. 이들은 사흘에 한 번 정도 사냥을 나가며, 채집에 쓰는 시간은 하루 3~6시간이다. 생존을 위한 노동은 그 정도 로 충분한 것이다. 수렵채집을 하였던 베네수엘라의 하이위 부족은 하루 평균 1750kcal를 소비했지만, 이들의 노동 시간은 하루 두 시간이 채 못 됐다. 지구상에서 수렵채집 생활을 하는 부족의 일일 노동시간은 약 5.9시간이었다. 이는 농경 사회의 노동시간에 비하면 아주 짧다. 과거 구석기시대의 수렵채집 인간은 한 주에 평균 약 20시간 일했지만, 신석기시대 농경 인간은 거의 40~60시간 일해야 했던 것으로 추정한다. 신석기시대의 농업혁명이 과연 인간의 노동시간과 여가라는 삶의 질을 향상시켰는지 의문이 제기되는 사례이다. 그래서 농경사회의 도래를 제레드 다이아몬드는 '인류사 최악의 실수'라고 하고, 유발 하라리는 '역사상 최대의 사기'라고 부른다. 물론 구석기시대 수렵채취 생활은 '원시적'이다.

인간은 구석기시대의 수렵채집인보다 더 많이 일해야 했다. 농업은 더 많은 노동을 요구했지만, 식량은 다양하지 않았고 영양가도 적었다. 사냥과 채집을 주로 했던 구석기시대에는 여가가 많았지만 신석기시대에는 여가가 줄어들었다.[739] 농업혁명 덕분에 인류가 먹을 수 있는 식량은 분명 크게 증가됐지만 여분의 식량이 곧 더 나은 섭취나 더 많은 여유시간을 의미하진 않

았다. 농부는 수렵채집인보다 더 열심히 일했으며, 오히려 더 열악한 식사를 했다.[740]

신석기시대 이후 구석기시대의 떠돌이 생활양식에 대한 이상화된 기억은 에덴동산 이야기를 비롯해서 수많은 사회에 존재하는 '행복한 사냥터' 전설에 흔적으로 남았다.[741] 그러나 구석기사회가 에덴동산이었을 것이라는 생각은 잘못이다. 수렵채집 사회는 적은 노동으로 여유시간이 많았고 생산량이 적어 상대적으로 평등할 수밖에 없었겠지만 폭력성이 강했을 것이기 때문이다. 이들의 삶은 척박하고 잔혹한 폭력이 상존했던 것으로 알려졌다.

신석기시대에 농업의 생산량을 늘리려면 농업에 투입되는 사람과 노동 시간을 늘려야 했다. 경작지의 크기와 토지의 비옥도가 일정한 환경에서 노동의 공급이 증가할수록 토지의 단위면적당 생산량이 높아져 총 작물생산량이 증가한다. 그러나 1인당 생산량은 감소하게 되는 '수확체감의 법칙'이 나타났을 것이다. 당시 인구가 적었으므로 토지를 끊임없이 개간하여 총 생산량을 늘릴 수는 있었겠지만 1인당 생산량은 제한적이었기 때문에 인간의 노동 강도는 점점 커졌을 것이다. 농업혁명은 식량 생산이 늘어 풍요로워진 것 같지만 농사를 짓느라 속박되고 고된 노동으로 과로의 역사가 시작된 것이다. 더욱이 농업으로 인한 생산량의 증가와 먹고 남는 잉여식량으로 일하지 않는 지배 계급이 생겨났고 종교와 계급, 권력이 탄생했다. 피지배 계급은 노동시간이 많은 농경사회의 일꾼이 되어 농업의 노예가 되어버렸다. 가혹한 농업노동을 체계적으로 관리하기 위해 지배자와 피지배자가 구분된 것이다.

오늘날 현대인이 누리는 물질문명은 더 많은 노동시간을 요구한다. 더 많이 가지고 더 많이 소비하기 위하여 더 많은 노동은 필연적이다. 인간이 소유와 소비를 위한 일에 집중되어 있다. 출퇴근을 위하여 운전해야 하고, 일을 위하여 컴퓨터를 배워야 하고, 큰 집을 유지하기 위하여 청소를 하고, 전기요금을 내야하고, 먹기 위하여 마트에 가야하고 할 일이 태산이다. 과거 과학기술이 발달하면 인간은 일이 줄고 기계가 많은 일을 하는 풍요롭고 여유 있는 삶이 가능하다는 예측이 있었다. 그러나 정반대 현상이 발생한 것이다. 그럼에도 여전히 그것을 주장하는 사람들이 있다.

제러미 리프킨의 『노동의 종말』(2005년 번역 출판)은 과학기술의 진보와 이에 따른 생산성 향상이 낳은 인간의 노동에 대해 쓴 책이다. 과학기술의 진보가 인간의 일자리를 빼앗고 대량 실업사태를 초래한다는 것이 핵심이다. 그러나 그는 건강, 교육, 연구, 예술, 스포츠, 여가활동, 종교, 사회참여 활동 등의 영역에서 새로운 일자리가 만들어질 것이라고 내다본다. 이를 '제3부문'이라 부르면서 인류 '공동체'에 봉사 정신, 인류애적인 연대감을 창출함으로써 인류가 분쟁과 갈등 그리고 빈부격차를 넘어서는 대전환을 가능케 한다고 주장했다. 제러미 리프킨은 또 하나의 저서인 『소유의 종말』에서도 이점을 강조한다. 2050년이 되면 성인의 5%만으로도 전체 산업생신이 가능하다고 본다. 나머지 인간이 할 수 있는 것으로 그는 문화산업을 꼽는다. "산업생산 시대가 가고 문화생산 시대가 오고 있다. 앞으로 각광받을 사업은 상품과 서비스를 파는 사업이 아니라 다양한 문화 체험을 파는 사업이 될 것"이라고 말한다. 이러한 시대에는 물적 자본보다 인간의 상상력과 창조력이 더 중요하게 된다.

3) 폭력과 불평등의 전개

▎농업의 시작과 폭력, 불평등과 이기심

루소는 『사회계약론』에서 자연 상태의 인간은 비폭력적이고, 이타적이며, 경쟁하지 않았다고 주장했다. 착각이다. 인류사회의 먼 과거는 토머스 홉스가 『리바이어던』에서 묘사하듯이 전쟁과 폭력이 난무했다. 오늘날 자연 상태의 석기시대를 살아가는 사람들이 그것을 보여준다. 인류학에 진화론을 도입했던 미국의 인류학자 나폴리언 섀그넌이 쓴 『고결한 야만인』(2014년 번역 출간)은 아마존 원주민 야노마뫼 족을 평생에 걸쳐 연구한 기록이다. 야노마뫼 족은 1964년 당시 수렵·채취에서 농업·가축으로 넘어가는 석기시대에 살고 있었다. 이들은 이웃의 공격을 항상 걱정하고 두려워했고, 늘 폭력과 전쟁의 위협에 노출됐고, 자주 이웃마을과 전쟁을 치렀다. 배우자를 차지하기 위한 싸움은 비일비재했다. 살인 경험이 있는 사람들은 더 많은 아내나 자식을 가졌다. 우리는 힘에 있어서 '우성'인 유전자를 가진 살인자와 폭력배의 후손인 셈이다.

진화심리학은 인간의 폭력성이 석기시대의 유산이라고 주장한다. 인간이 진화해오면서 생존을 위한 '투쟁'의 유전자와 심리기제가 우리 안에 각인되었다는 것이다. 미국 대학생을 대상으로 조사한 바에 의하면, 타인을 죽이려는 살인 환상을 품은 적이 있느냐는 질문에 남학생의 70% 이상이, 여학생의 60% 이상이 그렇다고 답했다. 남녀 간의 차이가 크지 않음에도 불구하고 살인사건의 거의 90%는 남성에 의해 일어난다. 남자가 오랫동안 더욱 경쟁적인 환경에서 살았고 그 폭력적 공격성이 유전인자에 남았다는 추정이 가능하다. 특히 남성호르몬 테스토스테론 수치가 높은 10대 후반과 20대에 폭력성이 높다. 우리는 인간의 본성을 좀 더 객관적으로 바라보아야 한다. 우리는 인간의 진화를 이해함으로써 많은 것(모든 것은 아니기를 바란다)을 배울 수 있다. 인간뿐만 아니라 영장류 등 집단생활을 하는 동물들은 서열이 있다. 서열은 물리적인 힘, 인간의 경우 권력과 재산 등을 기초로 한다. 높은 서열을 차지하는 것은 생존과 번식에서 유리하였을 것이니, 폭력을 통한 불평등의 확대와 서열의 강화는 생존경쟁과 자연 선택에서 유래할 것이다.

고대 농업사회에선 전체 사망자의 10~20%가 인간에 의한 폭력으로 인한 것이었다고 추정되는데, 이로부터 당시 인류가 얼마나 폭력적이었는지를 가늠할 수 있다. 물론 인간의 잔인한 폭력은 인간 역사 내내 지속되었다. 1099년 십자군에 의한 예루살렘 유대인 대학살, 1572년 위그노 신교도 학살, 19세기 아메리카 원주민 학살, 소련 공산당의 학살, 1970년대 캄보디아 크메르루주 정권의 킬링필드, 1998년 세르비아의 코소보 인종청소, 아프리카의 대량학살 등이 대표적이며, 오늘날에도 전쟁이라는 이름 아래 학살이 계속되고 있다. 학살은 보복 학살을 낳아 히틀러에 의한 대학살을 당했던 이스라엘은 오늘날 팔레스타인을 향해 대량 학살극을 벌이고 있다. 오늘날 우리들은 전쟁과 테러의 공포를 느끼지만 고대사회에 비하면 아무 것도 아니다. 21세기에는 살인으로 인한 사망자의 비율이 1.5% 이하까지 떨어졌다. 인간이 인간성을 논하는 '인간'이 되기까지 오랜 세월이 필요했다.

인류가 신석기시대를 지나 농업사회로 전환되면서 고된 노동이 시작되었을 뿐만 아니라 인간 간의 '새로운' 폭력도 증가하였다.[742] 인간에 의한 인간 폭력이나 '작은' 전쟁은 구석기시대에도 흔한 일이었지만, 농업으로 경제적 잉여가 발생하기 시작한 신석기시대 후기부터는 폭력의 규모가 커지기 시작했다. 고대 이집트, 메소포타미아, 인도, 중국 왕조 등 4대 '문명'이나 로마제국 등은 인류의 문명이지만 인간을 죽이고 살육하는 침략 전쟁은 너무도 흔했다. 명분은 정벌 및 토벌 또는 야만인 교화였지만 그 잔인성은 상상을 초월한 것이었다. 전쟁의 무기는 칼, 창, 화살 등이었다.

라틴어로 제노사이드(genocide)는 '종'을 의미하는 제노스(genos)와 살인을 의미하는 사이드(cide)를 합성한 단어로 다른 집단이나 종족에 대한 대량학살을 의미한다. 신석기시대의 농업과 함께 시작된 인류는 잉여에 대한 소유권, 권력과 국가가 생기면서 폭력의 규모가 커졌다. 소유뿐만 아니라 종교, 인종, 이념의 차이로 대량학살이 발생했다. 이중에서 종교로 인한 학살은 역사 내내 지속되었다.

종교나 신을 '빙자한' 전쟁은 인류 문명의 출현과 함께 나타났으며 그 잔인함은 심각하였다. 21세기에도 종교 간의 분쟁과 전쟁은 지속되고 있다. 기원전 11세기~12세기 고대 아시리아 제국에서도 신의 이름으로 전쟁을 한 이야기가 나온다. "위대한 아슈르 신과 나의 왕국을 보호하는 다른 신들께서 나의 영지에 법전을 하사하시고 내게 그 영토를 넓히라는 명령을 내리셨다. 그 목적을 달성시키기 위해 내게 용감한 부하들을 보내셨다. 이들을 거느리고 나의 왕국에 적대적인 수많은 왕과 국가와 종족을 복종케 하여 그들이 가지고 있던 것들을 가져왔다. 많은 군주와 싸워서 그들을 복종시켰다." 『구약성서』에도 나온다. 「신명기」는 여호와 하나님은 유대인에게 불복하는 토착민의 성읍을 공략할 때 다음과 같이 행동하도록 명령한다. "어떤 성에 접근하여 치고자 할 때에는 먼저 화평을 맺자고 외쳐라. 만일 그들이 너희와 화평을 맺기로 하고 성문을 열거든 너희는 안에 있는 백성을 모두 노무자로 삼아 부려라. 만일 그들이 너희와 화평을 맺을 생각이 없어서 싸움을 걸거든 너희는 그 성을 포위 공격하여라. 너희 하느님 야훼께서 그 성을 너희 손에 부치실 터이니, 거기에 있는 남자를 모두 칼로 쳐 죽여라. 그러나 여자들과 아이들과 가축들과 그 밖에 그 성 안에 있는 다른 모든 것은 전리품으로 차지하여도 된다. 너희 하느님 야훼께서 너희 원수들에게서 빼앗아주시는 전리품을 너희는 마음대로 쓸 수가 있다. 여기에 있는 민족들의 성읍이 아니고 아주 먼 데 있는 성읍들에는 모두 그렇게 해야 한다. 그러나 너희 하느님 야훼께 유산으로 받은 이 민족들의 성읍들에서는 숨 쉬는 것을 하나도 살려두지 마라. 그러니 헷족, 아모리족, 가나안족, 브리즈족, 히위족, 여부스족은 너희 하느님 야훼께서 명령하신 대로 전멸시켜야 한다. 살려두었다가는 그들이 자기 신들에게 해 올리는 발칙한 일을 너희에게 가르쳐주어 너희가 너희 하느님 야훼께 죄를 짓게 될 것이다."(신명기 20장 중) 「민수기」, 「신명기」 등은 '하나님의 명령에 따르는 신성하고 정의로운 전쟁'을 기술하고 있다. 그 시대 유대인 제사장들은 방어전이나 비전투원 보호 같은 개념은 없었다. 하나님의 명령만 있다면 이교도인 타 민족의 씨를 말리고 여자와 아이를 노예화하는 건 문제가 안 되는 일이었다. 이슬람 경전에도 유사한 구절이 나온다. '끔찍한' 이야기이다. 수천 년을 이어온 그리스도교 서구유럽과 이슬람 간의 전쟁도 '우리의 신을 위해 싸우는 한 이 싸움은 정당하다.'는 논리로 가득하다.

과거의 전쟁이 '생물학적인' 투쟁이었다면 근현대에는 '문명적인' 전쟁으로 '진화'하고 있다. 물론 과거에도 전쟁의 정당성에 대한 논의는 있었다. 기원전 4~5세기의 플라톤은 『국가론』에서 전쟁 중이더라도 약탈, 비전투원 살해와 노예화, 성폭행 등을 삼가야 한다고 주장했다. 기원전 3~4세기의 맹자도 전쟁은 최후의 수단이며 반란을 일으킨 사람이나 침략자에 대한 정벌 내지 방어전만 인정하였다. 전쟁의 정당성을 논한다는 점에서였다. "전쟁은 인류와 함께 시작되었으며 인류의 역사 초기에는 아무도 문제 삼지 않는 일이었다. 인류가 진화하면서 정의로운 전쟁과 정의롭지 못한 전쟁의 구별이 생겼다. 이 구별의 기준은 전쟁 목적이 방어인가, 최후의 수단으로 이용되었는가, 그리고 선량한 사람에 대한 폭력이 예방 되었는가 등이다. 인류의 역사에서 이 기준들은 보통 무시되었지만 전쟁의 명분과 수단, 방법의 정당성은 그래도 중요하다. 전쟁이 없어질 날은 아득히 멀지만, 인도주의 등의 명분이 충분한 정의로운 전쟁만을 진행한다는 게 미국의 목표다." 미국 대통령이었던 오바마의 말이다. 인류의 초기 역사가 폭력이 난무하였고 그것은 '자연'의 일이었지만, 점차 '정당한' 전쟁이라는 관념이 생겼다는 그의 지적은 옳다. 하지만 미국이 정의로운 전쟁만을 추구한다는 것이 목표라는 그의 주장은 터무니없다. 미국의 아프간 침공을 마치 민주국가를 수립하기 위해 어쩔 수 없이 미군을 보냈다는 식으로 말하는 오바마는 어처구니없다. 2009년 버락 오바마가 인종차별 철폐에 기여한 공로로 노벨평화상을 받았다. 이라크와 아프간을 침략하고 인종차별적이고 종교차별적인 전쟁을 치르는 가장 호전적인 국가의 대통령이 평화상을 받다니 참 놀라운 일이다. 오바마조차도 "이 상을 무슨 공로로 받게 됐는지 자신도 모르겠다."고 토로한 바 있다.

사실 '정의로운 전쟁'이라는 구호는 '세상에서 가장 오래된 거짓말'일 뿐이다. 전쟁은 내 자식과 부모, 친구와 친지가 무참하고 잔인하게 살해당하며 장례식도 못 치르는 폭력이다. 전쟁은 대규모 '집단 살인'을 '미화한' 단어일 뿐이다.

그러나 인간이 폭력적이고 잔인한 존재인 것만은 아니다. 자연은 생존경쟁만 있는 것은 아니다. 같은 '종' 간의 협동뿐만 아니라 서로 다른 종과의 협동도 있다. 나무들의 80% 이상이 곰팡이와 공생관계이다. 곰팡이는 나무뿌리에서 나무가 영양분을 섭취하게 도와주고, 해충의 공격을 막아주며, 나무는 곰팡이에게 영양분을 제공한다. 악어새는 악어의 기생충을 먹이로 하고, 악어는 악어새에게 먹이를 준다. 자연 생태계는 생존경쟁뿐만 아니라 공생관계도 있다. 물론 생존을 위한 공생이기는 하다. 미국 고생물학자인 조지 게이로

드 심슨(George Gaylord Simpson, 1902~1984)는 이런 주장을 하였다. "(자연에서) 싸움이 없지는 않지만, 때로는 싸움은 자연 선택에 유익하지 않은 경우도 많다. 오히려 평화적 방법이 번식에 더 유리한 것이다. 자연환경과의 조화, 자연과의 균형 유지, 식량의 적절한 활용, 자식들을 잘 돌보는 것, 다른 종족과의 분쟁 해소, 환경 보전 등이 진화에 중요하다." 즉 자연 선택은 경쟁과 투쟁에 의한 승리와 패배뿐만 아니라 생물종 내에서의 그리고 생물종 간의 상호협동을 포함한 여러 다양한 전략을 통하여 이루어진다. 자연 선택을 통해 생존과 번식에 유리한 종이 되는 것은 상호협동이 큰 역할을 하는 것이다.

인간도 마찬가지이다. 구석기시대 수렵채취 경제는 가족이나 친족, 또는 부족의 협동과 유대가 생존에 절대적으로 요구되었다. 물론 이들 사이의 폭력은 심각한 상태이긴 했지만 기본적으로 공동체를 이루며 살았다. 구석기시대 인간 공동체는 상대적으로 평등한 사회였다. 오늘날에도 수렵채취 생활을 하는 부족들을 보면 누군가가 권력을 가지려 하거나 다른 사람을 지배하려 하면 그런 사람은 조롱받거나 배척되고, 다들 평등을 유지하려 한다는 것을 관찰할 수 있다. 인간의 오랜 진화 과정에서 초기 인류와 인류 공동체의 평등성은 인간의 심리적 특성들로 남은 것으로 보인다. 우리 인간이 갖고 있는 '공정'이나 '정의' 관념은 한정된 자원의 분배를 놓고 큰 갈등 없이 일을 처리하는 오랜 진화과정에서 나타난 것으로 보인다. 공정 관념이 아이들에게도 나타나는 것을 보면 그런 추정이 일리가 있다. 인간이 자발적으로 하는 협력 행위도 원시 구석기시대 평등 사회의 유산인 것으로 추정한다. 공동체 의식은 공동체의 생존에 필수적이었을 것이다. 구석기시대 인간 사회에는 공정성과 협력이 중요한 가치였을 것이고, 이를 따르지 않으면 공동체로부터 배척을 당했을 것이므로 생존에 불리하였을 것이다. 인간이 공동체의 구성원들과 협동하고 그들로부터 인정받았을 때 기쁨을 느끼며, 뇌의 보상 중심이 자극된다는 실험 결과도 있다. 이와 반대로 구성원들로부터 따돌림을 당해 받는 고통이 뇌의 육체적 고통을 경험하는 것과 같은 부위에 관계된다는 것도 관찰된다. 진화심리학자에 의하면 공동체에서 협동하지 않거나 힘을 불합리하게 행사하는 사람을 배척하는 벌은 높은 협동을 유도하는 강력한 수단이라고 한다. 구석기 시대 수십만 년 수백만 년 동안 협력과 조화의 공동체로 진화해 온 인간이 현대의 시장 경제에서 요구하는 경쟁과 효율의 극대화에 적응하기는 쉽지 않다.

생명계와 인간 사회의 자연 선택을 경쟁으로만 바라보는 것은 인간 사회의 잘못된 시장경제 관념과 경쟁 논리로만 연결된다. 인간과 동물은 고립된 상태로 자연에 적응하여 살 수가 없다. 인간이나 동물이 무리를 짓고 부족을 형성하는 것은 경쟁과 전쟁보다 협동으로 인한 이익이 크기 때문이다. 여기에 인류가 나아갈 길이 있다. 물론 우리 인간이 가진 공정 관념과 평등성 관념은 진화과정의 산물일 수 있다. 그러나 이세 우리 인간은 문명이라는 인간 고유의 것을 이루며 살아가고 있다. 진화의 과정에서 우리가 물려받은 경쟁과 투쟁 폭력성을 지양하고 문명의 힘으로 억제해나가며 사랑과 공존의 방향으로 우리 인간의 삶을 창조해 나갈 때이다.

▌인류 문명의 생명파괴

기원전 약 1만 년부터 마을에서 작은 도시로, 작은 도시는 점차 큰 도시로, 마침내 국가가 형성되었다. 오늘날 인구는 수십 억 명까지 증가하였고 조만간 백억 명까지 증가할 것으로 보인다. 그런 일이 일어날 것이라고 꿈에도 생각하지 못한 초기 인류는 개체수가 엄청나게 증가함에 따라 네안데르탈인뿐만 아니라 엄청나게 많은 다른 종들을 멸종시켰다.[743] 오늘날 인간으로 인하여 다른 종의 멸종 속도가 증가하고 있다.[744] 지금도 인류 문명은 많은 생명을 멸종시키고 생태계를 파괴하고 있다.

지구상에 최초의 생물이 출현한 이래 과거 인간이 지구상에 나타나기 이전에도 수없이 많은 동물과 식물이 멸종되고 사라졌다. 그것은 자연과 환경, 생태계가 변화하고 진화하는 과정의 일부이며 자연의 이치이다. 결국 우리가 사는 자연계 안에서 모든 살아있는 생명체는 소멸 또는 죽음을 향해 달려간다. 아니 변화한다고 말할 수 있다. 개체뿐만 아니라 개체를 구성하는 종과 인간 종족도 마찬가지이다. 비단 자연계뿐만 아니라 인간이 만든 언어를 비롯한 문화도 생성과 소멸의 과정을 거쳐 역할을 다하면 사라진다. 사실 지구상 생명의 역사는 멸종의 역사다. 멸종은 진화의 과정에서 나타나는 '자연스런' 현상이다. 수많은 종이 출현하였다가 멸종하면서 사라지고 또 새로운 종이 나타나는 것이 진화의 역사였으며, 멸종은 다른 종에게 지구상의 자리를 내어주는 '자연' 현상이었다. 지구가 감당할 수 있는 생명의 종과 개체 수는 한계가 있고, 멸종이 없다면 진화도, 새로운 생명의 탄생도 불가능하다. 공룡이 멸종하지 않았다면 포유류는 공룡으로부터 살아남기 위하여 지금처럼 몸집이 커질 수 없었을 것이고 인간도 나타나지 못했을 수도 있다.

현대 인류인 호모 사피엔스 사피엔스도 과거 수많은 호모종이 멸종되고 남은 단 하나의 종이다. 인간도 언젠가는 멸종될 수 있고, 지금까지의 진화과정과 지구를 둘러싼 환경을 감안하면 멸종될 것이 확실하다. 지구상에서는 오랜 세월 재앙적인 대멸종이 있었다. 그런데 대멸종에서 사라지는 종은 대부분 최상위 포식자였으니 다음 대멸종이 일어난다면 최상위 포식자인 인간일 가능성이 크다. 인류도 언젠가는 멸종하고 말 것이지만 호모 사피엔스 사피엔스는 이제 생겨난 지 몇 만 년(?)밖에 안 되었기 때문에 아직은 멀었다고 할 수 있다. 그러나 예상보다 훨씬 빨리 올 것이란 과학자들의 예측도 있다. 뿐만 아니라 인류는 인류 스스로에게도 가장 위협적인 존재이다. 유럽의 아메리카 진출로 백인들에 의해 학살된 인디언 등 여러 민족이 이름만 남긴 채 사라져 갔다. 지금도 종족이나 인종 간 문명의 전쟁 또는 종교 전쟁으로 많은 사람이 죽어가고 일부 민족들은 전멸될 위기에 놓이기도 한다. 인간은 참 잔인한 존재이다.

생태계의 비극은 우리가 먹는 가축에게도 일어났다. 인간이 동물을 사육하기 시작하면서 가축화된 동물의 고통이 시작되었다. 생각해보면 자연세계는 생명이 생명을 먹고사는 '무서운' 세계이다. 어떤 동물도 다른 생명을 먹지 않고는 살 수가 없다. 그러나 오늘날 축산업을 통해 사육된 닭, 돼지, 젖소 등은 몸짓 하나 가누기 힘든 우리에 갇혀 '평생'을 그 자리에 서서 끔찍하게 보내며 인간을 위한 고기와 젖을 생산하는데 '일생'을 바치고 죽는다. 인간의 가축 '생산'은 너무도 잔인한 방식으로 이루어진다. 닭의 평균 수명은 30년이지만 공장식 양계장 안에서 꼼짝도 못하고 살다가 1년 안에 도살된다. 가축이 키워지고 도살되는 과정을 한 번만 보면 많은 사람이 육식에 거부감을 느낀다고 한다. "살아있는 모든 생명의 권리를 존중합니다."는 녹색당의 정책이다. 녹색당뿐만 아니라 많은 사람이 이 같은 생각에 동조한다. 인간은 다른 생명을 먹을 수밖에 없지만, 가능하면 윤리적이었으면 좋겠다는 것이 녹색당의 입장이다. 외국의 동물보호법의 경우엔 식용동물들의 사육과 도축 과정, 운송 과정까지도 엄격한 규칙을 적용하고 있다. 과도한 육식을 자제하고 채식을 지향한다. 이 문제는 나중에 다시 돌아볼 것이다.

호모 사피엔스 사피엔스로 탄생한 현생 인류는 지속적으로 자연을 파괴하고, 동물을 가축화하고, 농업을 위해 수목을 잘라내고, 농지를 개간하고, 에너지를 위해 천연자원을 파냈으며 지구상의 많은 생명을 멸종시켰다. 그것이 문명이었고, 자연과 환경의 파괴가 인간 생존의 조건이었다. 인간이 지구상에 퍼져가는 속도와 인구 증가에 비례해 다른 종들은 사라져갔다. 에드워드 윌슨의 『생명의 편지』(2007년 번역 출간)에 따르면, 지구의 산소 '공장'이자 생물 다양성의 보고인 열대우림의 70%가 파괴됐고, 담수 생태계도 80% 이상 파괴되면서 담수생물들의 무수한 멸종은 물론, 인류가 사용할 물도 점차 사라지고 있다. 지구상 동식물 종의 절반이 21세기 말이면 멸종을 맞거나 그럴 운명에 처할 것이며, 4분의 1은 기후변화만으로도 50년 이내에 멸종할 것으로 추정한다. 현재 진행 중인 멸종 속도는 인간이 지구상에 나타나기 이전 속도의 100배이며, 다음 수십 년 안에는 최소한 1000배는 넘을 것으로 예상된다. 농업혁명으로 시작된 인류 문명은 인류에게는 성공적이었는지 모르지만 수많은 생명을 멸종시키고 고통으로 몰아놓으며 더욱 많은 사람을 더욱 열악한 환경에서 살게 만든 '덫'이 되었다. 결국은 환경 파괴는 인류 자신에 대한 파괴로 돌아올 수도 있다.

인간에 의한 자연 파괴는 진화와 역사의 흐름 속에서 부지불식간에 이루어졌을 것이지만 과학과 종교 모두에게 책임이 있다. 에드워드 윌슨은 자신의 책 『생명의 편지』(2007년 번역 출간)에서 생명의 위기는 과학과 종교가 자초하였다고 비판한다. 미국인의 60%가 「요한계시록」의 종말론을 믿으며, 지구를 잠시 거주하는 곳 정도로 여긴다. "이렇게 그리스도교를 믿는 사람들에게 생물 1000만 종의 운명은 일말의 가치도 없는 일입니다. (중략) 그것은 절망과 무자비의 복음이며 그리스도교의 본령에서 나온 것이 아닙니다."라는 편지를 어떤 목사에게 보냈다. 에드워드 윌슨은 생명의 위기를 경고하며 과학과 종교가 함께 나서야한다고 주장한다. "환경 문제는 우리 자신의 생물학적 존속을 위해서라도 반드시 해결책을 찾아야 한다. 이러한 과제는 오로지 인류에게만 주어진 것이다." 그는 인간 중심주의를 버리고 생태중심적인 세계관을 취해야 한다고 주장한다. 박 이문도 자신의 저서 『환경 철학』(2002년)에서 같은 취지의 말을 했다. "노벨상 수상자인 생화학자 모노가 이야기했듯, 인간은 다른 모든 존재들과 마찬가지로 우주에서 우연히 생겨난 산물이다. 이 과정에서 인간만이 다른 모든 존재들과는 달리 우연성을 초월할 수 있는 '이성을 가진 유일한 동물로 진화하여' 자신의 선택에 따라 행동할 수 있는 자유로운 주체로 존재하게 되었다. 그러므로 환경, 문명, 인류 그리고 지구상의 생명을 위기로부터 구할 수 있는 것은 식물도 동물도 신도 아닌 인류이다." 이 말을 '인간은 신의 형상대로 창조된 존재'로 바꾼다면 그리스도인에게도 유효한 말이 될 것이다. 종교적 신념이 아니더라도 생명을 중시하는 것은 '보편적인' 선일 것이다. 창조주 신을 믿는다면 창조계는 보존되어야 한다. 또한 같은 책에서 그는 신조차도 우리를 구원할 수 없고, 신은 침묵만을 지키고 있다고 말한다. 인간은 우주 안에서 고독하게 살며, 스스로 결정하고 행동해야 하는 존재이며, 우주의 미래, 삶과 죽음, 문명, 자연생태계의 운명이 인간 스스로의 선택에 달려있게 됐다고까지 말하고 있다. 그리스도인에게도 창조계는 인간의 책임이다. 따라서 종교와 과학이 생명의 보전을 위해 연대한다면 그 문제는 '어느 정도' 해결될 가능성이 있을 것이다.

먹는 것에는 윤리가 적용되는가?

신석기시대에 들어 농업이 시작되고 야생동물을 길들여 양과 소를 목축하는 축산업도 시작되었다.[745] 오늘날 인간 사회는 아직도 기원전 1만 년경에 생겨난 농업과 목축으로 살아가고 있다. 오늘날 사용되는 '자본'이란 단어도 소와 양의 머리를 뜻하는 라틴어에서 유래했다. 카풋(caput)이라는 단어는 머리를 뜻하며, 그 형용사형이 카피탈리스(capitalis)로서 이것이 캐피탈(capital)로 자본을 뜻하는 것으로도 그 의미가 확장되었다. 생명의 진화과정을 보면 광합성으로 스스로 에너지를 생산하여 사는 생명을 제외하고 대부분의 생명은 다른 생명을 먹이로 삼아 에너지를 생산한다. 인간도 살기 위해 다른 생명을 먹어야하는 것이 우리가 사는 세계이다. 생존을 위해 다른 생명을 '살해'하지 않고는 인간이 살 수 있는 방법은 없다. 그러나 인간이 잊고 살지만 꼭 생각하여야 할 것이 있다.

지구상에서는 하루 수십억(?) 마리의 동물들이 도살당하거나 잔혹하게 죽임을 당하고 있다. 오늘날 우리에게 익숙한 육식 문화는 '비가시적'이어서 우리는 그 폭력성을 전혀 인지하지 못한다. 인간이 별 생각 없이 먹는 가축은 태어나서 죽는 순간까지 극도의 고통 속에 살다가 죽는다. 호주의 동물보호 운동가인 제임스 애스피는 "지금 이 순간, 동물들은 우리가 상상할 수 있는 그 어떤 악몽보다도 끔찍한 고통을 당하고 있다."라고 말한다. 미국 동물보호단체가 제작한 "Farm To Fridge - The Truth Behind Meat Production"이라는 동영상은 유튜브에서 볼 수 있는데(꼭 한번 보고 이 글을 읽기를 바란다), 농장 동물이 고기가 될 때까지 겪는 끔찍한 고통을 적나라하게 담았다. 상당히 많은 사람이 충격을 받고 채식주의가 되었다. 슬라보예 지젝은 『폭력이란 무엇인가』(2011년 번역 출간)에서 "공장 같은 축사농장에 가서 돼지들이 눈멀고 잘 걷지도 못하는 상태로 오로지 도살을 위해 살찌워지는 광경을 보고 난 뒤에도 계속 돼지고기를 먹는 사람이 우리 중에 과연 있을까?"라고 의문을 제기한다. 먹는 것뿐만이 아니다. 모피코트를 만들기 위해 동물은 산 채로 가죽이 벗겨진다. 그것을 보고도 모피 코트를 사서 입을 수 있을까?

육식이냐, 채식이냐의 논란은 인간 역사와 함께 시작되었다. 초기 인류가 동물과 육식에 대하여 가졌던 관념은 다양했다. 아리스토텔레스는 "동물은 인간을 위해 존재한다.", 데카르트는 "동물은 영혼 없는 기계이다."라고 말했다. 유대인의 관념도 비슷하다. "하느님께서 다시, '이제 내가 너희에게 온 땅 위에서 낟알을 내는 풀과 씨가 든 과일 나무를 준다. 너희는 이것을 양식으로 삼아라."(창세기 1.29.) 식물을 양식으로 주었지만 딱 하나는 먹지 않도록 하였다. "이렇게 이르셨다. 이 동산에 있는 나무 열매는 무엇이든지 마음대로 따 먹어라. 그러나 선과 악을 알게 하는 나무 열매만은 따 먹지 마라. 그것을 따 먹는 날, 너는 반드시 죽는다."(창세기 2.16~17) 또한 육식도 허용되었지만 제한을 두었다. "너희는 어디에 살든지 대대로 영원히 이 규정을 지켜야 한다. 기름기나 피는 결코 먹지 마라."(레위기 3.17.) 지중해 지역의 그리스나 근동은 육식에 관대했지만 동양의 불교와 힌두교 등은 "동물과 인간의 영혼은 순환한다."라는 윤회론 관념을 가져 동물에 대한 살생을 금기시했다. 초기 브라만교나 불교 혹은 자이나교 등은 살생을 금한 계율 때문에 채식을 했다. 육식에 대한 관념은 우리나라 근대 소설에도 나온다. "그날 점심 때 순옥은 집에서 점심을 차리고 있었다. 토마토랑 고구마랑 감자랑 이런 것으로 비린 것 들지 아니한 안식일 교인 식 요리를 만드는 것이었다.…이래서 순옥은 안식일교의 채식주의를 좋아한다. 순옥은 선천적으로 살생을 싫어하는 마음이 있었다." 1930년대에 발표된 이광수의 『사랑』에 나오는 글이다.

반면 인간과 동물이 지닌 지적능력의 차이를 내세워 또는 『성경』에 근거하여 다른 동물 종에 대한 차별 또는 육식을 옹호하는 사람들도 있다. 그러나 지능이나 지적능력을 기준으로 차별을 정당화시킨다면, 우리는 정상적으로 사고할 수 없는 지적장애인들을 차별해도 된다는 결론이 나온다. 따라서 공리주의자 피터 싱어는 육식은 비윤리적인 행위라고 비난한다. 육식은 인간이 다른 종들을 차별하는 종차별이기 때문이다. 종교적인 근거도 이를 합리화할 수 없다. 종교 철학자인 마틴 부버는 "종교처럼 신의 얼굴을 멋지게 가리는 것은 없다."라는 유명한 말을 남겼다. 철저하게 인간중심적이고 다른 생명의 고통에, 울음소리에 무감각한 종교가 참된 종교일까라는 의문이 든다.

사실 동물을 대하는 데 있어서 어디까지가 윤리적이고, 어디부터가 비윤리적인지 경계를 말하기는 쉽지 않다. 동물과 인간은 똑같은 존재라거나 둘 사이에는 분명한 경계선이 있다는 것은 양극단의 주장이다. 그러나 동물의 고통을 완전히 피할 수 없다는 이유로 충분히 줄일 수 있는 고통까지 합리화할 수는 없다. 채식주의는 완전한 육식금지가 아니라 불필요한 고통을 줄이려는 실천이다. 누구든 살생을 피할 수 없다는 사실을 알고 있으며, 그것을 최소화하려는 노력이 필요하다는 것이다. 인류의 역사는 '갑'에 저항하는 '을'의 권리 보장의 역사라고 할 수도 있다. 그리고 이러한 권리는 동물에게까지 확장되고 있다. 2016년 20대 총선에서 녹색당·정의당을 비롯한 진보 정당들이 '동물권'을 선거공약으로 내세웠다. 우리 인간은 잔인한 존재로 남을 수는 없다.

광기의 '관념 살인'의 등장

인간의 뇌가 진화하고 지적능력이 성장하면서 관념이 생겼고, 자신의 생각과 신앙이 다르다는 이유로 서로 죽이고 죽이는 잔인한 폭력, 대량 살인과 처절한 전쟁이 지구상에 인간에게 나타났다. 아마도 존재의 유한함, 즉 죽음으로 끝나는 인간의 운명 때문에 종교가 생겨났을 것이다. 그러나 어이없게도 사후에 영원한 삶을 꿈꾸는 종교가 이생에서 폭력과 살인을 낳고 있다. 그것도 끔찍하고 대규모로! 독일 인류학자 미하엘 슈미트는 "인간은 호모 사피엔스가 아니라 호모 데멘스, 즉 광기의 인간"이라고 혹독한 표현을 했다.

수만 년 전 호모 사피엔스 사피엔스가 지구상에 등장하면서 종교적인 또는 이념적인 차이로 인한 동족 간의 대량 살인이 나타나기 시작했다. 전쟁이다. 지구상의 진화 역사에서 이렇게 자신의 종족을 대량 살해하는 일은 없었다. 하지만 인간은 기원전 1만 년경 농업혁명과 함께 문명을 이루면서 이념적인 차이로 동족을 죽이기 시작했다. 특히 종교로 인한 전쟁과 살육은 끔찍하였다. 동서고금을 막론하고 숱한 전쟁과 폭력 그리고 살인의 이면에는 종교적 배타성과 도그마가 숨어있었다. 종교적 배타성과 도그마, 사상적 배타성과 도그마는 엄청난 폭력과 대량 학살을 가져왔으니, 이는 인간의 지적능력의 진화가 낳은 참사이다.

종교로 인한 비극은 고대부터 시작되었다. 십자군 전쟁의 악명은 그리스도교 측의 은닉으로 사람들은 그 잔혹함과 참혹함을 사실 잘 모르고 있다. 그리스도교 도그마(Christian dogma)에 사로잡힌 유럽은 약 2백 년 동안 피비린내 나는 십자군 전쟁을 통해 끔찍한 대재앙을 낳았다. 종교적 광기에 휩싸여 어린아이까지 전장으로 내몰았고, 8차례에 걸친 예루살렘 원정은 인류 역사상 가장 추악하고 잔인한 전쟁이었다. 그들의 종교적 이념은 "신께서 우리를 인도하시리라."였다. '한손에는 칼, 한손에는 코란'이라고 무슬림을 비판했던 토마스 아퀴나스(Thomas Aquinas)의 말에도 불구하고 말이다. "종교에는 강제가 없으며 진리는 암흑 속에서부터 드러날 것이다."에 따라 타 종교에 대한 배타성을 크게 드러내지 않았던 무슬림마저도 이슬람적 도그마(Islamic dogma)에 빠져 배타적 폭력성으로 나아가고 있다. 종교 간뿐만 아니라 종교 내에서도 재앙이 있었으니 중세의 마녀사냥이 그것이다. 그것뿐만이 아니다. 종교라는 관념은 역사적으로 늘 죽음의 그림자가 드리워져 있다. 조르다노 브루노(1548~1600)는 우주가 무한하다는 주장을 했다가 그리스도교 당국에 의하여 1600년 로마의 캄포 데 피오리에서 산채로 불에 태워 죽임을 당했다.[746] 기존 종교 관념이 제시하는 우주론에 도전하는 많은 사람이 죽임을 당했다. 특히 그리스도교가 그랬다.

그리스도교의 폭력성은 자신들의 경전에 '내재'한다. 2014년 번역 출간된 스티븐 핑거의 『우리 본성의 선한 천사』는 그리스도교의 『성서』에 나오는 폭력적인 내용을 다루었다. 그에 따르면 『성서』에 근거하여 신의 명령에 따른 대량학살과 전쟁으로 인한 사망자 수는 2000만 명에 이르는 것으로 추정한다. 더욱이 『구약성서』의 「레위기」, 「신명기」 등에는 신이 직접 폭력을 집행하는 장면이 1000 군데나 된다. 특히 「신명기」 20절은 끔찍하다. "숨 쉬는 것은 하나도 살려 두어서는 안 된다. 모조리 전멸시켜야 한다. 주 하나님이 명하신대로." 전멸의 대상은 이스라엘 민족이 아닌 타민족이다.

20세기 유대인 대학살 홀로코스트가 자행된 아우슈비츠 수용소는 인간의 폭력적인 광기가 어디까지 갈 수 있는 보여준다. 대체 인간이란 무엇인지 회의가 든다. 진화과정에서 인간의 유전자에 각인된 폭력성과 함께, 인간이 탐구해 낸 '진화' 개념과 인종에 대한 잘못된 이해, 그리고 종교적 배타성이 만들어낸 비극 그 자체이다. 아우슈비츠 참사를 당한 유대인들은 이젠 피해자가 아니라 가해자로 활동하고 있으니 그 비극의 악순환은 계속되고 있다. 세계 5위의 군사 대국인 이스라엘은 F-16 전투기와 군함, 탱크를 동원해 사방이 포위되고 고립된 채 살아가는 주민들을 일방적으로 학살하였다. 팔레스타인 가자지구는 외부와 철저하게 봉쇄, 고립되어 있다. 이스라엘이 육지와 바다, 하늘을 완전히 차단했기 때문이다. 영양실조와 빈혈, 장티푸스를 앓는 가자 어린이들의 모습은 일상적인 풍경이 되었다. 가자지구 식수의 90%는 인간이 마실 수 없을 정도이다. 1962년 존 F. 케네디 전 대통령이 이스라엘에 군사 원조를 시작한 이래로 미국 정부는 엄청난 군사비와 무기를 대부분 무상으로 지원해왔다. 그 이면에는 그리스도교 대 이슬람, 그리고 유대교라는 종교적 배타성이 숨어 있다.

1993년 무렵 미국 국방부 '펜타곤'의 고문이었던 새뮤얼 헌팅턴은 '문명충돌론'을 주창하였다. 종교에 기초한 문명 간의 싸움은 역사의 불가피한 시나리오라는 주장이다. 특히 그리스도교와 이슬람의 충돌을 강조하였다. 결국 이러한 관점은 미국 외교 정책 안에 흡수되었고, 미국 신보수주의 집단(neo-conservatism, neocon)을 이슬람에 대한 적개심으로 몰고 갔다. 그리스도교 근본주의를 배경으로 등장한 조지 부시가 대통령으로 취임하고 2001년 9·11테러라는 대형 참사가 터졌고, 이는 '자연스레(?)' 미국의 아프가니스탄 및 이라크 침공의 구실을 제공하였다. 미국은 국제법과 세계 여론을 무시하고 이라크 침공을 감행하였고, 결국 이슬람 테러가 전 세계로 확산되는 시발점이 되었다. 결국 미국 대통령 오바마는 카이로대학에서 "중동의 모든 분들께 말씀드리려 합니다. 미국은 평화를 원합니다. 여러분 사이에 숨어든 극단주의자들은 서구 사회가 이슬람과 전쟁을 벌이고 있다고 선동하지만 이는 전혀 사실이 아닙니다. 그저 여러분을 혼란에 빠뜨리고 자기들의 테러를 정당화하기 위한 발언일 뿐입니다. 우리는 이슬람을 존중합니다."라고 연설을 하며 평화로 가는 길을 제시하였지만 미국의 과거에 대해서는 솔직하지 못했다. 그는 이스라엘-팔레스타인에 대해서도 언급했다. "팔레스타인 주민들은 오랜 세월 부패와 폭력, 그리고 거의 매일 벌어지는 점령으로 인한 모욕으로 고통받아 왔습니다. 이스라엘과 팔레스타인이란 두 개의 민주적 국가가 평화와 안정 속에 공생하기를 바랍니다." 이집트 이슬람주의 정치단체 '무슬림형제단'은 "이제 실행이 필요한 시점이다. 악마는 항상 디테일에 숨어 있는 법이다."라고 반박했다. 인간의 관념, 특히 종교적 관념으로 인한 폭력과 살인의 행진은 언제 멈출지 가늠할 수가 없다.

Imagine there's no heaven, It's easy if you try.
No hell below us, Above us only sky.
Imagine all the people living for today
Imagine there's no countries, It isn't hard to do.
Nothing to kill or die for, no religion too.
Imagine all the people living life in peace
Imagine no possesions, I wonder if you can.
No need for greed or hunger. A brotherhood of man.
imagine all the people sharing all the world
You may say I'm a dreamer, but I'm not the only one.
I hope some day you'll join us, and the world will live as one.

천국이 없다고 상상해보세요. 당신이 마음만 먹으면 쉬운 일이예요.
지하에 지옥이 있지도 않고 하늘은 오직 하늘일 뿐이라고
모든 사람이 현재를 위해 산다고 상상해 보세요.

나라가 없다고 상상해 보세요. 그리 어려운 일은 아니에요
누구도 죽일 필요가 없고 조국을 위해 죽을 필요도 없고
종교도 없다고 말이죠.
모든 사람이 평화롭게 살 수 있다고 상상해보세요.
소유 재산이 없다고 상상해 보세요. 당신이 그럴 수 있을까 모르겠네요.
욕심을 내거나 굶주릴 필요가 없죠. 형제애만 있을 뿐이죠.
모든 사람이 함께 세상을 산다고 상상해보세요.
당신은 내가 몽상가라고 말할지 몰라요. 하지만 나 혼자 그런 생각을 하는 게 아닌걸요.
언젠가 당신이 우리 생각에 동참하길 바래요. 그리고 세상은 하나가 되는 거예요.

존 레논(John Winston Ono Lennon)이 노래한 대로 종교가 없는 세상이었다면, 전쟁이나 갈등은 없었을 것이고 우리는 모두 이웃을 사랑했을까. 그건 존 레논의 노래 가사일 뿐이다. 종교 갈등으로 보이는 많은 것들에 그 종교가 어느 정도 책임이 있는 것은 사실이지만, 실제로는 사회 정치적 요인이 강하며 단지 종교의 이름을 내거는 경우가 많다는 점이다. 종교가 폭력과 분열을 초래한다는 분석은 일면 타당하지만 밑에서 도사리고 있는 근본적인 문제를 외면하는 태도이다.

이슬람교의 중동이 대표적인 예이다. 이라크에서는 수니파와 시아파의 분쟁으로 수많은 사람이 죽고 있다. 사람들은 이를 폭력적인 이슬람교의 종파 분쟁이라고 생각하지만 꼭 그렇지만은 않다. 과거 이라크 사람들은 수니파와 시아파에 입문하였지만 서로 교류를 하고, 결혼하고, 이웃으로 살아왔다. 독재자 사담 후세인 시절에도 평화롭게 지냈고 무슬림과 그리스도교가 공존하였으며 수니파, 시아파, 쿠르드 등이 나름대로 평화롭게 살았다. 그러나 부시 정권 당시 미국이 이라크를 침공하면서 정치적 질서가 무너지고 복잡하게 얽

히면서 분쟁이 후유증으로 남게 된 것이다. 물론 중동의 갈등이 유대교, 그리스도교, 이슬람 간의 문제인 것만도 아니다. 과거 강대국들의 중동 전략이 더 큰 원인을 제공했다. 전쟁으로 학살당하고 국가적 위기를 겪은 중동은 알카에다와 IS의 극단적인 폭력 사상을 낳고 키웠다.

잔혹한 테러를 자행하는 수니파 무장세력 '이슬람국가'(IS), 미국 뉴욕 한복판에서 3천명 이상을 사망케 한 알카에다, 그리스도교 마을에서 납치 살해를 일삼는 나이지리아 보코하람 등 이슬람 극단주의 무장단체는 『코란』에 적힌 성전(지하드)을 실행한다. 하지만 이들은 일부 근본주의자일 뿐이다. 일부 이슬람 근본주의 또는 원리주의 무장단체의 왜곡된 『코란』 해석으로 전체 무슬림들까지 잠재적 테러리스트로 취급받고 있다. 『코란』(5.45)은 "하나님은 그들에게 명령하여 생명은 생명으로 눈은 눈으로 코는 코로 귀는 귀로 이는 이로 상처는 상처로 대하라 했으니 (중략) 그러나 자선으로써 그 보복을 하지 아니함은 속죄됨이라…" 이는 오히려 알라의 관용과 자비를 강조한 것이다. 대부분의 무슬림들은 이슬람교가 자비와 관용의 종교이며 평화를 지향한다고 말한다. "너희에게는 너희의 종교가 있고 나에게는 나의 종교가 있을 뿐이라."(109.6) "종교에는 강요가 없나니 진리는 암흑 속으로부터 구별되느니라."(2.256) 이슬람 학자들은 『코란』이 폭력적으로 해석되는 것은 『코란』이 작성될 당시의 시대상과 문화를 이해하지 못하고 직역했기 때문이라고 지적한다.

오랜 세월 인간이 만들어낸 관념은 광기어린 폭력성을 드러냈다. 21세기에 들어서도 세계 곳곳에서 인종과 민족에 대한 편견, 종교적 차이, 이념적 갈등 등으로 전쟁, 테러, 살인이 광범위하게 자행되고 있다. 서구유럽과 미국 그리스도교와 중동 이슬람 간의 상호 증오와 전쟁은 오늘날도 변함없이 지속되고 있다.

종교 폭력의 근원은 대부분 맹신적인 '근본주의' 신앙에 기인한다. 그리스도교의 종교 폭력의 대부분은 그리스도교만이 참되고 절대적인 종교라는 확신이 배타적, 우월주의적인 행동으로 나타난 것이다. 타종교에 대한 비관용과 폭력과 배타성은 『성경』을 글자 그대로 믿는 '무오설'에 빠지게 된 것이 원인일 수 있다. 리처드 도킨스는 『신에 대한 환상(The God Delusion)』에서 종교가 인간의 이성과 자연과학의 증거의 세계를 거부하는 한, 종교의 교리상 폭력이 불가피하다고 비판했다.

자신과 다름을 인정하는 태도, 열린사회가 요구되는 것이 필연적인 귀결이다. 특히 종교 간의 평화가 필요하다. 그리스도교에서 종교 간의 평화를 가장 강조하는 세계적인 신학자는 한스 큉 신부님이다. 한때 그는 교황 베네딕트 16세와 독일 튀빙겐대학에서 동료 교수이자 친구 사이였다. 한 사람은 교황이 되었지만, 한 사람은 '교황 무오설' 같은 전근대적인 교리를 비판하고 교회 개혁을 주창하다 모든 성직에서 쫓겨났다. 더욱이 가톨릭 신부로는 사망선고 격인 미사집전권도 박탈당하는 등 온갖 탄압을 받았다. 하지만 한스 큉은 종교 간의 대화와 평화를 강조한다. 이제는 문명 간의 대화, 종교 간의 평화로 나가야한다. 그는 "내가 추구하는 것은 서로에 대한 성실한 접근과 이해이며, 이것은 쌍방의 자기의식, 객관적이고 공정한 자세, 서로를 잇는 것과 가르는 것에 대한 정확한 지식에 기초한다."라고 했다. 헌팅턴의 문명충돌론에 대해 "개별 문화의 다양성을 연구하지 않았고, 여러 문명의 복잡한 역사적 맥락과 모호한 경계, 상호 번영과 평화로운 공존에 대해 무지한 말도 안 되는 이론"이라고 비판했다.

우리는 자신과 다른 신념, 확신, 신앙을 가진 사람을 인정하고 다양성을 인정하여야 한다. 서울대 종교학과 배철현 교수는 "당신 옆에 있는 낯선 자가 바로 신이죠. 낯선 자를 사랑할 수 있느냐가 예수의 가르침입니다. 그리스어 아가페는 상대방이 사랑하는 것을 사랑하는 걸 뜻합니다. 신의 사랑은 원수까지 사랑하는 것이라는 단순하고 혁명적인 가르침이 인류를 감동시켰습니다."라고 말한다. 그리고 종교가 오늘날 폭력의 진앙이 된 이유를 20세기 초 등장한 근본주의 탓이라고 설명했다. 다윈의 진화론과 성서비평이 발달하면서 종교는 '정치적으로' 근본주의로 무장했다. 서울대 배철현 교수는 "자기가 믿는 것만 옳다고 믿는 건 오만이자 무식이다. 다름을 인정하는 것이 신의 가르침이다. 아인슈타인이 말했듯 삶에 대한 경외가 신이다. 이기적 유전자로 태어난 인간에게 이타적 유전자를 발현시키는 것이 바로 종교의 중요한 목적입니다."라고 말했다(매일경제신문 2015.12.10.).

▎진화의 산물, 유인원과 인간의 폭력성

현대 인간이 안고 있는 폭력 문제에 진화의 역사가 관련돼 있다. 우리와 가까운 유인원의 폭력성을 보면 알 수 있다. '침팬지의 어머니'로 불리는 제인 구달은 1986년 발간한 『곰베의 침팬지』란 책에서 침팬지 사회의 제노사이드(집단 학살)를 언급했다. 그가 관찰했던 침팬지 공동체는 수컷이 사냥을 하고, 자신의 영역을 경계하면서 암컷과 새끼를 보호하고, 자신의 공동체 구성원에 대한 애정을 가진 집단이었다. 그런데 이들이 두 집단으로 나눠지면서 집단 간에 폭력적인 공격성이 나타났다. 더욱이 침팬지들은 같은 종족을 죽이거나 잡아먹기도 한다는 사실을 발견했다. 또한 침팬지가 원숭이를 잡아 산 채로 두개골을 먹는 장면이 보고되었고, 방심한 동료를 따라가 포위한 뒤 잔인하게 때려죽이는 모습도 관찰되었다. 침팬지와 인간은 폭력성 면에서 서로 닮았다.

같은 유인원이지만 보노보는 다르다. 프란스 드 발의 『내 안의 유인원』(2013년 번역 출간)은 보노보에 대하여 상세하게 기술한다. 보노보는 섹스로 형성된 공감으로 갈등을 해결하는 특이한 유인원이다. 이들에겐 생식을 목적으로 하는 성행위는 거의 찾아 볼 수 없고, 섹스는 '공동체 생활을 부드럽게 하는 윤활유'로 활용한다. 이들에게 섹스는 곧 평온한 사회생활의 수단이다. 사람이 인사를 할 때 악수를 하거나 어깨를 두드리고 손을 사용하듯이, 보노보는 성기로 인사를 하는 것이다.

인간은 유인원 중의 하나이다. 유인원 가운데 보노보는 동종 살해의 비율이 낮아 사실상 0%이다. 반면 보노보와 가장 가까운 친척인 침팬지는 아주 높다. 그런데 묘하게도 우리 인간은 침팬지보다 더 잔인하기도 하고 보노보보다 공감 능력이 더 뛰어난 종이기도 하다. 우리 인간은 다른 유인원에 비하여 '극단성'이 큰 종이다. 인간은 침팬지 이상으로 잔인할 수도 있지만 보노보 이상으로 타인에 대해 배려할 줄도 아는 이타적인 존재인 셈이다. 하지만 인간의 폭력성은 침팬지와 훨씬 더 가깝다. 의도적으로 다른 수컷들을 죽임으로써 자신의 힘을 확장해 가는 것은 인간과 침팬지가 닮았다. 우리의 폭력성은 진화의 과정에서 침팬지와 같은 방향으로 굳어진 것이다.

그렇다면 다른 동물들의 자기 종족 살해는 어떨까? 동족을 죽이는 폭력성의 기원을 계통분류학의 방법을 써서 규명한 연구결과가 2016년 발표되었다. 포유류 가운데서도 인간의 폭력성이 특히 높으며 인간이 속한 영장류의 폭력성과 비슷한 수준으로 나타나, 결국 인간의 폭력성은 진화의 산물이라는 결론이 나온다. 스페인의 연구자들은 사람을 포함해 포유류 1000여 종을 대상으로 4백만 건이 넘는 죽음 가운데 동족 살해의 비율을 조사했다. 그 결과로 유추한 포유류 공통 조상의 폭력성, 즉 동족에게 살해된 비율은 0.3%로 나타난 반면 영장류 공통 조상은 2.3%였고 유인원의 공통 조상은 1.8%였다. 사람은 2%로 이 범위 내에 들었다. 특이한 것은 영장류에서 유인원으로 가면서 폭력성이 크게 줄어들었지만 상대적으로 인간의 폭력성은 적게 감소되었다. 이러한 연구는 폭력성이 진화의 산물임을 보여준다. 참고로 집단생활을 하고 자기 영역이 분명한 종일수록 동족 살해의 비율이 높다. 즉 무리를 이루며 살다보니 내부에서 서열 경쟁을 하다 죽을 수도 있고, 때로는 무리끼리 영역이나 암컷을 두고 집단싸움을 벌이다 죽기도 한다. 동족 살해를 하거나 당한 것은 대부분 수컷이다.

범죄자들은 위험한 상황에서도 두려움을 느끼지 않고, 범죄를 저지르는 동안에도 식은땀을 흘리지 않는다고 한다. 이들의 범죄성향은 타고난 것일 수 있다. 진화과정에서 우리에게 각인된 폭력성은 우리의 유전자 안에 고스란히 기록되어 있다. 진화생물학에서는 인간의 본성을 폭력성과 이기성만으로 설명하려는 추세가 강하다. 아마도 가장 문명화된 사회라고 자부심이 강했던 20세기에 유럽에서 자행된 만행에 대한 반발로 나타난 과학적 설명일지 모른다.

폭력성의 근원을 유전자에서 찾으려는 현대적 연구는 1978년 네덜란드 한 대학병원에 어떤 여성이 찾아오면서 시작됐다고 볼 수 있다. 그녀는 가족 중에서 폭력 범죄를 저지른 형제와 자신의 아들을 치료하려고 병원을 찾았다. 그들 중 두 명은 방화범죄를 저질렀고, 한 명은 여동생을 강간하려 했으며, 직장 상사를 자동차로 죽이려 한 가족도 있었다. 그녀의 친척이 1962년 작성한 기록에 의하면 가족과 친척 남성들의 폭력성은 1870년대부터 이어져 왔다고 한다. 병원 연구팀은 10년 이상의 연구를 진행한 결과, 폭력 범죄를 저지른 남자들 모두에게 X염색체 돌연변이가 있음을 발견했다. 이러한 돌연변이가 MAOA 유전자의 이상을 초래해 폭력적 성향을 갖게 됐다고 추정했다. MAOA 유전자는 X염색체에 위치하는데, 남성은 X염색체가 하나뿐이라 이상이 있으면 심각한 문제가 생긴다. 이와 달리 두 개의 X염색체를 가진 여성은 하나에 문제가 생겨도 나머지 하나가 보완해줄 수 있다. 그러나 자신의 유전적 문제는 아들에게 유전된다. MAOA 유전자는 '폭력 유전자'라 불린다. 이 유전자가 활성화되면 세로토닌 분비와 활성정도가 높아지고, 짧거나 기능을 제대로 하지 못할 때에는 반대현상이 일어난다. 세로토닌은 행복을 느끼게 해주는 분자로, 호르몬이 아닌 신경전달 물질이지만 일반적으로 '행복 호르몬(Happiness Hormone)'이라고 일컫는다. 이 행복 호르몬이 제대로 작동하지 않으면 폭력적 성향이 강해진다.

2011년에는 독일 연구팀에 의해 단백질을 코딩하는 '카테콜-O-메틸전달효소(COMT)' 유전자의 변이와 살인 행동의 연관성이 밝혀졌다. COMT도 MAOA와 마찬가지로 신경전달물질인 도파민의 제어에 관여한다. 2014~2015년에는 범죄자를 중심으로 유전자 연구를 한 결과가 나왔다. 스웨덴 카롤린스카 의과대학 연구소는 핀란드 출신 범죄자 895명을 대상으로 유전자 검사를 실시했다. 여기에는 약물복용이나 도둑질 같이 폭력성이 없는 범죄자부터 살인과 폭행 등 극단적인 폭력성을 보인 범죄자들이 모두 포함돼 있다. 검사 결과 일명 '폭력 유전자'로 불리는 두 가지 유전자를 발견했다. 그 중 하나는 '카데린 13'(Cadherin 13 또는 CDH13)으로 충동 억제와 연관이 있는 것으로 밝혀졌다. 또 다른 유전자는 화학적 메신저 세로토닌(serotonin), 도파민(dopamine), 노르에피네프린(norepinephrine)을 파괴하는 모노아민 산화효소 A(monoamine oxidase A 또는 MAOA)로, 이는 행복과 충족감을 느끼게 하는 호르몬에 영향을 미쳐 폭력적 성향과 관련이 있다. 폭력성이 없는 범죄자들에게서는 폭력성이 높은 범죄자들에 비해 CDH13과 MAOA 같은 '폭력 유전자'가 많지 않은 것으로 나타났다.

인간의 폭력 성향의 선천적 요인은 뇌와도 관련된다. 해부학적으로 뇌의 각 부위와 특정 감정이 연결돼 있음이 점차 밝혀지고 있다. 범죄자들은 대부분 전전두엽 피질, 편도체, 해마, 변연계, 각회 등 뇌의 특정 영역의 기능이 일반인에 비해 현저히 떨어진다. 이마와 눈 바로 뒤에 있는 전전두엽 피질의 병변은 공격성·충동성과 관련이 있는 것으로 알려졌다. 미국 뉴멕시코대학의 켄트 키엘 교수에 의하면 사이코패스들은 타인의 감정에 공감하지 못하고, 잘못된 행동을 뉘우치는 성향도 약하다고 한다(2016년). 미국 교도소의 재소자 가운데 약 16%가 사이코패스이고, 미국 전체 인구로는 약 1%가 사이코패스로 추정한다(2016년). 그의 연구에 의하면 사이코패스들은 변연 피질과 부변연계 피질의 회백질이 정상인보다 적고, 편도체도 작은 것으로 나타났다.

이러한 설명을 읽어보면 유전자와 뇌가 인간의 폭력성을 전부 설명해주는 것처럼 보인다. 그러나 인간의 폭력성을 '유전자 결정론' 등 선천적 요인으로만 설명할 수 없으며, 그런 설명은 위험하기도 하다. 예를 들어 일란성 쌍둥이는 공격성과 폭력성이 40~50% 일치하고, 어릴 때 헤어져 서로 다른 환경에서 자란 쌍둥이도 반사회적 행동이 41% 가량 일치한다. 또한 범죄 경력이 있는 부모에게 입양된 아이는 범죄자가 될 확률이 높다. 환경이 범죄성향에 영향을 주는 것이다.

인간이 가지는 대부분의 감정 성향에서 환경의 영향은 무시할 수 없을 정도로 크다. 폭력 범죄자들의 성장과정은 대체로 모성 박탈, 학대, 각종 트라우마, 빈곤, 영양 부족 등이 나타난다. 이것이 뇌에서 폭력과 관련된 특정한 영역에 영향을 미치는 것이 확인되었다. 불평등하고 비이성적인 사회에서의 박탈감도 두뇌 발달에 장기적으로 나쁜 영향을 주며, 이는 청소년기의 불안감과 공격성, 성인 시기의 폭력을 야기한다고 한다. 어쩌면 우리 사회의 비이성적인 모습이 사회의 불안과 극단적인 성향을 낳았을지도 모른다.

유전자 결정론은 성, 사회 집단, 민족, 인종 간의 차별과 계층화를 정당화한다고 비판받는다. 그러나 유전자 결정론을 옹호하는 과학자는 거의 없다. 결국 생물학적 요인이 폭력성의 근원에 상당한 영향을 미치지만, 그러한 유전자의 발현에는 환경적 요인도 큰 영향을 미치는 것으로 밝혀졌다. 정신분열증과 관련된 유전자를 가진 모든 사람이 정신분열증에 걸리지 않는 것과 마찬가지다. 유전자는 결정론적인 '숙명'이 아니라 통제가 가능한 '위험성'인 셈이다. 변이된 MAOA 유전자를 가졌음에도 폭력 성향이 나타나지 않고 온화한 삶을 산 사람도 많다. 유전자가 행동에 영향을 줄 수는 있지만 인간의 행동을 전적으로 완전하게 지배하거나 결정할 수는 없다는 점이 중요하다. 인간의 행동과 유전적 발현에 영향을 주는 환경적인 요소로는 영양실조, 사회·경제적 갈등, 낮은 교육수준 등이다. 특히 유년시절 부모의 영향이 크다. 아동기에 학대를 받은 사람에게 폭력적 성향이 나타난다는 점은 널리 알려졌다. 부모로부터 원칙 없고 강압적이며 처벌 위주의 교육을 받은 남자는 반사회적 인격을 소유하거나 폭력 행위를 저지를 가능성이 높아진다는 연구결과도 있다. 물론 환경적 요인도 인간 행동을 완전히 좌우하지는 않는다. 학대를 당했다고 모두 폭력적인 사람이 되는 것은 아니다. 뇌는 가소성을 가지고 있다. 가소성(Plasticity. 可塑性)이란 뇌가 정보를 받아들이고 분석할 뿐만 아니라 그에 맞게 신경망을 재구축하고 변화해 가는 유연한 생체시스템이다. 습관을 통해 생각하는 방식을 바꾸면 뇌는 적응한다. 특히 명상은 큰 도움이 된다고 보는데, 뇌의 기능뿐 아니라 구조도 바꿀 수 있다. 명상 훈련 이후 범죄 경력자의 뇌에서 전전두엽 피질의 회백질 밀도가 상당히 증가한 실제 사례도 있다. 스티븐 핑거의 『빈 서판』(2004년 번역 출간)은 본성(nature)과 양육(nurture)에 대한 논쟁을 다루면서 유전과 환경 중 어느 하나에 일방적으로 기대는 것은 어리석다고 지적한다. 우리 인간은 유전자와 뇌를 물려받아 태어나지만 그것으로 '결정된' 존재는 아니다. 인간의 뇌는 가소성이 있으며 유전자는 본인 스스로의 노력과 사회적 교육에 따라 상당한 유연성이 있다. 인간은 유한한 존재이지만 자유의지를 어느 정도 가진 '무한으로' 가는 존재이다.

인간 폭력성의 해결점으로

사실 인간은 역사적으로 어느 한시도 폭력과 살인 그리고 전쟁을 멈추질 않았던 '자연의' 잔인한 영장류이자 유인원이다. 인간의 지능이 점차 발달하면서 과학과 기술이 발전했고, 그 결과 전쟁의 규모가 커지고 무기의 살상력이 커져 엄청나게 많은 사람이 죽었다. 물론 동물의 세계에서 동족을 죽이는 것은 보편적인 현상이다. 짝짓기 기간 동안 테스토스테론의 과다분비로 수컷끼리 싸우다 죽거나, 새로운 우두머리가 된 수사자가 이전 우두머리의 새끼를 물어 죽이는 사례는 많다. 이러한 살해는 거의 대부분 생존과 종족보존 본능으로 인한 것이다.

그러나 인간만이 구석기시대를 지나 신석기와 농업혁명을 거치면서, 생존욕구로 인한 분쟁 양상이 바뀌었다. 단지 먹을 것을 두고 싸우는 것이 아니라 토지와 소유를 중심으로 분쟁이 일어나기 시작했다. 야마기와 주이치가 쓴 『폭력은 어디서 왔나』(2015년 번역 출간)는 인간 폭력의 원인 중 하나로 토지소유를 든다. 인간이 수렵 채집을 할 때는 여러 공동체가 넓은 영토를 공유하면서 살았다. 열대우림에 사는 피그미족과 부시먼도 수백km^2에 이르는 활동영역을 갖고 있었다. 각 공동체가 독점할 수 있는 영토가 아니었기 때문이다. 하지만 농경이 시작되면서 토지에 울타리를 치고, 경작물을 보호하면서 사람들 사이에 갈등이 생기기 시작했다. 인간이 수렵채취를 하던 구석기시대에는 살인 비율이 영장류의 평균 수준인 2%대였다. 인간의 살인 비율은 기원전 1000년에서 기원후 1500년 사이에 무려 15~30%까지 올라갔다. 소유를 중심으로 그리고 종교로 인한 살인이 큰 폭으로 증가한 것이다.

인간 사회는 국가시스템이 정교해지고 법치제도가 확립되면서 폭력과 살인의 비율이 낮아지기 시작했고 현대에 와서는 1% 미만까지 내려갔다. 물론 국가별 살인 비율은 차이가 난다. 우리나라의 살인 발생건수는 연간 10만 명당 1.1명으로 20년 전 1.3명보다 줄었다(2016년). 미국은 5.2명으로 20년 전 9.4명보다는 많이 줄었지만 여전히 높다. 일본은 0.3명에 불과하다. 폭력과 살인은 평균적으로 줄어들었지만 여전히 끔찍한 일들이 일어나고 있다.

칸트는 국가 간의 전쟁이 종식되면 영구적인 평화가 오리라 믿었다. 그러나 1990년대 르완다에서 후투족과 투치족의 싸움으로 약 100만 명에 가까운 사람이 희생되었다. 헤어프리트 뮌클러의 『파편화한 전쟁』(2017년 번역 출간)은 새로운 양상의 '전쟁'을 다루고 있다. 시리아 내전, 극단주의 무장단체 이슬람국가(IS)의 테러 등으로 인류는 여전히 폭력과 살육의 공포 안에서 살고 있다. 문제는 작은 분쟁이라도 참상은 세계대전 못지않게 크다는 점이다. 1990년대 유고슬라비아 내전에서 학살 등으로 20만 명이 넘게 살해되었다. '전쟁'은 결코 사라지지 않으며 이름만 바꾸어 우리 앞에 다시 찾아올 뿐이다. 추정에 의하면 20세기에 '폭력'으로 희생된 사람만 1억 6천만 명에 달한다. 21세기 들어 국가 간 대규모 전쟁은 거의 사라졌지만 평화는 오지 않았다.

우리 인간은 언제나 '인간'이 될 것이며 예수와 붓다가 말하는 사랑과 자비의 인간이 될 것인가? 아니, 타자에 대한 사랑은 고사하고 폭력과 살인이라도 줄었으면. 그럼에도 우리 인간에겐 양심과 도덕 감정이 있음을 안다. 인간의 윤리나 도덕성은 인간이 탄생하기 이전부터 동물에게도 있었다. 무신론자인 프란스 드 발은 『착한 인류』(2014년 번역 출간)에서 이런 주장을 했다. "자연을 피투성이 싸움판으로 보는 통념과 달리 동물에게도 우리가 도덕적이라고 인정할만한 성향이 있다. 다시 말해 동물에게도 도덕성이 있다. 동물들은 보상이 없어도 선행을 베푼다. 원숭이들도 다른 원숭이들을 배려하는 행동을 한다. 침팬지가 우울해하는 동료를 안아주고 입 맞추며 위로하는 사례는 수천 건에 이른다. 포유류는 애정을 주고 애정을 원한다. 동물은 공감 능력을 지니고 있다." 인간이 가진 타자에 대한 배려나 도덕성은 영장류에서도 볼 수 있다. 에덴동산에서 아담과 이브가 추방된 뒤 선과 악을 구별하는 도덕심이 나타났다는 『성서』의 '기록'과는 다르지만. 물론 그리스도교는 이렇게 해석하지는 않는다. 도덕 '감정'은 인류가 탄생하기 훨씬 전부터 나타났으며, 지금의 침팬지나 보노보 등 유인원에서도 볼 수 있다. 신이 처음부터 인간을 도덕적인 존재로 만든 것이 아니며 도덕은 진화의 산물이라는 주장이 가능하다. 인간의 윤리와 도덕 감정이 신에 의한 창조이건 진화의 산물이건 우리 인간의 주체적인 것이 아님은 같다. 진화생물학적으로 인간의 이타적인 행동과 공감 능력은 영장류의 오랜 진화의 결과물이다. 인간의 종교는 인간이 이미 가지고 있던 도덕 감정을 강화하려고 발명됐다는 주장도 가능하다. 진화를 통하여 인간이 창조되었다는 진보적인 그리스도교는 도덕도 신이 인간의 진화의 과정 속에서 '창조'한 것으로 읽을 수 있을 것이다.

인간은 유인원과 영장류 중에서는 유일하게 어미 이외의 존재가 아이를 가르치는 존재다. 바로 학교가 이런 역할을 한다. 학교 교육을 통하여 인간은 다른 사람에 대한 배려와 관대함을 습득할 수 있다. 인간이 진정한 '인간성'을 창조하려면, 인간의 합의와 제도로 교육과 사회시스템을 잘 만들어 운영하는 것이 얼마나 중요한지를 보여주는 것이다. 국가라는 단위에서뿐만 아니라 인류 전체적인 관점에서의 교육 시스템도 구축할 필요가 있는 것이다. 서로 다른 문화, 종교, 관념을 가진 국가 간에도 평화적인 공존이 가능하고, 폭력과 살인 그리고 전쟁을 피할 수 있도록 교육 시스템을 구축하여야 한다. 단지 생물학적 유전자가 아니라 이젠 스스로의 '자유의지'로 인간은 진정한 인간으로 나아갈 수 있다.

4) 우리 인간은 누구인가

▍인간에게 본질은 있을까

138억 년 동안 우주와 지구 그리고 생명의 탄생을 거쳐, 수백만 년 동안 영장류와 유인원의 진화의 끄트머리에서 우리 인간은 수만 년 전에 호모 사피엔스 사피엔스라는 한 종으로 지구상에 등장했다. 수백만 년 동안의 진화는 생물학적 인간을 탄생시켰지만 수만 년 만에 인간은 문화와 문명이라는 문화적 '진화'를 이루어냈다. 그것이 지금부터 설명하는 인간의 모습이다.

그렇다면 우리는 알 수도 없는 막막한 우주의 기원으로부터 진화의 과정에서 나타난 우연한 부산물일까. 아니면 영원한 무엇, 자아 또는 본질이란 있는 걸까. 폴 에얼릭의 『인간의 본성(들)』(2008년 번역 출간)은 그 점을 일부 다루고 있다. 인간이 지구상에 호모 사피엔스 사피엔스로 등장한 것은 생물학적 진화로부터임은 확실하다. 그런데 인간에게 영원하고 변하지 않는 본성(nature), 인간의 본질이란 무엇일까. 본성이 있다면 그것은 신으로부터 받은 것인가 아니면 유전자로부터 발현된 것인가. 아니면 원래부터 시공간적인 영원(永遠) 속에 내재했던 것일까. 진화론자들이라면 인간에게 영원불변한 본성은 없으며, 생물학적 진화와 문화적 진화의 상호작용으로 구성된 본성들(natures)만이 있다고 주장할 것이다. 인간의 본성'들'이란 사회마다, 개인마다 다르고 시대에 따라 바뀐다(진화한다). 모든 인간 게놈들에 공통된 특징이 존재한다고 하더라도 단일한 인간 게놈이 없듯이, 단일한 인간 본성이란 없다는 것이다. 실제로 인간은 생물학적으로 엄청나게 다양하다. 또한 인간은 생물학적 유전자를 물려받았지만 유전자에 의해서만 결정되는 존재는 아니며, 환경과의 상호작용 속에서 나름대로 자유의지를 발현할 수 있다. 물론 생물학적 유전자의 제약은 있을 것이지만 인간의 유전자는 환경에 따라 달리 발현되고 상호작용 속에서 예측할 수 없을 정도로 복잡하게 행동한다. 다시 말해 인간은 유전자와 환경, 그리고 이들의 상호작용에서 더 나아가 '자아'의 결정에 따라 생각하고 행동한다. 인간은 생물학적인 유전자의 제약을 받지만 어느 정도 자기결정성 또는 자유의지를 가지고 있는 것이다. 인간이 나무에서 내려와 두 발로 걷고, 뇌가 커지면서 도구를 사용하고, 언어를 발달시키기까지 수백만 년이 걸렸다. 하지만 불과 몇 만 년 만에 농업혁명과 산업혁명을 거쳐 오늘날의 '고도' 문명을 만들어냈다. 오랜 세월의 생물학적 진화를 거쳐 인간은 이제 문화적 진화를 이루어내고 있다. 우리는 그 안에서 존재하며 나름대로 자기결정을 할 수 있는 자유를 가지고 있다. 자유의지 문제는 또 다른

'책'에서 앞으로 다시 논의할 것이다.

진화론에서 보는 인간은 '반' 본질주의, 비결정론, '무' 목적론적이다. 즉 인간에게는 절대적이고 영원한 '본질'이란 없으며, 자신이 존재하는 '목적'도 없는 우연한 존재로 '불확정적인' 존재라는 것이다. 붓다도 '반' 본질주의를 주창하였다. 형이상학적 신적 존재인 '브라만'이나 인간의 본질적인 자아라는 '아트만'을 부정한 것이다. 자연과학의 진화 개념은 '모든 것이 무상(無常)하다.'는 불교적 사유와 어느 정도 통하는 면이 있다. 인간과 생명체는 끊임없이 '변하고' '진화하는' 존재이다. 죽음도 변화의 한 단면일 뿐이다. 윤회와 연기는 모든 생명이 서로 연결되어 있다는 생각을 가지며, 이는 생명계가 '생명의 나무'로 연결된 것으로 보는 신화론과 유사하다. 그러나 근원적으로 불교와 진화론은 넘기 어려운 간극(間隙)이 있다. 그 차이는 여기서 논하기에는 어려워 나중에 다른 '책'에서 기회가 되면 얘기하고 싶다. 진화론의 눈으로 보는 생명과 인간은 허무를 보여주지만 이를 통해 우리 인간은 자신의 한계를 깨닫고 겸허해질 수 있다. 붓다의 무상 개념도 그렇다.

반면 하나님(하느님)이 인간을 창조했다는 유일신교는 인간은 하나님의 품성('형상')을 닮은 존재라고 한다. 그러나 주로 진보적인 신학자들의 주장에 의하면 유일신교(특히 그리스도교에서)의 '창조'란 세상과 인간이 신에 의하여 창조되었다는 것이지 창조의 과정을 설명하는 것은 아니라는 입장이다. 창조계가 어떻게 작동하는지를(예를 들어 '진화') 말하는 것이 아니라는 것이다. 일부 신학자들이나 그리스도교 교파는 진화론을 받아들이고 있다. 물론 그리스도교에서의 인간은 '영적인' 존재임은 유지될 것이다.

마지막으로 무신론자에서 그리스도교로 전향한 과학자의 주장을 들어보자. 프랜시스 S. 콜린스는 『신의 언어』(2009년 번역 출간)를 썼고 무신론자였다가 그리스도교로 전향하였다. "진정한 과학자가 어떻게 초월적인 신을 믿는단 말인가. 이 책을 쓴 목적은 바로 이런 선입견을 떨치기 위해서다. 이를 위해 나는 하느님에 대한 믿음은 전적으로 이성적 선택일 수 있으며 신앙의 원칙과 상호 보완 관계에 있음을 드러내 보일 것이다." 보통 창조론을 절대적인 것으로 믿는 그리스도인은 자신을 향한 그 어떤 질문도 이단시하고, 진화론 신봉자들은 창조론자들을 맹공격한다. 창조론 신봉자들을 반박하면서 말한다. "신이 우주의 창조자라면, 신이 인류를 등장시킬 '특별한' 비전을 갖고 있었다면, 그리고 신이 인간에게 신을 향하는 표지판을 심어놓고 인간과 관계를 가지고자 했었다면, 우리처럼 하찮은 존재가 신이 만든 피조물의 장엄함을 이해하려고 안간힘을 쓴다고 해서 신이 위협을 느끼는 일은 없을 것이다." 즉 과학의 우주 이해가 그리스도교에 아무런 문제가 될 수 없다는 것이다. 그는 무신론뿐만 아니라 창조론도 비판하면서 유신론적 진화의 관점을 받아들인다. 즉, 신에 의한 창조와 창조계의 진화를 받아들이는 것이다. 상대방에 대한 비판이 정당성을 담보하려면, 비판하는 대상에 대한 '전(全)'이해가 우선이다. 상대방에 대한 '진정한' 이해 없는 '마녀사냥'식 비판은 폭력일 뿐이다. 무신론자나 창조론자가 서로에 대하여 완전한 이해를 가지고 논쟁한다면 일방적이고 폭력적인 적대감을 가지지 않을 것이다. 그것은 다른 논쟁에서도 마찬가지이다. 그의 결론은 간단하다. "두 세계관은 세상의 중차대한 질문에 서로 다르면서도 보완적인 답을 내놓는다. 그리고 두 세계관은 지적이고 호기심 많은 21세기 사람의 마음속에 얼마든지 유쾌하게 공존할 수 있다." 즉 과학과 종교는 인간의 지적 탐구에 도움이 되는 두 가지 길이라는 것이다. 그것이 유한한 인간이 우주와 자신의 이해로 가는 여러 방법론 중의 하나임을 받아들일 때 우리는 인간의 '본질'을 찾는 진정한 '진실' 탐구자가 될 것이다.

유인원과 인간의 서열 경쟁

그럼 우리 인간은 다른 동물들과 완전히 다른 존재일까? 인간의 본질이 있는지는 차치하고 과연 우리는 동물과는 완전히 다른 존재일까? 2016년경 우리 사회에 논란을 불러일으켰던 '갑 질' 논란은 우리도 유인원과 별 차이가 없음을 느끼게 한다. 인간은 어떤 면에서 생각해보면 권력 투쟁과 서열 경쟁의 동물이다. 마르크스가 말한 계급투쟁은 결코 틀린 말이 아니다. 물질에 대한 탐욕과 더불어 조직에서의 승진 욕구, 정치에서의 권력 욕구 등은 인간사회에서 흔히 볼 수 있는 현상이다. '서열' 경쟁은 인간만의 고유한 현상은 아니다. 침팬지 같은 유인원의 세계에서도 흔히 볼 수 있다.

프란 드 발이 쓴 『침팬지 폴리틱스』(2004년 번역 출간)도 침팬지 세계의 '정치'를 말하고 있다. 인간 세계와 거의 똑같이 펼쳐지는 분쟁과 화해, 경쟁과 협력, 음모, 합종연횡, 파벌 및 권력 교체 현상이 침팬지 사이에도 있다는 것이 관찰되었다. 침팬지도 권력을 차지하려면 음모를 꾸미고, 합종연횡하고, 격렬한 투쟁이 요구된다. 무리를 장악한 우두머리 수컷은 먹잇감에서부터 짝짓기까지 독점한다. 물론 우리 인간사회는 침팬지와는 다르게 신석기 혁명 이후 국가가 등장하고 법률 시스템의 도입으로 권력행사에 일정한 가이드라인을 정하고는 있다. 그럼에도 인간사회에서 '서열'이 높은 남자가 '좋은' 여자를 더욱 잘 차지하고 더 많은 소득과 부를 점유하는 것은 침팬지 세계와 큰 차이가 없다. 생물학적·문화적 진화의 과정에서 나온 인간사회의 권력 시스템은 유인원과 공유되는 현상이다.

침팬지뿐만 아니라 인간 사회는 '민주주의'라는 제도로 운영되지만 '계급', '서열' 그리고 '권력'이 분명 존재한다. 그리고 권력과 폭력은 함께 따라다닌다. '미성숙한' 사회일수록 더욱 그렇다. 2014~2015년 우리 사회는 대한항공 '땅콩' 회항 사건 같은 각종 '갑'의 횡포로 시끄러웠다. 갑의 횡포뿐만 아니라 을에 의한 을의 '화풀이' 성격의 횡포도 자주 목격된다. 이런 횡포는 진화를 거쳐 탄생한 동물의 세계에서도 같은 양상이다. 데이비드 바래시와 주디스 이브 립턴 부부가 함께 쓴 『화풀이 본능』(2012년 번역 출간)은 동물이 위계질서를 지키기 위하여 하는 '화풀이' 행동에 대하여 상세하게 기술하고 있다. 공동체 내의 다툼에서 패배한 동물('을')은 자신의 서열이 더 떨어지는 것을 막으려고 자신보다 약한 개체('을')에게 '화풀이' 폭력을 휘둘러서 위계질서를 유지한다. 화풀이는 진화과정에서 유전자로 각인된 본능으로 인간뿐만 아니라 유인원과 조류, 어류, 곤충에서도 발견된다.

사실 인간사회가 소유와 권력을 중심으로 서열경쟁이 지배되는 것은 어쩔 수 없는 현실이다. 인간이 돈 없이 생존할 수는 없는 노릇이다. 그러나 짧은 인생을 소유와 권력만 추구하다가 떠나기에는 아쉽다. 돈을 많이 벌고, 사회적 힘과 정치적 권력, 그리고 사회에서 인정받는 직업을 택해 '영혼' 없는 일을 할 것인지 '영혼'이 원하는 천직을 택할 것인지는 인간에게 남겨진 숙제이다. 2016년 다미엔 차젤레 감독의 영화 〈라라랜드〉는 영화 속 가사처럼 '꿈꾸는 바보들을 위하여, 마음 아픈 가슴들을 위하여, 망한 삶들을 위하여' 영혼을 따라간 사람을 위한 따뜻한 커피 한잔이다.

▌인종이란 존재하는가?

우리 인간은 생물학적으로 하나인 종인가? 아니면 다양한 인종의 집합인가? 우리는 분명 너무 다른 외관과 사고방식과 문화를 가진 다양한 '인종'을 본다. 그리고 인종차별은 어디서나 존재하는 일반적인 현상이다. 우리가 흔히 알고 있는 흑인종, 황인종 또는 백인종의 피부 색깔은 외견상으로 분명 다르다. 그러나 같은 백인종이라도 그 안에 집단적 동일성은 전혀 없다. 같은 백인이라도 그 농담이 다르고, 흑인도 그 광택이 다르며, 각각을 하나로 볼 수 있는 공통점은 없다. 단지 피부색만 다를 뿐이다. 또한 피부색이 완전한 흰색이나 검은색은 없으며, 사람마다 모두 다른 농담과 색깔을 가지고 있다. 이렇게 인간에게 사소한 생물학적 변이가 있다는 사실은 현존하는 인간들 사이에서 우리가 인종이라고 부르는 것의 차이를 보면 알 수 있다. 그러나 언제 어디에서 우리가 '인종'이라고 부르는 분기가 형성되었는지는 명확하지 않다.[747] 분명한 것은 인종이란 없다는 것이다.

인종에 관하여 잘 정리된 글은 2015년 허핑턴포스트가 세인트루이스 워싱턴 대학교의 저명한 자연 인류학자 로버스 서스만 박사의 조언을 구하여 정리한 글이다(이어지는 글은 '허핑턴포스트, 2015'로 표시하며, 그 기사를 중심으로 요약하여 설명한다). 인종이라는 개념은 1480년경 스페인의 그리스도교 이단 심문에서 시작되었다고 본다. 당시 이단 심문에서 '피'의 순수성에 대한 법이 제정되고, 그리스도교로 개종하는 사람들은 자신들의 뿌리('인종' 개념)를 입증해야 했다. 식민지 시대와 함께 인종 차별은 본격화되었다. 유럽인들이 식민지 항해를 하면서 발견한 '이상한' 사람들을 그리스도교 신학의 입장에서 설명하기 시작했다. 그들이 명명한 '이상한' 사람들은 신이 창조한 인간이지만 퇴보한 사람들이라는 설명과 함께 신이 아담을 창조하기 전부터 있었던 인간이라는 해석도 있었다. 과학 없는 종교의 무지가 드러난 전형적인 일이었다. 전자에 따르면 '그들'은 퇴보했지만 전도나 교육을 통해 개선될 수 있다고 보았고, 후자에 따르면 '그들'은 결코 '개선'될 수 없다고 보았다. 두 가지 해석 모두 이들을 자신들과 다른 '종'으로 보았고 이로 인하여 엄청난 재앙, 즉 강제적 또는 폭력적 개종과 살인이 횡행하였다(허핑턴포스트, 2015).

인종차별은 근대초기 과학의 발달과 함께 다시 악화되었다. 마이클 키벅은 『황인종의 탄생』(2016년 번역 출간)에서 과학계에서 일어난 인종차별의 역사를 고발했다. 우선 18세기 분류학자인 린네는 인간을 유럽인 백색, 아메리카인 홍색, 아시아인 갈색, 아프리카인 흑색으로 분류했다. 갈색은 라틴어로 푸스쿠스(fuscus)였는데 '어두운'이라는 뜻도 있다. 이것이 구체적으로 무슨 색깔인지를 두고 논란이 일자, 린네는 아시아인을 루리두스(luridus)로 불렀다. '황색'이라는 뜻은 맞지만 경멸적인 말로 '끔찍함', '더러움' 같은 의미도 있다. 한편 유럽의 의학계에서는 황색은 '나태함'과 황달을 떠올리는 것이었다. 결국 이들은 유구한 역사의 아시아를 나태한 '황색' 인간으로 만들었다. 또한 같은 시기인 18세기 형질인류학자 블루멘바흐는 동아시아 사람을 '태고적' 유럽의 백인으로부터 가장 퇴화한 인간으로 보고 '몽고 인종'으로 부르기 시작했다. 이후 유럽은 몽고 눈, 몽고 점, 몽고증(다운증후군) 같은 인간 공통의 증상에 몽고라는 인종주의적 꼬리표를 달았다. 심지어 유럽에서 보이는 몽고점은 칭기즈칸과 무굴 등의 침략이 빚어낸 야만적 역사의 결과라는 왜곡까지 만들어냈다. 우리가 무심코 얼마나 왜곡된 용어를 쓰고 있는지 알 수 있다. 인간의 뇌와 의식 속에서 '혁명'적으로 탄생한 지적 발전은 인종, 종교, 관념을 왜곡하여 다른 사람을 차별하고, 폭력을 가하고, 잔혹한 살인까지 일삼는 '악'을 양산한 역사를 만들었고 지금도 자행되고 있다.

이러한 모든 것은 무지에서 비롯된 것이다. 무지 자체는 죄가 아니겠지만 그로인한 폭력과 차별, 살인은 죄다. 호모 사피엔스 사피엔스는 수만 년 전에 나타난 신종 생명체이다. 그 기간은 진화의 역사 안에서는 너무 짧아 변종이나 아종이 생길 겨를이 없었다. 피부 색깔은 지질학적, 기상학적 환경 차이에 따른 우연한 기질적 차이일 뿐이다. 인종이라는 잘못된 개념을 이해하려면 변종이나 아종을 알아야 한다.

생명은 상당히 오랜 시간이 지나야 하나의 종이 유전자 빈도가 다른 '하나의' 집단으로 갈라질 수 있다. 시간이 훨씬 더 많이 흘러야 유전자의 차이가 더욱 확대되어 상호간에 번식이 불가능한 다른 종으로 분리된다. 종이 완전히 분리되기 전 과도기에는 상호 번식이 가능하다. 변종(變種, variety)은 명확하게 같은 종이지만 분명한 차이를 보이는 개체군을 말한다. 변종은 지리적, 형태상, 유전적으로 다르지만 서로 번식할 수 있는 집단이다. 그리고 아종(亞種, subspecies)은 장래에 변종으로 분화될 중간 종을 말한다. 아프리카에는 침팬지의 아종과 변종이 있다. 변종의 측정은 'Fixation Index(Fst Score)'라는 단위를 사용하는데 그 값이 1인 경우 완전히 다른 종을 의미하며, 0은 완전히 같은 종을 의미한다. 침팬지 집단은 0.70 정도지만 인간은 0.156이다. 집단 간에 변종으로 간주하려면 0.30 이상이어야 하므로 인간 종에는 변종도 없다. 더욱 알아야 할 것은 우리가 '인종'이라고 부르는 동일한 인간 집단 내에서보다 인종이 다른 인간 집단들 사이에서 유전자의 유사성이 더 크다. 오히려 같은 인간 '종' 내에 유전자의 차이성이 더 크니 더욱 '인종'이라고 부를 수도 없다. 종과 인종은 과학의 개념이다. 겉모습으로 판단하는 일반 용어가 아니다(허핑턴포스트, 2015).

인간이 지구상에 나타난 것은 긴 진화역사에 비해 상대적으로 얼마 되지 않았다. 따라서 지구상에서 넓은 지역에 이주해 살면서 나타나는 미미한 피상적인 차이를 제외하면 생물학적으로 서로 다른 종으로 나누어질 수 없었다. 호모 사피엔스는 기껏해야 수십만 년, 현생 인류인 호모 사피엔스 사피엔스는 지구에 등장한 지 수만 년밖에 되지 않았다. 수만 년이라는 아주 짧은 기간 동안 '인종'을 형성하는 것은 생물학적 진화의 관점에서 가능하지 않다. 그래서 생물학자, 유전학자, 인류학자들은 인종이라는 개념을 사용하지 않는다. 우리가 사용하는 피부색에 의한 인종 구분은 생물학적인 개념과는 거리가 멀다. 인문사회과학 쪽에서도 인류학자들은 인종이 아닌 민족 집단으로 본다. 인간 집단은 역사적 배경, 행위 패턴, 세계관, 가치관, 사회 조직 등이 다른 사회·역사·문화적 공동체이지 생물학적 동일체는 아니다(허핑턴포스트, 2015).

인간마다 다르게 나타나는 특질과 능력은 당연히 사회적 영향을 받는다. 우리가 통상 '인종'이라고 부르는 인류학의 인간 집단이 특정한 육체적 또는 지적 특질이나 능력이 있다는 것은 과학적 증거가 없다. 대부분 그것은 개인이 속한 사회에서의 사회화 과정과 양육 및 교육에 의존한다. 특히 인간의 지적능력은 개인마다 크게 차이가 나지만 인종적 차이보다는 개별적으로 물려받은 유전자와 자라온 환경의 함수이다. 육체적 특성이나 질병적인 경향도 유전적으로 어느 집단이나 '인종'에 연관되어 있지 않다. 특정 민족에게 많이 발생하는 병은 대부분 육체적인 인자와 환경적 인자 모두에 관련된 것이거나 개인적인 것이지 우리가 생각하는 '인종적인' 것은 아니다(허핑턴포스트, 2015).

인간의 유전자나 외모는 서로 다른 지리적 환경에서 살면서 그 영향을 받아 차이가 날 수 있다. 햇빛이 강한 열대지방에서 살아온 사람은 피부암을 막기 위해 짙은 피부색을 가지는 것으로 적응한다. 백인이 아프리카에 살면 피부암이 발생할 위험이 높다. 특정한 피부색을 가진 것은 우리의 조상들이 햇빛의 강도에 적응한 유전자를 물려받은 결과일 뿐이다. '비슷한' 피부색을 가진 사람이라도 기후에 따른 적응 때문에 매우 다른 코 모양을 가진다. 우리나라 사람도 코 모양이 천차만별이다. 이런 차이를 연속 변이라고 부른다. 연속 변이는 지리적 영역에서의 환경적 요인에 대한 유전적 적응이다. 결국 인간에게 '인종적' 차이는 없으며 연속 변이의 차이만 나타날 뿐이다. 인종을 구분하는 피부색, 눈동자 색, 코의 모양 같은 외형적 특징은 비교적 적은 유전자에 의해 결정되는 것이므로 극단적인 환경의 압박으로 짧은 시간에 신속하게 바뀔 수 있다. 적도의 열대지방은 자외선을 차단하기 위하여 검은 피부를, 고위도 지역은 약한 태양빛으로도 비타민D를 더 잘 생산할 수 있도록 옅은 피부를 빠른 시간에 갖게 된 것이다. 그것은 종의 차이가 아니라 연속 변이라고 부르는 차이이다. 일부 학자들이 주장하듯이 '인종' 간의 차이점이 생물학적으로 피상적인 것이긴 하지만 차이점이 존재하는 것은 사실이고, 그것에 인간의 기원과 이동 경로에 대한 정보가 반영되어 있는 점은 사실이다. 그렇더라도 인종은 생물학적으로 존재하지 않는다. 인종 차별을 없애려면 인종의 개념이 생물학적으로나 사회적으로 완전히 잘못된 것임을 지속적으로 교육시켜야 한다(허핑턴포스트, 2015). 우리 인간은 길고 긴 진화의 과정에서 아주 최근에 출현한 '하나의' 종이다. 그 차이는 생물학적으로는 아종이나 변종도 될 수 없는 미미한 차이이고 연속 변이일 뿐이다. 인종은 존재하지 않으나 민족 집단은 있을 수 있다. 개인 간 또는 민족집단 간의 차이는 생물학적인 연속 변이와 사회문화적인 환경에 따른 차이이다. 인종문제를 길게 다루는 것은 지구상에 현실적으로 나타나는 인종차별 때문이다.

피부색은 왜 다른가?

우리가 인종이라고 부르는 피부색 차이에 관하여 조금만 더 정리해보고자 한다. 우선 인간의 피부색에 관한 설명은 '털 없는' 원숭이로부터 논의를 시작한다. 인간이 원숭이처럼 털이 많다면 피부색 논쟁은 무의미까지는 아니더라도 의미가 축소될 것이기 때문이다. 인간은 포유류나 유인원과는 달리 털이 짧고 수가 적다. 포유류가 털을 가진 것은 몸을 보호하려는 목적으로 자연선택된 것이다. 털이 더 많은 포유류가 더 많이 살아남았다는 뜻이다. 털은 자외선을 차단하고, 나뭇가지나 가시 같은 위험물로부터 몸을 보호해주고, 추위를 막아주고, 체온을 일정하게 유지시켜 준다. 가령 머리카락이 없는 사람이 한 여름에 뜨거운 햇빛을 받으면 견딜 수 없을 것이다.

지구상에서 햇빛에 노출되어 사는 동물 중 '긴' 털이나 깃털로 덮여 있지 않은 것은 인간뿐이다. 물론 인간은 다른 포유류와 모공과 털의 수가 비슷하다. 털이 짧아 연하게 보여 털이 없는 것처럼 보일 뿐이다. 인간은 왜 털이 짧고 수가 적어졌을까? 학자들은 그 원인으로 인간의 육식을 든다. 초식을 하던 초기 인류는 약 2~3백만 년 전부터 육식을 시작하였다. 맹수들은 아침저녁으로 사냥을 하고, 털이 많아 태양빛이 뜨거운 낮에는 체온을 식히기 위해 쉰다. 인간은 이틈을 노려 뜨거운 대낮에 사냥에 나섰을 것이고 점차 털이 없는 인간이 자연선택 되었다는 것이다. 털이 적은 인간이 더 많이 살아남으면서 점차 털이 없는 인간으로 남았다는 것이다. 인간이 털이 적어지면서 땀을 증발시켜서 체열을 발산하는 방법으로 아프리카의 햇빛을 정복했다. 현대인도 주로 낮에 사냥을 한다. 문제는 치명적인 사외선이다. 사외선은 피부암, 유전사변이, 기형아의 위험을 높인다. 따라서 자외선을 막을 수 있는 멜라닌 색소가 선택되었고 인간은 점차 검은 피부로 진화하였다. 검은 피부의 초기 인류는 아프리카 적도 지방에서 전 세계로 퍼져 나갔다. 인간은 빙하기가 끝나고 기후가 온화해지면서 북쪽으로 이주하기 시작했다.

피부색을 결정하는 유전자는 1999년에야 처음 발견되었다. 문제는 대륙마다 그 유전자 분포가 다르고, 인류가 아프리카를 떠나 북쪽으로 이주한 후 오랜 시간이 지나서야 처음 나타났다는 점이다. 그렇게 늦게 피부색 유전자가 나타난 이유는 밝혀졌다. 인간은 열대를 떠나 이주한 후 사냥 등으로 고기와 생선을 섭취하여 비타민 D가 풍부해져 멜라닌 색소가 유지되었고, 흰 피부의 유전자는 한동안 나타나지 않았다. 그러나 기원전 약 1만 년부터 농경이 시작되면서 고기와 생선 대신 곡물을 주로 섭취하게 되면서 비타민 D가 부족해졌다. 결국 인간은 비타민 D를 햇빛을 통해 합성하는 방향으로 진화를 하였고 멜라닌이 줄어들어 피부는 밝아졌다. 우리 몸에 필수적인 비타민 D는 피부에서 자외선을 받아 콜레스테롤에서 만들어진다. 결국 점차 고위도 지역에 사는 인간은 멜라닌이 없는 흰 피부로 변화했다. 물론 같은 위도에 살아도 얼마나 오래 전에 이주한 집단인지에 따라, 그리고 음식으로 비타민 D를 얼마나 충분히 섭취하고 있는지에 따라서 피부색의 패턴은 다르다.

어느 대륙이나 지리적으로 고립된 어느 인종에나 피부 색소에 있어 폭넓은 다양성이 있다. 예를 들어 인도 남부의 타밀족은 백인종인 인도 유럽 인종으로 간주되지만 피부의 색소는 아프리카의 흑인들보다도 더 거무스름하다. 인류의 피부색은 환경에 적응한 결과로 나타난 것이며 피부색이 사람의 종류를 구분하는 기준이 되지는 않는다. 우리의 피부색은 과거 조상들이 어디에서 살았는지, 어떤 사람들과 결혼하였는지에 따라 결정된다. 피부색은 환경에 의한 적응과 우리 조상들의 결혼에 따라 결정된 것이다. 결국 우리 인간은 한 종이라는 것이다.

▌5000년 전 백인 출현

'자부심'이 강한 백인 얘기를 인종과 관련하여 마지막으로 적는다. 유럽과 미국이 세상을 '장악한' 것은 근현대의 시기이다. 현대 유럽인이 유럽에서 살게 된 것은 단 하나의 종이 한 번에 이주한 것이 아니다. 복잡한 역사를 가지고 있겠지만, 크게 구석기시대인 3만 5천 년경 수렵채집인의 이주와, 신석기시대인 약 6000년 전 근동 지역으로부터의 이주에 의해 형성된 것으로 추정한다.

좀 더 상세하게 설명하면 유럽인의 유전자는 세 부류의 인간집단에서 영향을 받아 형성되었다. 서부 유럽 지역의 구석기시대의 수렵인, 근동지역에서 들어온 농부, 그리고 '얌나야'라는 기마인이다. 최초에 이주한 수렵인은 검은 피부를 가진 인간이었고, 기원전 3만 5천년 전후 빙하기 이전에 아프리카에서 이주했다. 그 후 3만 년이 지난 기원전 약 6천 년에 터키 등 근동지역에서 키가 크고 밝은 피부색을 가진 농업인이 이주했고, 기원전 약 4500년~3000년에 얌나야 인이 들어왔다. 얌나야 인은 초기 농부이자 기마 인(Horsemen)으로 우크라이나와 러시아 지역인 동부 스텝 지역에서 유럽으로 이주하였다. 아프리카 북부나 근동 그리고 그 후 몽골인의 침입 같은 다양한 인종적 접촉이 있었음은 당연하다.

그런데 문제는 기원전 3천경까지 흰 피부를 가진 인간이 없었다는 연구결과이다. 새로운 연구에 의하면 흰색 피부는 불과 기원전 3천년경에 돌연변이로 최초로 나타났다는 것이 밝혀졌다. 기원전 3천년경에는 유럽에서도 흰 피부를 가진 인간이 단 한 명도 없었다는 것이다. 유럽인의 혈통을 기원전 5500년까지 추적한 결과, 기원전 약 2500년경 인구 구성이 갑자기 바뀌었다는 사실이 드러났다. 이는 2013년 호주 애들레이드 대학, 독일 마인츠 대학, 미국 지리학회 등의 과학자들로 구성된 국제 연구진이 독일에서 발굴된 최고 기원전 5500년경 유골 37구와 이탈리아에서 나온 2구에서 DNA를 채취해 분석한 결과이다. 연구진은 유럽인의 45%가 갖고 있지만 동아시아나 중앙 아시아인에게는 흔하지 않은 유전자 집단 '하플로그룹 H'의 DNA를 집중 분석했다. 그 결과 독일에 정착한 최초의 농민들은 근동 및 아나톨리아 지역 사람들과 근연 관계로 나타나 농업혁명으로 근동사람이 유럽에 이미 살고 있던 수렵채집인을 대체했음을 다시 확인해 주었다. 그러나 현대 유럽인의 유전적 혈통 중 대부분은 이 최초의 농민 집단이 아니고 오히려 기원전 3000~2000년경에 유전자 특성이 갑자기 바뀐 것으로 나타나 어떤 알 수 없는 사건으로 인구 구성이 바뀌었음을 시사하고 있다. 여기서 기마인인 얌나야인과 연관성이 있을 수 있음이 드러난다. 연구진은 기원전 약 2800년경 이베리아 반도에 등장한 종 모양 토기(Bell Beaker) 문화가 이런 유전자 교체와 관련이 있을 것으로 추측하고 있다. 현대 유럽인의 유전자는 기원전 약 2000년경 대대적인 유전자 교체가 이루어진 후에 기초가 형성된 것으로 보인다. 그 후 신석기 후기에 이베리아 반도와 동유럽에서 새로운 인구 집단이 잇달아 유입돼 그들의 문화를 확장함으로써 유전적 다양성이 강화됐다는 것이다. 아무튼 북반구로 이전해서 살아왔던 일부 인류가 햇빛양이 적어지면서 피부색이 바뀌었다는 것은 확실해 보인다. 신이 피부색별로 인간을 창조하지 않은 것 같다.

그럼 아브라함과 아담은 누구인가?

『구약성경』의 「창세기」에는 유프라테스 강 하류의 우르 지역에 살던 아브라함에게 하나님(하느님)이 그곳을 떠나라고 명령하는 장면이 나온다. 그런데 실제로 아브라함이 우르를 떠난 것은 당시에 창궐했던 대기근 때문이었다는 주장이 나왔다. 중동지역은 마지막 빙하기 이후 기후가 온화해지면서 사람들이 살기에 좋았다. 나무와 수풀이 확대되면서 풍부한 식량을 공급해주어 정착 생활이 시작되었다. 그러나 약 1만 3천 년 전 영거 드라이아스라 불리는 소빙하기가 갑자기 들이닥치며 유럽과 중동지역에는 추위가 몰아닥쳤고 중동지역에는 거의 1000년 동안 가뭄이 들었다. 그러나 아브라함이 살던 시기는 훨씬 후의 일이므로 앞뒤가 맞지 않는 주장이다.

고고학적 자료를 종합해보면 아브라함이 활동하던 시기는 기원전 20세기경(기원전 2천 년경)이다.[748] 수메르문명이 기원전 3천 년경에서 기원전 2500년경이므로 아브라함은 수메르문명 권에서 나온 사람이다. 아브라함은 수메르의 중요한 종교 도시였던 우르를 떠나 긴 여행을 거쳐 가나안 땅으로 나아갔다고 전한다. 따라서 아브라함과 수메르문명은 관련이 있으며 그것은 사실 '충격적인' 것이었다.

수메르문명은 성서학자들에게 큰 충격을 주었다. 수메르문명에서 최초의 창조론, 최초의 노아, 최초의 메시아에 관한 기록이 나온 것이다. 진흙으로 인간을 만드는 창조 이야기, 에덴설화, 노아홍수 이야기, 수메르의 욥기, 그리고 수메르 아가서 같은 『성서』의 수많은 내용이 수메르에 기원을 두고 있다는 것이 밝혀졌기 때문이다. 「창세기」의 시작인 '태초에' 라는 말과 창조를 해나가는 순서는 수메르의 「에리두 창세기」와 바빌로니아의 「에누마 엘리쉬」, 「아트라하시스」 서사시로부터 차용했다고 추정한다. 노아의 홍수신화는 「에리두 창세기」의 지우수드라, 「아트라하시스」 서사시의 아트라하시스, 그리고 「길가메쉬」 서사시의 우트나피쉬팀이 노아라는 이름으로 바뀌었을 뿐이라고 추정한다. '에덴'이라는 단어도 초원 또는 평원을 의미하는 수메르어의 '에딘'에서 왔다. 또한 「창세기」에 등장하는 아브라함 같은 족장들의 이야기나 모세가 받았다고 전해지는 율법들은 기원전 7세기 이후에야 비로소 기록되었다는 것이 성서고고학자들의 의견이다. 특정한 날에 하나님이 모세에게 계시한 것이 아니라 오랜 세월 동안 발전해 왔다는 말이 된다. 고고학적 연구결과들에 의하면 출애굽 이야기는 역사적인 사실이 아닌 창작이며, 이스라엘인들은 외부에서 가나안으로 들어온 것이 아니라 본래 가나안 원주민이었다고 본다. 결국 『성서』는 수 천 년에 이르는 인류의 여러 문명들에서 서로 영향을 주고받으면서 형성되었다. 유대인들이 주장하듯이 하느님이 유대인만을 하느님의 '자손'으로 선택했다는 선민사상은 누가 보더라도 이해가 되지 않는다. 정말 그렇다면 그 신은 '부족신'이지 우리 '인류'의 신은 아닐 것이다.

그렇다고 유대교와 그리스도교에서 말하는 신과 인간의 관계가 '보편성'이 없는 것은 아니다. 『구약성경』에는 아브라함과 신이 맺은 계약, 시나이 산에서 모세가 맺은 계약도 중요하지만 신에 의하여 최초로 내려진 계약은 노아와의 계약임에도 불구하고 이를 간과하는 경향이 있다. 노아와의 계약은 인간과 동물 모두와 맺은 계약이다. 신은 노아와 자녀 그리고 살아남은 인간 전체(인류)에게 선언하였다. "이제 나는 너희와 너희 후손과 계약을 세운다. 배 밖으로 나와, 너와 함께 있는 새와 집짐승과 들짐승과 그 밖에 땅에 있는 모든 짐승과도 나는 계약을 세운다. 나는 너희와 계약을 세워 다시는 홍수로 모든 동물을 없애버리지 않을 것이요, 다시는 홍수로 땅을 멸하지 않으리라(창세기 9.9-11.)."[749] 따라서 이 계약은 유대인만이 아닌 인류 전체에 대한 약속이다. 또한 이 계약은 인종이나 계급 또는 카스트와도 무관하며 더욱이 종교와도 무관하다. 더 나아가 이러한 약정 안에서, 삼위일체론 등과 관련하여 그리스도교를 이단으로 비판하던 마이모니데스에 대항한 랍비들과 함께 유대교는 그리스도교와 이슬람교를 신을 경배하는 자(God-fearer)로 인정하는 것이 삼자간의 대화에 필수적이다.[750] 한 신학자의 주장이지만 요지는 대화와 사랑이라는 점이다.

그럼 아담은 누구인가? 아담은 특정 인간의 이름이 아니라 히브리어로 인간이라는 뜻이다. 최초의 인간은 유대교인도 아니었고,[751] 그리스도교인도 아니었으며 이슬람교, 불교, 힌두교, 무신론자도 아니었다. 『성경』에 나오는 아담은 단지 사람이다. 여기서부터 히브리 『성경』의 보편적인 지평(universal horizon)을 볼 수 있다. 『성경』의 관심은 유일신에 있으며 한 인간이 아닌 인류 전체에 관한 관심에서 출발한다.[752] 물론 우리 인간은 생물학적인 진화를 통해 나타났으며, 수만 년 전 마지막 진화단계인 호모 사피엔스 사피엔스로 지구상에 발을 디뎠을 때 그들에게 종교란 없었다. 막막한 우주의 한 귀퉁이에서 튕겨져 나온 고독한 존재였다.

2. 고대의 인간문명

문명의 징후와 태동

기원전 인간 문명의 전개

인간 문명의 역사는 기후변화와 지리적 혜택과 같은 우연성이 결정적으로 작용한다. 인류 문명이 오랜 수렵채집 경제에서 기원전 1만 년경 농경으로 넘어간 것은 오랜 빙하기가 끝난 뒤 찾아온 세계적인 간빙기 현상이 큰 영향을 주었다는 것이다. 그리고 인간이 먹을 수 있는 동식물이 풍성했던 위도 지역인 고대의 중동, 인도, 중국에서 농경을 기반으로 한 인간문명이 탄생할 수 있었다.

신석기시대에 농업이 시작되면서 농업에 기반을 두고 연합하여 왕국을 형성하는 변화는 세계적으로 최소한 여섯 곳에서 총 여섯 번에 걸쳐 일어났다. 기원전 3500년 이후 메소포타미아, 기원전 3400년 이후 이집트, 기원전 2500년 이후 인더스강 유역, 기원전 1800년 이후 중국의 황허강 유역, 기원전 500년 이후 중앙아메리카, 기원전 300년 이후 남아메리카 등지에서 동일한 패턴의 변화가 일어났다. 일어난 시기는 다르지만 동일한 고대문명의 발흥이었다. 이 같은 문명의 기원과 발전은 거의 독립적으로 이루어졌으며, 단일한 중심문화가 확산된 결과가 아니다. 이들은 모두 앞선 문명 없이 최초로 발생한 문명이라는 의미에서 원초문명이라 불린다.[753]

흔히 4대문명은 풍부한 물이 공급되는 큰 강을 끼고 발생했으며 그것이 초기 문명발생의 원인이라는 이해가 많다. 또한 문명의 흥망성쇠는 대개 농업의 발달, 강력한 국가, 전쟁 등으로 설명된다. 그러나 급격한 기후변화도 고대 문명의 탄생과 멸망에 큰 역할을 한 것으로 추정한다. 인류 초기의 4대 문명의 탄생은 기후가 건조해져 건조화와 사막이 생기고 사람들이 물이 풍부한 강으로 이주하면서 인구가 크게 늘어 문명이 탄생했다는 것이다. 인류 최초의 고대문명이 모두 큰 강을 끼고 탄생했지만 모두 사하라 사막, 아라비아 사막처럼 사막을 끼고 있다. 고대문명은 양쯔강이나 갠지스강처럼 비옥하고 습윤한 지역에서는 나타나지 않았다. 사하라 사막에서 발견된 동굴벽화에는 하마, 물소 같은 동물이 등장한다. 지질학적 자료에 따르면 중동이나 아프리카의 호수들은 과거에는 훨씬 넓었고 오늘날보다 더 강수량이 많았다. 온난하고 비가 많았던 기후가 고대문명이 탄생하던 기원전 3천년경부터 건조해지기 시작했다. 건조화가 진전됨에 따라 인간은 강 유역으로 이주했고, 빗물이 아닌 강물로 농사를 지어야 했다. 강물을 농지로 끌어들이는 관개사업이라는 대형 토목공사를 필요로 했고 이로 인하여 대규모의 정치조직이 발생하고 도시, 문자, 계급이라는 인간 문명의 '요소'들이 나타났다. 이집트문명은 사하라 사막, 메소포타미아문명은 아라비아 사막이 배경이었다. 차드 호수나 사해는 과거 지금보다 훨씬 넓었다. 중국의 경우를 보더라도 수량이 풍부한 양쯔강이 아니라 황허강에서 4대 문명이 탄생한 것은 가까운 신장의 고비사막과 관련이 된다. 에덴동산 같은 '지상낙원'도 기후변화에서 나왔을 가능성이 높다. 기원전 5천 년경에는 기후가 온화하고 강우가 풍부한 기후였을 가능성이 크다. 이때의 기억이 '에덴동산', '요순시대'와 같은 낙원 신화로 남았을 가능성이 있다는 것이다.

이중 어느 문명이 최초로 태동했는지는 중요한 문제가 아닐지라도 정확한 역사 이해를 위해서는 연구하여야 할 것이다. 어느 문명이 가장 오래되었느냐는 아직도 첨예한 논란이 계속되는 문제이다. 일부 학자들은 이집트를 꼽지만, 대부분의 학자들은 메소포타미아를 가장 오랜 문명으로 꼽고 있다.[754] 메소포타미아 문명은 과거에는 바빌로니아, 혹은 바빌로니아·아시리아 문명이라고 불렸다. 그러나 이 문명은 지금은 바빌로니아인이나 아시리아인보다 더 이른 시기에 수메르인에 의해 건설된 것으로 알려져 있다. 따라서 이 문명 전체를 포괄하는 지리적 용어인 메소포타미아를 사용하는 편이 더 적절한 듯싶다.[755]

인류는 기원전 1만 년경 농업을 시작하며 농업정착 문화로 급격히 재편되었다. 그리하여 최초의 문명인 수메르문명이 탄생하였다. 수메르문명은 세계에서 가장 오래된 문명으로 알려졌다. 하지만 수메르 인이 어디서 왔는지는 정확히 모른다. 수메르인은 대략 기원전 7000년경부터 수메르 지방에서 살기 시작했다. 그러나 기원전 2000년경 아라비아에서 온 셈족 계통의 아모리인이 수메르를 멸망시키고 고대 바빌로니아를 세웠다. 기원전 4000년경부터 기원전 3000년경까지 큰 강을 중심으로 인류 문명이 출현했다. 나일강의 이집트문명, 티그리스 유프라테스강의 메소포타미아문명, 인더스강의 인더스문명, 황허의 황허문명이다. 이들은 청동기와 농업, 문자와 도시 국가라는 특징을 지니고 있다. 또한 모두 오리엔트 아시아지역이다. 오늘날 4대 문명의 발상지는 중국을 제외하고는 존재감이 거의 없다. 4대 문명에 이어 등장한 그리스-로마 문명은 오늘날 경제의 붕괴에 이르렀다.

이렇게 시작된 인류의 고대문명은 기원전 1700년과 기원전 500년 사이에는 훨씬 광범위한 지리적 영역에서 인간의 생활방식에 영향을 미치기 시작했다.[756] 새로운 문명의 중심지가 등장하자, 이에 뒤질세라 야만족의 문화도 스텝지대와 서유럽, 남중국, 북아프리카, 그리고 거의 알려진 것은 없지만 남인도처럼 살기 좋은 지역에서 고도로 발달했다.[757] 문명은 지역적 특색을 띠게 되었고, 제법 비옥한 경작지가 있는 곳이라면 어디서나 성립할 수 있었다.[758]

최초의 문명, 새로운 주장

수메르문명 또는 메소포타미아문명이 인류 최초의 문명이 아니라는 주장도 만만치 않다. 인도네시아에서 발견된 이집트의 피라미드보다 훨씬 오래된 2만 년 전 구조물이 한 예이다. 인도네시아 웨스트 자바 지역에서 발견한 이 구조물은 샘플조사 결과 9천 년 내지 2만 년에 만들어졌다고 한다. 이 구조물은 자연적으로 형성된 돌 언덕일 가능성이 높다는 반박도 있지만, 사실로 입증된다면 고대문명의 역사를 새로 써야 할 것이다.

1994년 발굴된 터키 괴베클리 테페 지역에 있는 한 사원은 기원전 9500년경에 지어진 것으로 밝혀졌다. 또한 고도 1000미터의 아나톨리아 고원에 자리잡은 차탈회이위크는 가장 오래된(기원전 7500~5700년경) 신석기 계획도시 유적으로 약 1만 가구가 있었던 것으로 추정되며 2012년 유네스코 세계문화 유산에 등재됐다. 이들의 집은 일상생활과 종교제의가 함께 이루어져 방 안에 무덤이 있다. 공공건물이 발견되지 않아 공동 운영된 것으로 보이고, 남녀 차별 없이 공동육아를 한 것으로 보이며, 폭력의 흔적도 없고, 방마다 구조·규모가 거의 같아 매우 평등한 사회였던 것으로 보인다. 마르크스 이론에 따르면 종교는 사회의 계급적 모순을 은폐하기 위해 만들어졌다고 주장하지만, 지극히 평등사회였던 이곳에서 종교의 맹아(萌芽)를 찾을 수 있을 수 있어 반론이 제기될 수 있다.

보스니아 지역에서 발견된 피라미드와 조각상들은 탄소연대 측정 결과 기원전 6500년~기원전 3500년에 만들어졌다. 이 조각상들은 수메르 우바이드 시대의 조각상들과 흡사해 고대 유럽문명이 고대 수메르문화에 영향을 미쳤을 것이라는 추정까지 제기된다. 이런 도구와 유물과 전설 등은 많이 존재한다.

2000년에 시리아에서 지금까지 알려진 것보다 더 빨리 도시 문명이 존재했음을 시사하는 6000년 된 도시 유적이 발견됐다. '텔 하무카르'라 불리는 시리아 북동부의 거대한 흙무덤 밑에서 시가지 방호벽을 발견했으며, 일부 유적들에서 적어도 6000년 전에 복합적인 형태의 정부가 존재했다고 추정한다. 이에 관해서는 아직도 연구가 진행되고 있으며 여전히 많은 논쟁이 있다.

2016년 호주 그리피스대학 연구진은 호주 원주민 83개 그룹과 파푸아뉴기니 하일랜드 지방의 원주민 25개 그룹의 게놈(유전체) 자료를 수거해 분석한 결과를 발표했다. 이들이 사용했던 천 조각들을 분석한 결과 그 연대가 7~8만 년 전으로 추정되는 등 인류 최초의 문명이 호주대륙에서 시작될 가능성이 있다는 추정이 나왔다.

역사학계와 과학계는 이런 증거들을 외면한다고 한다. 대부분의 고고학자와 역사학자는 '접근 금지' 딱지를 붙이고 부정한다는 비판이 제기된다. 소수의 고고학 간행물들이 간간히 언급할 뿐이다. "과학계는 현재 이미 알고 있는 현상을 유지하는 데 관심이 많을 뿐, 지식의 경계와 범위를 넓히는 일에는 관심이 없다. 실제로 학문의 전당들이 새로운 종교재판소가 됐고 그 증거는 많다. 그들은 반대파를 화형대 위에서 불태워 죽이지는 않는다. 그러나 과학적 정설에 도전하는 사람들을 감옥에 집어넣고 경력을 파괴해 버린다. 잃어버린 문명이 존재했다고 주장하거나 기존의 과학적 패러다임을 뒤집는 증거를 발견한 사람은 무조건 '이단'으로 매도된다." 필립 코펜스의 『사라진 고대문명의 수수께끼』(2014년 번역 출간)에 나오는 주장이다. 보스니아 피라미드는 기원전 6500년 전의 것으로 추정한다. 보스니아 피라미드를 둘러싼 논쟁은 격렬하다. 기원전 6000년쯤 사람들이 이렇게 대규모 구조물을 건설할 토목 능력을 갖추었느냐는 질문과 직결된다. 2004년부터 2014년까지 10년 동안 피라미드가 이집트와 중앙아메리카에만 있다는 기존 패러다임은 바뀌고 있다. 하지만 멕시코 촐룰라 피라미드, 페루 카랄 피라미드 단지는 언론의 주목을 못 받거나 폄하 당했다. 학문의 전당들이 새로운 종교재판소가 되었다. 잃어버린 문명이 존재했다고 주장하거나 기존의 과학적 패러다임을 뒤집는 증거를 우연히 발견한 사람들은 무조건 이단으로 매도한다.

문명의 탄생과 불평등의 강화

돌이켜보면, 특히 구석기시대라는 수백만 년의 엄청나게 긴 기간에 비해 신석기시대는 한순간에 불과했으며, 곧이어 5천 년 전 무렵에는 고대문명이 추진되기 시작했다.[759] 기원전 1만 년경에 시작된 농업혁명과 신석기시대가 시작되고 얼마 지나지 않아서 고대문명이 싹트기 시작한 것이다. 인간의 '문화적' 삶이란 수천 년 전에 문명발상과 함께 시작된 아주 짧은 기간의 산물이다. 반면 인간의 '몸'은 수백만 년 전 구석기시대의 유전자를 그대로 유지하고 있다. 어떻게 이렇게 짧은 기간에 문명은 '꽃'을 피웠을까.

인간 문명과 사회가 2천 년 내지 3천 년 동안 엄청난 발전을 한 것은 사실이다. 과거보다 훨씬 잘살고 있고, 인류의 지적탐구와 과학의 발전은 놀라운 성과를 이룩했으며, 인류는 풍요로운 사회를 성취해냈다. 그러나 그 이면에는 착취와 압제가 있었던 것도 사실이다. 역사학자 윌리 톰슨이 쓴 『노동, 성, 권력』(2016년 번역 출간)은 인류의 오늘, 즉 문명과 문화라는 것이 착취, 차별, 억압의 산물이라고 주장한다. 마르크스주의 철학자 발터 벤야민(Walter Bendix Schönflies Benjamin, 1892~ 1940)은 "모든 문명의 기록은 야만의 기록"이라고 주장했다. 윌리 톰슨은 벤야민에 동의하며 인간의 역사는 전체적으로 볼 때 어두우며 대부분의 인간은 희생자로 살아갔다고 비판한다. 그가 보기에 인류 문명과 인간의 역사는 강제노동, 여성혐오, 불평등의 역사이다. 불평등한 권력관계를 기반으로 권력과 무력을 장악한 인간들이 인간의 노동력을 이용하여 불평등을 낳았다. 고대와 중세의 농노제도와 노예제도가, 근현대의 시장원리와 자본주의 경제의 노동환경 등으로 이어지고 있는 것이다. 이렇게 만들어진 경제적 종속관계는 세대를 거치며 더 단단하게 고착화했다. 오늘날 인간 사회의 권력 억압, 불평등 등은 오랜 진화의 과정과 역사적 과정에서 누적된 것이다. 그것은 구조화되어서 짧은 기간에 해결될 수도 없으며, 역사는 결코 약자의 편이 아니었고 앞으로도 아닐 수 있다.

4대 문명 이외에 '커다란' 문명은 지구상에 나타나지 않았다. 4대 문명은 큰 강을 끼고 관개시설 등 인간의 노동 '착취'를 동원한 문명이었다. 그 때문인지 농업이 크게 활성화될 수 있는 지역인 동남아시아도 대규모 문명은 출현하지 않았다. 기원전 3000년과 기원전 1500년 사이에 벵골지방에서 남중국에 이르는 동남아시아의 강가와 해안가의 평야에는 사람들이 많이 모여 사는 공동체가 나타났다. 이들 공동체에서는 쌀과 뿌리채소 식물을 주식으로 삼았고, 항해술이 발달하여 상당한 수준에 이르렀다. 하지만 서아시아의 복잡다기한 문화에 견줄만한 문명은 출현하지 못했다. 기술 분화나 비교적 많은 수의 사람을 하나의 정치적·경제적 단위로 묶어주는 조직화도 서아시아에서 흔히 볼 수 있는 규모로 발달하지 못했다. 이는 아마도 몬순지대의 기후조건 때문이었을 것이다.[760] 몬순지대에서는 대규모 관개수로를 건설하기 위한 인간의 협동이 필요 없을 뿐 아니라 더 다습한 지역에서는 용수가 전혀 문제가 되지 않았던 것이다.[761]

▎국가가 인간의 두뇌를 향상시키다

영장류 연구자인 로빈 던바는 영장류의 대뇌 신 피질의 크기가 그 종의 집단 크기와 상관관계가 있다고 주장했다. 집단의 크기가 크면 클수록, 신 피질이 뇌에서 차지하는 비율이 커진다는 것이다. 우리의 석기시대 선조는 다른 어느 영장류보다 더 큰 공동체에서 생활하였으며, 신 피질이 뇌에서 차지하는 비중 역시 다른 영장류보다 훨씬 크다. 신 피질은 뇌 확대의 열쇠가 되기 때문에, 이러한 집단 크기와 신 피질의 관계로부터 인간의 뇌가 왜 커졌는지, 왜 인간의 지적능력이 다른 동물들에 비해 크게 발달했는를 유추할 수 있다.

뇌의 물리적 크기는 인간이 구성원들과의 복잡한 관계와 그로부터 일어나는 여러 가지 일을 처리하는 능력과 연결되어 있을 것이나. 인간은 다른 구성원과의 교류에서 갈등·시기·경쟁을 접하고 해결하기도 하지만, 그 교류에서 기쁨·위로·행복과 사랑도 주고받는다. 우리의 삶을 좌우하는 구성원과의 관계 속에서 우리는 그들과 대화하고, 감정을 교환하고, 그들의 생각을 분석하고, 그들의 기분을 이해하려 노력하고, 그들과 친구가 되기도 하며 갈등을 해소하려 한다. 우리의 뇌는 이러한 모든 것들을 처리할 수 있어야 한다. 그리고 우리는 경쟁자로서의 관계에 대하여 준비해야 할뿐더러, 우리에게 필요한 협동, 보살핌과 안전의 근원으로서 관계 유지에 만반의 준비가 되어 있어야 한다.

인간의 두뇌와 지적능력은 인간이 사회를 구성하면서 더욱 발전하기 시작했다. 복잡한 사회관계에 적응하기 위하여 인간의 두뇌는 진화를 계속한 것이다. 로빈 던바, 클라이브 갬블, 존 가울렛의 『사회성, 두뇌 진화의 비밀을 푸는 열쇠』(2016년 번역 출간)는 사회성과 뇌의 크기에 관한 책이다. 원숭이와 유인원이 신체 크기에 비해 큰 뇌를 갖고 있다는 사실이 알려진 1970년대에 사회적 뇌 가설이 등장했다. 영장류 학자들은 큰 뇌를 가진 것은 복잡한 사회생활 때문이라는 의견을 제기하였고 사회적 무리의 평균 크기와 뇌 크기의 상관관계를 밝혀냈다. 이제 세계는 국가를 넘어 세계화 또는 '글로벌' 화를 향하여 나아가고 있다. 경쟁은 치열해지고 삶은 복잡해지면서 인간의 지적능력은 더욱 좋아질 것으로 보인다. 하지만 인간의 삶은 점점 더 피곤해질 것 같다. 이미 충분히 피곤하다.

❙ 국가와 권력, 불평등의 출현

초기 농업시대의 공동체는 독립적으로 농업을 하는 작은 마을이었다. 마을은 대체로 경제적으로 스스로 충족할 수 있는 작은 사회였다. 물론 물물교환이 영향을 주기도 하였지만 어떤 권력도, 국가적 또는 지역적 수장도 없었다.[762] 신석기시대의 마을에서는 혈연관계의 소가족이 통상적인 노동단위였고, 각 가족은 보통 자신의 경지에서 수확한 농작물을 소비했다. 따라서 의례나 종교적인 행사를 제외하곤 다수의 인원이 모여 공동으로 작업할 필요가 없었다. 당시에 인간은 누구나 기후변화에 예속되었으나 모두가 똑같이 자유로웠다. 주된 사회적 차이라고는 나이와 성별의 차이밖에 없었기 때문이다.[763] 그러나 신석기시대 초기 농업사회는 불평등의 씨앗이 싹트고 있었다.

기원전 7천 년경 초기 농업사회에서도 이미 불평등이 대물림되기 시작했다는 증거가 유럽에서 발견됐다. 2012년 영국 카디프대학이 이끄는 연구진은 유럽에서 발굴된 신석기시대 유골 3백여 구를 분석한 결과이다. 연구진은 유골의 부장품인 '자귀'가 있었는지의 여부와 영양 상태를 비교하여 결론을 내렸다. 자귀는 돌을 재료로 한 목재를 다듬는 연장이다. 자귀와 함께 매장된 유골들은 유골 치아 속에 있는 스트론튬 동위원소의 다양성이 낮았다. 이들은 매장 장소 인근의 비옥한 토지에서 나는 음식물로 안정적인 영양섭취를 한 것으로 추정한다. 반면 자귀와 함께 묻히지 못한 유골들은 스트론튬 동위원소 가짓수가 많았다. 음식물을 충분히 확보하지 못해 떠돌아다녔을 가능성이 높은 것이다. 이번 연구결과는 이미 신석기시대 초기에 비옥한 땅이 대대로 전해지는 불평등이 존재했다는 증거이다. 신석기시대 유럽에 토지와 가축 같은 자산의 대물림 제도가 도입되면서 부의 불평등이 시작된 것으로 보인다. 물론 청동기, 철기, 산업시대를 거치면서 부의 불평등 현상은 심화됐지만 불평등의 '씨앗'은 신석기시대에 뿌려졌다.

산업혁명 이전 인류는 절대빈곤, 즉 '맬서스 함정'에 빠져 있었기에 인구증가를 걱정할 이유가 없었다. 산업혁명 시기 토머스 맬서스(1766~1834)는 "인구는 기하급수적으로 늘지만, 식량은 산술급수적으로 늘기 때문에 인류는 멸망한다."라고 주장했다. 농업사회는 결국 '맬서스 함정'을 벗어날 수 없기 때문에 인구 증가로 생존의 위기를 겪게 되면 주변의 농업사회나 수렵·채집 사회의 자원(토지와 식량)에 관심을 기울일 것인데 이는 결코 무리한 상상이 아니다. 신석기시대에 이르러 인간은 최초로 잉여식량과 함께 빼앗거나 지킬 가치가 있는 부를 산출해냈다.[764]

맬서스는 산업혁명으로 생산성이 높아지고 인구가 늘어나자 인간의 미래를 걱정했다. 19세기 이전 지구의 적정인구는 10억 명으로 추정했다. 그러나 인구는 1900년 15억, 1960년 30억, 1999년 60억, 2014년 72억으로 계속 늘었다. 유엔은 2025년 81억, 2050년 96억, 2100년 109억이 된다고 예측했다. 21세기의 인구는 맬서스가 『인구론』에서 경고했던 적정 인구 수에 비하면 인간을 여러 번 멸망시키고도 남을 규모다. 인간은 역사 이래 최대 인구가 풍요롭게 살고 있고 식량난은 없다. 맬서스의 걱정은 추세연장의 오류라고 부른다. 추세연장의 오류는 이전부터 그래왔다면 앞으로도 계속 그럴 것이라고 생각하는 사고의 함정이다. 추세연장이 틀리는 것은 가정이 잘못됐기 때문이다. '맬서스의 저주'도 그렇다. 맬서스 함정에서 벗어난 지금, 인류는 거꾸로 '장수의 함정'에 빠졌다. 평균 수명이 지난 2백여 년 동안 두 배 이상 늘어났다. 너무 살아서 병으로 고통 받고, 일자리나 재산이 없는 노년층은 먹고사는 문제가 보통이 아니다.

인간이 신석기 농업혁명과 더불어 잉여물이 생기면서 서로 뺏고 뺏기는 '전쟁'이 나타났다. 실제로 청동기시대에 전쟁이 많았음은 유적을 통해서도 확인된다. 대표적인 청동기시대 유적인 충남 부여 송국리의 취락유적은 주변에 하천이 흐르는 높이 30미터 전후의 낮은 구릉에 위치하고 있는데, 신석기시대 취락과는 달리 여러 채의 움집을 도랑과 나무 울타리로 둘러싸서 외적의 침입을 방어하는 태세를 갖추고 있다. 농기구 외에 청동이나 돌로 된 칼,

돌도끼, 화살 등의 무기가 함께 출토되고 있으며 화재로 불 탄 흔적도 발견되어 전쟁이 빈번하였음을 짐작하게 한다. 더욱이 이러한 군사적 경쟁을 통해서 수렵·채집 사회에서는 도저히 상상할 수 없는 '국가'가 역사의 무대에 등장하기 시작하였다.[765]

'아프리카 콩고에서 수렵·채집을 하는 소규모 집단 음부티족은 사냥을 한 후 누가 잡았던지 잡은 동물의 고기는 모두 공평히 나누는 것이 철칙이다. 이것은 지금껏 알려진 모든 수렵·채집인이 보여주는 원칙이다. 그런데 힘 센 사냥꾼 한 사람이 고기를 몰래 훔치려다 들켰다. 부족의 일원 중 한 사람이 소리쳤다. "우린 그동안 그를 사람으로 대접해 왔소. 이제 그를 짐승으로 대합시다. 짐승!" "짐승은 땅바닥에 주저앉아야지.…차라리 창으로 목을 찔러 자살하시오! 짐승이 아니고서야 누가 남의 고기를 훔친답니까?" 결국 그는 용서를 빌었다.' 이는 1960년대에 인류학자 콜린 턴불이 남긴 기록인데, 전중환 경희대 교수가 2016년 어느 신문에 기고한 글에서 인용하였다. 인간의 역사는 대부분 강자가 약자를 짓밟는 계급사회였다고 흔히 생각하지만 꼭 그렇지만은 않다. 인간은 진화 역사의 대부분을 개인들 사이에 권력의 차이가 거의 없는 평등한 소규모 사회에서 보냈다. 뛰어난 사람이 있더라도 그 영향력은 제한적이었다. 하지만 기원전 1만 년경 이후에 농업이 시작되고 국가가 성립하면서 잉여자원을 축적한 강자가 약자를 착취하는 일이 빈번해졌다. 그러나 오늘날 우리 사회에는 구석기시대 수렵채취 사회의 행동양식이 남아있다. 인류학자들은 지금도 남아 있는 모든 수렵·채집 사회에서 '을'의 집단행동이 '갑'의 횡포를 효과적으로 통제하는 것을 관찰했다. 즉, 강한 사람의 부당함에 저항하는 것은 오래 동안 진화된 인간의 본성이다. 오늘날에는 인터넷과 대중매체가 발달하면서 권력과 가진 자의 부당한 횡포나 부정은 빠르게 소문이 전파되고, 공론이 형성되어 구석기시대 못지않게 '을'이 강력하게 갑을 견제하는 모습을 보이고 있다.

국가와 제국의 탄생

국가는 점차 제국으로 '진화'했다. 기원전 약 2350년부터 약 50년간 아카드를 통치했던 사르곤 왕은 많은 도시국가와 배후지를 통치하는 새로운 형태의 국가를 갖추었다. 그는 매일 5400명의 수행원에게 음식을 제공하며 최초의 상비군을 갖추었다.[766] 사르곤(Sargon) 왕은 수메르의 여러 도시국가를 정복하고, 기원전 2350년에 인류 역사상 최초의 제국인 아카드 제국을 건설했다. 인도북부와 중국에서도 기원전 2000년경, 중앙아메리카에서는 기원전 1000년경 국가가 등장하였다.

초기 농업문명 시대에 국가형성 시기는 다음과 같다.[767]

연도	내용
기원전 3000년대	수메르 최초 국가 이집트 최초 국가
기원전 2000년대	북인도와 파키스탄 최초 국가(기원전 2000년도에 소멸) 메소포타미아 최초 영토국가, 제국 북중국(황하) 최초 국가
기원전 1000년대	북인도(갠지스) 국가의 재등장
기원전 500년대	동남아시아 최초 국가 페르시아 최초 둘째 단계 제국(secondary empire) 중미 최초 국가 중미 최초 영토국가, 제국
기원후 600	사하라 사막 남쪽 최초 국가
기원후 1400	중미와 남미 최초 둘째 단계 제국

표 6 초기 농업문명의 국가형성 연대기

국가의 등장은 인간의 생활이 개인적인 교류에서 '힘'으로, 자연에 대한 지배에서 인간에 대한 지배로 틀을 바꾸기 시작하였다. 이로부터 계급, 권력, 국가가 형성되기 시작하였고, 개인과 사회의 부와 힘이 출생·성별·민족에 따라 크게 차이가 나기 시작하였다. 마빈 해리스는 이러한 변화를 평등의 종말(end of equality)이라고 단언하였다.[768] 그는 "많은 점에서 국가의 출현은 자유에서 노예로의 퇴행이다."라고 하였다.[769] 사실 인간의 역사에서 평등은 문명의 도래와 함께 사라졌다.[770] 문명의 도래는 풍요를 의미했고, 풍요는 더 많이 가진 자와 적게 가진 자를 만들어 낸 것이다. 그러면 국가가 형성될 때 국가에 편입된 작은 지역사회가 자발적으로 통합되었을까? 아니면 강제로 통합되었을까? 아마 두 가지 요소가 공존하였을 것이다. 일부는 강제로, 일부는 자연스럽게 통합되었을 것이다.[771] 그러나 하향이론(top-down theory)은 강압을 강조하는 이론으로, 이에 따르면 국가를 힘을 가진 특권층에 의하여 대중에게 강요된 제도로 본다. 이러한 접근방법은 마르크스 국가 이론에 공통적인 접근으로, 대체로 국가를 착취를 위한 기제(mechanisms for exploitation)로 본다.[772] 어떤 것이든 이데올로기가 개입되면 사실을 왜곡시키는 경향이 있다. 정치적이든, 사회적이든, 종교적이든 그것이 이데올로기로 변질되면 진실은 왜곡될 수 있다. 우리 사회의 모든 논쟁이 결국은 '진영' 논쟁이 되고 진실에는 관심이 없는 것은 이 때문이다.

국가가 탄생한 것은 인류가 농업을 시작한 이후이다. 농업은 '물'과 함께 시작되었다. 대규모 물 관리 사업에 기초한 고밀도 농업이 중앙집권적인 대규모 관료국가가 형성되는 데 핵심요인이라는 것은 많은 학자들이 인정한다.[773] 원래 신석기시대와 구석기시대를 살던 사람들은 전쟁에서 패배한 뒤에 일반적으로 새로운 곳으로 옮겨갈 수 있었다. 그러나 나일강 유역처럼 환경적으로 제한된 지역의 농부들은 달리 갈 곳이 없었다. 승자들은 땅과 관개시설을 점령했을 뿐 아니라 패배한 집단들을 노예와 농노로 부렸다. 사실 인류역사와 문화의 대부분은 노예를 기초로 이루어진 것이다. 대부분의 인간은 역사 서술과는 거리가 먼 '참혹한' 노예였다. 노예제도는 유럽에 의한 아프리카 노예에서 가장 잔인한 결과를 가져왔다. 신석기 사회는 점점 더 계급화 되었고, 계급구조의 정점에 오른 소수 특권층이 하층농민들을 지배했으며, 광역적인 권력이 국지적인 권력을 포괄하였다.[774] 문명과 함께 노예제도가 등장했고, 노예보다 덜 가혹하긴 했지만 강제노역 역시 인간이 인간을 이용하는 제도로 정착했다.[775] 이러한 생태학적·인구학적 조건이 충족된 모든 곳에

서 여러 차례 문명과 국가가 등장했던 것이다.[776]

▎이주와 여행의 역사

인간의 역사는 '여행'의 역사이다. 인류의 역사는 여행과 함께 시작됐다. 인류의 여행은 시대에 따라 변했다. 군사적·경제적·종교적 목적의 원정, 생존을 위한 이주 등 인간은 지구상을 '여행' 했다. 우리의 먼 조상들은 수십만 년 동안 아프리카 대륙에서 지구 곳곳으로 이주 여행을 떠났다. 인간은 모두 이주자의 후손이다. 유전학자들은 동아프리카에 살던 호모 사피엔스의 수를 5000명 정도로 추정한다. 유전학자들은 초기 현생인류 집단의 규모가 얼마나 큰지, 그들의 고향이 아프리카의 어느 곳인지, 또 그들이 사용한 언어는 무엇인지 연구하고 있다. 고대의 여행은 주로 정복전쟁이었다. 알렉산드로스 대왕(기원전 356~323년)은 그리스에서 페르시아, 중앙아시아, 인도까지 3만km 이상을 이동했다. 그의 동방원정은 인류의 역사를 바꾸었다. 17세기 이후부터는 개척과 모험정신이 주요 동기였다. 현대인들이 여행이라고 부르는 것은 서구에서도 1800년대 이후부터 나타났다. 인간은 이제 우주로의 여행을 시작했다. 인류는 여행을 통해 세상을 확장해 나갔다. 인간의 여행에 대한 이야기는 로빈 핸버리 테니슨의 『역사상 가장 위대한 70가지 여행』(2009년 번역 출간)을 읽어보면 도움이 된다.

이주와 여행뿐만이 아니라 인간의 지구상 이주에는 난민도 있다. 달라이라마, 아인슈타인도 난민이었고 예수도 난민이었다. 기원 1세기 팔레스타인의 아이였던 예수는 부모와 함께 이집트로 망명길에 올랐다. 예수는 이렇게 말했다. "여우들에게도 굴이 있고 창공을 나는 새들도 둥지가 있건만 사람의 아들에게는 머리를 둘 데조차 없도다." 살던 땅에서 살기 위하여 자의 반 타의 반으로 행한 이주의 역사가 호모 사피엔스의 역사이다. 특히 타의에 의한 난민 문제가 세계적인 이슈가 된 것은 근현대에 들어와서이다. 우선 1918년 러시아의 볼셰비키 혁명과 내전으로 백만 명 내외의 난민이 발생했다. 레닌이 이들의 시민권을 박탈하여 이들은 유럽 각지를 떠돌게 되었다. 난민은 인종, 종교, 정치적 견해 등으로 박해받는 사람들이다. 또한 내전이나 기근으로 고향을 떠나게 된 사람도 포함된다. 동성애 같은 소수집단도 있다. 요즘은 '강제 이주민'(Forcibly Displaced Persons)이라고 부른다. 2010년에는 세계 인구 약 70억 명 중에서 전쟁, 기아, 재해, 폭력에서 벗어나기 위해 약 2억 명, 약 3%의 인간이 지구를 떠도는 이주민이다. 국제이주기구에 따르면 2015년 전 세계의 이주자는 약 2억 5천만 명이다(2015년 기준). 이들은 세계 인구의 3.3%로 이 가운데 분쟁과 박해에 의한 강제 이주민 수는 6000만 명을 넘어선다. 세계 인구의 100명 중 약 한 명은 난민이거나 난민 신청자 또는 고국을 떠나온 사람이다. 세계 난민의 절반 이상은 시리아, 아프가니스탄, 소말리아 등 3개국 출신이라고 추정한다. 오늘날 거의 1억 명에 이르는 각종 난민들이 있다고 한다.

기후변화로 인해 고향을 떠나야 하는 이주민들도 있다. 방글라데시는 국토의 반 이상이 해발고도 5m 아래에 위치하고 있다. 2050년까지 방글라데시 국토의 17%가 침수돼 약 2천만 명의 기후난민이 발생할 것이라는 전망도 있다. 2010년 파키스탄에서는 대홍수로 3천만 명의 기후난민이 발생했다. 기후변화로 인해 직접적이고 심각한 피해를 받는 것이 섬나라들이다. 몰디브는 해마다 해수면이 상승하여 주민 40만 명이 모두 '기후난민'이 될 수도 있다. 2050년에는 최대 10억 명 이상의 기후난민이 발생할 수 있다는 발표도 있다.

자크 아탈리가 쓴 『호모 노마드 유목하는 인간』(2005년 번역 출간)은 유목민인 인간을 역사적 관점에서 조명한 책이다. 인간은 신석기 농업혁명과 정착 이전에는 '유목민'으로 살아왔다. 유일신 종교도 약속의 새 땅인 젖과 꿀이 흐르는 '영원의 세계'로 향하는 여행이라는 메시지를 가졌다. 기원전 1만 년 이후 인간의 농업과 정착 생활이 시작되면서 유목민의 '여행'하는 삶은 제동이 걸렸다. 정착생활이 시작되면서 권력과 불평등이 발생하고, 봉건제가 시작되고, 인간은 국가, 세금, 감옥, 무기를 만들어냈다. "유목민은 불, 언어, 종교, 민주주의, 시장, 예술 등 문명의 실마리가 되는 품목을 고안했다. 반면 정착민이 발명한 것은 고작 국가와 세금, 그리고 감옥뿐이었다." 그러나 여행자로서 파괴와 창조를 거듭하는 유목민(nomad)의 삶은 정착민의 역사에서 무지와 야만, 체제를 위협하는 침입자로 박해받아 왔다. 현대사회는 이주와 유목민 사회이며 수억 명의 사람들이 이민, 망명, 이주노동자로 살고, 훨씬 더 많은 사람이 여행을 한다. 이렇다보니 국가나 민족 그리고 종교를 기초로 한 고정화된 시스템, 가치관, 가족관계, 노동, '이데올로기' 등이 흔들리고 '세계화' 되는 양상이 나타나고 있다. 21세기 들어 트럼프 미국대통령은 이주민과 '글로벌' 기업의 해외 탈출 같은 세계화에 대한 거부감을 드러냈다. 그것은 미국이라는 정착민 국가가 자기보호를 위하여 인간의 이주, 미국기업의 탈출, '글로벌' 기업이라는 유목적 현상을 막으려는 '야만적' 반응이다.

나는 종종 산으로, 히말라야로, 유럽으로 여행을 떠난다. 사람들도 시간이 있고 돈이 있으면 여행을 떠난다. 초기 인류는 오랫동안 끝없이 떠돌아다니며 먹을 것을 찾고 삶의 터전을 마련했으며 문명을 창조해냈다. 그런 점에서 우린 모두 떠돌이 여행자의 후손들이다. 호모 사피엔스는 길과 들판과 산을 떠도는 '여행 인간(Homo Vians)'으로 살아왔다. 우리 몸에는 여행자 떠돌이의 유전자가 있고, 그런 의미에서 우리 인간에게 여행이란 어쩌면 인생의 본원을 향해 거슬러 여행을 하는 연어의 지난한 몸부림일지도 모른다. 현대인에게 여행은 휴식, 관광, 재미다. 복잡한 경제생활과 문명이라는 인공적 구조물 속에서 비자연적으로 평생을 사는 현대인들에게 여행은 숨 막히는 일상으로부터의 탈출이자 도피일 수밖에 없다. "모든 것을 벗어던지고 어디론가 훌쩍 떠나고 싶다."는 것이다. 또한 여행은 미지의 세계에 대한 호기심과 탐구열망으로 이루어진다. 인간은 여행을 통해 자기 문화와 관념의 껍질을 깨고 나와 다른 문명과 인간과 교류하고 소통한다. 여행은 자신을 돌아보고 삶을 성찰하는 기회를 제공한다.

나를 움직이는 연료는 침묵이요

나의 엔진은 바람이요

나의 경적은 휘파람이다.

나는 아우토반의 욕망을 갖지 않았으므로

시간으로부터 자유롭다.

하여 목적지로부터 자유롭다.

나는 아무것도 목표하지 않는다.

목표하지 않기에 보다 많은 길들을

에둘러 음미한다.

유하 시 '나는 추억보다 느리게 간다' 가운데

❙ 유목의 전래

기원전 1만 년경 신석기시대 사하라 사막은 드문드문 호수와 강이 있는 '푸른' 사바나 지대였고, 하마나 코끼리 같은 대형 동물들이 많았다. 기원전 4천 년 전까지 사하라 사막은 스텝과 사바나지역이었고 사하라 남부 아프리카가 분리되어 있지 않았다. 그것은 사막이 아니었고 오늘날 남미의 아마존 같은 지역과 비슷하였을지도 모른다. 따라서 유목민은 기원전 3천 년 이전에는 그 수가 적었다.[777]

2007년 아프리카 수단의 땅 밑에서 거대한 호수의 흔적이 발견됐다. 보스턴대학 원격탐지센터 연구진이 땅 속에서 3만km^2 넓이였을 거대한 분지를 발견한 것이다. 이 지역은 현재 사막 지형이지만 과거에는 많은 호수와 강이 있었던 것으로 추정한다. 이 호수의 흔적은 사하라 동부가 과거엔 비가 많이 오는 지역이었음을 보여주는 증거이다. 과거 부근에서도 호수 분지를 발견한 적이 있으며, 이곳에서 사냥용 칼과 도끼 등이 발견되어 당시 사람이 살았던 사바나 지역이었음을 보여주었다.

기원전 1000년까지도 중앙아프리카 지역 대부분은 열대우림으로 하늘이 보이지 않을 정도의 무성한 우림이 넓게 자리 잡아 아프리카 북단 사하라 사막 입구까지 이어졌다. 기원전 1000년경부터 기온이 점차 오르고 건조해지면서 중앙아프리카는 대초원(사바나)으로 급격히 변했다. 과학자들은 이 같은 급격한 변화는 기후변화 때문이라고 추정한다. 물론 인간이 이러한 변화에 일조를 한 것도 있다. 2012년 프랑스 국립해양연구소 팀이 콩고 강과 대서양이 만나는 지점의 심해저 바닥에 구멍을 뚫고 퇴적물을 시추한 결과, 4만 년 전부터 기원전 1000년까지 퇴적물의 성분과 크기는 크게 변화가 없었다. 기원전 1000년부터 갑자기 토양에서 알루미늄과 칼륨이 많이 유실되고 하프늄 동위원소의 변화가 커지는 등 화학적 풍화 작용을 발견했다. 화학적 풍화작용은 습도가 높고 온도가 낮을 때 활발하다. 연구진이 당시 중앙아프리카의 습도와 온도를 조사했는데, 습도는 평균보다 낮았고 온도는 계속 올라가는 추세였다. 화학적 풍화가 활발할 수 없는 환경이었던 것이다. 연구진은 그 원인으로 이 시기에 중앙아프리카로 진출한 반투족의 영향을 꼽았다. 당시 나이지리아와 카메룬 경계에 살고 있던 반투족이 중앙아프리카 쪽으로 이동하여 정착하면서 농지를 개간하고, 석탄을 채굴하면서 숲을 없앤 것으로 추측한다. 물론 지구의 기후변화가 주요 이유라면 인간은 열대우림 파괴에 일조했을 것이다.

인류의 역사에서 대부분을 차지하는 구석기시대는 먹잇감을 찾아 떠다니는 수렵채집 유목민(hunter-gatherer) 사회이다. 반면 소요형 유목민(peripatetic)은 사냥과 채집을 하고 여러 지역으로 이동하면서 거래도 하는 사람들이다. 오늘날 유목민은 일정 지역에서 가축을 기르고 먹이가 부족하면 가축과 함께 이주하는 목축형 유목민(pastoralism)이다. 유목의 기술은 급격한 기후변화로 유라시아 내륙과 아프리카 사하라에서 유래하였다. 이들은 이곳으로부터 유라시아 스텝을 통하여 하나는 동시베리아로, 하나는 중동과 동아프리카로 이동하였다. 유목민(Nomad)은 일정한 장소에 정주하지 않고 식량이나 가축을 사육할 수 있는 목초 등을 찾아 여러 장소를 옮겨 다니며 사는 사람이다. 오늘날 대표적인 유목민은 베두인이다. 아라비아반도 남쪽에서 농경지가 부족해지자 농경을 하던 일부 사람들이 경작이 불가능한 지역으로 가축을 몰고 북상한 것이 베두인의 시작이다. 베두인의 역사는 서력 기원 전후 야생낙타를 길들이면서 시작됐다. 통상 가축을 사육하며 이동생활을 하는 아랍계의 유목민을 베두인이라고 부른다. 베두인은 아프리카와 아라비아 반도에서 산다. 중동과 북아프리카 사막지대에 살면서 아랍어를 사용하는 민족으로 시리아, 요르단, 이스라엘, 이란, 아라비아, 아프리카 북부 등에 약 3백만 명이 살고 있다고 추정한다. 대부분 목축을 하고 있으며 겨울 우기에는 사막지역으로, 여름 건기에는 경작지역에서 생활한다. 베두인은 아랍어 '바드우'(badw)를 잘못 발음한 것이다. 바드우는 바디야(badiyyah, 도시가 아닌 곳)에 사는 사람인데 오아시스나 와디(마른 강)에서 농업을 하는 사람을 총칭하며 도시에 사는 사람들인 하다르에 대칭되는 용어이다.

기록에 최초로 등장한 유목민은 헤로도토스의 『역사』에 나오는 스키타이족이다. 이들은 당시 페르시아의 군과 알렉산드로스의 북방 원정군을 격파하였지만 얼마 지나지 않아 역사에서 사라졌다. 몽고족도 마찬가지이다. 유목민은 부족한 탄수화물을 얻기 위해서 정주민을 약탈하여야 했고, 이들은 생존을 위한 침략과 약탈이었기에 전투력이 높았다. 유목제국은 몽골이 쇠퇴한 15세기 서구유럽이 강력하게 등장하기 전까지 역사를 뒤흔드는 중심이었다. 한 때는 강력한 국가를 형성하기도 했지만 인구수나 문화면에서도 정착한 농경민족의 국가와는 상대가 되지 못했다. 유목제국은 인간의 교류를 촉진하여 인류문명의 발전을 가져왔다. 그러나 정착민족을 정복한 후 오히려 그들의 문화에 역으로 점령되었다. 몽골뿐만 아니라 동로마를 멸망시킨 투르크족도 아랍과 페르시아 족에게 동화되어 역사의 중심에서 사라지며 모두 흔적으로만 남았다. 지금도 전 세계적으로 4000만 명 정도의 유목민이 있는 것으로 추정한다. 근현대에 들어와 국민국가와 국경이 생기면서 유목민의 삶은 제한되었다.

농경민족들은 침략자 유목민을 야만인으로 보았지만 유목민들은 농업 정주민들을 '줄에 묶인 가축'으로 보았다고 한다. 유목민 투아레그인은 '정착민들의 누에고치인 집이, 산 자들의 무덤'이라고 말한다. "정주 생활은 역사에서 짧은 괄호에 불과하다. 인간의 삶은 유목생활로 형성되었으며, 다시금 여행자가 되어가고 있다." 프랑스 경제학자인 자크 아탈리의 말이다. 자본주의적 정착 생활로 각박한 삶을 사는 현대인들은 원초적 유목민들의 자연에 순응하며 자유롭게 살아가는 삶을 그리워하며 다시 그들의 삶을 따라하고 있다.

▌농업혁명의 잉여와 교환

기원전 4000년과 기원전 1700년 사이에 두 군데의 '중심'에서 일기 시작한 파문이 전 세계의 인간사회로 확산되었다. 유럽·아시아·아프리카의 다양한 풍토 속에서 서아시아식의 화전농법은 적당한 온도·강우량·자연림의 조건을 갖춘 새로운 지역으로 계속 퍼져 나갔다. 좀 더 시간이 흐르자 문명이라고 불러도 전혀 손색이 없을 고도의 복합적인 사회들이 생활하기에 적합한 새로운 땅에 뿌리를 내리게 되었다.[778] 기원전 3500년과 기원전 2500년 사이에 유목민 사회와 쟁기를 사용하는 농경사회가 출현함에 따라 인간의 생활양식이 눈에 띄게 다양해졌고, 기온과 강수량이 적합하여 대규모로 곡물을 재배할 수 있었던 유라시아대륙과 북아프리카 전역으로 문명이 광범위하게 퍼져 나갔다.[779]

인간이 철을 사용하면서 경제적·정치적·군사적 의미에서 중요한 결과를 낳았다. 새로운 금속은 그 양이 풍부했고, 덕분에 농민들은 철제 농구들을 만들 수 있었다. 그 결과 농경의 능률은 높아졌다.[780] 서아시아의 일부지방에서는 철기시대 야만족의 침입 이후 출현한 농민이 재배한 곡물의 일부를 직인이 만든 물건과 교역할 수 있었다.[781] 농업의 시작과 고대문명의 태동과 함께 쟁기 같은 생산수단과 바퀴와 돛단배 같은 교통수단이 발명되어 생산이 늘고 상업적 교류가 시작되었다. 도시, 문화, 예술, 종교, 학문 등 우리가 문명이라고 부르는 것은 '잉여물의 생산과 교환'이라는 토대 위에 세워진 것이다.

직업이 전문화되고 분업화가 일어나면서 인간은 특정한 경제활동에만 전념하고 잉여생산물을 다른 사람들과 교환하면서 살아가기 시작했다. 도시마다 생산물이 달라 도시 간의 교역도 발생하며 다양한 지역에 도시가 출범하였다. 경제적 분업의 이점이 서아시아 사회계층의 저변까지 철저히 파고들자 문명은 사상 최초로 완전히, 그리고 확실히 뿌리를 내리게 되었다. 모든 중요한 인구집단은 교환과 상호의존의 네트워크에 편입되었다. 문명사회의 복합성과 분업이 약 2000년의 세월에 거쳐 마침내 정착된 것이다.[782] 현재 세계 인구의 절반 이상이 도시에 살고 있으며(2012년), 우리나라는 90%가 넘는 사람이 도시에 살고 있다(2016년).

우리가 살고 있는 경제생활은 농경의 시작과 재산권의 등장으로 시작되었다. 재산권이란 자원에 대한 배타적 권리, 즉 다른 사람을 배제할 수 있는 권리를 말한다. 구석기시대에는 수렵과 채집으로 식량을 조달하고 '즉시' 분배하고 소비를 하는 사회이었기 때문에 재산권은 필요하지 않았다. 신석기시대의 농업은 많은 시간을 들여 노동을 하여야 수확이 가능했고, 수확물도 많아져 재산권이 문제되기 시작했다.

농업혁명과 학문의 태동

빙하기가 끝나고 기온이 온화해져 지구가 살만해지면서 인류는 폭발적으로 증가하기 시작했다. 농경으로 인류의 정착 생활이 시작되고, 나아가 생존 수준을 넘어서는 식량 생산이 가능하게 되면서 생산양식이 변화하고, 학문을 업으로 하는 집단이 등장해 인류의 문명이 태동하였다.

농업의 시작은 농업생산물의 잉여를 가져왔고 잉여의 분배문제와 함께 지배자가 출현했다. 고대문명의 통치자들은 때로는 '신의 아들임'을 내세워 지배 권력의 권위를 인정받고 신권정치로 권력을 강화했다. 지배자는 농부가 생산한 잉여식량을 '착취'하고, 그것을 기초로 왕궁과 사원 그리고 도시를 건설했으며 필요한 학문을 발전시켰다. 이들의 권력은 농업생산을 위한 역법, 천문학, 측량, 기하학, 의학 등을 발전시키는 데 공헌했다.

농업의 발전과 더불어 인류는 문자를 이용하고 기술이나 지식을 효과적으로 전달, 축적하기 시작했다. 글쓰기 기술은 고대문명의 모든 영역에서 높이 평가되었으며, 그런 기술이 있는 사람은 높은 사회적 지위를 누렸다. 소수 특권층의 자녀가 새로운 필기사가 되는 것은 놀라운 일이 아니었다.[783] 호모 사피엔스가 언어를 사용하기 시작한 것은 약 7만 년 전으로 추정한다. 기원전 3천 년 경부터는 수메르문명, 이집트문명 등 세계 문명발생지를 중심으로 문자를 사용하기 시작했다. 그리고 기원전 3천 년경 점토판에 쐐기문자를 새겨 넣은 최초의 책이 고대 메소포타미아에서 만들어졌다. 그들은 도서관도 만들었다. 1975년 시리아의 고대 도시 에블라 궁전에서 1만 5천 개의 점토서판 파편을 무더기로 발견했다. 기원전 2300년쯤에 파괴된 파편들은 세계에서 가장 오래된 도서관의 흔적이다. 고대의 가장 유명한 도서관은 기원전 3백 년경 설립된 이집트의 알렉산드리아 도서관이다. 4만 권에서 많게는 40만 권의 도서를 소장하고 있었을 것이라 추정한다.

알파벳 문자가 발생한 연대를 정확히 추정하기란 불가능하다. 순전히 소릿값만 가진 알파벳, 즉 그리스어나 로마 알파벳처럼 오직 모음이나 자음만을 나타내기 위한 기호는 그 이후인 2차 문명에서 탄생했다. 그것들은 기원전 1100년 이후에 페니키아인과 함께 등장했다.[784] 기원전 1300년경 알파벳 문자는 시리아와 팔레스타인에 널리 보급되었다.[785]

알파벳은 보통사람도 초보적인 식자(識字)능력을 갖추게 함으로써 지식을 대중화했다. 알파벳 덕분에 특수한 신관집단이나 고급교육을 받은 서기들의 전유물이던 문명사회의 지적 전통이 일반인에게 해방되었다. 더욱 중요한 것은 알파벳을 통해 일반인이 문명사회의 지적유산에 기여하기가 한결 쉬워졌고, 결과적으로 인류의 문화적 유산이 훨씬 다양하고 풍요로워졌다는 점이다. 알파벳 문자가 없었다면 히브리 예언자의 말이 기록되어 오늘날까지 사람들의 사고와 행동에 영향을 미치는 일도 없었을 것이다.[786] 또한 나 같은 사람이 이렇게 글을 쓸 수도 없었을 것이다.

▎민족과 언어의 전래

18세기 유럽에서는 언어학이 발달하였는데, 이는 영국과 프랑스 등의 인도 진출로 인한 것이었다. 유럽인들이 당시 산스크리트어를 연구하면서 유럽언어와 비교하는 비교언어학이 인기를 끌었다. 어족(語族)은 언어학에서 하나의 공통된 조상언어에서 갈라졌다고 추정되는 여러 언어를 통틀어 일컫는 말이다. 어족에 관해서는 불분명하거나 잘못 추측할 가능성이 있어 논란이 있지만 대부분의 언어는 대체로 개개의 어족들로 분류할 수 있다. 한 어족에 속한 언어들의 공통 조상은 공통조어(조어 祖語: protolanguage)라고 한다. 조어들 중에서 대표적인 사례는 인도유럽어족의 조어인 인도유럽조어(인구조어, 印歐祖語, Proto-Indo-European: PIE)이다. 어족은 더 작은 단위로 나뉠 수 있는데 어족의 하위 부류는 '어파'라고 부른다.

언어들 중에서 어느 어군으로 분류할 수 없는 언어를 고립 언어(language isolate)라 한다. 어족 내에서도 어족 내의 언어들과 관계가 밝혀지지 않아 별개의 어파로 분류해야 하는 고립된 언어도 있다. 인도유럽어족의 경우에는 그리스어가 여기에 해당한다. 한국어, 수메르어도 고립된 언어에 포함된다. 한국어는 우랄알타이어족 또는 알타이어족에 속한다고 하나 아직 가설일 뿐이고, 사실상 어느 어족에도 끼지 않는다. 여러 어족들에 대해 '대'어족을 제안하기도 한다. 이에 대해 대부분의 학자나 학파는 그 존재를 부정하거나 보류하고 있는 상태이다. 그밖에도 유라시아어족, 인도태평양어족 등 약 10여 개가 있다.

주요 어족을 지리적 분포에 따라 예를 드는 것은 단지 편의를 위해서이다. 유럽에는 인도유럽어족, 우랄어족, 튀르크어족이 분포해 있다. 아시아는 북아시아, 남아시아, 서아시아, 동아시아로 구분된다. 북아시아에는 인도유럽어족, 우랄어족 등 10개 내외로 분류되며 한국어가 포함된다. 남아시아에는 인도유럽어족, 드라비다어족, 안다만어족, 서아시아에는 인도유럽어족, 아프리카아시아어족 등 7개 내외가 분포한다. 동아시아와 동남아시아에는 오스트로네시아어족, 중국티베트어족 등 5개 정도가 있다. 아프리카에는 여러 지역에 걸쳐 있는 아프리카아시아어족이, 태평양지역에는 여러 지역에 걸쳐 있는 오스트로네시아어족이 분포해 있다. 아메리카 지역에는 수십 개의 어족이 있다.

인도·유럽어군의 조어(祖語)는 기원전 4500년~기원전 2500년에 흑해와 카스피해 북쪽 초원지대에서 시작되어 인도와 서유럽으로 전해졌다. 유럽과 미국의 백인뿐만 아니라 중국과 인도에도 백인들이 살고 있다. 그들의 언어는 유럽의 언어와 뿌리가 같다. 영국인들이 인도를 점령하고 인도 연구를 하면서 인도의 언어가 자신의 언어와 같은 뿌리를 가진 것을 발견하고 얼마나 놀랐던가! 아시아·아프리카어족(Afro-Asiatic languages)은 아프리카와 중동으로 전해졌고 터키어족은 몽골리아에서 아나톨리아로 전해졌다.[787] 인도·유럽어군은 유럽과 북미의 언어뿐만 아니라 페르시아어, 힌디어 등이 속하는 세계 최대 어족으로 약 30억 명이 사용한다(2015년).

언어학자들에 의하면 1000만 명 내외였던 기원전 1만 년경에는 인간이 사용하는 언어가 약 1만 2천개나 되었다고 한다. 지금은 전 세계에 4000개 이상의 언어가 존재하고 그 중 수백 개 언어만이 폭넓게 전파되었다. 그러나 언어를 문자로 쓰는 알파벳과 문자 언어 체계는 수십 개에 불과하다. 인간의 역사에서 엄청나게 많은 언어가 탄생하고 소멸했지만 그 흔적을 남긴 언어는 극소수에 불과하다. 고대 언어인 수메르어, 마야어 등은 문자 기록을 남겼지만 사어(死語)가 됐고, 방대한 기록을 남긴 라틴어, 산스크리트어, 고대 그리스어는 다른 언어로 발전되었다. 수많은 공동체를 이루어 작은 공동체 생활을 하던 수렵시대가 끝나고, 농경생활이 시작되어 더 큰 집단을 이루고 공동체 생활을 하면서 인간이 사용하는 언어의 수는 줄어들기 시작했다. 근현대에 들어와서 식민지배와 세계화 등으로 수많은 소수 언어들이 소멸했다. 살아남은 언어는 7천 개가 되지 않는다(2004년). 이 중에서 400개 정도는 극소수의 노인들만이 사용하는 소멸 직전의 언어이며, 3000개 정도는 더 이상 배우지 않아 소멸 위기에 직면했다. 100년이 지나면 이들 언어의 90%가 사라질 것으로 추정한다.

2) 문명 이전과 이후

이 책의 마지막 부분인 "1) 문명의 징후와 태동"은 우주, 생명 그리고 인간의 기원과 역사를 돌아보고 인간의 역사와 문명의 여명기를 다루면서 마무리를 지었다. 따라서 이 책은 우주, 생명, 인류의 기원과 전개, 그리고 마지막으로 문명의 태동을 쓴 책이다. 신화적·종교적인 우주 기원론과 빅뱅우주론을 시작으로 창조론과 진화론, 생명의 진화와 인류의 탄생, 네안데르탈인과 호모사피엔스, 문명의 시작으로 이어지는 100억 년이 넘는 긴 시간을 짧은 지면에 요약하였다.

기원전 1만 년경부터 호모 사피엔스 사피엔스는 전 세계로 이주하면서 이미 수천 년 전 문명을 이루어냈다. 자연의 일부로서 수렵과 채취를 하던 인간이 자연을 객체화하여 농업을 시작하였고, 농업혁명으로 만들어진 잉여생산물과 함께 지배자와 피지배자가 나타나고, 정복과 폭력, 전쟁이 이어졌다. 이를 통하여 도시와 국가, 제국을 만들었을 뿐만 아니라 문자를 만들어내고 학문의 발전으로 오늘날 우리 인간은 우주로까지 진출하였다. 수메르문명을 출발점으로 하여 고대의 인류 4대 문명이 탄생했고, 인간의 역사가 흘러왔고, 오늘날 인간문명이 드높이 치솟았다. 그것은 코스모스에서 생명으로, 생명에서 호모 사피엔스로, 그리고 문명의 태동으로 이어지는 길고 긴 시간이었다.

이 책이 나의 글쓰기의 시작이다. 그것은 "우리는 어디에서 왔는가? 우리는 어디에 있는가? 우리는 누구인가? 우리는 어디로 가는가?" 그리고 "우리는 무엇을 할 것인가?"로 이어지는 길고 긴 글의 시작이다. 분명 나의 한계를 벗어나는 무모한 시도이겠지만 이것은 내가 50대 후반의 늦은 나이에 찾은 숙제다. 이 첫 번째 책이 우주와 생명, 인간과 문명의 기원에 대한 글이라면 다음번 책은 "인간은 어떻게 왔는가?"라는 주제, 즉 인간의 역사를 다룰 것이고 그것의 첫 번째는 고대사에 관한 것이다. 그것이 마무리되면 "우리는 어디에 있는가?"에서 인간의 '현재적인' 삶을 인문학과 사회, 종교와 과학 등의 관점에서 볼 것이다. "우리는 어디로 가는가?"에서는 인간의 미래, 죽음 그리고 구원의 문제 등을 광범위하게 공부해보려고 한다. 마지막으로 "무엇을 하여야 하는가?"에서는 지금까지를 돌아보면서 인간이 하여야 할 일, 아니 내가 하여야 할 것이 무엇인지 한번 생각해보려고 한다.

이 책에 이어지는 책이 출판된다면 그것은 고대문명에 관한 것이다. 물론 누구나 알고 있는 수메르문명, 메소포타미아문명, 인더스문명, 이집트 문명, 중국문명, 그리스문명, 페르시아 등에 관한 것이다. 그러나 그 내용은 단순한 역사적 사실의 나열이나 역사학적인 논쟁이 아니다. "우리는 어디에서 왔는가? 우리는 어디에 있는가? 우리는 누구인가? 우리는 어디로 가는가?" 그리고 "우리는 무엇을 할 것인가?"라는 관점에서 첫 번째 책을 이어서 우주와 생명의 기원과 인간과 문명의 기원을 연결시키고, 그 맥락을 파악하고 비교하고 그 함축과 함의를 탐색할 것이다. 인간의 진화과정에 나타난 정복과 폭력 그리고 전쟁을 진화와 유전자라는 관점에서 분석하고, 인간의 유전자에 심어진 생존욕구, 성욕과 문명을 연결시킬 것이다. 그리고 진화와 유전자라는 맥락에서 인간이 어떻게 해서 우주와 생명을 탐구하려는 욕구가 생겼는지, 그것이 대체 무엇인지 보고자 한다. 그리고 인간의 이기적 유전자와 이타적인 유전자가 어떻게 문명을 이루어나갔는지를 연결시켜 보려고 한다. 또한 자연적인 진화와 유전뿐만 아니라 문화적 진화와 발전의 관점에서도 분석하여, '신' 관념, 종교의 기원과 발전과 그 의미, 과학발전과 종교적 영향, 종교 분쟁과 종교폭력의 문제 등을 연결시키고 맥락을 캐고 그 의미를 찾고자 할 것이다.

에필로그
:인생의 숙제

죽는다는 것에 대하여

인간 역사상 '죽음'만큼 많이 떠오르고, 널리 사용된 단어는 거의 없을 것이다. 수많은 사념(思念)이 존재해왔다. "직사광선 아래에서 오랜 세월 동안 빛바랜 석관들 속에 누워 자는 자들은 아무 말이 없다. 죽은 자들은 자신의 유한함 때문에 시간의 무한함 앞에 무릎을 꿇었다. 사람은 모든 것이 무로 돌아가는 죽음의 미망 앞에서 무력하다. 오오 죽은 자들이여, 영원 속에서 안식할지니!" 장석주의 『내가 사랑한 지중해』(2014년)에 나오는 글이다.

김대식 카이스트 교수는 이렇게 썼다(〈중앙 선데이〉, 2015년). "우리는 잘 안다. 우리가 두려워하는 그 날이 오는 날, 우린 이미 '나'란 존재가 아닌, 그저 타인의 머리 안에 남겨질 보잘 것 없는 추억일 뿐이란 걸. 그리고 그것도 잠깐. 부모님의 부모님, 그 부모님의 부모님이 더 이상 아무 의미 없는 사람들이듯, 우리 자식들의 자식들, 그의 자식들에게 우리는 무의미할 것이다."

사르트르가 쓴 『구토』(La Nausee)는 우리 인간의 우연성과 공허함을 적나라하게 그리고 있다. 우리 인간이라는 존재의 발가벗겨진 모습은 바로 아무런 목적도, 이유도 없이 우주의 한구석에 내던져졌다는 것이다. 인간이 왜 존재하는지, 우주는 무엇인지, 나는 누구인지에 대한 그 많은 설명은 언어유희인 위장이며 진실을 가리는 기만이고 사기에 불과하다. 나무는 그냥 존재하는 것이고 인간도 그냥 존재하는 것뿐이다. '구토'는 내던져진 존재, 이유 없는 존재 앞에서 무력하게 엄습하는 오한이고 헛구역질을 의미한다. 토머스 홉스의 말처럼 "인간의 삶은 고독하고, 궁핍하고, 비참하고, 야만적이고, 짧다."[788]

대다수의 사람은 죽음에 대한 준비를 할 엄두조차 내지 못한다. 대체 무엇을 준비한다는 말인가. 죽음이라는 이름 앞에 우리 인간이 할 수 있는 것이란 죽음을 '당하지 말고' 죽음을 스스로 맞아들여야 하는 것이다? 어떻게!

"좋은 죽음은 아름답다. 좋은 죽음은 우리가 죽을 수밖에 없는 유한한 존재라는 자연의 이치를 받아들일 때, 그리고 죽음이 언제 어디서 온다 해도 그동안 주어진 삶의 충만함에 진정 감사할 줄 알 때에 가능하다. 죽기 직전까지 살아왔던 삶이 충분하고 만족하다고 생각되면, 존엄한 죽음이나 평화로운 죽음을 맞이할 수 있는 것은 분명해 보인다." 노자의 말이다. 노자에게는 자연의 이치였지만 종교를 믿는 사람이라면 자신이 믿는 진리 안에서 죽음을 받아들일 것이다. 그런데 그 진리는 대체 무엇일까.

▌신으로부터의 자유

인간이 죽음에 직면하여 절대자인 신에 귀의할 것인지, 신을 거부할 것인지, 죽음을 긍정적으로 받아들이고 살지를 결정하는 것은, 어떤 사람에겐 간단한 일일지 모르지만 어떤 사람에겐 길고도 고통스런 고뇌가 따르는 일이다.

스티브 잡스(1955~2011)는 죽음을 겸허히 받아들이고 "죽음은 삶이 만든 최고의 발명품이다."라는 말을 남기고 떠났다. 그는 죽음에 순응하고 그 바탕에서 삶을 깊이 성찰하였다. 물론 간단한 것은 아니었다. 젊은 시절 그는 불교를 비롯하여 많은 깨달음을 찾아 방황하였다. 스티브 잡스는 말한다. "누구도 죽음을 원치 않는다. 천국에 가고 싶은 사람도 당장 죽어서까지 가고 싶지는 않을 것이다. 죽음은 우리의 숙명이다. 아무도 피할 수 없다. 그래야만 한다. 언젠가 죽는다는 사실을 기억하라. 그러면 당신은 정말 잃을 게 없다. 죽음은 삶이 만든 최고의 발명품이다." 그가 신에 대하여 어떤 생각을 하였는지 모르겠지만 그것은 '순응'의 길이라고 부를 수 있겠다.

'순응'의 길은 신앙의 길과 대척점에 있다. 그것은 17~18세기 몽테뉴와 파스칼에서도 잘 나타난다. '인간 탐구자'(moralist)는 17세기와 18세기에 인간에 관해 성찰했던 프랑스 작가들을 일컫는 말이다. 철학과 문학의 중간쯤에서 현실의 인간을 들여다본 사람들이다. 『에세』의 몽테뉴, 『팡세』의 파스칼이 대표적인 사람들이었지만 그들의 '길'은 달랐다. 이환이 쓴 『몽테뉴와 파스칼』(2007년)은 파스칼(1623~1662)과 몽테뉴(1533~1592)를 대비시켰다. 몽테뉴는 "나는 무엇을 아는가?"라는 질문을 던지는 회의적인 사색가였고, 파스칼은 "인간은 생각하는 갈대다."라는 말을 남겼다. 몽테뉴는 무신론주의자이자 인본주의자인 반면 파스칼은 그리스도교 신앙과 함께 한 인간이었다. 당시 유럽에는 그리스도교만이 유일했으니 다른 종교에 대한 고민은 없었을 것이다. 몽테뉴는 종교개혁 이후 신교와 구교 사이에 비극적인 내전으로 수많은 사람이 죽어갔던 시대를 살았다. 그 비극은 참혹하였다. 몽테뉴가 목격한 것은 인간의 광기였으니, 그것은 '우리가 믿는 신만이 절대 진리의 신'이라는 믿음으로부터 나온 것이었다. 몽테뉴에게 남은 것은 회의와 의심을 통하여 '맹목적' 신앙에서 벗어나 자유로 가는 것이었으니, 삶의 유한성을 있는 그대로 받아들이는 것만이 행복의 조건이라고 생각했다.

우리가 알고 있듯이 '신은 죽었다!'고 선언한 니체도 종교를 거부하였다. 니체의 『이 사람을 보라』는 본인이 직접 쓴 철학적 자서전이다. 제목은 로마 총독 빌라도가 가시관을 쓴 예수를 가리키며 한 말이다. "예수가 가시관을 쓰고, 자색 옷을 입으신 채로 나오시니, 빌라도가 그들에게 '보시오, 이 사람이오.'하고 말하였다."(요한복음 19.5.). 니체는 예수에 대항하는 존재로 나타난다. 여기서 예수는 인간과 세계의 '의문'으로부터 '도피'하려는 종교를 암시하는 것으로, 자신은 삶을 적극적으로 긍정하는 존재로 나타난다. 니체는 종교로의 도피를 거절하였다.

신으로의 귀의

반면 파스칼은 신앙을 선택한 사람이다. 파스칼이 보기에 인간이란 '위대함'과 '비참함'의 사이에서 줄타기를 하는 존재이다. 인간은 무한의 우주와 영원의 시간 앞에서는 한없이 왜소하고 허약하지만, 그럼에도 이 작은 인간이 전 우주를 관찰하고 사유할 수 있는 점에서는 한없이 위대한 존재로 보였던 것이다. 파스칼은 몽테뉴가 쓴 『에세』의 애독자였는데, 그가 보기에 몽테뉴는 근본적인 문제를 회피하는 것으로 보였다. 많은 신앙인이 그러하였듯이 파스칼은 회의를 초월과 신앙으로 뛰어넘어 그리스도교 신앙에 귀의하였다. 그가 쓴 『팡세』는 결국 그리스도교 옹호론이다. 그렇지만 파스칼은 그리스도교의 '본질'과 '역사'에 관해 깊이 파고들지는 않았다. 그가 살던 시기의 유럽은 다종교 사회도 아니었고 자연과학 역시 그리 도전적인 것이 아니었다. 파스칼은 그리스도교만이 유일한 종교였던 시대의 유럽인으로서 수많은 종교가 공존하는 상황을 알지 못했고, 자연과학의 도전도 아직 중대하지 않았던 시대의 인간이었다. 수많은 종교가 수많은 사람에 의하여 진리로 받아들여지고 있고 현대과학의 도전이 중대한 오늘날은 파스칼과는 분명 다른 시대이다.

❙ 흔들리는 믿음

나는 삶과 죽음을 적극적으로 긍정하려고 노력하고 있다. 물론 인간이기에 쉽지는 않다. 파스칼처럼 종교로의 귀의를 '완전히' 거부하지 않았지만 그 종교를 맹목적으로 받아들이지는 않았으며, 니체처럼 종교를 단지 도피처로 삼지도 않기로 하였다. 나는 신앙 안에서 불현듯 일어나는 회의와 의문을 덮어버릴 수만은 없었다.

시인 윤동주는 그리스도교 집안에서 태어난 그리스도 교인이었다. 하지만 연희전문학교 시절 깊은 신앙의 회의에 빠졌다. 그는 침묵하는 하나님에 대해 절망하였고 이는 그의 신앙을 근본적으로 흔들었다. 식민지 한국의 수난에도 아무런 응답 없는 신에게 좌절감을 느꼈던 것이다. 1940년경 쓴 '팔복'은 『성경』 구절을 바꿈으로써 그것을 표현하였다. 「마태복음」 5장 1절부터 12절까지이다.

예수께서 무리를 보시고 산에 올라가 앉으시자 제자들이 곁으로 다가왔다.

예수께서는 비로소 입을 열어 이렇게 가르치셨다.

"마음이 가난한 사람은 행복하다. 하늘나라가 그들의 것이다.

슬퍼하는 사람은 행복하다. 그들은 위로를 받을 것이다.

온유한 사람은 행복하다. 그들은 땅을 차지할 것이다.

옳은 일에 주리고 목마른 사람은 행복하다. 그들은 만족할 것이다.

자비를 베푸는 사람은 행복하다. 그들은 자비를 입을 것이다.

마음이 깨끗한 사람은 행복하다. 그들은 하나님을 뵙게 될 것이다.

평화를 위하여 일하는 사람은 행복하다. 그들은 하나님의 아들이 될 것이다.

옳은 일을 하다가 박해를 받는 사람은 행복하다. 하늘나라가 그들의 것이다.

나 때문에 모욕을 당하고 박해를 받으며 터무니없는 말로 갖은 비난을 다 받게 되면 너희는 행복하다.

기뻐하고 즐거워하여라. 너희가 받을 큰 상이 하늘에 마련되어 있다.

옛 예언자들도 너희에 앞서 같은 박해를 받았다."

윤동주의 시는 이렇게 쓰고 있다.

슬퍼하는 자는 복이 있나니

슬퍼하는 자는 복이 있나니

슬퍼하는 자는 복이 있나니

슬퍼하는 자는 복이 있나니

슬퍼하는 자는 복이 있나니

슬퍼하는 자는 복이 있나니

슬퍼하는 자는 복이 있나니

슬퍼하는 자는 복이 있나니

저희가 영원히 슬플 것이오.

역사적으로 맹목과 광신은 자신의 종교를 왜곡시켜왔다. 오히려 니체 같은 신랄한 '종교' 비판자들은 해당 종교의 제3자이기 때문에 그 종교 자체에 직접적인 영향을 줄 수가 없으므로 왜곡과는 관련이 없을 수 있다. 우선 그리스도교의 왜곡에 대해서만 언급하고자 한다.

언젠가 모 목사가 국가조찬기도회에서 10월 유신을 칭송하는 축복 기도를 하였다. "민족의 운명을 걸고 세계의 주시 속에서 벌어지고 있는 10월 유신은 하나님의 축복을 받아 기어이 성공시켜야 하겠다.…10월 유신은 실로 세계 정신사적 새 물결을 만들고 「신명기」 28장에 약속된 『성서』적 축복을 받을 것이다." 광주민주화운동 직후인 1980년 유력한 교계 인사들은 조찬기도회를 열어 전두환의 앞날을 축복해 주었다. 이렇듯 한국 개신교의 권력과의 야합은 복음의 본질을 왜곡시켜 진리의 복음이 아니라 악의 복음을 탄생시킨 것은 아닐까? "옳은 일을 하는 것을 배워라. 정의를 찾아라. 억압받는 사람을 도와주어라. 고아의 송사를 변호하여 주고 과부의 송사를 변론하여 주어라."(이사야 1.17. 새 번역) 진실한 그리스도교 신앙인이라면 신의 뜻과 예수의 가르침을 올바로 알아 가려는 노력이 필요하다. 우린 인간이기 때문이다. 그러나 많은 경우 목사를 우상화하고, 맹신하고, 그 가르침을 단순화시키고, 그의 말만 듣고 그가 시키는 대로만 하면 복 받는다고 부축이기도 한다. 우리 교회가 반 지성주의와 욕망의 공동체가 되어가는 것이 아닌 것인지 의구심이 들기도 한다. "여러분은 이 시대의 풍조를 본받지 말고, 마음을 새롭게 함으로 변화를 받아서, 하나님의 선하시고 기뻐하시고 완전하신 뜻이 무엇인지를 분별하도록 하십시오."(로마서 12.2. 새 번역)

그래서 어떻다는 말인가? 그것은 내가 왜 이 책을 쓰는지, 무엇을 쓸 것인지, 방향은 무엇인지, 그 배경은 무엇인지, 그것을 밝히려는 것이다.

나의 혼란 그 시절

나의 대학시절과 젊은 날을 돌아보면 너무나도 어처구니없고, 오류와 당혹스런 방황과 실수로 점철되었고, 잘못과 부질없는 짓의 연속이었다. 나로 인하여 많은 사람이 고통을 당했고 많은 사람에게 고개 숙여 사과하고 싶지만 그럴 자격도 없다는 생각이 많이 든다. 그때를 생각하면 지금도 도저히 이해할 수 없는, 염치없고, 미숙한, 용서할 수 없는 언행과 함께 이해할 수 없는 자만심만이 넘쳐흘렀다. 젊음이 주인공일 때 그것은 끔찍하였고 미숙하기는 끝이 없었다.

이문열 작가의 소설 『젊은 날의 초상』은 1981년에 출판한 이래 2017년 초까지 79쇄를 이어왔다. 가출하여 떠도는 이야기, 이상과 현실 간의 갈등, 대학생활의 혼란, 허무와 절망스런 이야기도 나온다. 나도 그랬다. 많은 사람의 '젊은 날'이 그랬고 앞으로도 그럴 것이다. 나의 청소년 시절과 20대는 육체적으로, 심리적으로, 정신적으로, 물질적으로 무척 힘든 시절이었고 늘 벗어나고 싶었던 시기였다. 가끔 젊은 시절을 생각해보면 너무도 당황스럽다. 그것은 연기라고는 해본 적이 없는 한 인간이 어느 날 갑자기 무대에 올라와 자신이 무슨 말을 하는지 이해조차 못하고 외운 대사를 정신없이 내뱉으며 이리저리 뛰어다니는 것이었다. 많은 고통을 받으며 살기도 했지만 미숙함이 끝을 보이지 않던 시기였다. 가끔 돌아보고 싶지 않은 그것을 어떻게 마무리 지을까 노심초사하기도 한다. '우물 속에는 달이 밝고 구름이 흐르고 하늘이 펼쳐지고, 파아란 바람이 불고 가을이 있고 추억처럼 사나이가 있습니다.' 윤동주 시인의 시 '자화상'의 구절이다. 이 시를 읽으며 그 사나이가 나일까 하는 생각이 들기도 하였다.

나는 약한 아이였다. 초등학교에 들어가기 전에는 이질과 배알이로 피똥을 보았고, 초등학교에 들어가서는 폐결핵을 앓았고, 열아홉~스무 살 경에는 급성폐렴과 폐결핵으로 거의 1년 간 병원에 누워있었다. 대학 근처도 못갈 뻔했다. 결과적으로 나를 그렇게도 자랑스럽게 생각하시던 이모의 기대에 부응하지 못하였다. 첩첩산중 시골에서 자랐던 나는 5학년 때 서울 이모 댁으로 홀로 전학 왔다. 그러나 초등학교와 중학교 시절, 선생님에게 너무나도 어이없는 엄청난(나로서는!) '폭행'을 당해 오랜 기간 학교공부에 어려움을 겪었고 평생 떠오르는 아픈 기억이 되었다. 육체적인 것뿐만 아니라 자라면서 겪은, 말하고 싶지도 말할 수도 없는 정신적·경제적 고통은 내 삶을 황폐화시켜 버렸고 50대가 되어서야 조금씩 그것을 떨쳐버릴 수 있었다. 이렇게 과거를 끄집어내는 것은 정말로 잊어버리고 싶기 때문이다. 나는 비록 천재와는 거리가 멀지만 과학자로 학문의 세계에 살았으면 가장 행복했을 사람이라는 생각이 든다. 하지만 난 지금 생각하면 어이없게도 전혀 흥미도 재미도 없었고 수업도 거의 들어가지 않았던 경영학을 전공하였고 현재 회계사라는 직업을 가지고 살고 있다. 대체 왜 나의 삶이 이렇게 흘러온 걸까? 어느날 갑자기 눈물이 났다.

언젠가 불교관련 책을 읽다가 본 붓다의 말이 눈에 들어왔다(기억이 명확하지는 않다). "누구의 탓으로 돌릴 수 없다"고. 그것이 무슨 의미인지 첫 번째 책을 쓰면서 조금씩 떠올랐다. 그리고 오랜 세월이 흘러 어느 날 정신이 들어보니 오랫동안 억눌려있었던 주제, 그러니까 나는 대체 무엇이었고, 지금은 어디에 있으며, 어디로 가는 걸까라는 질문이 끝없이 나를 짓눌렀다. 내 삶이 이렇게 흘러온 그것.

▌나는 대체 누구인가?

자신이 언젠가는 죽는다는 사실은 "나는 누구이고, 나는 어디에서 왔으며, 나는 어디로 가는가?"라는 질문으로 귀착된다. 도대체 인간이란 무엇이며, 나는 어디에서 왔으며, 나는 대체 (죽은 이후에) 어떻게 되는 건지, 그냥 썩어 흙으로 돌아가는지, 그래서 대체 어떻게 살아야 할 것인지와 같이 생각의 끈은 끊임없이 이어질 것이다. 하지만 그것은 미스터리였고, 미스터리이고, 미스터리로 남을 것이다.

그것을 17세기의 독일의 시인인 질레지우스(Angelus Silesius, 1624~1677)가 시로 표현했다.[789]

나는 존재하나 내가 누군지 모른다.
나는 왔지만 어디서 왔는지 모른다.
나는 가지만 어디로 가는지 모른다.
내가 이렇게 유쾌하게 산다는 것이 놀랍기만 하다.

아래는 이탈리아의 시인 자코모 레오파르디(Giacomo Leopardi, 1798~1837)가 20대에 쓴 시이다.

무한

이 황량한 언덕이 언제나 내게 익숙했고,
이 울타리는 사방으로부터 마지막 지평선의 시선을 가린다.
그러나 울타리 저 너머의 무한한 공간과
초월적인 침묵과 신비한 정적을
가만히 앉아서 바라보노라면
나는 상념에 젖어들고,
불현듯 마음이 두려워진다.
그리고 이 나무들 사이로
속삭이는 바람결을 들으며,
나는 저 무한의 침묵과 이 소리를 비교해 본다.
영원과 죽은 계절들,
살아 있는 오늘의 계절과 그 소리가 되살아난다.
이렇게 이 광활함 안에
나의 상념은 빠지고
이 바다 속으로의 난파는 달콤하구나.

그리스도교 신학책 중 거의 유일하게 내가 읽을 수 있었던 신학자인 한스 큉의 글이다.[790]

누가 나를 이 세상에 생겨나게 했는지
세계는 그리고 나는 무엇인지 알 수 없다.
나는 만사에 대하여 끔찍한 무지 속에 있다.
나는 나의 육체, 나의 감각, 나의 정신이 무엇인지 모르거니와
내가 말하는 것을 생각하고, 모든 것 그리고 자신에 대하여 성찰하는, 그러나 기타의 것은 물론 자기 스스로도 모르는 내가 무엇인지 모른다.
나는 나를 에워싼 이 우주의 끔찍한 공간을 본다.
그리하여, 광막한 우주의 한 모퉁이에 매달린 자신을 발견할 뿐
무슨 이유로 다른 곳 아닌 이곳에 위치하고 있는지
무슨 이유로 나에게 허용된 이 짧은 시간이 과거에서 나에게 이를 전 영원과 미래로 이어질 전 영원 사이의 다른 시점이 아닌 이 시점에 지정된 것인지를 모른다.
어느 곳을 둘러보아도 보이는 것은 오직 무한일 뿐이며
이 무한은 다시는 돌아올 길 없이 한순간 지속될 뿐인 하나의 원자, 하나의 그림자와도 같은 나를 덮고 있다.
내가 알고 있는 것은 다만 내가 곧 죽으리라는 것
그러나 무엇보다도 내가 모르는 것은 이 피할 수 없는 죽음 그 자체이다.
나는 어디서 왔는지 모르는 것처럼 또 어디로 가는지도 모른다.
다만 알고 있는 것은 이 세상을 떠나면 영원히 허무 속에,
아니면 성난 신의 손에 떨어지리라는 것뿐이다.
이 상태 중 어느 편에 영원히 갇히게 될지 모른 가운데
이것이 곧 결함과 불확실성이 넘쳐 있는 나의 상태이다.

▎살아야 할 이유는 있는 걸까

장미는 자신이 장미인지 모르며 꽃을 피운다. 끝없는 해변을 힘들게 기어가는 거북이에게 '왜'라는 질문은 무의미하다. 인간의 위대함이자 비극은 '왜'라는 질문을 할 수 있다는 것이다.[791] 그래서 파스칼(1623~1662)은 '무겁게' 인생을 성찰하고 고뇌하였다. "인간에게 장엄한 우주를, 그 높고 충만한 대자연의 위엄을 명상케 하라…그리고 이 거대한 궤도의 원주 자체도 하늘을 떠도는 수많은 천체들의 관점에서는 극히 미세한 하나의 티끌에 불과하다는 사실에 대해 경외심을 느끼게 하자." 파스칼은 무한한 우주 공간의 끝없는 침묵에 두려움과 경외감을 느꼈다. 무한한 우주공간의 영원 같은 침묵을 두려워하였으니 그도 '구토'를 느꼈을지도 모른다. 반대로 무한히 작은 미시세계(微視世界)의 심연 앞에서 두려움이 엄습하였을 것이다. 이것이 인간이 이 지상에 태어난 이래 오랜 세월동안 처한 불균형이요, 파스칼이 말하는 "인간의 위대함이자 비참함이다(la grandeur et misère del'homme)."[792] "결국 인간의 본성이란 무엇인가? 무한과 영원에 비하면 무, 무에 비하면 전부, 무와 전부 사이의 중간이다."[793] 위대한 '전부'와 비극적인 '무'에 갇혀버린 중간자이다.

어차피 우리 인간에게 죽음이 저만치서 기다리고 있는데 우리가 살아가야 할 '근원적인' 이유란 대체 무엇일까? 인간이라면 누구나 한번쯤은 이런 질문을 스스로 던졌을 것이다. 그냥 우리는 계속 살아남아야 한다는 생물학적 '관성'으로 목숨을 부지하고, 생존과 자녀양육(번식)을 위하여, 살아서의 '영광'을 위하여 열심히 살아야 하는 것일까? 인간이란 '생존과 번식'이라는 목적을 가진, 유전자로 프로그램화된 생명체라는 '극단적인' 과학주의자들의 주장처럼, '어차피 죽을 거 왜 사나'라는 회의적인 비관론을 회피하고 그저 본능에 휘둘리며 그냥 열심히 살아가야 하는 것인가. 호메로스의 『오디세이아』에서 아킬레우스처럼 살고자하는 욕망에 집착하여야 할까. "지상에서 살 수만 있다면 난 다른 사람의 노예로 살아도 좋다. 땅도 없고 가난한 사람 밑이라도 좋다. 쓰러져 사멸하여 죽은 모든 자들 위에 군림하는 것보다 그게 더 좋다."

아니면 종교와 '유일신'에 의지하여 사후의 삶을 기대할 것인가. 죽을 수밖에 없는 우리 인간이 영원히 존재하며 죽지 않는 신을 '추리'해내고 신의 구원을 갈구하는 것인지, 정말로 신이 우리를 영원한 삶에의 구원으로 이끌어 주는 것인지. 신이 없음도 우리는 증명할 수가 없듯이 신을 우리 스스로 증명해낼 수도 없다. 그렇지만 우리 인간은 '완전'히 종교를 떠날 수는 없다.

▎즐거운 길가메시로 살 것인가?

죽음은 받아들였다고 하자. 지금 당장 죽는다고 하더라도 당황하지 않고 죽음을 겸허히 받아들인다고 해보자. 그럼 어떻게 살아갈 것이며 무엇을 할 것인가.

다시 김대식 KAIST 교수에게 돌아간다(약간의 편집을 하였다.). "우리 인간에게, 인간의 인생에 절대적인 또는 근원적인 의미가 존재한다는 것이 그렇게도 반가운 일일까? 인생이 의미가 있다는 것은 인간이, 그리고 그 삶이 목적이나 '사용' 용도가 있다는 뜻이다. 인간이 존재하는 목적이나 용도가 있다면 인간은 자신을 위해 존재하는 게 아니지 않은가. 나의 인생은 나 자신과는 다른 무언가의 목적 달성을 위한 도구가 되는 것이다. 망치는 용도가 정해진 것이기에 벽에 못을 박아야만 한다. 그렇다면 인간도 누군가에 의하여 정해놓은 용도가 있는 것이 되고 '객체'가 되는 것이다. 의미 있는 인생이란 결국 '목적'이나 '용도'라는 존재의 무거움에서 자유로울 수 없는 인생이 아닐까. 그렇다면 나만을 위한 인생은 인생에서 그 '절대' 의미를 뺀 후부터 가능해지게 된다. 삶의 의미를 포기하는 순간에야 우리의 존재는 가벼워진다는 말이다. 그러나 가벼운 인생은 '참을 수 없는 존재의 가벼움'을 느끼게 한다. 결국 우리가 풀어야 할 문제는 (어차피 논리적으로 불가능한) 인생의 의미가 아니라, 의미 없는 인생에서 어떻게 살 것인가이다. 알베르 카뮈는 의미 없는 인생을 살아야 하는 우리 인간들을 시시포스와 비교한다. 코린토스 시의 왕이었던 시시포스는 영원히 굴러 떨어질 돌을 매번 다시 굴려 올려야 하는 벌을 받는다. 무거운 돌덩어리를 고생하여 올려놓으면 돌은 다시 아래로 떨어지고,

이 무의미하고 지겨운 인생은 영원히 반복된다. 도대체 시시포스가, 아니 인간이 뭘 그리 잘못했다고 이런 벌을 받아야 하는가? 시시포스의 죄는 너무 영리해 올림포스의 신들을 속인 것이다. 인간이 시시포스와 같은 벌을 받는 이유는 장미와 거북이와는 달리 자아와 지능을 가지고 태어났기 때문이다. 우리는 지능이 있고 자아 관념을 가지기에 '왜'라는 질문을 할 수 있다.

그런데 '왜'라는 물음으로 존재하지 않는 삶의 의미를 추구하는 순간 우리는 우리 자신의 질문을 짊어져야 하는 무거운 인생을 살기 시작하는 것이다.

1987년 이탈리아 토리노의 한 아파트에서 소설가인 프리모 레비가 뛰어내려 자살했다. 유대인으로 아우슈비츠 수용소의 생존자였던 그는 자유와 부를 누린 삶을 포기하고 죽음을 선택했다. 명예와 부를 모두 누리게 된 레비는 아마도 '왜?'라는 질문을 멈추지 못했을 것이다. 왜 그 많은 젊은이 중에 자신만 살아남았을까?…왜? 왜? 왜?…레비는 1987년에 죽은 것이 아니다. 그는 답이 있을 수 없는 '왜?'라는 질문을 시작한 40년 전 아우슈비츠에서 이미 죽기 시작했었던 것이다. 인간의 위대함이자 비극은 '왜 사는가?'라는 질문을 제기하기 때문이다. 길가메시야, 너무 슬퍼하지 말고 다시 집에 돌아가 원하는 일을 하며 아름다운 여자를 사랑하라. 그리고 좋은 친구들과 종종 만나 맛있는 것 먹고 술 마시며 대화를 나누어라. 비틀스의 존 레넌(John Lennon)이라면 이렇게 얘기했을 것이다. '길가메시야, 인생이란 네가 삶의 의미를 추구하는 동안 흘러 없어지는 바로 그런 것이란다."(《중앙 선데이》, 2013.3.23.) 『사피엔스』(2015년 번역 출간)를 쓴 유발 하라리는 말한다. "인류는 목적이나 의도 같은 것 없이 진행되는 눈 먼 진화과정의 산물이다. 우리의 행동은 뭔가 신성한 우주적 계획의 일부가 아니다. 내일 아침 지구라는 행성이 터져버린다 해도 우주는 아마도 보통 때와 다름없이 운행될 것이다…그러므로 사람들이 자신의 삶에 부여하는 가치는 그것이 무엇이든 망상에 지나지 않는다."

김대식 교수나 유발 하라리의 말대로 인생이란 의미가 없을까. 있지도 않은 의미를 찾다가 죽음에 이르는 짧은 삶일까. 물론 그의 말대로 그것에 얽매이지 말고 사는 '자유'는 인정한다. 그렇지만 길가메시가 말하듯이 아무 생각없이 알코올의 기운으로 살아가거나 인생을 즐기기만 하면서 살기에는 우리 인생이 너무도 가볍고 허전한 것은 어쩔 수가 없다.

글쓰기에서 길을 찾다

로마시대의 철학자, 황제 마르쿠스 아우렐리우스(121~180, 161~180년 재위)는 『명상록』에서 "시간은 급류이다. 무엇이든 눈에 띄자마자 휩쓸려버리고, 다른 것이 떠내려 오면 그것도 곧 휩쓸려서 가기 때문이다."고 했다. 최고의 권력과 부를 가졌던 그도 삶은 허무했고 견디기 힘들었다.[794] 그는 전쟁터에서 『명상록』을 썼다. 그것은 자기 자신에게 쓴 글이었다. 그는 '소박한' 삶을 살면서 죽음 앞에 실존적 고뇌를 하는 인간이었다. "조만간 우리는 존재하지 않는다.…어느 누구도 그것을 피해갈 수는 없다.…인생이 얼마나 짧은지, 우리 앞에 있었던 과거와 우리 뒤에 올 미래의 거대한 심연을 숙고하라.…우리는 지금 이 순간의 현재를, 이 짧은 순간만을 살고 있음을 잊으면 안 된다.…그것은 피할 수 없는 운명이다."

새는 날아야 하고 우리 인간은 삶을 지속하여야 하니 삶에의 의지를 버릴 수는 없다. 나는 50대 중반이 넘어서야 마르크스 아우렐리우스와 같이 글을 쓰는 것에서 길을 찾기로 했다. 나는 회의론이나 비관론으로 수동적이 되거나 즐거운 길가메시가 되기 싫었다. "쓰는 일은 어려울 때마다 엄습하는 자폐의 유혹으로부터 나를 구하고, 내가 사는 세상에 대한 관심과 애정을 지속시켜주었다."는 박완서 작가의 말처럼 나도 쓰고 탐구하면서 삶을 살아낼 수 있음을 체득했다. 버트란트 러셀은 말했다. "단순하지만 누를 길 없이 강렬한 세 가지 열정이 내 인생을 지배해왔다. 사랑에 대한 갈망, 지식에 대한 탐구욕, 인류의 고통에 대한 참기 힘든 연민이 그것이다. 이런 열정이 나를 이리저리 몰고 다니며 깊은 고뇌의 대양 위로, 절망의 벼랑 끝으로 떠돌게 했다." 나는 인류의 고통까지는 이르지 못하였고 나 자신의 삶의 문제에 대한 스스로의 연민이었으며 그것은 세상을 이해하여 '만족'을 찾으려는 탐구였다. 인류에 대한 사랑으로 나아가기에는 가까운 사람에게조차 내 자신의 사랑이 부족했다. 물론 나는 탐구할 수 있는 능력도 너무나도 부족했다. 그 이외에는 다른 길이 내 마음을 울리지 못했고, 그것이 나를 삶의 의지로 기울이게 해주는 의미가 되었다.

인간이 산다는 것, 인류가 존재해왔다는 것은 어쩌면 무지에서 앎으로 나아가는 여정이다. 우리는 '알지 못함'이라는 무지의 세계가 얼마나 큰지 가늠조차 할 수 없다. 아인슈타인이 "이 세상에 무한한 것은 우주와 인간의 어리석음 두 가지밖에 없다."고 말했듯이, 우리 인류가 지구상에 산다는 것은 도대체 심연을 알 수 없는 낯선 우리 자신과 우주를 알아가는 길 위에 서있는 것이다.

고대 인도의 『우파니샤드』에 나오는 유명한 글이다. "네가 바로 그것이다." 내겐 '그것'이란 진리로 들렸고 자신이 스스로 삶의 진실을 찾아 나선 '여정'이 곧 진리라는 말로 읽혔다. "진리가 너희를 자유케 하리라."(요한복음 8.32.)도… 철학자 박이문도 『당신에겐 철학이 있습니까?』(2006년)에서 우리는 어디서 와서 어디로 가는지 또는 어떻게 살아야 하는지에 관해서는 대답을 제시하는 대신 질문을 던지며 스스로 찾으라고 암묵적으로 제안한다. 『채근담』에는 "의심과 믿음을 모두 고려하여, 결국에 얻는 지식이 진정한 지식이다(一疑一信相參勘 勘極而成知者 其知始眞)."라는 말이 나온다. 어떤 '대' 학자도, 어떤 종교와 고전도 우리를 실존적 방황에서 '완전하게' 해방시켜주지 못하였고, '방황은 인간의 운명'이라고 나는 단언한다. 그 방황이 내게는 글쓰기이다. 사실 나의 글쓰기로의 귀착은 어린 시절에 그 연원이 있었다.

나는 어린 시절 첩첩산중에서 살았고 산과 강이 친구였고 그곳이 고향이다. 천성이었는지는 모르지만 어린 시절부터 '나 홀로' 들로 산으로 돌아다니는, 지금 생각해도 특이한 아이였다. 6학년 때 고등학교 수학을 혼자서 공부할 정도로 수리적인 성격이 강했지만 주변의 어른들도 그 사실을 모를 정도로 좀처럼 말을 하지 않았던 내향적인 성격의 아이였다. 커서도 산을 홀로 다녔고 홀로 있는 사람이 되었다. 그리고 좀처럼 종교와 신앙에 귀의하지 못하는 뇌를 가지고 태어났고 끊임없이 질문하고 회의하는 사람이었다. 아마도 그것이 이 글쓰기로 이어졌던 것이 아닌가싶다.

▍무엇을 쓰겠다는 것인가?

우리 인간이 유한한 존재로서 최종적으로 제시되는 질문은 "나는 누구인가? 여긴 도대체 어디인가? 이 모든 것의 실체는 무엇인가?(Who am I? Where do I belong? What is the totality of which I am a part?)"임은 분명하다.[795] 스티븐 호킹이 "우주는 왜 이리도 많은 존재들을 낳고 있을까(Why does the universe go through all the bother of existing?)?"라고 하소연하듯 의문을 던지는 것도 똑같은 것이다.[796] 인간에게 제기되는 이 '궁극적인' 질문을 한스 큉은 칸트의 표현을 옮겨 다음과 같이 제시한다.[797]

(1) 우리는 무엇을 알 수 있는가? 도대체 왜 무엇인가가 있는가? 왜 아무것도 없지 않은가? 왜 세계는 지금의 이런 세계인가? 모든 실재의 궁극적 근거와 의미는 무엇인가?

(2) 우리는 무엇을 해야 하는가? 왜 우리는 우리가 하고 있는 그것을 하고 있는가? 왜 또 우리는 궁극적으로 책임이 있는가? 모름지기 경멸하여 마땅한 것은 무엇이고 사랑하여 마땅한 것은 무엇인가? 신의와 우정의 의미는 무엇이며 고통과 죄의 의미는 또 무엇인가? 인간에게 결정적으로 중요한 것은 무엇인가?

(3) 우리는 무엇을 바라도 좋은가? 무엇 때문에 우리는 여기 있는가? 도무지 무엇을 어쩌자는 것인가? 결국 만사휴의인 죽음, 거기서 우리에게 남는 것은 무엇인가? 무엇이 우리에게 삶의 용기를, 무엇이 우리에게 죽음의 용기를 줄 것인가?[798]

나의 글쓰기는 한스 큉이 나열한 모든 것이 주제이다. 무모하고도 불가능해 보이는 시도이다. 나같이 무모한 사람만이 시도할 수 있는 것일지 모른다. 하지만 이것이 내가 찾은 길이다. 아마 그 책은 10권 이상일 것이며 얼마나 지속될지 나도 모르겠다. 독자들이 읽어주고 출판사가 내 원고를 받아줄지도 모르겠다.

그것을 쓰려면 '남다른' 능력이 요구된다. 남태평양 타이티 섬에서 여생을 살았던 화가 폴 고갱은 자살을 결심하고 마지막 유언으로 한 그림을 남겼다. '우리는 어디서 와서, 어디로 가는가?' 라는 제목의 그림이다. 이 책은 폴 고갱의 그림 제목처럼 '우리는 어디서 왔는가? 우리는 누구인가? 우리는 어디에 있는가? 우리는 어디로 가는가?'라는 질문에 대한 '여행' 책이다. 내가 그것을 쓰는 것은 폴 고갱처럼 위대한 예술가로서가 아니라 나 자신에게 무언가를 쓰고자 한 것이다.

그것은 메타적인 사유, 통섭과 학제 간(interdisciplinary) 연구, 그리고 '천재적' 통찰을 요구한다. 오늘날 지식과 학문은 극히 제한된 학자와 교수들의 전용물로 지나치게 세세하게 분류되어 개별적인 연구가 진행되었고 일반인은 접근도 이해도 어렵다. 개별 학문이 고유의 연구대상과 현상들에 대하여 설명을 제공한다면 메타적 사유란 이러한 대상과 현상의 근본적인 토대와 함의를 성찰하는 것이라 할 수 있다. 에드워드 윌슨의 '통섭'은 자연과학, 사회과학, 인문과학, 예술, 더 나아가 종교까지 모든 지식의 대통합을 제안하였다. 불완전하고 엄격한 학문의 시험을 통과하지 않았지만 통섭은 인간의 지적인 모험의 전망을 열어주고, 비록 불완전하지만 인간과 우주를 보다 잘 이해하도록 해줄 수 있다는 믿음이다. 물리학에서 갈구하는 대통일장 이론도 그런 맥락일 수 있다. 그러나 에드워드 윌슨이 모든 현상을 과학법칙으로 환원하고 과학적으로 논증할 수 없는 '신비'를 지나치게 무가치한 것으로 보는 관점은 나로서는 동의할 수 없다. 나는 그가 '신비'라고 폄하한 종교 주제도 다루려고 시도하였다. 그러나 대학자(大學者)가 아니면 감히 메타적인 사유의 통섭이나 학제 간 연구를 생각조차 할 수 없다는 관념이 무겁게 나를 억누른다. 김정운의 『에디톨로지』(2014년)에서 나의 편집적인 글쓰기에 대하여 희망을 보았다. 창조란 기존에 '있던 것'들을 편집하여 구성하고, 해체하고, 재구성한 것의 결과물이며 창조는 이미 존재하는 것들의 또 다른 편집이라는 주장이다.

'메타'적 사유도 학문적 배경도 통찰도 부족한 나는 단지 개인적 '욕구'로 무모하고도 경솔하게 그것에 뛰어들었다. 신중하고도 정직하고 겸손한 학자들이 누구도 '무모하게' 시도하지 못했기 때문이다.

나의 글쓰기는 내가 쓰고자 하는 주제와 관련된다면 자연과학, 인문과학, 사화과학, 종교 등 범위의 제한을 두지 않았다. 나의 글쓰기에는 특히 종교적인 주제가 포함되었다. 물론 내가 대학원에서 종교학을 5년간 '공부'하여서이기도 하지만 무신론자들이 말하듯이 종교는 '허구'만은 아니다. 그것은 수천 년 동안 수많은 사람의 고뇌가 담긴 인류의 큰 여정 중 하나이기 때문이다. 역사적으로 자연과학은 우리 인간이 몰랐던 세상의 '진실'을 밝혀내왔다. 당연히 과학, 특히 우주, 생명, 인간의 진화 등에 대한 이해를 위해서는 자연과학의 도움이 필요하다. 나는 비 과학도로서 나름대로 노력을 다하여 이해하려고 애썼다.

최근에는 '거대사'라는 개념이 나타났다. 나의 글쓰기에는 거대사, 즉 'Big History'가 포함된다. 그것은 우주, 지구, 생명, 역사, 종교 등을 하나의 일관된 이야기로 이해하려는 노력으로 자연과학, 인문사회과학 지식에 근거해서 살펴보는 것으로 인간을 포함한 모든 것의 기원론(Origin Story)이자 인간 존재론이다. 인간은 우주에서 태어났으니 우주의 구성원이며, 우주는 인간을 낳은 모태이다. 우리는 우주의 탄생, 생명의 기원과 진화의 역사에 얽혀 있고 그 제약에서 벗어날 수 없다. 따라서 이러한 것들에 대한 이해 없는 인간 이해는 모래 위에 지은 성일뿐이다. 마이크로소프트의 빌 게이츠는 "젊은 시절 내가 들었으면 얼마나 좋았을까"라고 말하며 적극적으로 후원자가 되었다. 나의 글쓰기에는 거대 사가 포함되었다. 그것은 우리가 누구인지를 이해하는 길 가운데 하나이다.

"자신이 아는 유일한 사실은 자신이 아는 것이 아무것도 없다는 사실이다."라고 소크라테스는 말했다. 그리스의 퓌론(Pyrrhon, 기원전 360~기원전 270년)은 이마저도 의심하였다. 그는 인간이 진리라고 생각하는 것은 이미 오감에 의해 왜곡될 수밖에 없으며, 인간이 취해야 할 유일한 태도는 열린 마음이라고 주장하였다. 우리 인간은 실체와 본질을 올바로 인식하려고 시도하기보다는 이미 갖고 있던 신념이나 관념을 덮어씌우려는 경향이 강하다. 따라서 우리는 늘 열린 마음으로 바라보아야 한다. 헤르만 헤세의 인생의 화두는 '자신'을 찾는 것이었다. 『데미안』은 싱클레어가 성장기에 겪는 방황과 혼란으로부터 데미안의 삶을 이끌어주는 작품이다. 그것은 굳어진 고정관념, 이어져 내려온 전통과 널리 알려진 통념을 깨고 진정한 자아와 자신의 삶을 찾는 외침이라 할 수 있다. 우리 인간이 '나' 또는 '자아'라고 생각하는 것은 착각과 오류의 산물일 수 있으며 내가 아닌 타자인지 모른다. "새는 알에서 나오려고 투쟁한다. 알은 세계다. 태어나려는 자는 하나의 세계를 파괴하지 않으면 안 된다.…" 우리는 우리가 살고 있는 시간과 장소라는 특정한 가치체계와 사회질서 안에서 태어나고 배우면서 특정한 관념을 가지고 살 수밖에 없다. 따라서 우리가 알아야할 것은 우리가 아는 세계는 역사적 '우연'임을 깨닫는 것이다. 우리가 과학과 역사, 그리고 종교를 끊임없이 들여다보고 성찰하는 것은 이러한 우연을 극복하고자 함이다. 나의 글쓰기는 끊임없이 알을 깨고 나오려는 나의 노력이다.

미주

1 브라이언 그린, 박병철 번역, **우주의 구조** (서울: 승산, 2011): p. 42 편집.
2 빌 브라이슨, 이덕환 번역, **거의 모든 것의 역사** (서울: 까치글방, 2010): p. 54 편집.
3 빌 브라이슨, 이덕환 번역, **거의 모든 것의 역사** (서울: 까치글방, 2010): p. 188.
4 한스 큉, 서명옥 번역, **한스 큉, 과학을 말하다** (경북: 분도출판사, 2011): p. 74 편집.
5 David Christian, *Maps of Time* (Berkeley: University of California Press, 2011): p. 21.
6 D.J. 칼루파하나, 조용길 번역, **원시근본불교철학의 현대적 이해** (서울: 불광출판부, 2002): p. 224 편집.
7 Jim Holt, *Why Does The World Exist?* (New York: Liveright Publishing Company, 2012), p. 13 편집.
8 B. 러셀, 최민홍 번역, **서양철학사**(상), 집문당, 2010, p. 48 편집.
9 David Christian, *Maps of Time* (Berkeley: University of California Press, 2011): p. 19 편집.
10 윌 듀런트, **문명이야기**, 민음사, 2014, p. 264.
11 윌 듀런트, **문명이야기**, 민음사, 2014, p. 407.
12 윌 듀런트, **문명이야기**, 민음사, 2014, pp. 256-7.
13 윌 듀런트, **문명이야기**, 민음사, 2014, p. 257.
14 카렌 암스트롱, 정준형 번역, **신을 위한 변론** (서울: 웅진싱크빅, 2010): p. 53 편집.
15 수렌드라나트 다스굽타, 오지섭 번역, **인도의 신비사상** (서울: 도서출판 영성생활, 1997): p. 57.
16 브라이언 그린, 박병철 번역, **우주의 구조** (서울: 승산, 2011): p. 134 편집.
17 Samuel Enoch Stumpf and James Fieser, ***Philosophy***, McGraw Hill, 2012, p. 8 편집.
18 한스 큉, 서명옥 번역, **한스 큉, 과학을 말하다** (경북: 분도출판사, 2011): p. 74 편집.
19 Jim Holt, *Why Does The World Exist?* (New York: Liveright Publishing Company, 2012), p. 19 편집.
20 B. 러셀, 최민홍 번역, **서양철학사**(상), 집문당, 2010, p. 125 편집.
21 Samuel Enoch Stumpf and James Fieser, ***Philosophy***, McGraw Hill, 2012, p. 23.
22 Jim Holt, *Why Does The World Exist?* (New York: Liveright Publishing Company, 2012), p. 19.
23 Jim Holt, *Why Does The World Exist?* (New York: Liveright Publishing Company, 2012), p. 81.
24 Jim Holt, *Why Does The World Exist?* (New York: Liveright Publishing Company, 2012), p. 82 편집.
25 Jim Holt, *Why Does The World Exist?* (New York: Liveright Publishing Company, 2012), p. 82 편집.
26 한스 큉, 서명옥 번역, **한스 큉, 과학을 말하다** (경북: 분도출판사, 2011): p. 170.
27 한스 큉, 서명옥 번역, **한스 큉, 과학을 말하다** (경북: 분도출판사, 2011): pp. 170-1.
28 한스 큉, 서명옥 번역, **한스 큉, 과학을 말하다** (경북: 분도출판사, 2011): p. 171 편집.
29 Jim Holt, *Why Does The World Exist?* (New York: Liveright Publishing Company, 2012), p. 19 편집.
30 Jim Holt, *Why Does The World Exist?* (New York: Liveright Publishing Company, 2012), p. 19 편집.
31 폴 윌리엄스, 앤서니 트라이브, 안성두 번역, **인도불교사상** (서울: 씨아이알, 2011): p. 113.
32 Jim Holt, *Why Does The World Exist?* (New York: Liveright Publishing Company, 2012), p. 67 편집.
33 Jim Holt, *Why Does The World Exist?* (New York: Liveright Publishing Company, 2012), p. 68.
34 카렌 암스트롱, 배국원, 유지황 번역, **신의 역사** I (서울: 동연, 1999): p. 35 편집.
35 길희성, 2008년 서강대학교 대학원 종교학과 1학기 엑카르트 영성연구 강의
36 Jim Holt, *Why Does The World Exist?* (New York: Liveright Publishing Company, 2012), p. 19 편집.
37 Jim Holt, *Why Does The World Exist?* (New York: Liveright Publishing Company, 2012), p. 19 편집.

38 이정우, **세계철학사(1) 지중해세계의 철학** (서울: 도서출판 길, 2011): p. 696.
39 Jim Holt, *Why Does The World Exist?* (New York: Liveright Publishing Company, 2012), p. 19.
40 Jim Holt, *Why Does The World Exist?* (New York: Liveright Publishing Company, 2012), pp. 19-20.
41 Jim Holt, *Why Does The World Exist?* (New York: Liveright Publishing Company, 2012)
42 Jim Holt, *Why Does The World Exist?* (New York: Liveright Publishing Company, 2012), p. 20.
43 한스 큉, 서명옥 번역, **한스 큉, 과학을 말하다** (경북: 분도출판사, 2011): p. 172 편집.
44 한스 큉, 서명옥 번역, **한스 큉, 과학을 말하다** (경북: 분도출판사, 2011): pp. 174-5 편집.
45 한스 큉, 서명옥 번역, **한스 큉, 과학을 말하다** (경북: 분도출판사, 2011): p. 175 편집.
46 Jim Holt, *Why Does The World Exist?* (New York: Liveright Publishing Company, 2012), p. 82 편집.
47 이정우, **세계철학사(1) 지중해세계의 철학** (서울: 도서출판 길, 2011): p. 696 편집.
48 이정우, **세계철학사(1) 지중해세계의 철학** (서울: 도서출판 길, 2011): pp. 696-7 편집.
49 이정우, **세계철학사(1) 지중해세계의 철학** (서울: 도서출판 길, 2011): p. 697 편집.
50 이정우, **세계철학사(1) 지중해세계의 철학** (서울: 도서출판 길, 2011): p. 697 편집.
51 이정우, **세계철학사(1) 지중해세계의 철학** (서울: 도서출판 길, 2011): p. 697 편집.
52 이정우, **세계철학사(1) 지중해세계의 철학** (서울: 도서출판 길, 2011): pp. 697-8 편집.
53 David Christian, *Maps of Time* (Berkeley: University of California Press, 2011): p. 2 편집.
54 한스 큉, 손성현 번역, **한스 큉의 이슬람** (서울: 도서출판 시와 진실, 2012): pp. 79-80.
55 한스 큉, 손성현 번역, **한스 큉의 이슬람** (서울: 도서출판 시와 진실, 2012): p. 80.
56 한스 큉, 서명옥 번역, **한스 큉, 과학을 말하다** (경북: 분도출판사, 2011): p. 166 편집.
57 한스 큉, 서명옥 번역, **한스 큉, 과학을 말하다** (경북: 분도출판사, 2011): p. 167 편집.
58 배철현, **신의 위대한 질문**, 21세기북스, 2015, p. 85 편집.
59 한스 큉, 서명옥 번역, **한스 큉, 과학을 말하다** (경북: 분도출판사, 2011): p. 174 편집.
60 한스 큉, 서명옥 번역, **한스 큉, 과학을 말하다** (경북: 분도출판사, 2011): p. 11.
61 한스 큉, 서명옥 번역, **한스 큉, 과학을 말하다** (경북: 분도출판사, 2011): p. 11.
62 한스 큉, 서명옥 번역, **한스 큉, 과학을 말하다** (경북: 분도출판사, 2011): p. 163.
63 한스 큉, 서명옥 번역, **한스 큉, 과학을 말하다** (경북: 분도출판사, 2011): p. 163 편집.
64 한스 큉, 서명옥 번역, **한스 큉, 과학을 말하다** (경북: 분도출판사, 2011): p. 164 편집.
65 한스 큉, 서명옥 번역, **한스 큉, 과학을 말하다** (경북: 분도출판사, 2011): p. 165 편집.
66 한스 큉, 서명옥 번역, **한스 큉, 과학을 말하다** (경북: 분도출판사, 2011): p. 163 편집.
67 한스 큉, 서명옥 번역, **한스 큉, 과학을 말하다** (경북: 분도출판사, 2011): p. 164 편집.
68 한스 큉, 서명옥 번역, **한스 큉, 과학을 말하다** (경북: 분도출판사, 2011): p. 165 편집.
69 한스 큉, 서명옥 번역, **한스 큉, 과학을 말하다** (경북: 분도출판사, 2011): p. 165 편집.
70 한스 큉, 서명옥 번역, **한스 큉, 과학을 말하다** (경북: 분도출판사, 2011): p. 209 편집.
71 빌 브라이슨, 이덕환 번역, **거의 모든 것의 역사** (서울: 까치글방, 2010): p. 87 편집.
72 빌 브라이슨, 이덕환 번역, **거의 모든 것의 역사** (서울: 까치글방, 2010): p. 88 편집.
73 피터 왓슨, 남경태 번역, **생각의 역사 I** (경기: 들녘, 2010): p. 35 편집.
74 Hans Küng, trans. John Bowden, *Hans Küng Judaism* (New York: Continuum, 1995): p. 5 편집.

75 J. B. 노스, 윤이흠 번역, **세계종교사(상)** (서울: 현음사, 2003): p. 89 편집.

76 J. B. 노스, 윤이흠 번역, **세계종교사(상)** (서울: 현음사, 2003): pp. 90-1에서 재인용.

77 Adad; 폭풍과 폭우의 신

78 J. B. 노스, 윤이흠 번역, **세계종교사(상)** (서울: 현음사, 2003): pp. 90-1 편집.

79 한스 큉, 서명옥 번역, **한스 큉, 과학을 말하다** (경북: 분도출판사, 2011): p. 173 편집.

80 Christopher M. Moreman, *Beyond the Threshold* (Maryland: Rowman & Littlefield Publishing, 2010): p. 25.

81 스티븐 호킹, 레노나르드 믈로디노프, **위대한 설계**, 까치, 2013, p. 205.

82 D. J. 칼루파하나, 조용길 번역, **원시근본불교철학의 현대적 이해** (서울: 불광출판부, 2002): p. 230 편집.

83 D. J. 칼루파하나, 김종욱 번역, **불교철학의 역사** (서울: 운주사, 2008): p. 30 표 참조. David. J. Kalupahana, *A History of Buddhist Philosophy, Continuities and Discontinuities* (Honolulu: University of Hawaii Press, 1992): p. 5 편집.

84 미르치아 엘리아데, 이용주 번역, **세계종교사상사**(2) (서울: 이학사, 2008): p. 128 편집.

85 Heinz Bechert, "The Historical Buddha: His Teaching as a Way to Redemption", in Hans Küng, Josef van Ess, Heinrich von Stietencron, and Heinz Bechert, *Christianity and World Religion*, trans. Peter Heinegg (New York: Orbis Books, 1993): p. 303 편집.

86 이정우, **세계철학사(1) 지중해세계의 철학** (서울: 도서출판 길, 2011): p. 582 편집.

87 Jim Holt, *Why Does The World Exist?* (New York: Liveright Publishing Company, 2012), p. 129 편집.

88 Jim Holt, *Why Does The World Exist?* (New York: Liveright Publishing Company, 2012), pp. 13-4 편집.

89 Jim Holt, *Why Does The World Exist?* (New York: Liveright Publishing Company, 2012), p. 14.

90 Jim Holt, *Why Does The World Exist?* (New York: Liveright Publishing Company, 2012), pp. 15-6.

91 Jim Holt, *Why Does The World Exist?* (New York: Liveright Publishing Company, 2012), p. 16.

92 Larry Witham, *By Design* (New York: Encounter Books, 2003): p. vi.

93 Larry Witham, *By Design* (New York: Encounter Books, 2003): pp. vi-vii.

94 Larry Witham, *By Design* (New York: Encounter Books, 2003): p. vii 편집.

95 제임스 E. 매클렌란 III·해럴드 도른, 전대호 번역, **과학과 기술로 본 세계사 강의** (서울: 모티브북, 2008): p. 129 편집.

96 David Christian, *Maps of Time* (Berkeley: University of California Press, 2011): p. 21 편집.

97 David Christian, *Maps of Time* (Berkeley: University of California Press, 2011): p. 22 편집.

98 웨인 프레어 등, 『**현대과학과 기독교의 논쟁 : 4가지 견해**』, 리차드 칼슨 편, 우종학 역(서울 : 살림출판사, 2003), pp. 261-262.

99 웨인 프레어 등, 『**현대과학과 기독교의 논쟁 : 4가지 견해**』, 리차드 칼슨 편, 우종학 역(서울 : 살림출판사, 2003), p. 262 편집.

100 웨인 프레어 등, 『**현대과학과 기독교의 논쟁 : 4가지 견해**』, 리차드 칼슨 편, 우종학 역(서울 : 살림출판사, 2003), pp. 267-268 편집.

101 한스 큉, 서명옥 번역, **한스 큉, 과학을 말하다** (경북: 분도출판사, 2011): p. 86.

102 웨인 프레어 등, 『현대과학과 기독교의 논쟁 : 4가지 견해』, 리차드 칼슨 편, 우종학 역(서울 : 살림출판사, 2003), p. 268.

103 웨인 프레어 등, 『현대과학과 기독교의 논쟁 : 4가지 견해』, 리차드 칼슨 편, 우종학 역(서울 : 살림출판사, 2003), p. 294.

104 웨인 프레어 등, 『현대과학과 기독교의 논쟁 : 4가지 견해』, 리차드 칼슨 편, 우종학 역(서울 : 살림출판사, 2003), p. 313.

105 한스 큉, 서명옥 번역, **한스 큉, 과학을 말하다** (경북: 분도출판사, 2011): p. 170 편집.

106 한스 큉, 서명옥 번역, **한스 큉, 과학을 말하다** (경북: 분도출판사, 2011): pp. 167-8 편집.

107 한스 큉, 서명옥 번역, **한스 큉, 과학을 말하다** (경북: 분도출판사, 2011): p. 168 편집.

108 한스 큉, 서명옥 번역, **한스 큉, 과학을 말하다** (경북: 분도출판사, 2011) p. 168 편집.

109 한스 큉, 성염 번역, **신은 존재하는가?** (경북: 분도출판사, 2003): p. 138 편집.

110 한스 큉, 서명옥 번역, **한스 큉, 과학을 말하다** (경북: 분도출판사, 2011): p. 54 편집.

111 한스 큉, 성염 번역, **신은 존재하는가?** (경북: 분도출판사, 2003): p. 184.

112 한스 큉, 서명옥 번역, **한스 큉, 과학을 말하다** (경북: 분도출판사, 2011): pp. 54-5 편집.

113 한스 큉, 서명옥 번역, **한스 큉, 과학을 말하다** (경북: 분도출판사, 2011): p. 55 편집.

114 한스 큉, 성염 번역, **신은 존재하는가?** (경북: 분도출판사, 2003): p. 178 편집.

115 한스 큉, 성염 번역, **신은 존재하는가?** (경북: 분도출판사, 2003): p. 174 편집.

116 한스 큉, 성염 번역, **신은 존재하는가?** (경북: 분도출판사, 2003): p. 183 편집.

117 한스 큉, 성염 번역, **신은 존재하는가?** (경북: 분도출판사, 2003): pp. 174-5 편집.

118 한스 큉, 성염 번역, **신은 존재하는가?** (경북: 분도출판사, 2003): p. 175 편집.

119 한스 큉, 성염 번역, **신은 존재하는가?** (경북: 분도출판사, 2003): p. 176.

120 한스 큉, 서명옥 번역, **한스 큉, 과학을 말하다** (경북: 분도출판사, 2011): p. 55 편집.

121 한스 큉, 서명옥 번역, **한스 큉, 과학을 말하다** (경북: 분도출판사, 2011): p. 67 편집.

122 한스 큉, 성염 번역, **신은 존재하는가?** (경북: 분도출판사, 2003): p. 184 편집.

123 한스 큉, 성염 번역, **신은 존재하는가?** (경북: 분도출판사, 2003): pp. 184-5 편집.

124 한스 큉, 성염 번역, **신은 존재하는가?** (경북: 분도출판사, 2003): p. 185.

125 한스 큉, 성염 번역, **신은 존재하는가?** (경북: 분도출판사, 2003): p. 252.

126 한스 큉, 서명옥 번역, **한스 큉, 과학을 말하다** (경북: 분도출판사, 2011): p. 65.

127 한스 큉, 서명옥 번역, **한스 큉, 과학을 말하다** (경북: 분도출판사, 2011): p. 68 편집.

128 한스 큉, 서명옥 번역, **한스 큉, 과학을 말하다** (경북: 분도출판사, 2011): p. 69 편집.

129 한스 큉, 서명옥 번역, **한스 큉, 과학을 말하다** (경북: 분도출판사, 2011): p. 167 편집.

130 한스 큉, 서명옥 번역, **한스 큉, 과학을 말하다** (경북: 분도출판사, 2011): p. 73에서 재인용.

131 한스 큉, 성염 번역, **신은 존재하는가?** (경북: 분도출판사, 2003): p. 174.

132 카렌 암스트롱, 배국원, 유지황 번역, **신의 역사 I** (서울: 동연, 1999): p. 34.

133 한스 큉, 서명옥 번역, **한스 큉, 과학을 말하다** (경북: 분도출판사, 2011): p. 68 편집.

134 한스 큉, 서명옥 번역, **한스 큉, 과학을 말하다** (경북: 분도출판사, 2011): p. 33.

135 한스 큉, 서명옥 번역, **한스 큉, 과학을 말하다** (경북: 분도출판사, 2011): p. 19 편집.

136 제임스 E. 매클렐란 III·해럴드 도른, 전대호 번역, **과학과 기술로 본 세계사 강의** (서울: 모티브북, 2008): p. 15 편집.

137 크리스 임피, 박병철 옮김, **세상은 어떻게 끝나는가** (서울: 시공사, 2012): p. 325.

138 크리스 임피, 박병철 옮김, **세상은 어떻게 끝나는가** (서울: 시공사, 2012): p. 325.

139 제임스 E. 매클렐란 III·해럴드 도른, 전대호 번역, **과학과 기술로 본 세계사 강의** (서울: 모티브북, 2008): p. 533.

140 제임스 E. 매클렐란 III·해럴드 도른, 전대호 번역, **과학과 기술로 본 세계사 강의** (서울: 모티브북, 2008): pp. 533-4.

141 제임스 E. 매클렐란 III·해럴드 도른, 전대호 번역, **과학과 기술로 본 세계사 강의** (서울: 모티브북, 2008): p. 534.

142 크리스 임피, 박병철 옮김, **세상은 어떻게 끝나는가** (서울: 시공사, 2012): p. 325.

143 마틴 리스, 한창우 번역, **태초 그 이전** (경기: 해나무, 1924): p. 59.

144 빌 브라이슨, 이덕환 번역, **거의 모든 것의 역사** (서울: 까치글방, 2010): p. 141 편집.

145 빌 브라이슨, 이덕환 번역, **거의 모든 것의 역사** (서울: 까치글방, 2010): p. 141.

146 빌 브라이슨, 이덕환 번역, **거의 모든 것의 역사** (서울: 까치글방, 2010): p. 141.

147 빌 브라이슨, 이덕환 번역, **거의 모든 것의 역사** (서울: 까치글방, 2010): p. 142.

148 Jim Holt, *Why Does The World Exist?* (New York: Liveright Publishing Company, 2012), p. 83.

149 Jim Holt, *Why Does The World Exist?* (New York: Liveright Publishing Company, 2012), p. 83.

150 Hans Küng, Trans. John Bowden, *The Beginning of All Things*, Wm. B. Eerdmans Publishing, 2008, p. 62.

151 Jim Holt, *Why Does The World Exist?* (New York: Liveright Publishing Company, 2012), p. 83.

152 David Christian, *Maps of Time* (Berkeley: University of California Press, 2011): p. 20.

153 Jim Holt, *Why Does The World Exist?* (New York: Liveright Publishing Company, 2012), p. 83.

154 Jim Holt, *Why Does The World Exist?* (New York: Liveright Publishing Company, 2012), p. 83.

155 David Christian, *Maps of Time* (Berkeley: University of California Press, 2011): p. 20.

156 David Christian, *Maps of Time* (Berkeley: University of California Press, 2011): p. 20.

157 Jim Holt, *Why Does The World Exist?* (New York: Liveright Publishing Company, 2012), p. 84.

158 Jim Holt, *Why Does The World Exist?* (New York: Liveright Publishing Company, 2012), p. 85.

159 Jim Holt, *Why Does The World Exist?* (New York: Liveright Publishing Company, 2012), p. 5.

160 크리스 임피, 이강환 옮김, **세상은 어떻게 시작되었는가** (서울: 시공사, 2012): p. 345.

161 브라이언 그린, 박병철 번역, **우주의 구조** (서울: 승산, 2011): p. 382.

162 빌 브라이슨, 이덕환 번역, **거의 모든 것의 역사** (서울: 까치글방, 2010): p. 25.

163 브라이언 그린, 박병철 번역, **우주의 구조** (서울: 승산, 2011): p. 330.

164 브라이언 그린, 박병철 번역, **우주의 구조** (서울: 승산, 2011): p. 426.

165 빌 브라이슨, 이덕환 번역, **거의 모든 것의 역사** (서울: 까치글방, 2010): pp. 187-8.

166 크리스 임피, 박병철 옮김, **세상은 어떻게 끝나는가** (서울: 시공사, 2012): p. 338.

167 브라이언 그린, 박병철 번역, **우주의 구조** (서울: 승산, 2011): p. 382.

168 브라이언 그린, 박병철 번역, **우주의 구조** (서울: 승산, 2011): pp. 444-5 편집.

169 브라이언 그린, 박병철 번역, **우주의 구조** (서울: 승산, 2011): p. 445.

170 브라이언 그린, 박병철 번역, **우주의 구조** (서울: 승산, 2011): p. 439 편집.

171 브라이언 그린, 박병철 번역, **우주의 구조** (서울: 승산, 2011): p. 400.

172 Lee Smolin, *The Trouble with Physics* (Boston·New York: Mariner Books, 2006): xi.

173 브라이언 그린, 박병철 번역, **우주의 구조** (서울: 승산, 2011): p. 404.

174 숀 캐럴, **현대물리학, 시간과 우주의 비밀에 답하다**, 다른 세상, 2014, p. 91.

175 David Christian, *Maps of Time* (Berkeley: University of California Press, 2011): p. 37.

176 Jim Holt, *Why Does The World Exist?* (New York: Liveright Publishing Company, 2012), pp. 74-5.

177 Jim Holt, *Why Does The World Exist?* (New York: Liveright Publishing Company, 2012), p. 75 편집.

178 Jim Holt, *Why Does The World Exist?* (New York: Liveright Publishing Company, 2012), p. 72.

179 필자.

180 Jim Holt, *Why Does The World Exist?* (New York: Liveright Publishing Company, 2012), p. 75.

181 숀 캐럴, **현대물리학, 시간과 우주의 비밀에 답하다**, 다른 세상, 2014, p. 92.

182 Jim Holt, *Why Does The World Exist?* (New York: Liveright Publishing Company, 2012), p. 27 편집.

183 Jim Holt, *Why Does The World Exist?* (New York: Liveright Publishing Company, 2012), p. 128.

184 네이버 **지식백과**, 2013.10.6. "블랙홀은 생각만큼 검지 않다"(블랙홀, 2003.10.15., ㈜살림출판사)에서 인용

185 크리스 임피, 이강환 옮김, **세상은 어떻게 시작되었는가** (서울: 시공사, 2012): p. 395.

186 크리스 임피, 이강환 옮김, **세상은 어떻게 시작되었는가** (서울: 시공사, 2012): pp. 344-5.

187 크리스 임피, 이강환 옮김, **세상은 어떻게 시작되었는가** (서울: 시공사, 2012): p. 345.

188 브라이언 그린, 박병철 번역, **우주의 구조** (서울: 승산, 2011): p. 381.

189 David Christian, *Maps of Time* (Berkeley: University of California Press, 2011): p. 23.

190 빌 브라이슨, 이덕환 번역, **거의 모든 것의 역사** (서울: 까치글방, 2010): p. 22.

191 David Christian, *Maps of Time* (Berkeley: University of California Press, 2011): p. 37.

192 한스 큉, 서명옥 번역, **한스 큉, 과학을 말하다** (경북: 분도출판사, 2011): p. 93.

193 빌 브라이슨, 이덕환 번역, **거의 모든 것의 역사** (서울: 까치글방, 2010): p. 22 편집.

194 크리스 임피, 이강환 옮김, **세상은 어떻게 시작되었는가** (서울: 시공사, 2012): p. 344.

195 브라이언 그린, 박병철 번역, **우주의 구조** (서울: 승산, 2011): p. 381.

196 David Christian, *Maps of Time* (Berkeley: University of California Press, 2011): p. 35.

197 브라이언 그린, 박병철 번역, **우주의 구조** (서울: 승산, 2011): pp. 381-2.

198 빌 브라이슨, 이덕환 번역, **거의 모든 것의 역사** (서울: 까치글방, 2010): p. 25.

199 빌 브라이슨, 이덕환 번역, **거의 모든 것의 역사** (서울: 까치글방, 2010): p. 25.

200 브라이언 그린, 박병철 번역, **우주의 구조** (서울: 승산, 2011): p. 359.

201 빌 브라이슨, 이덕환 번역, **거의 모든 것의 역사** (서울: 까치글방, 2010): p. 88 편집.

202 빌 브라이슨, 이덕환 번역, **거의 모든 것의 역사** (서울: 까치글방, 2010): p. 89.

203 브라이언 그린, 박병철 번역, **우주의 구조** (서울: 승산, 2011): p. 328.

204 David Christian, *Maps of Time* (Berkeley: University of California Press, 2011): p. 16.

205 David Christian, *Maps of Time* (Berkeley: University of California Press, 2011): p. 65.

206 빌 브라이슨, 이덕환 번역, **거의 모든 것의 역사** (서울: 까치글방, 2010): p. 87 편집.

207 한스 큉, 서명옥 번역, **한스 큉, 과학을 말하다** (경북: 분도출판사, 2011): p. 132.

208 제임스 E. 매클렐란 III·해럴드 도른, 전대호 번역, **과학과 기술로 본 세계사 강의** (서울: 모티브북, 2008): p. 481.

209 제임스 E. 매클렐란 III·해럴드 도른, 전대호 번역, **과학과 기술로 본 세계사 강의** (서울: 모티브북, 2008): p. 535.

210 브라이언 그린, 박병철 번역, **우주의 구조** (서울: 승산, 2011): p. 326.

211 브라이언 그린, 박병철 번역, **우주의 구조** (서울: 승산, 2011): pp. 326-7.

212 David Christian, *Maps of Time* (Berkeley: University of California Press, 2011): p. 27.

213 제임스 E. 매클렐란 III·해럴드 도른, 전대호 번역, **과학과 기술로 본 세계사 강의** (서울: 모티브북, 2008): pp.534-5.

214 David Christian, *Maps of Time* (Berkeley: University of California Press, 2011): p. 41.

215 제임스 E. 매클렐란 III·해럴드 도른, 전대호 번역, **과학과 기술로 본 세계사 강의** (서울: 모티브북, 2008): p. 535.

216 필자.

217 David Christian, *Maps of Time* (Berkeley: University of California Press, 2011): p. 26.

218 David Christian, *Maps of Time* (Berkeley: University of California Press, 2011): p. 41.

219 David Christian, *Maps of Time* (Berkeley: University of California Press, 2011): pp. 26-7.

220 David Christian, *Maps of Time* (Berkeley: University of California Press, 2011): pp. 42-3.

221 David Christian, *Maps of Time* (Berkeley: University of California Press, 2011): p. 43.

222 David Christian, *Maps of Time* (Berkeley: University of California Press, 2011): p. 45 편집.

223 한스 큉, 서명옥 번역, **한스 큉, 과학을 말하다** (경북: 분도출판사, 2011): p. 32.

224 David Christian, *Maps of Time* (Berkeley: University of California Press, 2011): p. 60.

225 제임스 E. 매클렐란 III·해럴드 도른, 전대호 번역, **과학과 기술로 본 세계사 강의** (서울: 모티브북, 2008): p. 535.

226 David Christian, *Maps of Time* (Berkeley: University of California Press, 2011): p. 60 편집.

227 David Christian, *Maps of Time* (Berkeley: University of California Press, 2011): p. 65.

228 David Christian, *Maps of Time* (Berkeley: University of California Press, 2011): p. 72.

229 David Christian, *Maps of Time* (Berkeley: University of California Press, 2011): p. 64.

230 빌 브라이슨, 이덕환 번역, **거의 모든 것의 역사** (서울: 까치글방, 2010): p. 53.

231 빌 브라이슨, 이덕환 번역, **거의 모든 것의 역사** (서울: 까치글방, 2010): p. 448.

232 데틀레프 칸텐, 토마스 다이히만, 틸로 슈팔, 인성기 번역, **지식** (경기: 이끌리오, 2005): p. 70, 135.

233 빌 브라이슨, 이덕환 번역, **거의 모든 것의 역사** (서울: 까치글방, 2010): p. 395.

234 제임스 E. 매클렐란 III·해럴드 도른, 전대호 번역, **과학과 기술로 본 세계사 강의** (서울: 모티브북, 2008): p. 128 편집.

235 배철현, **신의 위대한 질문**, 21세기북스, 2015, p. 70.

236 데틀레프 칸텐, 토마스 다이히만, 틸로 슈팔, 인성기 번역, **지식** (경기: 이끌리오, 2005): p. 84.

237 제임스 E. 매클렐란 III·해럴드 도른, 전대호 번역, **과학과 기술로 본 세계사 강의** (서울: 모티브북, 2008): p. 498 편집.

238 제임스 E. 매클렐란 III·해럴드 도른, 전대호 번역, **과학과 기술로 본 세계사 강의** (서울: 모티브북, 2008): p. 501.

239 한스 큉, 서명옥 번역, **한스 큉, 과학을 말하다** (경북: 분도출판사, 2011): p. 137 편집.

240 한스 큉, 서명옥 번역, **한스 큉, 과학을 말하다** (경북: 분도출판사, 2011): p. 138.

241 한스 큉, 서명옥 번역, **한스 큉, 과학을 말하다** (경북: 분도출판사, 2011): p. 137.

242 크리스 임피, 이강환 옮김, **세상은 어떻게 시작되었는가** (서울: 시공사, 2012): p. 297.

243 크리스 임피, 이강환 옮김, **세상은 어떻게 시작되었는가** (서울: 시공사, 2012): pp. 297-8.

244 이정우, **세계철학사(1) 지중해세계의 철학** (서울: 도서출판 길, 2011): p. 89.

245 한스 큉, 서명옥 번역, **한스 큉, 과학을 말하다** (경북: 분도출판사, 2011): p. 209 편집.

246 Weinberg, J.R., V.R. Starczak, and D. Jorg, 1992, "Evidence for rapid speciation following a founder event in the laboratory." Evolution 46: 1214-1220. 사이트인talkorigins.org 의 "Observed Instances of Speciation" FAQ (http://www.talkorigins.org/faqs/faq-speciation.html)에서도 추가로 몇 가지 사례를 볼 수 있다.

247 David Christian, *Maps of Time* (Berkeley: University of California Press, 2011): p. 55.

248 스티븐 호킹, 레노나르드 믈로디노프, **위대한 설계**, 까치, 2013, pp. 193-4.

249 스티븐 호킹, 레노나르드 믈로디노프, **위대한 설계**, 까치, 2013, p. 194.

250 스티븐 호킹, 레노나르드 믈로디노프, **위대한 설계**, 까치, 2013, p. 195.

251 빌 브라이슨, 이덕환 번역, **거의 모든 것의 역사** (서울: 까치글방, 2010): p. 43.

252 빌 브라이슨, 이덕환 번역, **거의 모든 것의 역사** (서울: 까치글방, 2010): p. 46.

253 빌 브라이슨, 이덕환 번역, **거의 모든 것의 역사** (서울: 까치글방, 2010): p. 45.

254 빌 브라이슨, 이덕환 번역, **거의 모든 것의 역사** (서울: 까치글방, 2010): p. 47.

255 David Christian, *Maps of Time* (Berkeley: University of California Press, 2011): p. 51.

256 빌 브라이슨, 이덕환 번역, **거의 모든 것의 역사** (서울: 까치글방, 2010): p. 44.

257 빌 브라이슨, 이덕환 번역, **거의 모든 것의 역사** (서울: 까치글방, 2010): p. 50.

258 빌 브라이슨, 이덕환 번역, **거의 모든 것의 역사** (서울: 까치글방, 2010): p. 50.

259 빌 브라이슨, 이덕환 번역, **거의 모든 것의 역사** (서울: 까치글방, 2010): p. 44.

260 빌 브라이슨, 이덕환 번역, **거의 모든 것의 역사** (서울: 까치글방, 2010): p. 50.

261 빌 브라이슨, 이덕환 번역, **거의 모든 것의 역사** (서울: 까치글방, 2010): pp. 50-1.

262 마틴 리스, 한창우 번역, **태초 그 이전** (경기: 해나무, 1924): p. 29.

263 마틴 리스, 한창우 번역, **태초 그 이전** (경기: 해나무, 1924): p. 28.

264 마틴 리스, 한창우 번역, **태초 그 이전** (경기: 해나무, 1924): p. 29.

265 마틴 리스, 한창우 번역, **태초 그 이전** (경기: 해나무, 1924): p. 30.

266 마틴 리스, 한창우 번역, **태초 그 이전** (경기: 해나무, 1924): p. 37.

267 마틴 리스, 한창우 번역, **태초 그 이전** (경기: 해나무, 1924): p. 23.

268 마틴 리스, 한창우 번역, **태초 그 이전** (경기: 해나무, 1924): p. 35.

269 David Christian, *Maps of Time* (Berkeley: University of California Press, 2011): p. 64 편집.

270 David Christian, *Maps of Time* (Berkeley: University of California Press, 2011): p. 95 편집.

271 David Christian, *Maps of Time* (Berkeley: University of California Press, 2011): p. 97.

272 데틀레프 칸텐, 토마스 다이히만, 틸로 슈팔, 인성기 번역, **지식** (경기: 이끌리오, 2005): pp. 70-1 참조.

273 애덤 러더퍼드, 김혁영 옮김, **크리에이션: 생명의 기원과 미래**, 중앙 books, 2013, p. 71 편집.

274 제임스 E. 매클렌란 III·해럴드 도른, 전대호 번역, **과학과 기술로 본 세계사 강의** (서울: 모티브북, 2008): p. 536.

275 David Christian, *Maps of Time* (Berkeley: University of California Press, 2011): p. 97.

276 David Christian, *Maps of Time* (Berkeley: University of California Press, 2011): p. 97.

277 제임스 E. 매클렌란 III·해럴드 도른, 전대호 번역, **과학과 기술로 본 세계사 강의** (서울: 모티브북, 2008): p. 536.

278 David Christian, *Maps of Time* (Berkeley: University of California Press, 2011): p. 98.

279 David Christian, *Maps of Time* (Berkeley: University of California Press, 2011): pp. 98-9.

280 David Christian, *Maps of Time* (Berkeley: University of California Press, 2011): p. 99.

281 David Christian, *Maps of Time* (Berkeley: University of California Press, 2011): p. 99.

282 David Christian, *Maps of Time* (Berkeley: University of California Press, 2011): p. 100.

283 David Christian, *Maps of Time* (Berkeley: University of California Press, 2011): p. 94.

284 David Christian, *Maps of Time* (Berkeley: University of California Press, 2011): pp. 94-5.

285 David Christian, *Maps of Time* (Berkeley: University of California Press, 2011): p. 95.

286 David Christian, *Maps of Time* (Berkeley: University of California Press, 2011): pp. 95-6.

287 David Christian, *Maps of Time* (Berkeley: University of California Press, 2011): p. 96.

288 David Christian, *Maps of Time* (Berkeley: University of California Press, 2011): p. 97.

289 David Christian, *Maps of Time* (Berkeley: University of California Press, 2011): p. 96.

290 데틀레프 칸텐, 토마스 다이히만, 틸로 슈팔, 인성기 번역, **지식** (경기: 이끌리오, 2005): p. 72.

291 데틀레프 칸텐, 토마스 다이히만, 틸로 슈팔, 인성기 번역, **지식** (경기: 이끌리오, 2005): p. 73.

292 Colleen Belk and Virginia Borden Maier, 김재근 등 번역, **생활 속의 생명과학**, 바이오사이언스, 2013, p. 46.

293 David Christian, *Maps of Time* (Berkeley: University of California Press, 2011): p 93.

294 새우얼 이녹 스텀프, 제임스 피저, 이광래 번역, **소크라테스에서 포스트모더니즘까지** (경기: 열린 책들, 2009): p. 26, Samuel Enoch Stumpf and James Fieser, *Philosophy*, McGraw Hill, 2012, p. 7.

295 데틀레프 칸텐, 토마스 다이히만, 틸로 슈팔, 인성기 번역, **지식** (경기: 이끌리오, 2005): p. 137 편집.

296 데틀레프 칸텐, 토마스 다이히만, 틸로 슈팔, 인성기 번역, **지식** (경기: 이끌리오, 2005): pp. 137-8 편집.

297 데틀레프 칸텐, 토마스 다이히만, 틸로 슈팔, 인성기 번역, **지식** (경기: 이끌리오, 2005): p. 138 편집.

298 David Christian, *Maps of Time* (Berkeley: University of California Press, 2011): p 85 편집.

299 새우얼 이녹 스텀프, 제임스 피저, 이광래 번역, **소크라테스에서 포스트모더니즘까지** (경기: 열린 책들, 2009): p. 104.

300 제임스 E. 매클렌란 III·해럴드 도른, 전대호 번역, **과학과 기술로 본 세계사 강의** (서울: 모티브북, 2008): p. 482.

301 제임스 E. 매클렌란 III·해럴드 도른, 전대호 번역, **과학과 기술로 본 세계사 강의** (서울: 모티브북, 2008): p. 482.

302 제임스 E. 매클렌란 III·해럴드 도른, 전대호 번역, **과학과 기술로 본 세계사 강의** (서울: 모티브북, 2008): pp. 482-3.

303 제임스 E. 매클렌란 III·해럴드 도른, 전대호 번역, **과학과 기술로 본 세계사 강의** (서울: 모티브북, 2008): p. 483.

304 제임스 E. 매클렌란 III·해럴드 도른, 전대호 번역, **과학과 기술로 본 세계사 강의** (서울: 모티브북, 2008): pp. 483-4.

305 제임스 E. 매클렌란 III·해럴드 도른, 전대호 번역, **과학과 기술로 본 세계사 강의** (서울: 모티브북, 2008): p. 484.

306 David Christian, *Maps of Time* (Berkeley: University of California Press, 2011): p. 86.

307 한스 큉, 서명옥 번역, **한스 큉, 과학을 말하다** (경북: 분도출판사, 2011): p. 138 편집.

308 빌 브라이슨, 이덕환 번역, **거의 모든 것의 역사** (서울: 까치글방, 2010): p. 395.

309 빌 브라이슨, 이덕환 번역, **거의 모든 것의 역사** (서울: 까치글방, 2010): p. 412.

310 빌 브라이슨, 이덕환 번역, **거의 모든 것의 역사** (서울: 까치글방, 2010): pp. 412-3.

311 빌 브라이슨, 이덕환 번역, **거의 모든 것의 역사** (서울: 까치글방, 2010): p. 413.

312 빌 브라이슨, 이덕환 번역, **거의 모든 것의 역사** (서울: 까치글방, 2010): p. 402. 편집

313 새우얼 이녹 스텀프, 제임스 피저, 이광래 번역, **소크라테스에서 포스트모더니즘까지** (경기: 열린 책들, 2009): p. 104 편집.

314 한스 큉, 성염 번역, **신은 존재하는가?** (경북: 분도출판사, 2003): p. 478 편집.

315 존 케리, 편저, **지식**의 원전, 바다출판사, 2004, p. 99.

316 제임스 E. 매클렌란 III·해럴드 도른, 전대호 번역, **과학과 기술로 본 세계사 강의** (서울: 모티브북, 2008): p. 491.

317 제임스 E. 매클렌란 III·해럴드 도른, 전대호 번역, **과학과 기술로 본 세계사 강의** (서울: 모티브북, 2008): pp. 491-2.

318 제임스 E. 매클렌란 III·해럴드 도른, 전대호 번역, **과학과 기술로 본 세계사 강의** (서울: 모티브북, 2008): p. 492.

319 제임스 E. 매클렌란 III·해럴드 도른, 전대호 번역, **과학과 기술로 본 세계사 강의** (서울: 모티브북, 2008): p. 492.

320 제임스 E. 매클렌란 III·해럴드 도른, 전대호 번역, **과학과 기술로 본 세계사 강의** (서울: 모티브북, 2008): p. 489.

321 제임스 E. 매클렌란 III·해럴드 도른, 전대호 번역, **과학과 기술로 본 세계사 강의** (서울: 모티브북, 2008): pp. 489-90 편집.

322 제임스 E. 매클렌란 III·해럴드 도른, 전대호 번역, **과학과 기술로 본 세계사 강의** (서울: 모티브북, 2008): p. 493.

323 제임스 E. 매클렌란 III·해럴드 도른, 전대호 번역, **과학과 기술로 본 세계사 강의** (서울: 모티브북, 2008): p. 495.

324 David Christian, *Maps of Time* (Berkeley: University of California Press, 2011): p. 91.
325 제임스 E. 매클렌란 III·해럴드 도른, 전대호 번역, **과학과 기술로 본 세계사 강의** (서울: 모티브북, 2008): p. 499.
326 David Christian, *Maps of Time* (Berkeley: University of California Press, 2011): p. 92.
327 제임스 E. 매클렌란 III·해럴드 도른, 전대호 번역, **과학과 기술로 본 세계사 강의** (서울: 모티브북, 2008): pp. 499-500.
328 데이비드 버스, 이충호옮김, 진화심리학, 웅진지식하우스, 2015, p. 86.
329 데이비드 버스, 이충호옮김, 진화심리학, 웅진지식하우스, 2015, pp. 86-7.
330 David Christian, *Maps of Time* (Berkeley: University of California Press, 2011): p. 84.
331 David Christian, *Maps of Time* (Berkeley: University of California Press, 2011): p. 84.
332 David Christian, *Maps of Time* (Berkeley: University of California Press, 2011): pp. 87-8.
333 David Christian, *Maps of Time* (Berkeley: University of California Press, 2011): p. 88.
334 David Christian, *Maps of Time* (Berkeley: University of California Press, 2011): p. 88.
335 David Christian, *Maps of Time* (Berkeley: University of California Press, 2011): pp. 88-9.
336 데틀레프 칸텔, 토마스 다이히만, 틸로 슈팔, 인성기 번역, **지식** (경기: 이끌리오, 2005): p. 68.
337 David Christian, *Maps of Time* (Berkeley: University of California Press, 2011): p. 124.
338 David Christian, *Maps of Time* (Berkeley: University of California Press, 2011): p. 91.
339 David Christian, *Maps of Time* (Berkeley: University of California Press, 2011): p. 93.
340 David Christian, *Maps of Time* (Berkeley: University of California Press, 2011): p. 93.
341 데틀레프 칸텔, 토마스 다이히만, 틸로 슈팔, 인성기 번역, **지식** (경기: 이끌리오, 2005): p. 122.
342 데틀레프 칸텔, 토마스 다이히만, 틸로 슈팔, 인성기 번역, **지식** (경기: 이끌리오, 2005): p. 122.
343 데틀레프 칸텔, 토마스 다이히만, 틸로 슈팔, 인성기 번역, **지식** (경기: 이끌리오, 2005): p. 123.
344 David Christian, *Maps of Time* (Berkeley: University of California Press, 2011): p. 108.
345 David Christian, *Maps of Time* (Berkeley: University of California Press, 2011): p. 109 편집.
346 빌 브라이슨, 이덕환 번역, **거의 모든 것의 역사** (서울: 까치글방, 2010): p. 337 편집.
347 빌 브라이슨, 이덕환 번역, **거의 모든 것의 역사** (서울: 까치글방, 2010): p. 337.
348 빌 브라이슨, 이덕환 번역, **거의 모든 것의 역사** (서울: 까치글방, 2010): p. 338.
349 빌 브라이슨, 이덕환 번역, **거의 모든 것의 역사** (서울: 까치글방, 2010): p. 338.
350 데틀레프 칸텔, 토마스 다이히만, 틸로 슈팔, 인성기 번역, **지식** (경기: 이끌리오, 2005): pp. 124-5.
351 데틀레프 칸텔, 토마스 다이히만, 틸로 슈팔, 인성기 번역, **지식** (경기: 이끌리오, 2005): p. 125.
352 데틀레프 칸텔, 토마스 다이히만, 틸로 슈팔, 인성기 번역, **지식** (경기: 이끌리오, 2005): p. 125.
353 David Christian, *Maps of Time* (Berkeley: University of California Press, 2011): p. 92 편집.
354 제임스 E. 매클렌란 III·해럴드 도른, 전대호 번역, **과학과 기술로 본 세계사 강의** (서울: 모티브북, 2008): p. 537.
355 David Christian, *Maps of Time* (Berkeley: University of California Press, 2011): p. 148.
356 데틀레프 칸텔, 토마스 다이히만, 틸로 슈팔, 인성기 번역, **지식** (경기: 이끌리오, 2005): p. 70, 85.
357 빌 브라이슨, 이덕환 번역, **거의 모든 것의 역사** (서울: 까치글방, 2010): p. 307.

358 David Christian, *Maps of Time* (Berkeley: University of California Press, 2011): p 82.

359 브라이언 그린, 박병철 번역, **우주의 구조** (서울: 승산, 2011): p. 444 편집.

360 "태양에서 분출하는 저 엔트로피 에너지는 지구에 서식하는 저 엔트로피 식물의 생명활동을 가능하게 했고 그로부터 엔트로피가 더욱 작은 고등동물이 탄생하였다."에 대하여 한양대학교 물리학과 신상진 교수님은 다음과 같이 논평하였다. "다음문장에서 인과관계는 성립되지 않습니다. 즉 고등동물은 저 엔트로피 에너지로 살아가지만 저 엔트로피 자체가 고등동물을 만들었다는 인과관계는 없답니다. 그리고 고등동물의 엔트로피의 물리적 총량은 아메바와 같은 하등동물의 그것보다는 월등하게 큽니다. 고등동물일수록 몸집도 커지니 당연히 그렇습니다." 서울대 물리학 이규철 교수님은 다음과 같은 의견을 주셨다. "제 전공은 통계역학이 아니라서 엔트로피의 개념과 내용에 대해 물리학 교과서 수준으로만 알고 있고 이 정도의 수준에서 말씀드리면, 작성하신 글 중에 전반부 에너지 부분은 틀린 곳이 없어 보이는데 뒷부분은 엔트로피와 생명 현상에 대해 연관 지어 설명하는 부분은 맞는 부분도 있지만 논리적인 비약도 있어 보이고, 특히 '엔트로피 에너지'라는 물리학에서 사용하지 않는 생소한 용어는 문제가 있어 보입니다. 에너지와 엔트로피는 서로 다른 물리적 개념인데 함께 섞어 사용해서 무엇을 말하는지 잘 모르겠습니다."

361 데틀레프 칸텐, 토마스 다이히만, 틸로 슈팔, 인성기 번역, **지식** (경기: 이끌리오, 2005): p. 58 참조.

362 David Christian, *Maps of Time* (Berkeley: University of California Press, 2011): p. 83.

363 David Christian, *Maps of Time* (Berkeley: University of California Press, 2011): p. 108.

364 빌 브라이슨, 이덕환 번역, **거의 모든 것의 역사** (서울: 까치글방, 2010): pp. 353-4으로부터 편집.

365 데틀레프 칸텐, 토마스 다이히만, 틸로 슈팔, 인성기 번역, **지식** (경기: 이끌리오, 2005): p. 73.

366 데틀레프 칸텐, 토마스 다이히만, 틸로 슈팔, 인성기 번역, **지식** (경기: 이끌리오, 2005): p. 74.

367 데틀레프 칸텐, 토마스 다이히만, 틸로 슈팔, 인성기 번역, **지식** (경기: 이끌리오, 2005): p. 74.

368 데틀레프 칸텐, 토마스 다이히만, 틸로 슈팔, 인성기 번역, **지식** (경기: 이끌리오, 2005): p. 69.

369 David Christian, *Maps of Time* (Berkeley: University of California Press, 2011): p. 102.

370 한스 큉, 서명옥 번역, **한스 큉, 과학을 말하다** (경북: 분도출판사, 2011): p. 192 편집.

371 빌 브라이슨, 이덕환 번역, **거의 모든 것의 역사** (서울: 까치글방, 2010): p. 432.

372 빌 브라이슨, 이덕환 번역, **거의 모든 것의 역사** (서울: 까치글방, 2010): p. 436.

373 David Christian, *Maps of Time* (Berkeley: University of California Press, 2011): p. 107 편집.

374 David Christian, *Maps of Time* (Berkeley: University of California Press, 2011): pp. 107-8.

375 David Christian, *Maps of Time* (Berkeley: University of California Press, 2011): p. 108.

376 John Maynard Smith and Eörs Szathmáry, *The Origins of Life: From the Birth of Life to the Origins of Language* (Oxford: Oxford University Press, 1999), p.5. David Christian, *Maps of Time* (Berkeley: University of California Press, 2011): p. 108에서 재인용.

377 David Christian, *Maps of Time* (Berkeley: University of California Press, 2011): p. 108.

378 David Christian, *Maps of Time* (Berkeley: University of California Press, 2011): p. 109.

379 David Christian, *Maps of Time* (Berkeley: University of California Press, 2011): p. 109.

380 데틀레프 칸텐, 토마스 다이히만, 틸로 슈팔, 인성기 번역, **지식** (경기: 이끌리오, 2005): p. 73.

381 빌 브라이슨, 이덕환 번역, **거의 모든 것의 역사** (서울: 까치글방, 2010): p. 314 편집.

382 빌 브라이슨, 이덕환 번역, **거의 모든 것의 역사** (서울: 까치글방, 2010): p. 315 편집.

383 빌 브라이슨, 이덕환 번역, 거의 모든 것의 역사 (서울: 까치글방, 2010): p. 315 편집.
384 David Christian, *Maps of Time* (Berkeley: University of California Press, 2011): p. 110.
385 빌 브라이슨, 이덕환 번역, 거의 모든 것의 역사 (서울: 까치글방, 2010): p. 316 편집.
386 빌 브라이슨, 이덕환 번역, 거의 모든 것의 역사 (서울: 까치글방, 2010): p. 316 편집.
387 David Christian, *Maps of Time* (Berkeley: University of California Press, 2011): p. 111.
388 David Christian, *Maps of Time* (Berkeley: University of California Press, 2011): p. 112.
389 David Christian, *Maps of Time* (Berkeley: University of California Press, 2011): pp. 112-3.
390 David Christian, *Maps of Time* (Berkeley: University of California Press, 2011): p. 113.
391 David Christian, *Maps of Time* (Berkeley: University of California Press, 2011): p. 113.
392 David Christian, *Maps of Time* (Berkeley: University of California Press, 2011): pp. 113-4.
393 David Christian, *Maps of Time* (Berkeley: University of California Press, 2011): p. 114.
394 빌 브라이슨, 이덕환 번역, 거의 모든 것의 역사 (서울: 까치글방, 2010): p. 319.
395 David Christian, *Maps of Time* (Berkeley: University of California Press, 2011): pp. 108-9.
396 David Christian, *Maps of Time* (Berkeley: University of California Press, 2011): p. 110.
397 Colleen Belk and Virginia Borden Maier, 김재근 등 번역, **생활 속의 생명과학**, 바이오사이언스, 2013, p. 42.
398 David Christian, *Maps of Time* (Berkeley: University of California Press, 2011): p. 113.
399 Colleen Belk and Virginia Borden Maier, 김재근 등 번역, **생활 속의 생명과학**, 바이오사이언스, 2013, p. 42.
400 David Christian, *Maps of Time* (Berkeley: University of California Press, 2011): p. 114.
401 빌 브라이슨, 이덕환 번역, 거의 모든 것의 역사 (서울: 까치글방, 2010): p. 317.
402 David Christian, *Maps of Time* (Berkeley: University of California Press, 2011): p. 114.
403 David Christian, *Maps of Time* (Berkeley: University of California Press, 2011): p. 114.
404 David Christian, *Maps of Time* (Berkeley: University of California Press, 2011): pp. 114-5.
405 David Christian, *Maps of Time* (Berkeley: University of California Press, 2011): p. 115.
406 David Christian, *Maps of Time* (Berkeley: University of California Press, 2011): p. 116.
407 David Christian, *Maps of Time* (Berkeley: University of California Press, 2011): p. 114.
408 David Christian, *Maps of Time* (Berkeley: University of California Press, 2011): p. 116.
409 David Christian, *Maps of Time* (Berkeley: University of California Press, 2011): p. 117.
410 David Christian, *Maps of Time* (Berkeley: University of California Press, 2011): p. 112.
411 David Christian, *Maps of Time* (Berkeley: University of California Press, 2011): p. 117.
412 David Christian, *Maps of Time* (Berkeley: University of California Press, 2011): p. 117.
413 데틀레프 칸텐, 토마스 다이히만, 틸로 슈팔, 인성기 번역, **지식** (경기: 이끌리오, 2005): p. 116.
414 David Christian, *Maps of Time* (Berkeley: University of California Press, 2011): p. 117.
415 빌 브라이슨, 이덕환 번역, 거의 모든 것의 역사 (서울: 까치글방, 2010): p. 448 편집.
416 빌 브라이슨, 이덕환 번역, 거의 모든 것의 역사 (서울: 까치글방, 2010): pp. 448-9 편집.
417 빌 브라이슨, 이덕환 번역, 거의 모든 것의 역사 (서울: 까치글방, 2010): p. 449.

418 David Christian, *Maps of Time* (Berkeley: University of California Press, 2011): p. 119.
419 David Christian, *Maps of Time* (Berkeley: University of California Press, 2011): p. 121.
420 David Christian, *Maps of Time* (Berkeley: University of California Press, 2011): p. 119.
421 빌 브라이슨, 이덕환 번역, 거의 모든 것의 역사 (서울: 까치글방, 2010): p. 339.
422 빌 브라이슨, 이덕환 번역, 거의 모든 것의 역사 (서울: 까치글방, 2010): p. 350.
423 David Christian, *Maps of Time* (Berkeley: University of California Press, 2011): p. 119.
424 David Christian, *Maps of Time* (Berkeley: University of California Press, 2011): p. 123.
425 David Christian, *Maps of Time* (Berkeley: University of California Press, 2011): p. 121.
426 David Christian, *Maps of Time* (Berkeley: University of California Press, 2011): pp. 121-2.
427 David Christian, *Maps of Time* (Berkeley: University of California Press, 2011): p. 122.
428 David Christian, *Maps of Time* (Berkeley: University of California Press, 2011): p. 123.
429 빌 브라이슨, 이덕환 번역, 거의 모든 것의 역사 (서울: 까치글방, 2010): p. 355.
430 David Christian, *Maps of Time* (Berkeley: University of California Press, 2011): p. 122.
431 David Christian, *Maps of Time* (Berkeley: University of California Press, 2011): p. 123.
432 David Christian, *Maps of Time* (Berkeley: University of California Press, 2011): p. 124.
433 David Christian, *Maps of Time* (Berkeley: University of California Press, 2011): p. 124.
434 David Christian, *Maps of Time* (Berkeley: University of California Press, 2011): p. 124.
435 David Christian, *Maps of Time* (Berkeley: University of California Press, 2011): p. 124.
436 David Christian, *Maps of Time* (Berkeley: University of California Press, 2011): p. 130.
437 David Christian, *Maps of Time* (Berkeley: University of California Press, 2011): p. 125.
438 빌 브라이슨, 이덕환 번역, 거의 모든 것의 역사 (서울: 까치글방, 2010): p. 77.
439 빌 브라이슨, 이덕환 번역, 거의 모든 것의 역사 (서울: 까치글방, 2010): p. 192.
440 빌 브라이슨, 이덕환 번역, 거의 모든 것의 역사 (서울: 까치글방, 2010): p. 193.
441 빌 브라이슨, 이덕환 번역, 거의 모든 것의 역사 (서울: 까치글방, 2010): p. 196.
442 빌 브라이슨, 이덕환 번역, 거의 모든 것의 역사 (서울: 까치글방, 2010): p. 197.
443 David Christian, *Maps of Time* (Berkeley: University of California Press, 2011): p. 70.
444 빌 브라이슨, 이덕환 번역, 거의 모든 것의 역사 (서울: 까치글방, 2010): p. 197.
445 빌 브라이슨, 이덕환 번역, 거의 모든 것의 역사 (서울: 까치글방, 2010): pp. 197-8.
446 빌 브라이슨, 이덕환 번역, 거의 모든 것의 역사 (서울: 까치글방, 2010): p. 199.
447 빌 브라이슨, 이덕환 번역, 거의 모든 것의 역사 (서울: 까치글방, 2010): p. 200.
448 위키백과. 2016.6.5. https://ko.wikipedia.orgwiki/%EC%9C%A1%EA%B5%90_(%EC%A7%80%EB%A6%AC%ED%95%99)
449 빌 브라이슨, 이덕환 번역, 거의 모든 것의 역사 (서울: 까치글방, 2010): p. 191.
450 빌 브라이슨, 이덕환 번역, 거의 모든 것의 역사 (서울: 까치글방, 2010): p. 191.
451 위키백과. 2016.6.5. https://ko.wikipedia.org/wiki/%EC%9C%A1%EA%B5%90_(%EC%A7%80%EB%A6%AC%ED%95%99)
452 David Christian, *Maps of Time* (Berkeley: University of California Press, 2011): p. 73.

453 한스 큉, 서명옥 번역, **한스 큉, 과학을 말하다** (경북: 분도출판사, 2011): p. 225.

454 David Christian, *Maps of Time* (Berkeley: University of California Press, 2011): p. 73.

455 Ninian, Smart, 윤원철번역, **세계의 종교** (서울: 예경, 2004): p. 61 편집.

456 David Christian, *Maps of Time* (Berkeley: University of California Press, 2011): p. 69.

457 빌 브라이슨, 이덕환 번역, **거의 모든 것의 역사** (서울: 까치글방, 2010): p. 358.

458 빌 브라이슨, 이덕환 번역, **거의 모든 것의 역사** (서울: 까치글방, 2010): pp. 358-9.

459 빌 브라이슨, 이덕환 번역, **거의 모든 것의 역사** (서울: 까치글방, 2010): p. 359.

460 데틀레프 칸텐, 토마스 다이히만, 틸로 슈팔, 인성기 번역, **지식** (경기: 이끌리오, 2005): pp. 85-86.

461 David Christian, *Maps of Time* (Berkeley: University of California Press, 2011): p. 124.

462 David Christian, *Maps of Time* (Berkeley: University of California Press, 2011): p. 125.

463 David Christian, *Maps of Time* (Berkeley: University of California Press, 2011): p. 125.

464 빌 브라이슨, 이덕환 번역, **거의 모든 것의 역사** (서울: 까치글방, 2010): p. 359.

465 David Christian, *Maps of Time* (Berkeley: University of California Press, 2011): p. 125.

466 빌 브라이슨, 이덕환 번역, **거의 모든 것의 역사** (서울: 까치글방, 2010): p. 446.

467 빌 브라이슨, 이덕환 번역, **거의 모든 것의 역사** (서울: 까치글방, 2010): pp. 446-7.

468 빌 브라이슨, 이덕환 번역, **거의 모든 것의 역사** (서울: 까치글방, 2010): p. 447.

469 David Christian, *Maps of Time* (Berkeley: University of California Press, 2011): p. 127.

470 David Christian, *Maps of Time* (Berkeley: University of California Press, 2011): p. 130.

471 David Christian, *Maps of Time* (Berkeley: University of California Press, 2011): p. 127.

472 David Christian, *Maps of Time* (Berkeley: University of California Press, 2011): p. 151.

473 David Christian, *Maps of Time* (Berkeley: University of California Press, 2011): p. 127.

474 David Christian, *Maps of Time* (Berkeley: University of California Press, 2011): p. 151.

475 데틀레프 칸텐, 토마스 다이히만, 틸로 슈팔, 인성기 번역, **지식** (경기: 이끌리오, 2005): p. 20, 94.

476 David Christian, *Maps of Time* (Berkeley: University of California Press, 2011): p. 150.

477 David Christian, *Maps of Time* (Berkeley: University of California Press, 2011): p. 150.

478 David Christian, *Maps of Time* (Berkeley: University of California Press, 2011): pp. 150-1.

479 David Christian, *Maps of Time* (Berkeley: University of California Press, 2011): p. 154.

480 데틀레프 칸텐, 토마스 다이히만, 틸로 슈팔, 인성기 번역, **지식** (경기: 이끌리오, 2005)

481 데틀레프 칸텐, 토마스 다이히만, 틸로 슈팔, 인성기 번역, **지식** (경기: 이끌리오, 2005): p. 79.

482 데틀레프 칸텐, 토마스 다이히만, 틸로 슈팔, 인성기 번역, **지식** (경기: 이끌리오, 2005): p. 67.

483 데틀레프 칸텐, 토마스 다이히만, 틸로 슈팔, 인성기 번역, **지식** (경기: 이끌리오, 2005): p. 208.

484 데틀레프 칸텐, 토마스 다이히만, 틸로 슈팔, 인성기 번역, **지식** (경기: 이끌리오, 2005): p. 67.

485 크리스 임피, 박병철 옮김, **세상은 어떻게 끝나는가** (서울: 시공사, 2012): p. 91.

486 크리스 임피, 박병철 옮김, **세상은 어떻게 끝나는가** (서울: 시공사, 2012): pp. 91-2.

487 피터 왓슨, 남경태 번역, **생각의 역사 I** (경기: 들녘, 2010): p. 47.

488 David Christian, *Maps of Time* (Berkeley: University of California Press, 2011): p. 131.

489 David Christian, *Maps of Time* (Berkeley: University of California Press, 2011): p. 130.

490 David Christian, *Maps of Time* (Berkeley: University of California Press, 2011): p. 151.
491 David Christian, *Maps of Time* (Berkeley: University of California Press, 2011): p. 131.
492 David Christian, *Maps of Time* (Berkeley: University of California Press, 2011): pp. 131-3.
493 David Christian, *Maps of Time* (Berkeley: University of California Press, 2011): p. 122.
494 피터 왓슨, 남경태 번역, **생각의 역사 I** (경기: 들녘, 2010): p. 46.
495 David Christian, *Maps of Time* (Berkeley: University of California Press, 2011): p. 90.
496 필자.
497 David Christian, *Maps of Time* (Berkeley: University of California Press, 2011): p. 90.
498 David Christian, *Maps of Time* (Berkeley: University of California Press, 2011): pp. 90-1.
499 빌 브라이슨, 이덕환 번역, **거의 모든 것의 역사** (서울: 까치글방, 2010): p. 443.
500 Hans Küng, trans. John Bowden, *Hans Küng Judaism* (New York: Continuum, 1995): p. 3.
501 David Christian, *Maps of Time* (Berkeley: University of California Press, 2011): p. 145.
502 제임스 E. 매클렌란 III·해럴드 도른, 전대호 번역, **과학과 기술로 본 세계사 강의** (서울: 모티브북, 2008): p. 482 편집.
503 제임스 E. 매클렌란 III·해럴드 도른, 전대호 번역, **과학과 기술로 본 세계사 강의** (서울: 모티브북, 2008): p. 495.
504 제임스 E. 매클렌란 III·해럴드 도른, 전대호 번역, **과학과 기술로 본 세계사 강의** (서울: 모티브북, 2008): p. 538 편집.
505 Bernard J. Baars, Nicole M. Gage, 강봉균 옮김, **인지 뇌 의식**, 교보문고, 2014, p. 14.
506 빌 브라이슨, 이덕환 번역, **거의 모든 것의 역사** (서울: 까치글방, 2010): p. 468.
507 빌 브라이슨, 이덕환 번역, **거의 모든 것의 역사** (서울: 까치글방, 2010): p. 468.
508 한스 큉, 서명옥 번역, **한스 큉, 과학을 말하다** (경북: 분도출판사, 2011): p. 225.
509 한스 큉, 서명옥 번역, **한스 큉, 과학을 말하다** (경북: 분도출판사, 2011): p. 226.
510 한스 큉, 서명옥 번역, **한스 큉, 과학을 말하다** (경북: 분도출판사, 2011): p. 225.
511 한스 큉, 서명옥 번역, **한스 큉, 과학을 말하다** (경북: 분도출판사, 2011): pp. 225-6.
512 크리스 임피, 박병철 옮김, **세상은 어떻게 끝나는가** (서울: 시공사, 2012): p. 120.
513 David Christian, *Maps of Time* (Berkeley: University of California Press, 2011): p. 131.
514 David Christian, *Maps of Time* (Berkeley: University of California Press, 2011): p. 131 편집.
515 제임스 E. 매클렌란 III·해럴드 도른, 전대호 번역, **과학과 기술로 본 세계사 강의** (서울: 모티브북, 2008): p. 17.
516 한스 큉, 서명옥 번역, **한스 큉, 과학을 말하다** (경북: 분도출판사, 2011): p. 227.
517 David Christian, *Maps of Time* (Berkeley: University of California Press, 2011): p. 156.
518 David Christian, *Maps of Time* (Berkeley: University of California Press, 2011): p. 156.
519 David Christian, *Maps of Time* (Berkeley: University of California Press, 2011): pp. 156-7.
520 David Christian, *Maps of Time* (Berkeley: University of California Press, 2011): p. 158.
521 David Christian, *Maps of Time* (Berkeley: University of California Press, 2011): p. 127.
522 빌 브라이슨, 이덕환 번역, **거의 모든 것의 역사** (서울: 까치글방, 2010): p. 450.

523 앨리스 로버츠, 진주현옮김, **인류의 위대한 여행**, 책과함께, 2013, p. 25.

524 앨리스 로버츠, 진주현옮김, **인류의 위대한 여행**, 책과함께, 2013, p. 25.

525 *Scientific American*, September 2014, p. 51 편집.

526 빌 브라이슨, 이덕환 번역, **거의 모든 것의 역사** (서울: 까치글방, 2010): p. 447 편집.

527 빌 브라이슨, 이덕환 번역, **거의 모든 것의 역사** (서울: 까치글방, 2010): p. 467.

528 빌 브라이슨, 이덕환 번역, **거의 모든 것의 역사** (서울: 까치글방, 2010): p. 447.

529 빌 브라이슨, 이덕환 번역, **거의 모든 것의 역사** (서울: 까치글방, 2010): p. 468.

530 존 케리, 편저, **지식의 원전**, 바다출판사, 2004, p. 227.

531 존 케리, 편저, **지식의 원전**, 바다출판사, 2004, p. 232.

532 한스 큉, **유대교**, 시와 진실, 2015, p. 30.

533 제임스 E. 매클렐란 III·해럴드 도른, 전대호 번역, **과학과 기술로 본 세계사 강의** (서울: 모티브북, 2008): p. 22.

534 E. M. 번즈, R. 러너, S. 미첨, 박상익 번역, **서양문명의 역사(상)**, 서울, 소나무, 2011: p. 8.

535 E. M. 번즈, R. 러너, S. 미첨, 박상익 번역, **서양문명의 역사(상)**, 서울, 소나무, 2011: p. 11.

536 E. M. 번즈, R. 러너, S. 미첨, 박상익 번역, **서양문명의 역사(상)**, 서울, 소나무, 2011: p. 16.

537 윌리엄 H. 맥닐, 김우영 번역, **세계의 역사 1** (서울: 도서출판 이산, 2010): p. 58.

538 윌리엄 H. 맥닐, 김우영 번역, **세계의 역사 1** (서울: 도서출판 이산, 2010): p. 59.

539 한스 큉, 서명옥 번역, **한스 큉, 과학을 말하다** (경북: 분도출판사, 2011): pp. 227-8.

540 제임스 E. 매클렐란 III·해럴드 도른, 전대호 번역, **과학과 기술로 본 세계사 강의** (서울: 모티브북, 2008): p. 12.

541 David Christian, *Maps of Time* (Berkeley: University of California Press, 2011): p. 163.

542 빌 브라이슨, 이덕환 번역, **거의 모든 것의 역사** (서울: 까치글방, 2010): p. 468.

543 빌 브라이슨, 이덕환 번역, **거의 모든 것의 역사** (서울: 까치글방, 2010): p. 468.

544 David Christian, *Maps of Time* (Berkeley: University of California Press, 2011): p. 159.

545 David Christian, *Maps of Time* (Berkeley: University of California Press, 2011): p. 163.

546 피터 왓슨, 남경태 번역, **생각의 역사 I** (경기: 들녘, 2010): pp. 48-9.

547 빌 브라이슨, 이덕환 번역, **거의 모든 것의 역사** (서울: 까치글방, 2010): p. 468.

548 David Christian, *Maps of Time* (Berkeley: University of California Press, 2011): p. 160.

549 David Christian, *Maps of Time* (Berkeley: University of California Press, 2011): p. 160.

550 David Christian, *Maps of Time* (Berkeley: University of California Press, 2011): pp. 161-2.

551 David Christian, *Maps of Time* (Berkeley: University of California Press, 2011): p. 162.

552 두산백과(인류학), 2013.8.5. "구석기시대 전기"

553 David Christian, *Maps of Time* (Berkeley: University of California Press, 2011): p. 160.

554 두산백과(인류학), 2013.8.5. "구석기시대 전기"

555 David Christian, *Maps of Time* (Berkeley: University of California Press, 2011): p. 164.

556 David Christian, *Maps of Time* (Berkeley: University of California Press, 2011): p. 163.

557 David Christian, *Maps of Time* (Berkeley: University of California Press, 2011): p. 164.

558 데틀레프 칸텐, 토마스 다이히만, 틸로 슈팔, 인성기 번역, **지식** (경기: 이끌리오, 2005): p. 94.

559 David Christian, *Maps of Time* (Berkeley: University of California Press, 2011): p. 163.

560 빌 브라이슨, 이덕환 번역, **거의 모든 것의 역사** (서울: 까치글방, 2010): p. 470.

561 빌 브라이슨, 이덕환 번역, **거의 모든 것의 역사** (서울: 까치글방, 2010): p. 472.

562 빌 브라이슨, 이덕환 번역, **거의 모든 것의 역사** (서울: 까치글방, 2010): pp. 472-3.

563 빌 브라이슨, 이덕환 번역, **거의 모든 것의 역사** (서울: 까치글방, 2010): p. 473.

564 빌 브라이슨, 이덕환 번역, **거의 모든 것의 역사** (서울: 까치글방, 2010): p. 477.

565 빌 브라이슨, 이덕환 번역, **거의 모든 것의 역사** (서울: 까치글방, 2010): pp. 471-2.

566 빌 브라이슨, 이덕환 번역, **거의 모든 것의 역사** (서울: 까치글방, 2010): p. 472.

567 빌 브라이슨, 이덕환 번역, **거의 모든 것의 역사** (서울: 까치글방, 2010): p. 471.

568 David Christian, *Maps of Time* (Berkeley: University of California Press, 2011): p. 164.

569 피터 왓슨, 남경태 번역, **생각의 역사 I** (경기: 들녘, 2010): p. 53.

570 앨리스 로버츠, 진주현옮김, **인류의 위대한 여행**, 책과함께, 2013, p. 17.

571 David Christian, *Maps of Time* (Berkeley: University of California Press, 2011): p. 167.

572 앨리스 로버츠, 진주현옮김, **인류의 위대한 여행**, 책과함께, 2013, p. 17.

573 E. M. 번즈, R. 러너, S. 미첨, 박상익 번역, **서양문명의 역사(상)**, 서울, 소나무, 2011: p. 10 편집.

574 한스 큉, 서명옥 번역, **한스 큉, 과학을 말하다** (경북: 분도출판사, 2011): p. 228.

575 한스 큉, 서명옥 번역, **한스 큉, 과학을 말하다** (경북: 분도출판사, 2011): p. 228.

576 David Christian, *Maps of Time* (Berkeley: University of California Press, 2011): p. 168, 한스 큉, 서명옥 번역, **한스 큉, 과학을 말하다** (경북: 분도출판사, 2011): p. 228.

577 *Scientific American*, September 2014, p. 39.

578 한스 큉, 서명옥 번역, **한스 큉, 과학을 말하다** (경북: 분도출판사, 2011): p. 228.

579 피터 왓슨, 남경태 번역, **생각의 역사 I** (경기: 들녘, 2010): pp. 57-8.

580 피터 왓슨, 남경태 번역, **생각의 역사 I** (경기: 들녘, 2010): p. 58.

581 J. B. 노스, 윤이흠 번역, **세계종교사(상)** (서울: 현음사, 2003): pp. 35-6.

582 J. B. 노스, 윤이흠 번역, **세계종교사(상)** (서울: 현음사, 2003): pp. 28~9참조.

583 David Christian, *Maps of Time* (Berkeley: University of California Press, 2011): p. 176.

584 David Christian, *Maps of Time* (Berkeley: University of California Press, 2011): pp. 176-7.

585 David Christian, *Maps of Time* (Berkeley: University of California Press, 2011): p. 177.

586 David Christian, *Maps of Time* (Berkeley: University of California Press, 2011): p. 177.

587 David Christian, *Maps of Time* (Berkeley: University of California Press, 2011): p. 180.

588 David Christian, *Maps of Time* (Berkeley: University of California Press, 2011): p. 177.

589 네이버 백과사전, 2013.9.2.

590 David Christian, *Maps of Time* (Berkeley: University of California Press, 2011): p. 177.

591 David Christian, *Maps of Time* (Berkeley: University of California Press, 2011): p. 178.

592 David Christian, *Maps of Time* (Berkeley: University of California Press, 2011): p. 178.

593 David Christian, *Maps of Time* (Berkeley: University of California Press, 2011): pp. 178-9.

594 David Christian, *Maps of Time* (Berkeley: University of California Press, 2011): p. 179.

595 David Christian, *Maps of Time* (Berkeley: University of California Press, 2011): p. 180.

596 한스 큉, 서명옥 번역, **한스 큉, 과학을 말하다** (경북: 분도출판사, 2011): p. 229.

597 David Christian, *Maps of Time* (Berkeley: University of California Press, 2011): p. 180.

598 앨리스 로버츠, 진주현옮김, **인류의 위대한 여행**, 책과함께, 2013, p. 17.

599 앨리스 로버츠, 진주현옮김, **인류의 위대한 여행**, 책과함께, 2013, p. 78.

600 앨리스 로버츠, 진주현옮김, **인류의 위대한 여행**, 책과함께, 2013, p. 79.

601 크리스 임피, 박병철 옮김, **세상은 어떻게 끝나는가** (서울: 시공사, 2012): pp. 117-8.

602 크리스 임피, 박병철 옮김, **세상은 어떻게 끝나는가** (서울: 시공사, 2012): p. 118.

603 윌리엄 H. 맥닐, 김우영 번역, **세계의 역사 1** (서울: 도서출판 이산, 2010): p. 58.

604 *Scientific American*, September 2014, p. 39.

605 앨리스 로버츠, 진주현옮김, **인류의 위대한 여행**, 책과함께, 2013, p. 17.

606 빌 브라이슨, 이덕환 번역, **거의 모든 것의 역사** (서울: 까치글방, 2010): p. 478 편집.

607 빌 브라이슨, 이덕환 번역, **거의 모든 것의 역사** (서울: 까치글방, 2010): p. 478 편집.

608 헤닝 엘겔론, 이정모 옮김, **인간, 우리는 누구인가?**, 을유문화사, 2010, p. 168 편집.

609 헤닝 엘겔론, 이정모 옮김, **인간, 우리는 누구인가?**, 을유문화사, 2010, p. 166 편집.

610 헤닝 엘겔론, 이정모 옮김, **인간, 우리는 누구인가?**, 을유문화사, 2010, p. 168.

611 헤닝 엘겔론, 이정모 옮김, **인간, 우리는 누구인가?**, 을유문화사, 2010, p. 166.

612 피터 왓슨, 남경태 번역, **생각의 역사 I** (경기: 들녘, 2010): p. 57 편집.

613 데틀레프 칸텐, 토마스 다이히만, 틸로 슈팔, 인성기 번역, **지식** (경기: 이끌리오, 2005): p. 95.

614 David Christian, *Maps of Time* (Berkeley: University of California Press, 2011): p. 170 편집.

615 앨리스 로버츠, 진주현옮김, **인류의 위대한 여행**, 책과함께, 2013, p. 17.

616 David Christian, *Maps of Time* (Berkeley: University of California Press, 2011): p. 167 편집.

617 데이비드 버스, 진화심리학, 웅진지식하우스, 2015, p. 60.

618 유발 하라리, **사피엔스**, 김영사, 2015, p. 42.

619 크리스 임피, 박병철 옮김, **세상은 어떻게 끝나는가** (서울: 시공사, 2012): p. 118 편집.

620 David Christian, *Maps of Time* (Berkeley: University of California Press, 2011): p. 198.

621 빌 브라이슨, 이덕환 번역, **거의 모든 것의 역사** (서울: 까치글방, 2010): p. 243 편집.

622 빌 브라이슨, 이덕환 번역, **거의 모든 것의 역사** (서울: 까치글방, 2010): pp. 243-4.

623 빌 브라이슨, 이덕환 번역, **거의 모든 것의 역사** (서울: 까치글방, 2010): p. 244.

624 빌 브라이슨, 이덕환 번역, **거의 모든 것의 역사** (서울: 까치글방, 2010): p. 477.

625 빌 브라이슨, 이덕환 번역, **거의 모든 것의 역사** (서울: 까치글방, 2010): p. 477.

626 David Christian, *Maps of Time* (Berkeley: University of California Press, 2011): p. 180.

627 한스 큉, 서명옥 번역, **한스 큉, 과학을 말하다** (경북: 분도출판사, 2011): p. 229.

628 피터 왓슨, 남경태 번역, **생각의 역사 I** (경기: 들녘, 2010): p. 57.

629 새우얼 이녹 스텀프, 제임스 피저, 이광래 번역, **소크라테스에서 포스트모더니즘까지** (경기: 열린 책들, 2009): p. 105.

630 David Christian, *Maps of Time* (Berkeley: University of California Press, 2011): p. 168.
631 유발 하라리, **사피엔스**, 김영사, 2015, p. 37.
632 *Scientific American*, September 2014, p. 39.
633 *Scientific American*, September 2014, p. 39.
634 E. M. 번즈, R. 러너, S. 미첨, 박상익 번역, **서양문명의 역사(상)**, 서울, 소나무, 2011: p. 11.
635 한스 큉, 서명옥 번역, **한스 큉, 과학을 말하다** (경북: 분도출판사, 2011): p. 229.
636 Rhoads Murphey, *A History of Asia*, Pearson, 2014, p. 11.
637 David Christian, *Maps of Time* (Berkeley: University of California Press, 2011): p. 166.
638 데이비드 버스, **진화심리학**, 웅진, 2015, p. 143.
639 David Christian, *Maps of Time* (Berkeley: University of California Press, 2011): p. 141.
640 J. B. 노스, 윤이흠 번역, **세계종교사(상)** (서울: 현음사, 2003): p. 33.
641 David Christian, *Maps of Time* (Berkeley: University of California Press, 2011): p. 141.
642 빌 브라이슨, 이덕환 번역, **거의 모든 것의 역사** (서울: 까치글방, 2010): pp. 477-8.
643 David Christian, *Maps of Time* (Berkeley: University of California Press, 2011): p. 198 편집.
644 David Christian, *Maps of Time* (Berkeley: University of California Press, 2011): p. 191.
645 David Christian, *Maps of Time* (Berkeley: University of California Press, 2011): p. 191 편집.
646 David Christian, *Maps of Time* (Berkeley: University of California Press, 2011): p. 191.
647 피터 왓슨, 남경태 번역, **생각의 역사 I** (경기: 들녘, 2010): p. 75.
648 David Christian, *Maps of Time* (Berkeley: University of California Press, 2011): p. 191.
649 David Christian, *Maps of Time* (Berkeley: University of California Press, 2011): p. 191.
650 David Christian, *Maps of Time* (Berkeley: University of California Press, 2011): p. 180.
651 David Christian, *Maps of Time* (Berkeley: University of California Press, 2011): p. 191.
652 David Christian, *Maps of Time* (Berkeley: University of California Press, 2011): p. 191.
653 네이버지식백과, 2013.10.4.
654 David Christian, *Maps of Time* (Berkeley: University of California Press, 2011): p. 141.
655 앨리스 로버츠, 진주현옮김, **인류의 위대한 여행**, 책과함께, 2013, p. 122.
656 앨리스 로버츠, 진주현옮김, **인류의 위대한 여행**, 책과함께, 2013, p. 123.
657 앨리스 로버츠, 진주현옮김, **인류의 위대한 여행**, 책과함께, 2013, p. 125.
658 앨리스 로버츠, 진주현옮김, **인류의 위대한 여행**, 책과함께, 2013, p. 126.
659 J. B. 노스, 윤이흠 번역, **세계종교사(상)** (서울: 현음사, 2003): p. 30.
660 E. M. 번즈, R. 러너, S. 미첨, 박상익 번역, **서양문명의 역사(상)**, 서울, 소나무, 2011: p. 12.
661 피터 왓슨, 남경태 번역, **생각의 역사 I** (경기: 들녘, 2010): p. 73.
662 피터 왓슨, 남경태 번역, **생각의 역사 I** (경기: 들녘, 2010): p. 74.
663 Rhoads Murphey, *A History of Asia*, Pearson, 2014, p. 12.
664 빌 브라이슨, 이덕환 번역, **거의 모든 것의 역사** (서울: 까치글방, 2010): p. 450.
665 빌 브라이슨, 이덕환 번역, **거의 모든 것의 역사** (서울: 까치글방, 2010): p. 451 편집.
666 David Christian, *Maps of Time* (Berkeley: University of California Press, 2011): p. 211.

667 J. B. 노스, 윤이흠 번역, **세계종교사(상)** (서울: 현음사, 2003): p. 33.

668 David Christian, *Maps of Time* (Berkeley: University of California Press, 2011): p. 212.

669 David Christian, *Maps of Time* (Berkeley: University of California Press, 2011): p. 212 편집.

670 피터 왓슨, 남경태 번역, **생각의 역사** I (경기: 들녘, 2010): p. 91.

671 데틀레프 칸텐, 토마스 다이히만, 틸로 슈팔, 인성기 번역, **지식** (경기: 이끌리오, 2005): p. 94.

672 윌리엄 H. 맥닐, 김우영 번역, **세계의 역사 1** (서울: 도서출판 이산, 2010): p. 199 편집.

673 David Christian, *Maps of Time* (Berkeley: University of California Press, 2011): p. 198.

674 David Christian, *Maps of Time* (Berkeley: University of California Press, 2011): p. 212.

675 David Christian, *Maps of Time* (Berkeley: University of California Press, 2011): p. 198.

676 J. B. 노스, 윤이흠 번역, **세계종교사(상)** (서울: 현음사, 2003): p. 33.

677 David Christian, *Maps of Time* (Berkeley: University of California Press, 2011): p. 259.

678 헤닝 엘겔론, 이정모 옮김, **인간, 우리는 누구인가?**, 을유문화사, 2010, p. 170.

679 헤닝 엘겔론, 이정모 옮김, **인간, 우리는 누구인가?**, 을유문화사, 2010, p. 171 편집.

680 윌 듀런트, **문명이야기**, 민음사, 2014, p. 210 편집.

681 헤닝 엘겔론, 이정모 옮김, **인간, 우리는 누구인가?**, 을유문화사, 2010, p. 169 편집.

682 David Christian, *Maps of Time* (Berkeley: University of California Press, 2011): p. 224.

683 윌리엄 H. 맥닐, 김우영 번역, **세계의 역사 1** (서울: 도서출판 이산, 2010): p. 57.

684 윌리엄 H. 맥닐, 김우영 번역, **세계의 역사 1** (서울: 도서출판 이산, 2010): pp. 57-8.

685 윌리엄 H. 맥닐, 김우영 번역, **세계의 역사 1** (서울: 도서출판 이산, 2010): p. 57.

686 앨리스 로버츠, 진주현옮김, **인류의 위대한 여행**, 책과함께, 2013, p. 14.

687 David Christian, *Maps of Time* (Berkeley: University of California Press, 2011): p. 207 편집.

688 한스 큉, 서명옥 번역, **한스 큉, 과학을 말하다** (경북: 분도출판사, 2011): p. 229 편집.

689 처음에는 "모두 715개의 분자로 구성된 언어유전자가 쥐와는 3개, 침팬지와는 2개만 분자 구조가 다르다."고 썼었다. 그러나 이글에 대하여 이 메일로 서울대 생명과학부 이일하 교수님이 다음과 같이 지적을 해주셨다. "쉽지는 않겠지만 FOXP2 유전자를 설명할 때 아미노산 2개가 다르다는 표현을 직접 쓰는 게 낫지 않을까 싶습니다. 분자라는 표현은 그게 무엇을 의미하는지 이해를 방해하는 것 같네요. 아미노산이라고 쓰면 설명이 필요해지게 될텐데 주석을 달아서 '유전자의 산물인 단백질은 20종의 아미노산이 사슬로 연결된 생체내 거대분자이며 FOXP2는 715개의 아미노산 사슬로 이루어진 단백질로 쥐의 경우 3개의 아미노산이 침팬지의 경우 2개의 아미노산이 인간과 다르다'는 식으로 설명하면 어떨까 합니다. 전체 글에 양념을 보태 풍성하게 만드는 작업도 필요해 보입니다. 물론 draft일테니 내용을 좀 더 다듬겠지요!" 이일하 교수님의 지적에 따라 잘못된 이해를 교정할 수 있었지만 양념을 보태는 일은 못했다.

690 제임스 E. 매클렐란 III·해럴드 도른, 전대호 번역, **과학과 기술로 본 세계사 강의** (서울: 모티브북, 2008): p. 22.

691 David Christian, *Maps of Time* (Berkeley: University of California Press, 2011): p. 187 편집.

692 제임스 E. 매클렐란 III·해럴드 도른, 전대호 번역, **과학과 기술로 본 세계사 강의** (서울: 모티브북, 2008): p. 24.

693 David Christian, *Maps of Time* (Berkeley: University of California Press, 2011): p. 188.

694 제임스 E. 매클렌란 III·해럴드 도른, 전대호 번역, **과학과 기술로 본 세계사 강의** (서울: 모티브북, 2008): p. 24.

695 제임스 E. 매클렌란 III·해럴드 도른, 전대호 번역, **과학과 기술로 본 세계사 강의** (서울: 모티브북, 2008): p. 22.

696 David Christian, *Maps of Time* (Berkeley: University of California Press, 2011): p. 186.

697 David Christian, *Maps of Time* (Berkeley: University of California Press, 2011): p. 184 편집.

698 David Christian, *Maps of Time* (Berkeley: University of California Press, 2011): p. 184.

699 필자.

700 David Christian, *Maps of Time* (Berkeley: University of California Press, 2011): p. 190.

701 David Christian, *Maps of Time* (Berkeley: University of California Press, 2011): p. 189.

702 카렌 암스트롱, 정준형 번역, **신을 위한 변론** (서울: 웅진싱크빅, 2010): p. 40.

703 제임스 E. 매클렌란 III·해럴드 도른, 전대호 번역, **과학과 기술로 본 세계사 강의** (서울: 모티브북, 2008): p. 31 편집.

704 제임스 E. 매클렌란 III·해럴드 도른, 전대호 번역, **과학과 기술로 본 세계사 강의** (서울: 모티브북, 2008): p. 12-3.

705 David Christian, *Maps of Time* (Berkeley: University of California Press, 2011): p. 232.

706 제임스 E. 매클렌란 III·해럴드 도른, 전대호 번역, **과학과 기술로 본 세계사 강의** (서울: 모티브북, 2008): p. 31-2.

707 제임스 E. 매클렌란 III·해럴드 도른, 전대호 번역, **과학과 기술로 본 세계사 강의** (서울: 모티브북, 2008): p. 12-3.

708 제임스 E. 매클렌란 III·해럴드 도른, 전대호 번역, **과학과 기술로 본 세계사 강의** (서울: 모티브북, 2008): p. 38-9 편집.

709 제임스 E. 매클렌란 III·해럴드 도른, 전대호 번역, **과학과 기술로 본 세계사 강의** (서울: 모티브북, 2008): p. 32.

710 David Christian, *Maps of Time* (Berkeley: University of California Press, 2011): p. 219.

711 David Christian, *Maps of Time* (Berkeley: University of California Press, 2011): pp. 219-20.

712 David Christian, *Maps of Time* (Berkeley: University of California Press, 2011): p. 221.

713 David Christian, *Maps of Time* (Berkeley: University of California Press, 2011): p. 207.

714 제임스 E. 매클렌란 III·해럴드 도른, 전대호 번역, **과학과 기술로 본 세계사 강의** (서울: 모티브북, 2008): p. 33.

715 J. B. 노스, 윤이흠 번역, **세계종교사(상)** (서울: 현음사, 2003): p. 34.

716 David Christian, *Maps of Time* (Berkeley: University of California Press, 2011): p. 223.

717 제임스 E. 매클렌란 III·해럴드 도른, 전대호 번역, **과학과 기술로 본 세계사 강의** (서울: 모티브북, 2008): pp. 33-4.

718 제임스 E. 매클렌란 III·해럴드 도른, 전대호 번역, **과학과 기술로 본 세계사 강의** (서울: 모티브북, 2008): p. 34.

719 제임스 E. 매클렌란 III·해럴드 도른, 전대호 번역, **과학과 기술로 본 세계사 강의** (서울: 모티브북, 2008): p. 33 편집.

720 원고를 정리하면서 여러 분야의 교수님에게 메일로 도움을 청했으나 극히 일부 교수님으로부터 도움을 받았는데 가장 많은 답장을 해준 교수님이다. 감사하게 생각한다.

721 David Christian, *Maps of Time* (Berkeley: University of California Press, 2011): p. 224.

722 David Christian, *Maps of Time* (Berkeley: University of California Press, 2011): p. 240.

723 David Christian, *Maps of Time* (Berkeley: University of California Press, 2011): p. 241.

724 제임스 E. 매클렌란 III·해럴드 도른, 전대호 번역, **과학과 기술로 본 세계사 강의** (서울: 모티브북, 2008): p. 41.

725 제임스 E. 매클렌란 III·해럴드 도른, 전대호 번역, **과학과 기술로 본 세계사 강의** (서울: 모티브북, 2008): pp. 41-2.

726 제임스 E. 매클렌란 III·해럴드 도른, 전대호 번역, **과학과 기술로 본 세계사 강의** (서울: 모티브북, 2008): p. 42.

727 David Christian, *Maps of Time* (Berkeley: University of California Press, 2011): p. 261.

728 David Christian, *Maps of Time* (Berkeley: University of California Press, 2011): p. 245.

729 필자.

730 제임스 E. 매클렌란 III·해럴드 도른, 전대호 번역, **과학과 기술로 본 세계사 강의** (서울: 모티브북, 2008): p. 41.

731 David Christian, *Maps of Time* (Berkeley: University of California Press, 2011): p. 260.

732 필자.

733 David Christian, *Maps of Time* (Berkeley: University of California Press, 2011): p. 263 편집.

734 필자.

735 J. B. 노스, 윤이흠 번역, **세계종교사(상)** (서울: 현음사, 2003): p. 34.

736 제임스 E. 매클렌란 III·해럴드 도른, 전대호 번역, **과학과 기술로 본 세계사 강의** (서울: 모티브북, 2008): p. 36.

737 제임스 E. 매클렌란 III·해럴드 도른, 전대호 번역, **과학과 기술로 본 세계사 강의** (서울: 모티브북, 2008): p. 42.

738 J. B. 노스, 윤이흠 번역, **세계종교사(상)** (서울: 현음사, 2003): pp. 34-5.

739 제임스 E. 매클렌란 III·해럴드 도른, 전대호 번역, **과학과 기술로 본 세계사 강의** (서울: 모티브북, 2008): p. 42.

740 제임스 E. 매클렌란 III·해럴드 도른, 전대호 번역, **과학과 기술로 본 세계사 강의** (서울: 모티브북, 2008): p. 44.

741 제임스 E. 매클렌란 III·해럴드 도른, 전대호 번역, **과학과 기술로 본 세계사 강의** (서울: 모티브북, 2008): p. 44.

742 David Christian, *Maps of Time* (Berkeley: University of California Press, 2011): p. 224.

743 David Christian, *Maps of Time* (Berkeley: University of California Press, 2011): p. 141 편집.

744 David Christian, *Maps of Time* (Berkeley: University of California Press, 2011): p. 142.

745 J. B. 노스, 윤이흠 번역, **세계종교사(상)** (서울: 현음사, 2003): p. 34.

746 한스 큉, 서명옥 번역, **한스 큉, 과학을 말하다** (경북: 분도출판사, 2011): p. 87.

747 윌리엄 H. 맥닐, 김우영 번역, **세계의 역사 1** (서울: 도서출판 이산, 2010): p. 58.

748 배철현, **신의 위대한 질문**, 21세기북스, 2015, p. 87.

749 Hans Küng, trans. John Bowden, ***Hans Küng Judaism*** (New York: Continuum, 1995): p. 32.

750 Hans Küng, trans. John Bowden, ***Hans Küng Judaism*** (New York: Continuum, 1995): p. 33.

751 Hans Küng, trans. John Bowden, ***Hans Küng Judaism*** (New York: Continuum, 1995): p. 31.

752 Hans Küng, trans. John Bowden, ***Hans Küng Judaism*** (New York: Continuum, 1995): p. 32 편집.

753 제임스 E. 매클렐란 III·해럴드 도른, 전대호 번역, **과학과 기술로 본 세계사 강의** (서울: 모티브북, 2008): p. 57 편집.

754 E. M. 번즈, R. 러너, S. 미첨, 박상익 번역, **서양문명의 역사(상)**, 서울, 소나무, 2011: p. 24.

755 E. M. 번즈, R. 러너, S. 미첨, 박상익 번역, **서양문명의 역사(상)**, 서울, 소나무, 2011: p. 53.

756 윌리엄 H. 맥닐, 김우영 번역, **세계의 역사 1** (서울: 도서출판 이산, 2010): p. 195.

757 윌리엄 H. 맥닐, 김우영 번역, **세계의 역사 1** (서울: 도서출판 이산, 2010): pp. 195-6.

758 윌리엄 H. 맥닐, 김우영 번역, **세계의 역사 1** (서울: 도서출판 이산, 2010): p. 196.

759 제임스 E. 매클렐란 III·해럴드 도른, 전대호 번역, **과학과 기술로 본 세계사 강의** (서울: 모티브북, 2008): p. 35.

760 윌리엄 H. 맥닐, 김우영 번역, **세계의 역사 1** (서울: 도서출판 이산, 2010): p. 105.

761 윌리엄 H. 맥닐, 김우영 번역, **세계의 역사 1** (서울: 도서출판 이산, 2010): pp. 105-6.

762 David Christian, *Maps of Time* (Berkeley: University of California Press, 2011): p. 239.

763 윌리엄 H. 맥닐, 김우영 번역, **세계의 역사 1** (서울: 도서출판 이산, 2010): p. 65.

764 제임스 E. 매클렐란 III·해럴드 도른, 전대호 번역, **과학과 기술로 본 세계사 강의** (서울: 모티브북, 2008): p. 42.

765 E. M. 번즈, R. 러너, S. 미첨, 박상익 번역, **서양문명의 역사(상)**, 서울, 소나무, 2011: p. 9.

766 David Christian, *Maps of Time* (Berkeley: University of California Press, 2011): p. 294.

767 David Christian, *Maps of Time* (Berkeley: University of California Press, 2011): p. 294.

768 David Christian, *Maps of Time* (Berkeley: University of California Press, 2011): p. 248 편집.

769 Marvin Harris, "The Origin of Pristine States," in *Cannibals and Kings*, ed. Marvin Harris (New York: Vintage, 1978), p. 102, David Christian, *Maps of Time* (Berkeley: University of California Press, 2011): p. 248에서 인용.

770 Chrystia Freeland, *Plutocrats* (New York: Penguin Book, 2013): p. xiii.

771 David Christian, *Maps of Time* (Berkeley: University of California Press, 2011): pp. 248-9.

772 David Christian, *Maps of Time* (Berkeley: University of California Press, 2011): p. 249.

773 제임스 E. 매클렐란 III·해럴드 도른, 전대호 번역, **과학과 기술로 본 세계사 강의** (서울: 모티브북, 2008): p. 57.

774 제임스 E. 매클렐란 III·해럴드 도른, 전대호 번역, **과학과 기술로 본 세계사 강의** (서울: 모티브북, 2008): p. 58.

775 제임스 E. 매클렐란 III·해럴드 도른, 전대호 번역, **과학과 기술로 본 세계사 강의** (서울: 모티브북, 2008): p. 72.

776 제임스 E. 매클렐란 III·해럴드 도른, 전대호 번역, **과학과 기술로 본 세계사 강의** (서울: 모티브북, 2008): pp. 58-9.

777 윌리엄 H. 맥닐, 김우영 번역, **세계의 역사 1** (서울: 도서출판 이산, 2010): p. 78.

778 윌리엄 H. 맥닐, 김우영 번역, **세계의 역사 1** (서울: 도서출판 이산, 2010): p. 77.

779 윌리엄 H. 맥닐, 김우영 번역, **세계의 역사 1** (서울: 도서출판 이산, 2010): p. 82.

780 윌리엄 H. 맥닐, 김우영 번역, **세계의 역사 1** (서울: 도서출판 이산, 2010): p. 118.

781 윌리엄 H. 맥닐, 김우영 번역, **세계의 역사 1** (서울: 도서출판 이산, 2010): pp. 118-9.

782 윌리엄 H. 맥닐, 김우영 번역, **세계의 역사 1** (서울: 도서출판 이산, 2010): p. 119.

783 제임스 E. 매클렌란 III·해럴드 도른, 전대호 번역, **과학과 기술로 본 세계사 강의** (서울: 모티브북, 2008): p. 80.

784 제임스 E. 매클렌란 III·해럴드 도른, 전대호 번역, **과학과 기술로 본 세계사 강의** (서울: 모티브북, 2008): p. 83.

785 윌리엄 H. 맥닐, 김우영 번역, **세계의 역사 1** (서울: 도서출판 이산, 2010): p. 128.

786 윌리엄 H. 맥닐, 김우영 번역, **세계의 역사 1** (서울: 도서출판 이산, 2010): p. 129.

787 David Christian, *Maps of Time* (Berkeley: University of California Press, 2011): p. 215.

788 스티븐 핑거, 김영남 옮김, **우리 본성의 선한 천사**, 사이언스 북스, 2014, pp. 83-4.

789 데틀레프 칸텐, 토마스 다이히만, 틸로 슈팔, 인성기 번역, **지식** (경기: 이끌리오, 2005): p. 64.

790 한스 큉, 성염 번역, **신은 존재하는가?** (경북: 분도출판사, 2003): p. 89.

791 김대식, **김대식의 빅퀘스천**, 동아시아, 2014, p. 60.

792 한스 큉, 서명옥 번역, **한스 큉, 과학을 말하다** (경북: 분도출판사, 2011): p. 114.

793 B. Pascal, Pensées, 84. 한스 큉, 서명옥 번역, **한스 큉, 과학을 말하다** (경북: 분도출판사, 2011): p. 115에서 재인용.

794 이정우, **세계철학사(1) 지중해세계의 철학** (서울: 도서출판 길, 2011): p. 571.

795 David Christian, *Maps of Time* (Berkeley: University of California Press, 2011): p. 1.

796 Jim Holt, *Why Does The World Exist?* (New York: Liveright Publishing Company, 2012), p. 5.

797 한스 큉, 정한교 번역, **왜 그리스도인인가** (경북: 분도출판사, 2006): pp. 55-6.

798 한스 큉, 정한교 번역, **왜 그리스도인인가** (경북: 분도출판사, 2006): p. 56.

전파과학사에서는 독자 여러분의 책에 관한 아이디어와 원고 투고를 기다리고 있습니다. 전파과학사의 임프린트 디아스포라 출판사는 종교(기독교), 경제·경영서, 문학, 건강, 취미 등 다양한 장르의 국내 저자와 해외 번역서를 준비하고 있습니다. 출간을 고민하고 계신 분들은 이메일 chonpa2@hanmail.net로 간단한 개요와 취지, 연락처 등을 적어 보내주세요.

코스모스, 사피엔스, 문명

–인류, 끝나지 않은 여행–

—

초판 1쇄 인쇄 2017년 12월 11일
초판 1쇄 발행 2017년 12월 18일

—

지은이 김근수
펴낸이 손영일
편 집 손동민
디자인 황지영

—

펴낸곳 전파과학사
출판등록 1956년 7월 23일 제10-89호
주 소 서울시 서대문구 증가로 18, 204호
전 화 02-333-8877(8855)
팩 스 02-334-8092
이메일 chonpa2@hanmail.net
홈페이지 www.s-wave.co.kr
블로그 http://blog.naver.com/siencia

ISBN 978-89-7044-779-7 (03400)

* 이 도서의 국립중앙도서관 출판사도서목록(CIP)은 서지정보유통지원 시스템 홈페이지 (http://seoji.nl.go.kr)와 국가자료공동목록시스템(http://www.nl.go.kr/kolisnet)에서 이용하실 수 있습니다. (CIP제어번호 : CIP2017030392)